工业加速器及其应用

[美] 罗伯特·W.哈姆　玛丽安·E.哈姆　主编

槟榔郭　郭丽莉　等　译

電子工業出版社

Publishing House of Electronics Industry

北京·BEIJING

内 容 简 介

本书对工业加速器的产业沿革做了全面、客观的回顾，通过大量翔实的数据资料，对各个细分市场的商业和经济影响进行了分析和评述，并对工业加速器产业的发展趋势和前景进行了展望。

本书可供核工程与核技术及相关专业高校师生、科技工作者、核技术应用领域的从业者、政府部门的相关人士等参考使用。

版权贸易合同登记号　图字：01-2021-3025

图书在版编目（CIP）数据

工业加速器及其应用 /（美）罗伯特 • W.哈姆（Robert W. Hamm），（美）玛丽安 • E.哈姆（Marianne E. Hamm）主编；槟榔郭等译. —北京：电子工业出版社，2021.6
书名原文：Industrial Accelerators and Their Applications
ISBN 978-7-121-41334-6

Ⅰ. ①工…　Ⅱ. ①罗…　②玛…　③槟…　Ⅲ. ①加速器－研究　Ⅳ. ①TL5

中国版本图书馆 CIP 数据核字（2021）第 103302 号

责任编辑：秦　聪
印　　刷：北京虎彩文化传播有限公司
装　　订：北京虎彩文化传播有限公司
出版发行：电子工业出版社
　　　　　北京市海淀区万寿路 173 信箱　邮编　100036
开　　本：720×1 000　1/16　印张：21　字数：537.6 千字
版　　次：2021 年 6 月第 1 版
印　　次：2022 年 1 月第 2 次印刷
定　　价：98.00 元

凡所购买电子工业出版社图书有缺损问题，请向购买书店调换。若书店售缺，请与本社发行部联系，联系及邮购电话：（010）88254888，88258888。

质量投诉请发邮件至 zlts@phei.com.cn，盗版侵权举报请发邮件至 dbqq@phei.com.cn。

本书咨询联系方式：（010）88254568，qincong@phei.com.cn。

译者序

在中国同位素与辐射行业协会具体组织安排下，我们将世界科技出版公司的*Industrial Accelerators and Their Applications*一书翻译成中文在国内出版发行，能参与此书的翻译出版工作，甚感欣慰。

这是几十年来的第一本全面介绍工业加速器技术及其应用的书籍。正是由于罗伯特·W.哈姆和玛丽安·E.哈姆的努力，收集、整理和分析了工业加速器技术及应用的大量数据资料，为我们了解工业加速器技术及其应用的过去、现状和未来发展趋势提供了机会。

本书由槟榔郭、郭丽莉、王西坡、王非和尹玉吉翻译；吴丽丽、尚勇、秦子琪、杨敏、董克菲、刘超、肖林和赵明华等参加了本书部分章节内容的翻译校对工作。为便于读者对照阅读英文原著，本书的符号表示、标准名和正斜体等形式尽量遵从了原著。

感谢中广核达胜加速器研究院、北京机械工业自动化研究所有限公司和中国同辐股份有限公司对本书出版提供的支持。负责本书出版编辑工作的秦聪等编辑对本书进行了认真的审阅，提出了许多宝贵意见，对成书做了大量的具体工作。在此对所有具体参与和支持本书翻译出版工作的专家、老师和公司表示衷心的感谢。

由于我们时间仓促、水平有限，书中翻译不当或错误之处，恳请专家学者和读者不吝赐教，如有建议或问题请发送邮件到 ciraoffice@126.com。

译　者

2021 年 5 月

编者献词

我们希望把这本书献给我们的老同事、亲密的朋友、北得克萨斯州大学的物理学教授达根博士，正是他的强烈要求和建议最终促成了我们创作这本书。达根博士通过在北得克萨斯大学的工作，为促进和支持加速器的应用做出了不懈的努力，他在任期内指导和培养了无数的学生；40多年来，他成功地组织、召开了关于加速器在工业领域中应用的系列会议（CAARI）。事实上，正是我们在得克萨斯农工大学读研究生期间参加的CAARI会议，激发了我们对加速器实际应用的兴趣，并使我们在工业领域获得了成功。

罗伯特 • W. 哈姆
玛丽安 • E. 哈姆

目 录

工业加速器介绍

罗伯特·W. 哈姆、玛丽安·E. 哈姆
研发技术企业有限公司
美国加州，普莱森顿市，CA94566
rmtech@comcast.net

首次对“工业加速器”在过去 25 年[a]的各种各样的技术和应用进行回顾，是编写本书的目的。在这项工作中，我们认为任何产生电子或离子束的带电粒子加速器，除了直接用于医学治疗或基础研究之外的都属于工业加速器类，但不包括那些独立的低能量设备，如阴极射线管、X 射线管、射频和微波功率管及电子显微镜等，尽管它们也主要用于工业用途。然而，我们确实考量了工业应用和核医学用于治疗或诊断的生产放射性核素的加速器，因为这些独立的部件或是最终产品，而这些产品大部分是由营利性企业使用商业化制造的加速器生产的。

这篇综述涵盖了大量种类繁多且技术成熟的工业加速器的应用现状和未来前景，不仅从工业加工和技术的角度，还从我们所称的“束业务”的商业和经济影响的角度，即为商业目的生产和使用加速器的业务。正如您会看到的，工业加速器产生的粒子束以某种方式涉及的材料和零部件清单的篇幅非常长，从热缩包装材料、线缆涂层料到汽车/飞机轮胎和零部件，再到几乎所有的现代消费类电子产品。工业加速器电子束还用于一次性医疗产品、食品和废水的消毒灭菌；勘探石油、天然气和矿产；检查关键部件是否有裂缝和腐蚀；识别货物和行李中的爆炸物和违禁品；监测污染等。我们估测，全世界每年由工业加速器用于生产、消毒或检查的终端产品的价值超过 5,000 亿美元。

我们估计，在过去的 60 年里，全世界已经制造了超过 24,000 台粒子加速器用以产生带电粒子束，用于本书中描述的工业生产过程。需要注意的是，这个数字不包括超过 11,000 台专门产生电子、离子、中子或 X 射线的进行医学治疗的粒子加速器。如图 0-1 所示的柱状图显示了根据本书依据的应用类别分类并统计的

[a] 本篇综述的写作时间为 2012 年。

工业加速器的累计数量。这些数字是对本书第一编者[a]于 2008 年发布的数据的更新，是基于各种来源的最新统计结果，这些来源包括本书各章的作者在演讲或市场调查中公开的生产和销售数据，以及一些制造商为响应我们的请求所提供的数据。由于多年来许多工业加速器厂商已经退出该行业，一些历史数据只是粗略估计的；因此，应将这些数据视为仅表示每个类别相对大小的近似值。

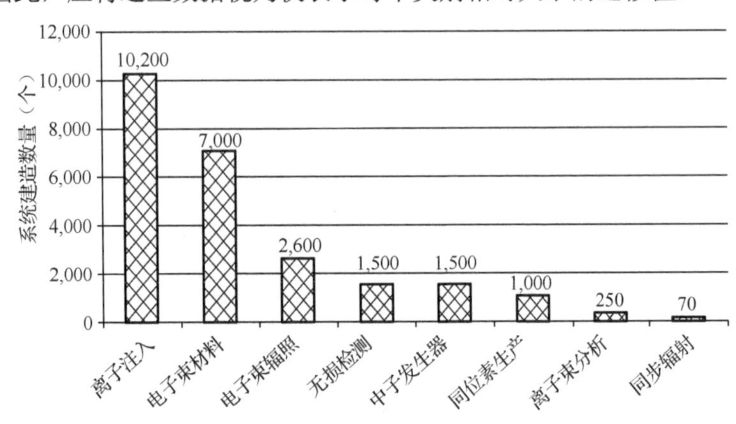

图 0-1　根据应用类别分类并统计的工业加速器的累计数量

大多数工业加速器的使用寿命为 20 至 40 年，预计超过 75%的工业加速器目前仍在运行。尽管技术变化缓慢，但工业加速器作为工业加工工具的采用率多年来一直稳步上升。这促使工业加速器制造业务不断增长，目前全球至少有 70 家公司和研究机构在从事这一业务。随着新兴经济体中不断增长的行业采用工业加速器，新供应商的数量也在不断增加，但随着新客户的出现，以及供应商被竞争对手或其应用领域的企业收购，新供应商的名单处于不断变化的状态中。

目前，虽然大多数工业加速器是由少数几家在北美地区、欧洲和日本的大型供应商生产的，但俄罗斯、印度、韩国和中国的供应商数量迅速增长。这些新的供应商服务于特定的地理区域或细分市场，随着技术在其市场领域中被行业更广泛地接受，供应商的规模将增长，而由于业务的竞争性质，供应商数量减少。一些供应商不愿意公布销售数据，但通过将公开的数据统计与一些主要供应商的回复相结合，我们估计这些工业加速器制造商每年发送了超过 1,100 个工业系统，几乎是用于研究或医疗的数量的 2 倍，市场价值在 22 亿美元左右。

本书共八章，每章分别涵盖了图 0-1 中的八类工业加速器应用。尽管每章都可能是为某一特定学科编写的技术文章或主题报告，但我们的主要目标是将它们

---

[a] 罗伯特 · W.哈姆：《加速器科学和技术评论》，1,163 页，2008 年。

组合成一个面向广泛读者的单一卷本。为此，作者以一种对专家和非专家同样适用的方式，综述了所对应类别的工业加速器的历史、技术和具体应用的现状。作者还努力在可靠数据的基础上，分析了按应用细分的市场规模，在某些情况下还包括最终产品的市场价值。本书的预期读者包括学生、教育工作者和加速器科学工作者，以及工业行业、研究院所和政府机构的专业人员。

然而，就像大多数涉猎广泛的书籍一样，本书不可能囊括所有内容，如聚焦离子束（FIB）和离子束成型（IBF）这两种特殊的工业加速器应用就没有涉及。聚焦离子束是半导体工业中用于材料检测和烧蚀的关键技术，离子束成型是一种制备光学和用于纳米材料表面的相对新的技术，两者属于非常特殊的加速器技术应用领域，而不是在这本书中描述的广泛的应用类别。但应该指出的是，聚焦离子束的应用范围相对较大，在过去 20 年里，少数供应商生产了超过 3,000 个相关系统，而且该技术的应用正在扩大。相比之下，离子束成型在蓬勃发展的纳米技术业务中是一个相对较新的应用。这两个领域可能都会进入未来的工业加速器报告中。

本书描述的许多工业加速器都是现代工业化版本的“原子粉碎机”，它们是于 20 世纪初发明的，用于研究物理定律和物质的基本性质，而其他工业加速器则是在 20 世纪后半叶发明或开发的，有时还考虑到实际应用。如静电加速器（Electrostatic）、射频直线加速器（RF Linacs）、感应加速器（Betatron）、回旋加速器（Cyclotron）、花瓣型加速器（Rhodotron）和同步加速器（Synchrotron）等，它们基本上涵盖了所有类型的加速方法和结构。这些装置产生的电子和离子束在粒子能量和电流方面的跨度超过了 9 个数量级，从电子伏特（eV）到吉电子伏特（GeV）、从纳安培（nA）到安培（A）。相应地，光束功率从微瓦（μW）到兆瓦（MW）不等。

这里介绍的每一种工业加速器的应用都依赖于电子、离子、中子或光子与物质的一种或多种基本相互作用，并选择特定类型的工业加速器和光束来利用这些相互作用得到预期的最终结果。有些电子束应用直接利用高能电子，通过热沉积、电离和/或原子的相互作用来改变材料的化学或物理性质，而另一些应用则依赖于韧致辐射或同步辐射二次产生的 X 射线，这些 X 射线被用来加工、修饰或检查材料。离子束的许多应用依赖于靶材料中特定的核与核的直接相互作用；另一些则依赖于离子沉积材料中离子的阻止本领，或者依赖于中子束的产生，而中子束被用来检查和鉴别材料。

从图 0-1 中可以看出，第 1 章所述的利用离子束“离子注入”材料（主要是半导体）的方法，在所有种类中是最大的。事实上，在过去的 30 年里，已经有超过 10,200 个系统为此目的而建立，在使用的系统数量和最终产品的经济价值方面超过了其他类别。从本质上讲，所有的现代电子设备都包含半导体元件和显示屏，这些都是用现代离子注入系统制造的。此外，这一工艺也被用于制造硅片等新兴应用领域，如用于光伏太阳能电池和生物相容性植入设备的生产。据估计，仅离子注入加速器的年销售额就超过了 10 亿美元，全世界生产的半导体器件的市场价值接近 3,000 亿美元。

对于大多数核反应来说，离子注入通常在库仑势垒以下的能量下进行，而离子在材料中的沉积是主要目标，大多数其他工业离子束应用依赖于实际发生的核反应。其中包括第 4 章所讨论的示踪剂放射性核素的生产、诊断成像和癌症治疗，第 5 章中描述的许多工业离子束分析技术，以及第 6 章中描述的许多分析应用的中子生产。已有 1,000 多台用于生产放射性核素的回旋加速器，在使用中的回旋加速器近 800 台。至少有 1,500 台中子生产加速器在使用中，主要用于石油工业。中子的应用范围虽小，但在不断扩大中，包括在射线照相和爆炸物检测中的应用。大约有 250 台静电加速器主要为范德格拉夫系统，在工业领域被用于离子束分析，其中一些仍然在最初用于核物理研究的大学里，但现在通过合同和合作被用于工业领域。

电子加速器最大的工业用途是“材料加工”。第 2 章对这些最古老、最广泛的应用进行了回顾。在该章中称其为电子束加工，利用精心设计的相对高能的电子束，将热能精确地传输到材料或零部件中，用于精密焊接、切割、钻孔、钎焊、退火、上釉和表面硬化。电子束加工还用于精确熔化难熔金属（如钨或钼），以及在工业炉中生产纯超导金属（如铌）。在过去 50 年中建造的 7,000 台电子束加工系统中，至少有 4,000 台仍在当今许多行业中使用。电子束加工在汽车工业中尤其重要，被用于齿轮、凸轮轴和拉杆端部的焊接和淬火。

使用电子束进行材料加工的另一种类型是以高能电子束或 X 射线的形式对具有电离能的材料和产品进行辐照，以增强或改变其物理、化学或生物特性，如第 3 章所述。这种形式的辐射加工是迄今为止书中所述的工业加速器中最多样化的，包括所使用的技术和生产或加工的物品。这类辐照加速器被称为“电子束辐照器（装置）”。这些系统涵盖了非常广泛的加速器技术、束流和能量，以执行诸如聚合物接枝和交联，以及单体、低聚物和环氧基复合材料固化的过程。其应用范围包括生产耐热电线电缆绝缘层、热缩管和食品包装薄膜、聚乙烯发泡材料、轮胎橡胶和用于伤口敷料的水凝胶，以及纸张、木材、金属和塑料的油墨、涂料和黏合剂的固化。高能电子束和 X 射线也可用于一次性使用的医疗卫生产品和废水的消毒、食品的灭菌和保鲜、烟囱和烟道气的净化，以及涂料和油墨中使用的塑料的降解。据估计，全球已经建造了 2,600 多个工业电子束辐照装置，其中至少 1,800 台正在使用中，每年为许多产品提供的附加值超过 800 亿美元。

除了第 2 章和第 3 章描述的电子束材料加工应用之外，高能电子束还在工业领域用于产生二次辐射，进行对材料的检测和加工。这可以是用高能直线加速器中的电子轰击金属靶所产生的韧致辐射 X 射线，也可以是在电子同步加速器中循环的相对论电子所产生的同步辐射。事实上，如第 7 章所述，电子直线加速器在航空和边境安全的射线检查技术上的使用，与其在传统的射线检测厚铸件和复杂零部件的无损检测应用相比，已经引起了“迅猛增长”。到目前为止，已经生产了 1,500 多个这样的检查系统，而且生产速度增长迅速。如第 8 章所述，同步辐射（SR）被越来越多地用于工业加工和检测。这项工作是在全球 70 多个光源（如同步加速器和自由电子激光设备）上进行的，其中一些设备实际上是专门为工业试验工作而建造的。工业试验工作包括半导体器件光刻和材料界面的研究。化学工业利用同步辐射来研究材料的应力、结构模式及化学反应。生物医学公司将同步辐射用于蛋白质结晶学、分子影像和研究组织细胞中的分子动力学，利用蛋白质结晶学进行药物开发是目前工业上使用同步辐射的最大用途。

毫无疑问，随着现有加速器技术的进步和新技术在商业产品应用中的日臻成熟，工业加速器的应用将继续扩大。即使是现在，大多数工业加速器制造商和工业用户都在为电子束业务的新应用和市场开发系统而工作着。

第 1 章 用于制造半导体器件和材料的离子注入

迈克尔·I. 柯伦特
美国加州，圣何塞，康斯托克路 1729 号，CA 95124
currentsci@aol.com

掺杂剂和其他离子的加速技术是制造集成电路器件及各种形式的电子、光伏和光子材料中晶体管的关键。目前，该技术已在世界范围内得到普及推广。本章回顾了在现代电子、光伏和生物医学应用中，离子注入所使用的加速器、离子源及扫描方式的主要类型。

1.1 引言

离子注入利用被加速的离子来掺杂和改性半导体材料，它是集成电路制备的核心技术之一。后者在过去半个世纪里是全球通信和先进计算能力的产业支柱，改变了现代生活。离子注入机从 20 世纪 70 年代开始应用于集成电路工业，能以约 10^{-4} 单层膜的掺杂密度对沟道结构进行精准掺杂，用来设置晶体管开关的阈值条件，实现了互补金属氧化物半导体（CMOS）晶体管的生产制造。随着工业加速器技术的发展，离子注入机能够提供高稳定性、高准直性的离子束，其流强从几微安到 100mA、入射离子能量范围从 100eV 到约 10MeV，为制造逻辑器件、存储器和模拟操作的集成电路，以及越来越多样化的光学传感器和成像设备提供了广泛且可靠的技术支持。离子注入目前在绝大多数的掺杂半导体材料的制备中都有应用，并且越来越多地应用于电子和光子材料的制备和改性。

工业离子注入和材料改性设备的年销售额达到 15 亿美元（在正常的经济环境下）。此外，掺杂物质材料（约 1.4 亿美元/年）和各种备件、升级部件及服务等市场也相当可观。商业化的离子注入机部件还包括系统组件、磁铁、电源和真空泵，以及各种专注于过程特性和控制应用的计量工具。

如图 1-1 所示，自 1980 年以来，主要用于制造硅基集成电路器件的商用离子注入机的年平均销售数量从每年约 250 套增加到约 350 套，同比销售数量显示出较大的波动，这是由于集成电路工厂的建设趋势具有高度周期性，特别是在受到其他因素的影响时，如主导晶片的尺寸变化、新型离子注入机和集成电路设备的开发、在新地域的推广及一般经济周期变化等。这些技术和市场因素相互结合，导致过去 30 年的年销售数量展现出相当稳定的“5 年”变化周期。

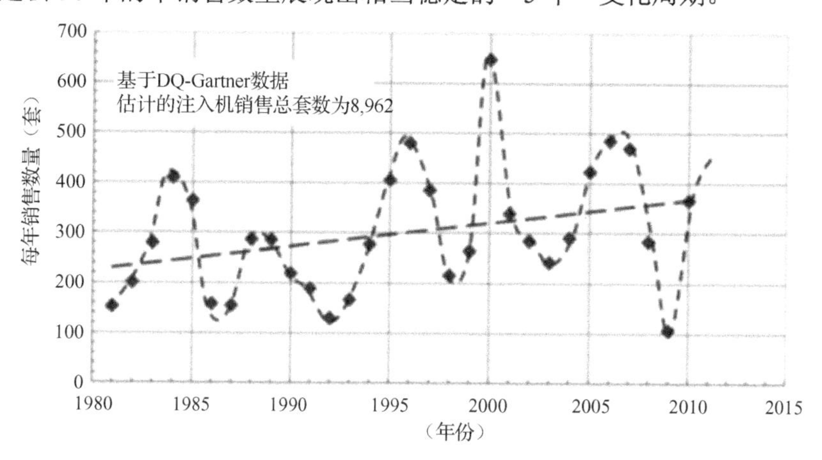

图 1-1　用于集成电路制造的商业离子注入机销售数量的估计值

1.2　离子注入的应用：器件和材料

20 世纪 80 年代中期以来，如图 1-2 所示的平面 CMOS 晶体管一直是用于逻辑和存储器应用的集成电路器件中的主要器件。该技术通常使用硼（B）、砷（As）和磷（P）对硅上近表面（<100nm）层进行掺杂，离子束能量为 1keV 至几十千电子伏。为了提高生产能力，越来越多的低能（亚 keV）注入选择利用分子离子来获得更高的能量和流强，有的分子离子甚至包含 18 个掺杂原子（例如 $B_{18}H_{22}$）。在晶体管和光学成像仪的 CMOS 阱的应用中，为了达到更深层注入的目的，离子能量通常高达几兆电子伏。

离子注入的最初应用是对 CMOS 沟道进行低剂量（10^{11}～10^{12} 离子/cm^2）掺杂，以此来设置晶体管的开关“阈值”条件。这一类的离子注入需要相对适中的离子束，对于“中电流”注入机来说，应用最广的电流范围是 100～500μA。1980 年，通过开发具有更高电流的离子源和束线，产生了注入离子束电流为 1～30mA 的“大电流”设备。这类设备能够用于 CMOS 源/漏极结，以及双极性器件的发射极、埋置层和集电极的离子注入，有效剂量约为 5×10^{15} 离子/cm^2。

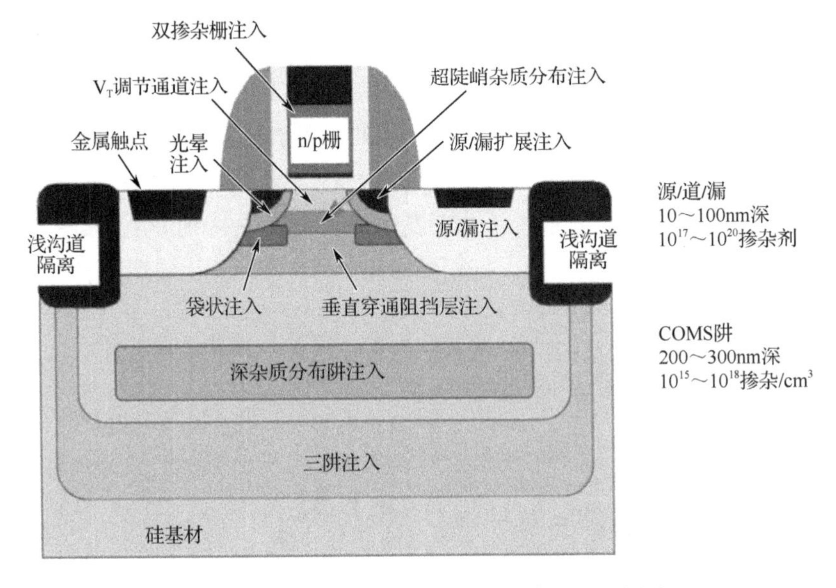

图 1-2　平面 CMOS 晶体管的主要掺杂区示意图

20 世纪 80 年代后期，离子能量为 1～2MeV 的注入机被用于掺杂 CMOS 器件的“深杂质分布阱”，用来抑制相邻阱结构之间的闩锁不稳定性，减少 DRAM 阵列中因辐射产生的“软故障”。为了抑制短沟道（<100nm）晶体管中源极和漏极结之间的横向穿通，人们开发了多种复杂的掺杂方式。随着这些掺杂方式的发展，掺杂能力达到 10^{14} 离子/cm^2，离子束入射角高达 45° 的离子注入机被开发出来，用于在浅源/漏极延伸（SDE）结周围的“光晕”（Halo）中提供额外的阱掺杂。

通过使用非常高剂量的注入物来对 DRAM 电路中 pMOS 晶体管中的多晶硅栅极进行反向掺杂，注入掺杂剂的剂量范围扩大到 10^{16} 离子/cm^2 以上。为了降低整体加工成本，在整个晶片上沉积了 n 掺杂的多晶硅薄膜，并将其用于 nMOS 晶体管栅极。对于 pMOS 晶体管，需要非常高的剂量（3～5×10^{16}B/cm^2）注入，以对 n 型掺杂剂进行反掺杂，并将 pMOS 栅极转变为高掺杂的 p 型材料。这促进了“等离子浸入”和“离子喷淋”类型的掺杂工具的使用，它们特别适合在低能量（几个千电子伏和更少的能量）下进行非常高剂量的注入。

随着硅基成像器在手机和其他相机中的广泛使用，电荷耦合器件（CCD）和 CMOS 成像器的制造需要使用能量范围为 2～8MeV 的注入器，以形成深达 4μm 的掺杂区域。这些用于 CMOS 器件的掺杂注入器，以及许多额外的模拟和双极性元件的专门应用，填补了如图 1-3 所示的离子注入剂量和能量图中左侧和下段所占的空间。

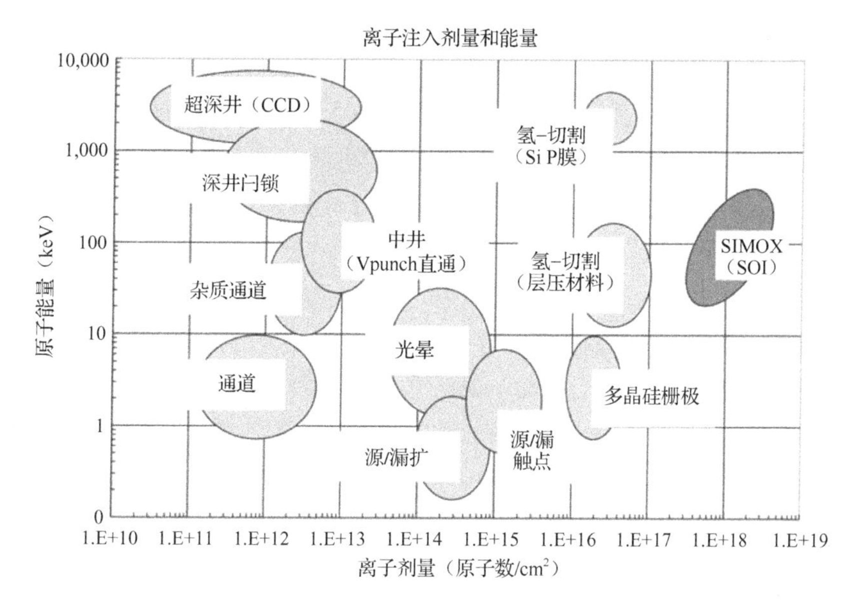

图 1-3　离子注入剂量和能量

注：用于 CMOS 晶体管掺杂的剂量和原子能量区，变化、包含用于硅层分裂（氢–切割）的高剂量氢注入，以及用于形成 SOI 晶片的氧直接注入（SIMOX）。

1.2.1　预非晶化

近年来，非掺杂离子如锗（Ge）、碳（C）、氮（N）、氟（F）、氢（H）等的注入成为制备 CMOS 器件的标准。这些应用中最直接的方式是以足够高的剂量（约 10^{15} 离子/cm^2）注入硅或锗离子，通过在硅或锗离子停止期间的晶格反冲损伤的累积，将硅表层转变为非晶形式。

这种“预掺杂非晶注入”（Pre-doping Amorphization Implants，PAI）的最初目的是消除晶体硅中轻离子（主要是硼）的沟道效应，并形成低能注入物的浅掺杂剂分布。

除了抑制离子沟道效应，PAI 的用途还扩展到很多其他方面。例如，在低温（<700℃）炉和微波退火中进行硅（Si）重结晶生长的过程中激活掺杂剂[1]，还用于在激光或闪光灯光源进行毫秒级时间尺度的退火过程中增加非晶态硅层的光吸收。PAI 也可用于多晶硅栅的材料改性，提高 CMOS 沟道区域的净应变，以此来改善载流子移动性和整体晶体管驱动电流。有许多不同的“应力记忆”技术利用 PAI 方法对多晶硅栅电极进行非晶化，获得晶体管通道的整体拉伸应变（有利于 nMOS）。例如，用金属栅电极替换多晶硅栅并添加氮化物覆盖层，在最终的 CMOS 器件中保持“记忆”的沟道效应[2]。

1.2.2 鸡尾酒注入

将非掺杂原子注入，主要是碳（C）、氟（F）和氮（N）（通常称为“鸡尾酒原子”），作为注入和退火过程的一部分，通过在鸡尾酒原子分布位置俘获硅间隙原子来控制浅掺杂剂扩散[3]。该过程从深度 PAI 注入（Ge 或 Si）开始，然后在中间深度位置注入鸡尾酒原子，并在表面附近进行掺杂（见图 1-4）。接下来，针对这种组合式注入进行约 1s 的快速热退火（RTP），退火温度约 1,050℃。非晶体层在退火过程的早期重新生长为近乎完美的晶体硅，在射程末端（EOR）产生深层缺陷。随着高温循环的继续，EOR 损伤退火并释放出 Si 间隙原子。如果浅掺杂剂是硼（B）或磷（P），当与增加的 Si 间隙浓度结合时会快速扩散，则 Si 间隙俘获层的存在会“使”掺杂剂扩散过程“饿死”，从而导致 RTP 退火周期结束时掺杂剂分布变浅。这类具有掺杂剂和非掺杂剂原子的组合注入，可以用作通过 RTP 设备控制掺杂剂扩散和制造活化的浅结的方法，从而避免了使用激光或闪光灯进行更昂贵、更复杂的毫秒级时间尺度退火的需要。

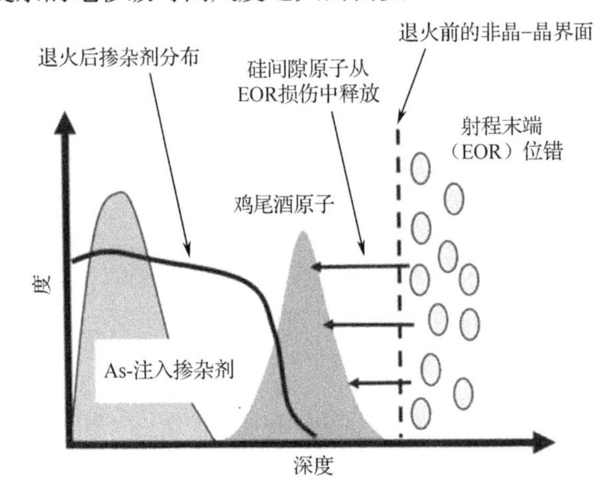

图 1-4 鸡尾酒注入

注：使用“鸡尾酒”原子（C,F,N）减少掺杂剂（B,P）扩散的注入示意图和损伤分布，当“鸡尾酒”原子与硅间隙结合时，掺杂剂将快速扩散。

1.2.3 拉伸应力应变 nMOS 的碳注入

碳（C）注入的另一个用途是在 nMOS 晶体管的沟道中创建局部应变区域，以建立拉伸应变条件（这会增加 Si 中的电子迁移率）。为了在亚 30 nm nMOS 沟道中获得足够的拉伸应变，需要在源极/漏极（S/D）接触区域建立约 2%的稳定 C-替代位的条件，包括形成深度均匀的非晶层，即 C 注入非晶层中，然后快速重结晶退火以限制 C 扩散。这个过程的早期方法结合了 PAI 步骤、Ge 或 Si 原子、C 离子注入和 RTP 类型退火[4]。使用 C 注入在 nMOS 通道中产生拉伸应力应变的 4 种先进方法采用了分子离子，如 $C_7H^+_7$ 和 $C_{14}H^+_{14}$，它们的质量足够大，可以直接形成致密而均匀的非晶层，而不需要单独的 PAI 步骤[5]。采用扫描激光束和分子 C 离子注入相结合的毫秒级时间尺度退火可以提高拉伸应力应变水平。

1.2.4 直接制备绝缘体上硅晶片的氧注入

早期生产 CMOS 应用中的薄“绝缘体上硅”（SOI）晶片的方法是直接注入非常高剂量（约 5×10^{18}O/cm^2，参见图 1-3 所示的右上区域）的氧，在高温退火（>1350℃，约 1h）期间形成掩埋的 SiO_2 层[6]。这种“注氧隔离”（SIMOX）工艺的高剂量需求，促进了电流约为 100mA 的专用注入机的发展。这些注入系统使用射频供电的无灯丝离子源及高效冷却的束线、狭缝和束流阻挡器来处理 10kW 功率范围内的离子束[7]。此外，SIMOX 注入机需要在照射开始时将目标晶片加热到约 600℃，并且在整个高能注入过程中动态地控制晶片温度。高注入温度的目的是提供足够的动态退火速度，使表面硅层在整个注入过程内保持结晶状态，并在退火过程中形成高质量的硅（100）器件层。20 世纪 80 年代后期，通过在高温和室温下开发复杂的多注入 SIMOX 循环，然后在接近硅熔化温度的温度下进行退火，使得 SOI 在商业上用于制造高速逻辑和微处理器成为可能[8]。

1.2.5 通过层转移制备绝缘体上硅晶片的氢注入

20 世纪 90 年代中期，由于需要一种更高效、更通用的方法来制造 SOI 晶片，开始使用高剂量的氢（约 5×10^{16}H/cm^2）注入在半导体材料中形成深埋的氢饱和层。将氢注入晶片与氧化的硅晶片结合在一起形成晶片对，当受到热应力或机械应力时，晶片对会沿着氢分布的峰值分离，从而留下一层薄薄的硅（或锗）层黏结到被氧化的硅晶片上[9,10]。通过化学机械抛光（CMP）或高温氢刻蚀工艺去除严重受损的富氢分离区层之后，就能够获得具有典型硅器件层厚 10～100nm 的高品质 SOI 晶片[11]。这些“氢-切割”工艺的变体与创新的晶片键合技术相结合，可用于制造多种类型的叠层结构，整合各种类型的异质材料，而这些材料很难或不可能以高质量的形式与标准沉积方法结合在一起[12]。一个示例是将氢注入的锗晶片与厚（硅厚度为 2～5μm）SOI 晶片结合，形成一个锗/SOI 多层“光子主模板”。结合后的锗层可以通过掺杂形成探测器结构，也可以当作兼容的基板用于沉积 III-V 层，形成垂直腔半导体激光发射器（VCSL）。厚 SOI 层可以通过刻蚀，形成适用于制作光子元件的波导多路复用器结构，用于处理 1.5μm 波长的光信号。这些光信号可以沿着互联网的全球光网络传输。

1.3 加速器的设计

由于 CMOS 晶体管掺杂和其他材料加工中使用的能量和剂量范围很广，每个特定应用领域所使用的加速器具有完全不同的设计和束流扫描方式。这些通用设备的典型分类如下：

- 中电流——离子束流在 10μA 至约 2mA 之间；
- 大电流——离子束流高达约 30mA；SIMOX 束流约 100mA；
- 高能量——离子能量高于 200keV 且最高可达 10MeV；
- 极高剂量——有效注入剂量大于 10^{16} 离子/cm^2。

商用离子注入加速器系统有许多供应商，市场主要业务由几家历史悠久的公司主导：市场领导者瓦里安半导体设备联合公司（美国马萨诸塞州格洛斯特）；日清离子设备公司（日本京都）在亚洲市场占有重要地位；亚舍立技术公司（美国马萨诸塞州丹弗斯）引领高能量市场；前亚舍立合伙 SEN 公司（日本四国）也拥有强大的亚洲市场地位。其他较小的供应商包括先进离子束技术公司（中国台湾新竹），一个大电流设备供应商；离子束服务公司（法国鲁西特），一个 PIII 和 SiC 注入机公司；Ulvac Technologies（日本），研发设备的长期供应商；高压工程公司（荷兰）和国家静电公司（美国威斯康星州麦迪逊），均提供专业的研发设备；多家已知的射频直线加速器供应商为深型氢-切割的 MeV 质子束提供研发设备。

随着晶片尺寸和注入面积的增加，对每种类型设备的束流要求也有所增加，从最初的 75mm 直径的晶片增加到 300mm 直径的晶片，2012 年后增加到 450mm 直径的晶片。此外，对剂量精度（1%或更高）和离子入射角的控制（关键注入<0.5°）要求的增加，严格限制了晶片表面附近区域的离子束稳定性、扫描均匀性和准直性。

1.3.1 束线系统类型

各种各样的离子注入束线设计都包含一些通用的功能组件（见图 1-5）。离子注入束线的第一个主要部分是被称为离子源的装置，用来产生所需的离子。离子源与偏压电极紧密耦合，用于将离子引出（提取）到束线中，最常见的是选择一种特定的离子，将其输送到主加速段。离子源通常是电弧放电等离子体类型，馈入原子蒸汽用于被电离、加速和注入。通过引导离子束穿过磁场区域来实现“质量”选择：磁场区域的出口路径受到阻挡孔或“狭缝”的限制，只有质量和速度/电荷乘积为特定值的离子才能沿着束线继续传输。

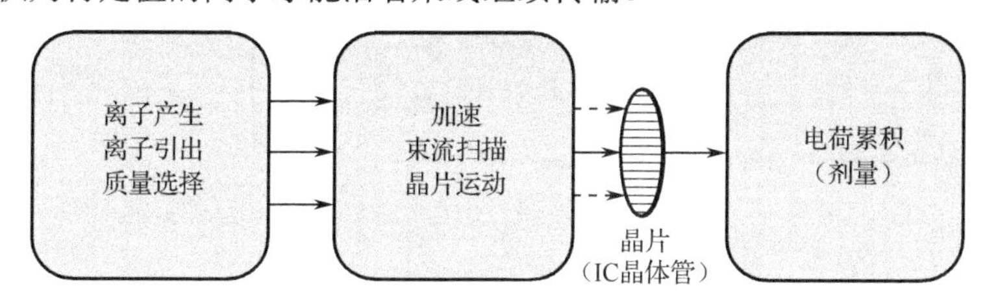

图 1-5　主要的离子注入束线功能组件

通常情况下，如果所需的离子能量与离子源的引出电势不同，则通过附加的电极或射频场来加速（或减速）“选定”的离子束。如果目标表面直径大于离子束直径，并且希望在目标表面上的注入剂量均匀分布，则采用束扫描和晶片运动相结合的方法。

通过收集目标表面的注入离子累积电荷，就可以连续测量注入剂量，从而在注入过程中对其进行精确控制。有时，晶片被封装在法拉第杯组件内，用来排除束等离子体内的电子和其他离子等无关电荷，以及由二次电子和溅射离子造成的电荷损失。

离子注入束线的设计通常需要附加组件才能满足目标的要求。这些组件包括使扫描束在目标晶片表面保持平行的组件，以及位于目标表面附近的电子和离子源。这种电子和离子源向束等离子体中注入电子和离子，从而改善离子束的空间电荷平衡，稳定离子束的准直性及控制目标表面上的局部电势和电流。

如图 1-6 所示是一个束线的例子，其通过将离子源和分析磁铁浮动到高直流电势来获得额外的离子加速（通常称之为“科克罗夫特-沃尔顿”加速器，源于 1930 年在剑桥卡文迪什实验室开发的最初设计），然后在光束路径中进行水平光束扫描和垂直晶片运动。

如图 1-7 所示的瓦里安 VIISta900XP[13]是一种中电流束线，其中许多组件如图 1-6 所示。该束线不仅能够将单电荷离子加速到 300kV（P^{+3} 离子为 900keV），还包含许多其他组件。例如，位于离子源/引出区之后的小型过滤磁铁和狭缝组件，以及在进入主质量选择（分析）磁铁之前加速或减速所选离子束的电极阵列。离子源过滤磁铁和狭缝的主要功能是防止 P^{+2} 和 P^{+3} 多聚离子（将会导致 P^{+2} 和 P^{+3} 束流的能量和剂量误差）通过主分析磁铁和狭缝组件并传输到目标晶片上。

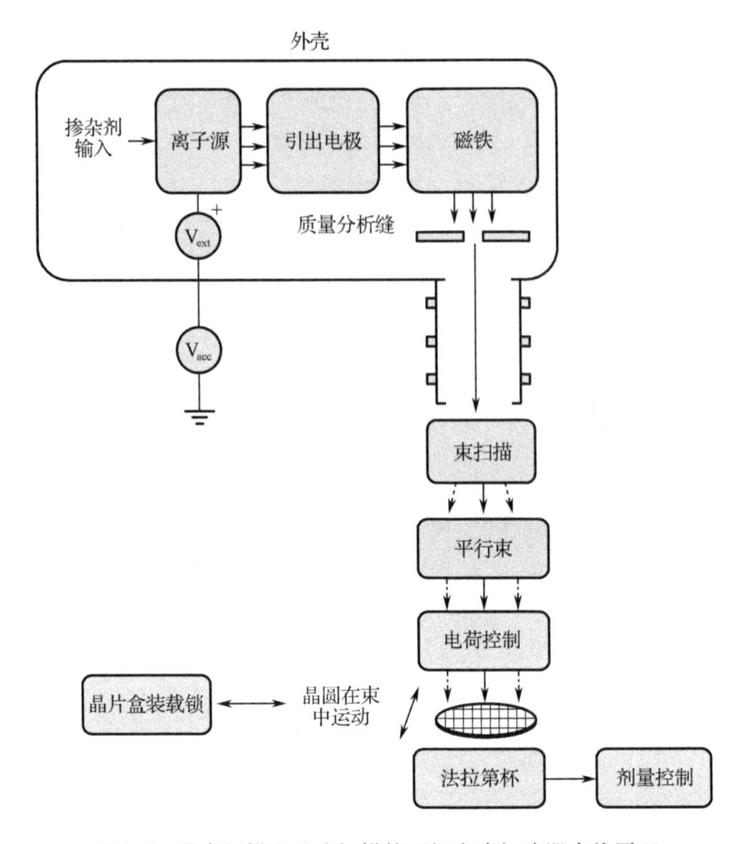

图 1-6 带束扫描和晶片扫描的两级直流加速器束线原理

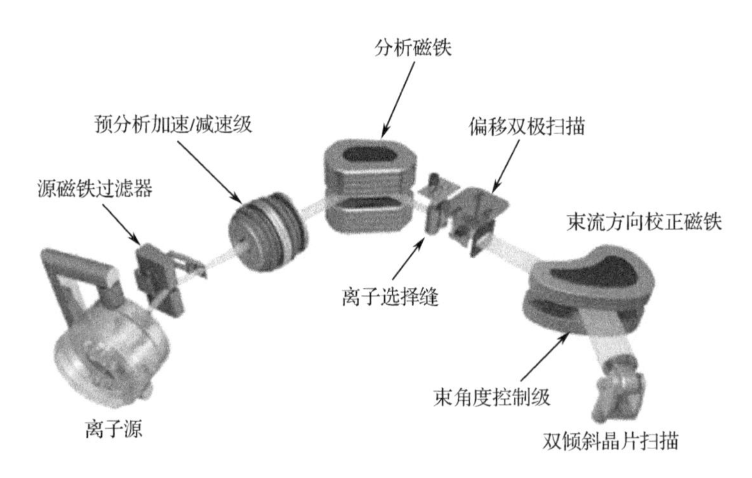

图 1-7 瓦里安 VIISta900XP 中电流离子注入束流组件[13]

1.3.2　加速-减速束线

大电流束线的设计目的是最大限度地提高送到目标晶片表面的离子通量，通常在低能量（1keV 或更低）下运行，它比中电流设计更有优势，包含的束线组件更少。如图 1-8 所示的应用材料公司于 1996 年推出的 xR-80，是大电流束线的一个经典例子。短束线路径（从源到晶片约 1.6m）和分析磁铁部分的开放几何形状改善了“漂移”模式下的离子传输，唯一的加速阶段是在源引出处。为了进一步增加低能量（<1keV）注入物的可用离子通量，质量分析狭缝后放置了静电减速透镜。当减速透镜启动后，能量低至 0.2keV 的硼离子束可以输送到晶片表面，其束流可与 10 倍高能量的漂移模式电流相媲美。

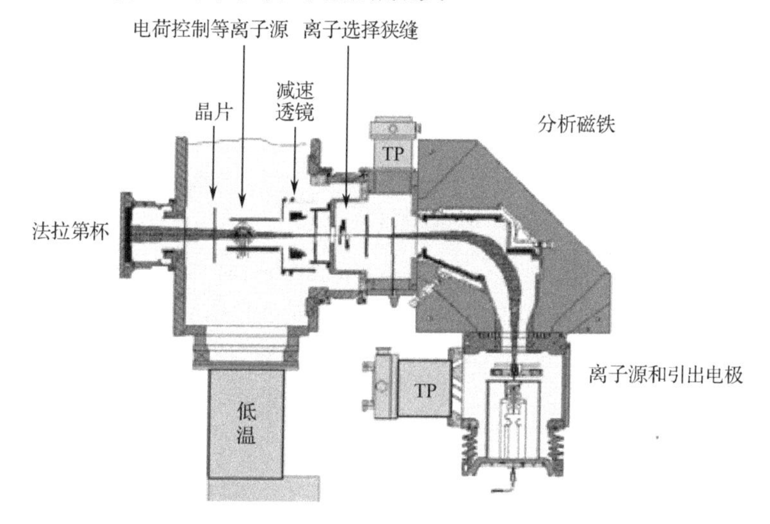

图 1-8　应用材料公司 xR-80 型大电流离子注入机束线[14]

这种加速-减速离子束传输模式的局限性在于，如果在质量分析磁铁之后且在减速透镜之前的区域中，离子束与本底气体分子碰撞形成中性掺杂原子，那么中性掺杂原子将以引出高压能量与减速离子一起被注入。这种类型的“能量污染”可以通过在质量分析狭缝周围区域中使用涡轮泵（以减少与本底气体碰撞引起的离子中和率），以及限制漂移和减速离子能量之间的差异来最大限度地减少。

沿着传输路径对离子能量进行调制仍然是使束流传输最大化并且促进束流成型和聚焦的有效策略。在如图 1-9 所示的瓦里安 HCP 大电流注入机束线[15]中，引出电极引出离子并形成带状束之后，束流聚焦于 90° 质量分析磁铁下游的质量分析狭缝。然后，束流由下游的另一个磁体引导和成型，注入在束流中上下扫描的晶片。束流传输过程中存在两个减速段：质量分析狭缝之后和最终的束流成型磁铁之后。

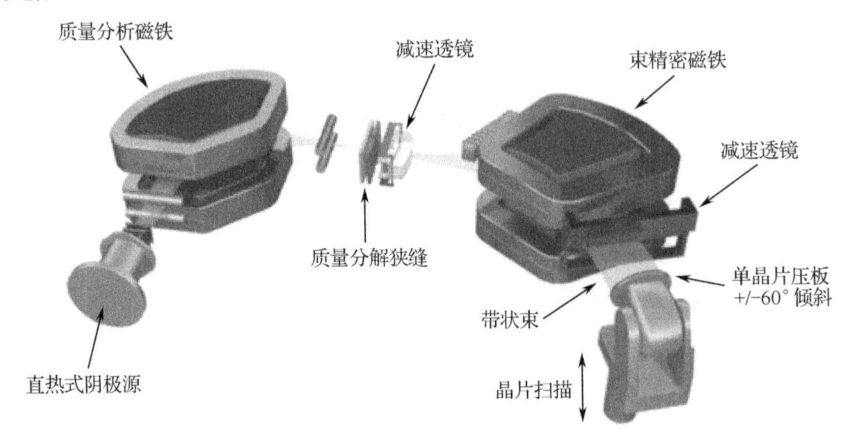

图 1-9　瓦里安 HCP 大电流注入机束线

如图 1-10 所示的 AIBT（先进离子束技术公司）大电流注入设备[16]将束流光学和系统设计进行了完美的结合。该设备在晶片扫描区域的前端，使用多个电极沿着“弯道”路径（类似于摩托车赛道上的转弯）减速和偏转垂直带状束中的低能离子。进入减速段的中性掺杂原子不受偏转地传输到中性原子收集装置。当需要更高能量的离子时，带状束被切换回直线传输，从而绕过弯道减速电极组件。

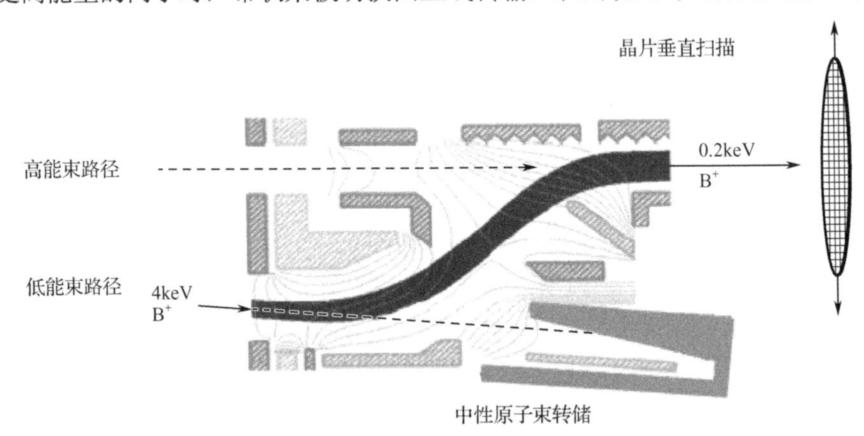

图 1-10　AIBT 大电流注入设备中垂直带状束“转弯”式束流减速装置及中性原子收集装置俯视图[16]

1.3.3　MeV 束线

当需要高能离子（>200keV～几兆电子伏）时，可以使用 20 世纪 30 年代为核物理研究开发的串列或直线加速器的改进型。在串列加速器中，沿着传输路径多次改变离子的电荷态，可以通过直流高压电势获得倍增的能量，如图 1-11 所示。从等离子体源引出正离子，使其穿过金属蒸汽流，利用碰撞电子俘获形成负离子束；在磁铁和狭缝组件中进行质量选择之后，负离子会向着正电位区域加速运动。为了在紧凑的腔室中隔离高电势（高达几兆伏），该区域通常被封装在加压的 SF_6 中。在串列加速器束线的中心，高速负离子穿过高浓度的氩（Ar）气体原子，通过碰撞电荷交换将负离子束转换为具有各种电荷状态的正离子束。当正离子离开这个被屏蔽的电荷交换区域时，它们会加速远离串列中心的高正电势。单电荷正离子离开串列加速器束线时，其动能等于中心正电势的 2 倍。双电荷正离子的最终能量是中心电势的 3 倍。利用商业串列注入机可以获得电荷态高达+4（能量等于中心电位的 5 倍）的低能级掺杂离子束流。放置在串列加速器部分出口处的选择磁铁组件段仅允许具有所需电荷状态（和能量）的离子传递到目标晶片上。

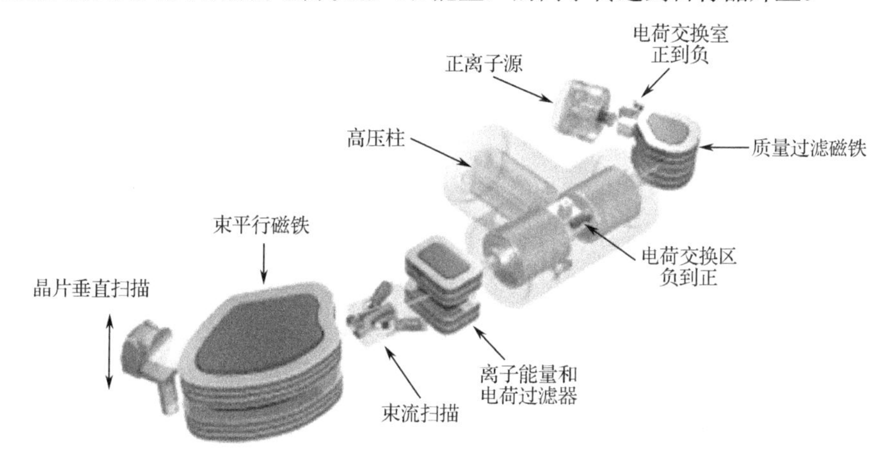

图 1-11　瓦里安 3000 XP 注入机[17]的高能串列加速器光束线示意图

在如图 1-11 所示的瓦里安 3000XP 高能串列加速器注入设备中[17]，当正离子穿过高压加速段之后，由磁场对其进行过滤，去除能量和电荷态不符合需求的离子。然后，沿水平束流路径对过滤后的离子进行扫描，并且通过磁束成型组件在晶片表面形成一系列的平行束。最后，通过上下移动晶片实现垂直晶片扫描，类似于图 1-7 所示的设计。

商用串列加速器在 2MV 电势下运行，可以提供 8MeV 硼离子（B^{+3}），用于向硅中延伸约 10μm 的掺杂分布。在这些硼离子能量下，γ 射线和中子辐射的控制要求仔细屏蔽和选择束线组件材料、有源辐射监测器和限制工作束流的流强[18]。

相位同步直线加速器在高能离子注入机中的应用已有 20 多年的历史。在如图 1-12 所示的亚舍立 Optima XE 高能注入机中[19]，12 个谐振频率为 13.57MHz、电位为 80kV 的射频（RF）腔组合在一起，形成一种能够提供流强为 mA 级、能量约 1.5MeV 的单电荷掺杂离子的束线。应用于深 n 阱的双电荷态 P^{+2} 离子，可以被加速至 2.9MeV，流强达到 0.5mA。来自等离子体离子源的正离子束在通过 70° 质量分析磁铁后进入直线加速器部分（见图 1-12 的左侧部分）。离子束在经过聚束及直线组件加速后，利用 58.5° 终端能量磁铁（见图 1-12 的右侧部分）进行筛选。该磁铁经过调整后可以筛选出具有所需能量的离子，并将其引出至束扫描和晶片扫描区域。

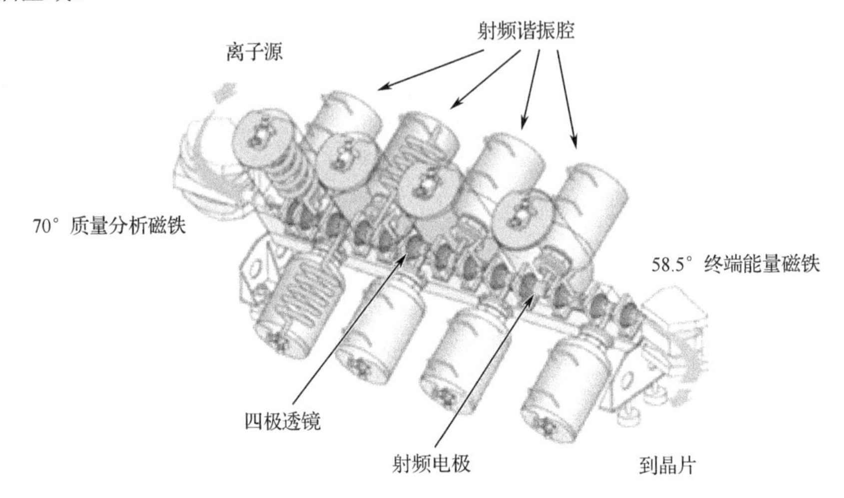

图 1-12　亚舍立 Optima XE 高能注入机[19]

注：其射频直线加速器部分，B^+时工作范围为 10keV～1.5MeV（P^+为 1.2MeV，P^{+2} 为 2.9MeV）。

1.3.4　等离子体浸没注入机和离子喷淋注入机

高剂量（>10^{16} 离子/cm^2）和低能量（几千电子伏或更少）的注入系统采用了一种非常简单的设计。在等离子体浸没注入机（PIII）中，省去了通常的束线组件，只剩下一个产生包含掺杂离子的等离子体装置和一个安装晶片的偏压板。晶片附近等离子体中的离子通过施加在晶片偏压板的短（几微秒）负电位脉冲被加速至所需能量，然后注入晶片表面。与束线加速器相比，PIII 系统非常紧凑，外观类似于 CVD 和等离子刻蚀系统。如图 1-13 所示，这类注入机的应用包括：

- 高剂量（约 5×10^{16}B/cm^2）硼注入，能量为几千电子伏，通过反掺杂 n+多晶硅，在 DRAM 器件中形成 p+掺杂栅电极。
- 高剂量（约 5×10^{16}H/cm^2）氢注入，使用单离子“质子”等离子体在晶片偏压 20～50kV 范围内形成用于热分离或机械分离的氢饱和层，用于制备 SOI 和光子晶片的多层叠片工艺。

- 高剂量掺杂 3-D CMOS 器件结构，如互补式金属氧化半导体晶体管（finFET）的源/漏极。
- 高剂量注入非掺杂离子，应用于密封低 k 电介质表面和其他材料改性。

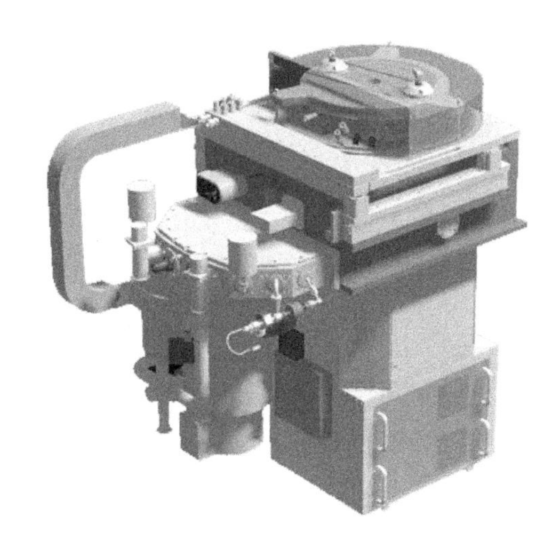

图 1-13 瓦里安 VISta PLAD 等离子体浸没注入机

注：瓦里安 VISta PLAD 等离子体浸没注入机是一款脉冲等离子体模式的射频等离子体掺杂设备，仅当目标晶片上存在偏压时才会形成等离子体。晶片偏压范围为 0.1～10kV[20]。

另一种形式的简化版离子注入机是设计用于大目标区域的高剂量注入的离子喷淋系统，如包含用于电视和其他显示器的多晶硅薄膜晶体管（TFT）的平板阵列，能量高达约 100keV。为了严密控制掺杂工艺，大面积离子束通过束线分析磁铁进行筛选，该磁铁仅允许特定的离子物质进入目标平面（见图 1-14）。目标表面的离子束高 80cm，宽 3～5cm。注入材料为 73cm×94cm 的玻璃板 TFT 或 OLED 器件，沿水平方向扫描。

1.3.5 注氧隔离大电流高温注入机

注氧隔离大电流高温注入机以足够形成掩埋 SiO_2 层的剂量直接注入氧离子，范围从 5×10^{17} 到 3×10^{18}O/cm^2，为 IBM、AMD 等公司提供了足够的 SOI 晶片的商业来源。20 世纪 90 年代后期，IBM、AMD 和其他公司将其高性能逻辑集成电路器件的芯片转换为 SOI 晶片。不断发展的注氧隔离注入技术为此提供了相适应的操作条件。为使 SIMOX 生产过程中所需的高注入氧量具有商业可行性，已开发离子束电流可达 100mA、能量可达 240keV 的连续生产作业系统[22,23]。考虑到需要高流强及氧离子的化学反应性，该系统使用了微波和射频激发产生等离子体

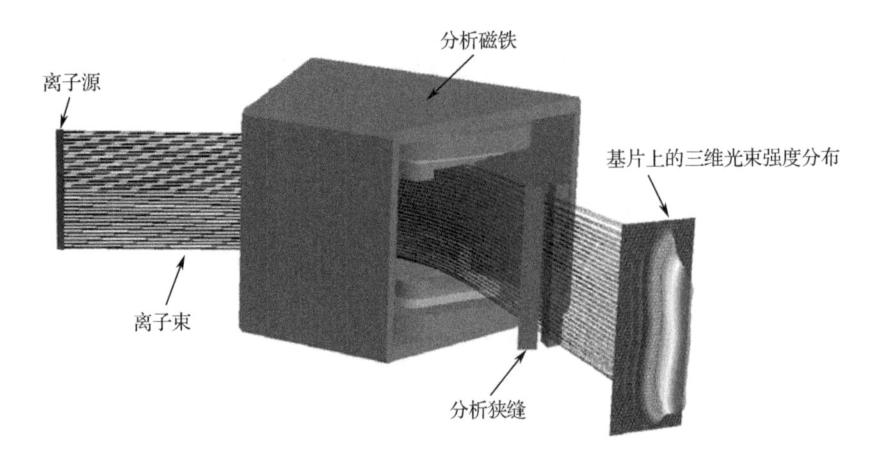

图 1-14 日清离子 iG4 系统[21]

注：日清离子 iG4 系统注入用高磁铁分析段，用于大型（73cm×94cm）玻璃板上的聚硅膜或 OLED 器件，磁铁的质量分辨率可在 M/ΔM=4～10 范围内进行调节。

的无灯丝离子源技术。为了保持结晶性，会造成硅表面层高度损伤，但是在注入期间将晶片温度保持在 500℃至 650℃，可以利用“动态”退火来消除晶体的损伤积累。完成注入之后，在 1,350℃至 1,400℃的温度下，即接近硅熔点温度范围内进行退火，就能形成掩埋的 SiO_2 层。

通过改变注入和退火的条件，可以显著改善掩埋氧化物（BOX）层的结构完整性。例如，在一个相对较低（约 $2\times10^{17}O/cm^2$）剂量的“热”（>500℃）注入过程之后，接着是剂量较低（约 $10^{16}O/cm^2$）的接近室温的第二次注入，在第二次注入过程中的离子能量设计有意地使最靠近晶片表面的氧化区域非晶化，然后通过氧化退火进一步扩展掩埋的 SiO_2 层，最终形成连续无针孔 BOX 层。该工艺的总离子剂量比标准 SIMOX 工艺的低。除了更高质量的 BOX 层之外，还可以利用这种“改良的低剂量”SIMOX 工艺，通过调整离子剂量和氧化退火来改变 BOX 层的厚度[24]。

1.4 离子源设计

离子源的设计与用于加速和将离子传输到晶片和玻璃板靶的许多光束线一样，是多样化的[25,26]，为离子注入提供电离化的掺杂原子。大多数离子源都使用一种持续的等离子体柱，将含有掺杂剂的分子蒸汽流送入等离子体中，并通过电子轰击使其电离。这种离子源的示意图如图 1-15 所示。

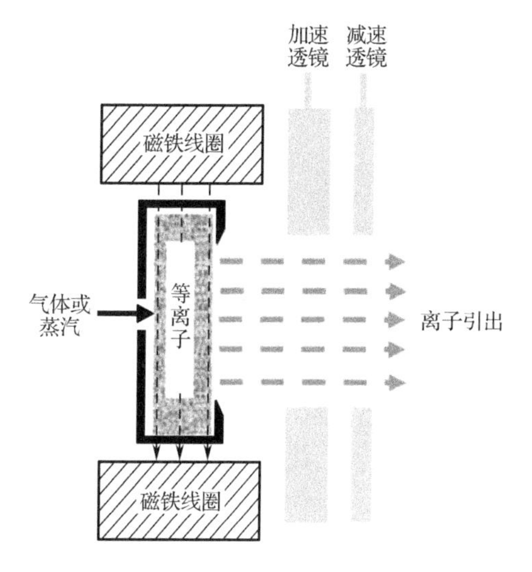

图 1-15　持续等离子体柱和引出电极的示意图

等离子体的典型形式是包含在矩形体积内的圆柱，并且有一个漏斗形开口或狭缝，通过与带负偏压的引出电极紧密对齐，从而将正离子从等离子体中引出并注入束线。等离子体柱内的电离是通过等离子体约束空间（或放电室）内的高速电子轰击馈入的气体或蒸汽流原子来实现的。通常情况下，沿着放电室的主轴施加外部磁场可以使电子沿磁力线做螺旋运动，从而增加电子的运动距离，提高电子碰撞掺杂原子并使其电离的概率。

已经有许多形式的电弧放电被设计用作掺杂离子源。如图 1-16 描述了其中的四种。在第二次世界大战期间，Calutron 离子源被研制出来并应用于美国橡树岭的大型铀同位素分离器。该离子源的加热灯丝位于电弧室外部，提供电子用于电离 UF_6 蒸汽流。在橡树岭同位素分离器中，离子源位于同一磁场中，该磁场使离子沿着一条 8 英尺（约 2.44 米）长的光束路径从离子源偏转到收集栅极。到 1945 年年中，使用多个源室提供了超过 300mA 的铀（U）离子的离子电流，在超过 1,100 个分离器中连续运行。

1.4.1　弗里曼离子源、伯纳斯离子源

随着人们对同位素分离的兴趣向元素多样性的全面转移，人们为大电流操作开发了更小、更稳定的离子源。其中一个用途最广泛、最成功的设计是由英国哈维尔的哈里·弗里曼开发的。弗里曼离子源的特征是沿放电室的轴线放置了一根由钨（W）制成的加热灯丝。灯丝被加热后，会向外发射电子。灯丝的电阻加热电流产生的额外圆形磁场，与外部电磁线圈产生的轴向磁场（见图 1-15）相结合，增加了

电子在放电室内的运动距离，从而提高了进入放电室的蒸汽原子的电离率[27,28]。

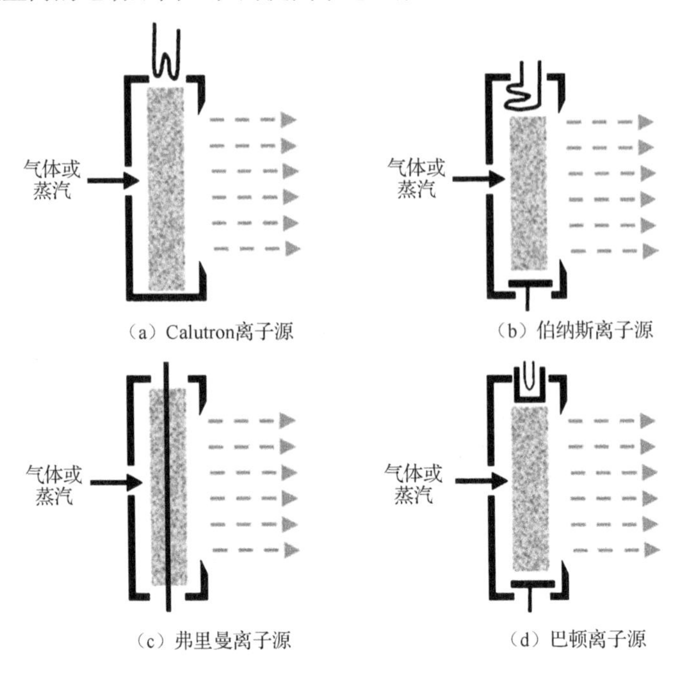

图 1-16　用于 Calutron、弗里曼（Freeman）、伯纳斯（Bernas）和巴顿（Button）离子源的电弧柱引出狭缝和加热电子源的示意图

弗里曼离子源的局限性之一是由于灯丝浸没在电弧放电等离子体中，灯丝上加有负偏压以促进电子发射，灯丝持续承受着由等离子体中的离子造成的低能量碰撞溅射。溅射会造成灯丝原子损失，灯丝截面不断缩小，从而导致灯丝过热，最终熔化失效。由灯丝中钨原子的溅射和化学去除产生的富钨层沉积在放电室壁、引出狭缝和放电室内的各种绝缘部件上，这些均会引起弧放电等离子体状态严重畸变及电流短路，最终致使离子源故障。与之相反的是，使用含氟分子作为掺杂蒸汽源时，将导致钨晶须在热灯丝表面上不断沉积和生长[28]。

如图 1-16（b）所示的伯纳斯（Bernas）离子源设计中，在放电室一端放置一卷灯丝，可以显著降低离子溅射对源灯丝的影响。由于灯丝位于电弧放电柱的边缘，离子轰击率远低于弗里曼灯丝，从而延长了灯丝和离子源的寿命。伯纳斯离子源还包括一个与加热灯丝相对的反阴极电极，该电极旨在将电子反射回弧放电等离子体柱，增加电子在放电室内的运动距离，提高蒸汽原子的电离率。

伯纳斯离子源的另一个优点是增加了多电荷态离子的引出流强。在弗里曼离子源的设计中，灯丝位于引出狭缝开口附近，这使大量的多电荷态正离子在通过“守门”灯丝进入引出狭缝区域时被灯丝上的负偏压俘获。在伯纳斯离子源的设计中，偏置灯丝远离引出狭缝区域，可以从等离子体中引出所有的高电离度离子。

伯纳斯离子源的灯丝仍然受到溅射腐蚀和化学层堆积的影响，尽管这两者的影响低于弗里曼离子源的设计，但还是会缩短离子源的使用寿命。此外，盘绕形状的伯纳斯灯丝拥有高应变速度，特别是对于脆性材料，如钨。使用加热板或巴顿（Button）离子源作为电子源阴极，可以在很大程度上避免弗里曼离子源和伯纳斯灯丝的这些局限性（如图 1-16 所示）。这种阴极由一个钨帽制成，其直径与弧放电等离子体柱的大致相同。这种大面积钨帽形成了一个低电阻电子源，但没有像灯丝电子源那样被欧姆电流高效地加热。将钨帽或间接加热阴极（IHC）加热到足够的温度之后，通过从小型灯丝电子源发出的电子进行背面轰击，从而形成热电子发射。由于巴顿离子源中的热灯丝与弧放电等离子体完全隔离，因此这种灯丝可以长期使用，而不受离子轰击和与掺杂剂源材料发生化学反应的限制。由于间接加热式阴极位于放电室的边缘且远离引出狭缝，因此这种离子源与伯纳斯离子源一样，能够高效引出高电荷态离子。凭借使用寿命长和其他优势，钨巴顿离子源或间接加热阴极离子源现已成为大电流注入机的弧放电等离子体离子源的首选。

连续运行的弧放电等离子体离子源必须满足众多的条件，其中最基本的条件之一是提供足够数量的电子。这些电子还需要具备足够的能量，能够通过碰撞从源原子分子上剥离电子（如电离）。电离阈值能量随原子序数和电离电荷态变化的规律如图 1-17 所示。对于常见的硅掺杂元素，第一电离电势（产生+1 电荷态离子所需要的电离电势）约 10eV，需要越来越高的电子能量来形成更高的电荷态离子，通常使用平衡倍压型加速器来获得用于深层注入分布的高能离子。

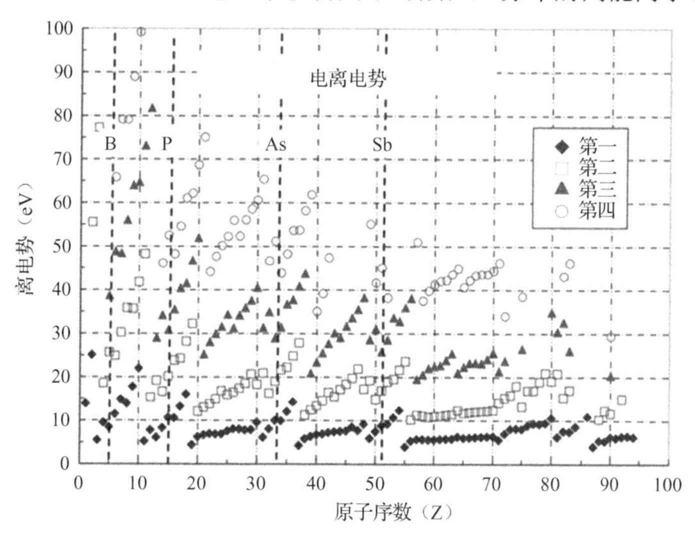

图 1-17　所有元素的电离电势为+4（重点显示了硅掺杂中四种常见元素 B、P、As 和 Sb 的情况）

增加高荷态离子数量以获得更高电子能量的常用方法是增加加热帽或灯丝电子源的负偏压，或通过在较高温度下操作加热源来增加电子发射率。这两种选择都通过增加电子源表面的离子溅射轰击能量、增加化学反应速率，来增加加热电子源的损伤率和磨损率。此外，还需要限制放电室内部气体的压强，以此来控制离子与背景气体原子碰撞时，由于电子转移而造成的高电荷态离子损失。提高碰撞电离率的另一种方法是增加轴向外部磁场的强度（参见图 1-15 和图 1-16），从而增加放电室内高能电子的运动距离以及与掺杂剂蒸汽分子发生电离碰撞的概率。此外，如果需要引出大量的高电荷态离子，为避免弗里曼离子源灯丝的“守门”行为，应该使用伯纳斯离子源或间接加热阴极设计中的“远控”离子源。

1.4.2 特殊离子源：SIMOX、分子离子、非易失性元件和大面积光束

目前所描述的弧放电离子源并未很好地满足所有的注入要求。如前所述，SIMOX 注入机使用大流强（约 100mA）氧束形成掩埋 SiO_2 层，氧离子与被加热的金属表面的高化学反应性阻碍了加热灯丝或钨帽用作电子源。对于此类注入系统，可以使用多种形式的微波和射频激励来电离 O_2 或 H_2O 原料气体分子，而无须使用灯丝[29]。

当需要大规模分子离子如 $B_{10}H^{+}_{14}$ 和 $B_{18}H^{+}_{22}$ 用于低能量高掺杂剂焊剂注入以形成浅 p-n 结时，弧放电离子源的高温工作环境将会导致掺杂剂分子“开裂”。例如，$B_{10}H_{14}$ 在高于 350℃的温度下分解成 H 和 B_xH_y，远低于弧放电离子源的 700℃至 1100℃的工作范围[30]。为了产生足够的 $B_{10}H^{+}_{14}$ 和类似的高质量分子离子，可以利用高能电子束横穿过源分子蒸汽流时碰撞使之电离的方式，如图 1-18（a）所示[31]。

当所需的元素很难通过原子或分子蒸汽的形式获取时，可以从位于弧放电等离子体边缘的固体源中溅射出所需的原子［见图 1-18（b）］[32]。通过对固体靶施加相当于等离子体鞘层的负偏压，并通过局部螺线管磁场引导等离子体离子向固体靶运动，从而将固体靶原子溅射到弧放电等离子体中。这种类型的离子源能够高效地提供金属离子和高熔点元素。

当靶区域远大于硅晶片时，例如在 920mm×730mm 玻璃板上通过注入来制造用于高性能平板电脑显示器和电视屏幕的大型硅涂层玻璃板，需要采用截然不同的方式来产生和传输离子束。一种广泛采用的方式是在“离子喷淋”设备中形成和传输长达 90cm 的“宽刷”带状离子束，并在横切离子束方向上前后移动大面积平板（见图 1-14）。如图 1-19 所示的大面积离子源，在大体积（95cm×20cm×20cm）

放电室内，通过多会切磁场对电离等离子体进行约束及通过分布在离子源后壁的灯丝阵列提供电子[21]。离子由小孔多栅极阵列引出，形成 80cm 高、3～5cm 宽的带状束，经过大型质量分析磁铁，最终进入玻璃板扫描腔。通过调整最靠近弧放电等离子体的栅极上的偏压，可以增加引出（和所需）的 B^+离子与较重的 BF^{+2} 离子相比所占的比例，在离子源电源功率较低的情况下，仍然能获得 0.4mA/cm 或大于 40mA 的 B^+束流。

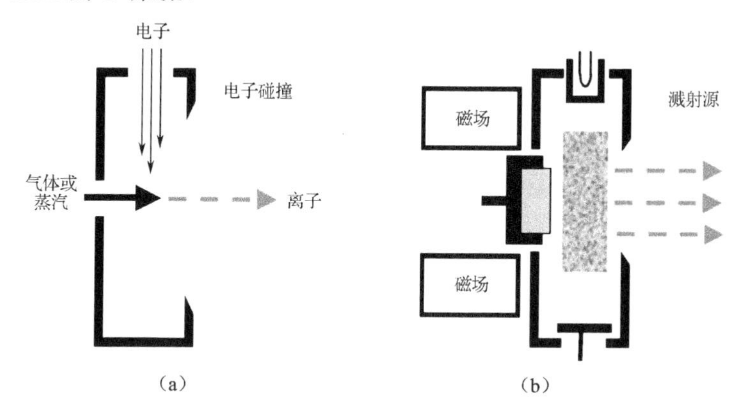

图 1-18　用于产生高质量分子离子的电子碰撞源（a）和溅射源（b）的电离室和提取狭缝示意图

注：原子和离子通过局部螺线管磁场引导至固体靶的等离子体离子对固体靶的溅射侵蚀供应至电弧放电等离子体。

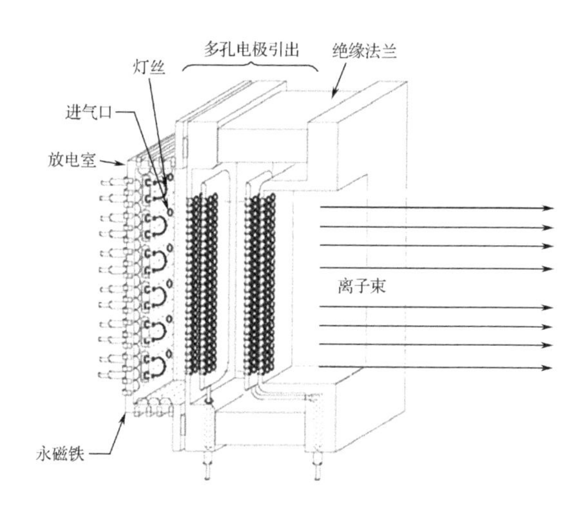

图 1-19　日新 iG4“离子喷淋”注入机的大面积离子源

注：该注入设备的多丝弧等离子体由多会切磁场约束，其中包含的 B^+离子高达 40mA[21]。

1.5 扫描方法

除了等离子浸没注入（PIII）系统之外，其他注入方式的离子束均小于目标表面积。因此，为了在表面获得均匀的离子剂量分布，需要将离子束和目标表面的扫描相结合。人们采用了各种各样的方式来实现这个目标。20 世纪 70 年代引进的许多早期离子注入机都是将晶片固定的，使用垂直和水平静电偏转电极在晶片表面进行离子束扫描。随着离子束流强和晶片尺寸的增加，为将一个方向上进行束扫描与另一个方向上进行晶片运动相结合提供了更有效的系统设计。另一种广泛用于高能强流注入机中大功率束的方法是在旋转的转轮上安装许多晶片，通过转轮的垂直轴线扫描，使晶片在固定的离子束前面移动。这导致束加热和电荷效应分布在一个很大的区域内，晶片仅暴露于短脉冲的束流电荷和能量中。

分布在晶片表面的离子剂量必须可控且高度均匀，因此，离子束的入射角必须达到在分布范围内的变化小于 1°。通常情况下，其调节范围是从正常到 60°，这意味着这种扫描方式必须在晶片平面上提供几乎平行且发散极小的扫描束。其他需求如向目标晶片输送单能离子及控制晶片表面器件结构中的电流和电荷积聚，也要在束线设计中进行特别考虑。

1.5.1 正交方向的束偏转和晶片运动

现代离子注入机中广泛使用的方式是在水平方向上利用静电或磁偏转进行离子束扫描，并在近似垂直的方向上移动单个晶片。这种束/晶片扫描组合的一个例子是 SEN 的 SHX-III 注入机[33]，其利用静电束偏转和双电极静电透镜偏转使扫描离子束在水平面上平行传输，通过机械运动带动晶片横切扫描离子束（见图 1-20）。该设计是由 Eaton（现在的亚舍立公司）在 20 世纪 90 年代早期开发的中电流系统发展而来的，用于提供能量大于 10keV 的离子束，且流强可与大电流注入机相媲美（例如，B+为 7mA，P+为 10mA）。它还可以将这种高传输效率应用于更高能量的离子，通过在束平行透镜之后采用减速段将离子束减速到 0.2keV，以较低的能量将大量的离子输运至晶片。SHX 注入机在运行时的加/减速能量比远高于直线减速束线（参见图 1-8 和图 1-9），这是因为在减速段之后放置了一个偏转电极，该偏转电极将低能离子导向晶片，而所有的高能离子束不受偏转地传输至束收集器。该设计利用静电电极偏转高能弱流离子束，利用磁场偏转低能强流离子束。这种“能量过滤器”使 SHX 注入机能够以高达 40 的加/减速比将最终离子能量≤1keV 的单能掺杂剂输送至晶片上。针对大入射角注入情况，晶片在运动平面中的方向可以调节，其最大倾斜角度可达 45°。

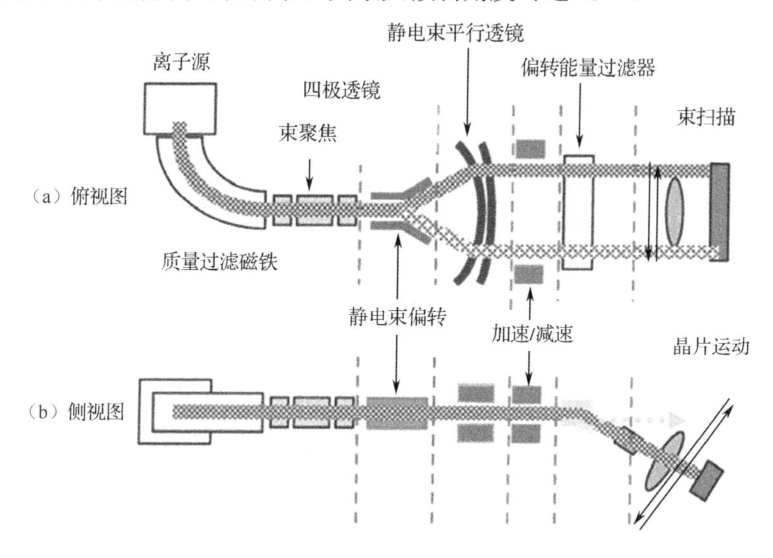

图 1-20　具备静电束扫描和机械晶片运动的 SHX-III注入机[33]的俯视和侧视示意图

如图 1-21 所示，亚舍立公司的 Optima-XE 的高能束线中使用了类似的扫描概念，其中用于引导扫描束沿着平行轨迹传输的静电双透镜被一个 60° 磁场所取代。水平面的离子束扫描是用静电电极完成的，晶片在类似 SHX 注入机的可变倾斜处理装置上通过扫描的束面进行机械扫描。

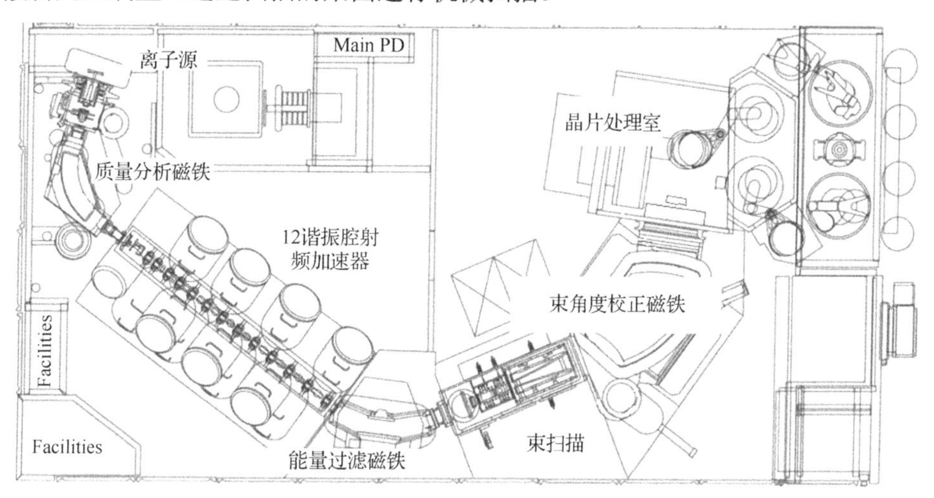

图 1-21　Optima-XE 高能束线[19]的俯视图

当强流束在低能的状态下进行扫描时，利用静电的方式会遇到很多困难，因为这些方式都倾向于将高速离子与传输路径中的空间电荷电子分离开，从而导致离子束受到库仑膨胀和其他的负面影响。磁偏转在这种情况下更有效，因为它在偏转高能离子束的同时，还允许较慢的束内电子跟随离子束一起运动，从而保持良好的局部空间电荷平衡。如图 1-22 所示，日清离子 9600A[34]使用一系列磁场组件将引出的离子分散到不同曲率的传输路径上，以便利用可调狭缝对所需离子的质量和电荷态进行筛选，在三元四极透镜段对离子束形状进行调整，在水平面上对离子束进行扫描，偏转并引导离子束进入晶片平面上的一系列平行扫描路径。该束线与 SemEquip 开发的电子束电离源结合时，可优化低能分子离子的传输，以 $B_{18}H_{22}$ 离子的形式提供 2keV、20 个硼粒子/mA 用于高剂量浅结掺杂[35]。减速后的束内掺杂原子能量降至 0.2keV，但是这种弱束流拥有远高于单原子离子束所能提供的掺杂通量。

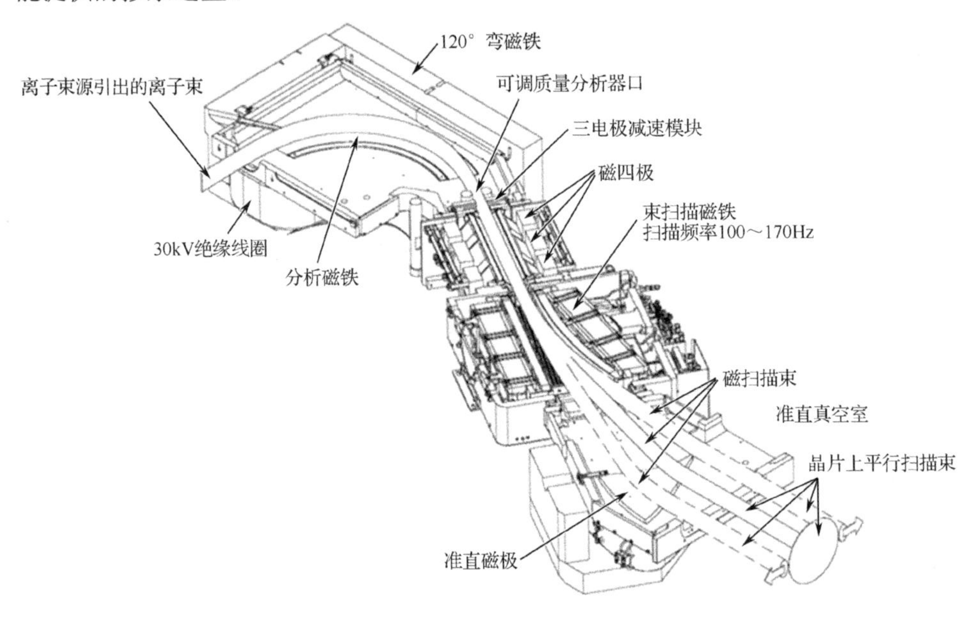

图 1-22　日清离子的 9600A 注入机中，用于质量分析、聚焦、扫描以在晶片平面上形成平行准直束的磁组件示意图[34]

注：通过倾斜度可调的晶片上下横切束平面进行扫描。该束线针对使用分子离子（如 $B_{18}H_{22}$）的低能束进行了优化。它还支持能量高达 320keV 的高能单原子离子，以及能量更高的多电荷态离子。

1.5.2　转盘式和摆式晶片扫描

多年以来，选择高能强流离子束进行注入的扫描方法是将多个晶片安装在一个如图 1-23 所示的快速旋转的转盘上（旋转速度高达 1,250rpm），通过平移转盘的轴使晶片在固定的离子束上进行扫描。这种扫描方法可以使束流功率和传输的电荷分布在整个晶片上，并将束流照射限制为短脉冲（对于某些系统是小于 1ms 的），从而大大减少了晶片因电荷积聚和束流加热所导致的难题。晶片上的高离心力还避免了使用前端夹具来固定晶片。

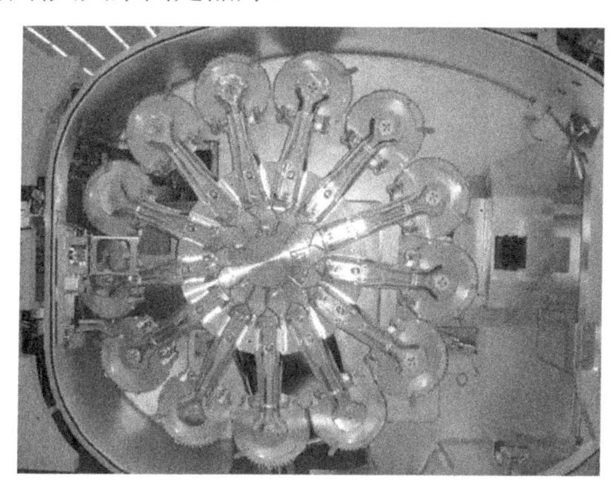

图 1-23 应用材料公司的 PI9500 注入机中 300mm 晶片的旋转轮的背视图

注：在真空中运行时，转盘以 1,250rpm 的速度旋转，同时转盘的轴左右摇摆，使晶片在来自束线端口的固定离子束前进行扫描，该端口位于图片右侧。

然而，转盘设计在控制离子束入射角方面也有局限性，这导致难以控制离子沟道效应。此外，当晶片表面与离子束中传输的粒子发生碰撞时，高晶片速度（高达 90m/s）会对诸如薄（<100nm）多晶硅栅电极之类的精密器件结构产生破坏。目前，先进的栅极宽度为 30nm，这种来自粒子的碰撞破坏是难以接受的产量损失机制[36]。

降低转盘的转速和晶片的速度会导致剂量测定、晶片充电和束加热等诸多问题，因此是一种临时的解决方案。几种现代的注入机都使用“偏轮”钟摆设计。在该设计中，晶片在摆臂上以慢得多的速度来回摇摆，摆臂也可以垂直移动，从而使离子束“刷”在整个晶片上，如图 1-24 所示。由于晶片运动太慢且不均匀，因此使用静电吸盘代替离心力将晶片固定于适当的位置，并将热量和电荷从晶片上充分地导出。

“R-θ”扫描的某些方面已经延伸到这些现代机器设计中。摆式扫描与转盘系统具有相同的要求，即晶片摇摆运动与轴平移速度相关联。当离子束照射晶片上靠近转轴的部分时，摆动速度更快，从而使晶片获得均匀的剂量分布。在图 1-24 所示的例子中，通过整个晶片运动组件在注入之前围绕垂直轴旋转来实现大入射角注入[37]。

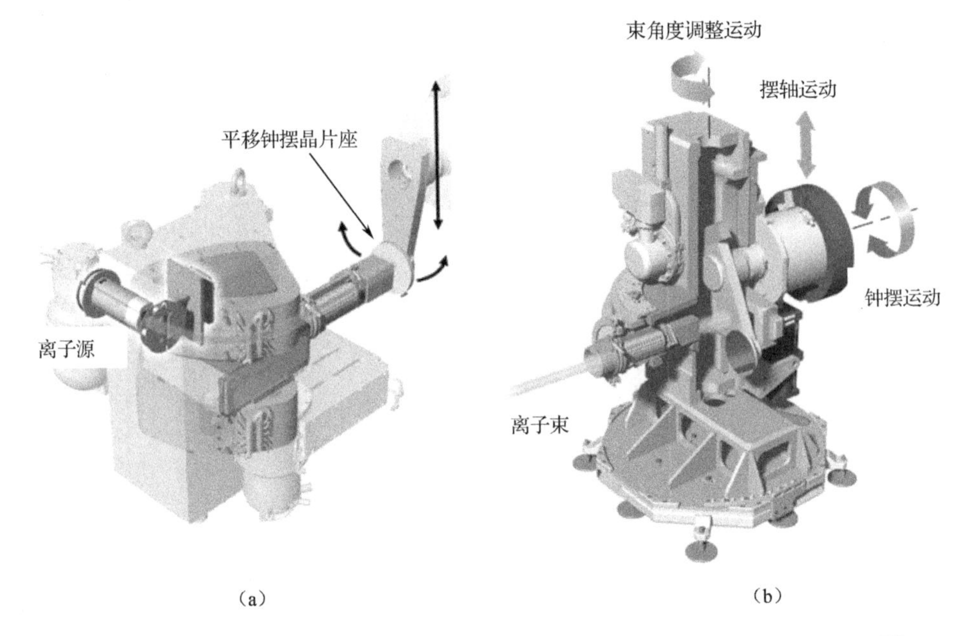

图 1-24　亚舍立 Optima-HD 大电流注入机中的平移钟摆束线（a）和晶片运动（b）[37]

1.6　新方向：气体团簇离子、光伏电池掺杂和用于硅膜切割的 MeV 质子

离子注入工具已被广泛用于研究先进材料和装置的形成方法及特性。离子注入的关键优势在于可以形成新的化学和结构组合，而不会受到化学过程和结构界面的过度限制。对于其他材料沉积技术，如气体扩散、化学气相沉积（CVD）或溅射，原子结合到材料中受材料表面条件的限制，例如，氧化物的存在和其他扩散障碍，以及材料内的扩散和化学反应率。利用离子注入技术，可以将已知量的原子注入材料而不用担心表面扩散障碍。通过注入高剂量分布的原子，亚稳态合金组合所获得的浓度通常比扩散和化学反应等近平衡过程所获得的浓度高得多。

新材料应用的另一个关键因素是离子束本身的作用。入射离子在目标材料内部的减速过程中，会有大量的能量沉积到材料表面，在离子停止过程中的极短时间（小于 10ps）内，往往能达到远高于熔点的温度。当大量原子同时到达材料表面时，就像使用含有成千上万个原子的大团簇离子一样，与单原子离子照射的材料工艺完全不同。这些研究偶尔也会在新型加速器的研制和离子注入的推广中有令人满意的结果。

1.6.1　气体团簇离子

对高能气体团簇离子束（GCIB）与表面的相互作用的详细研究从 20 世纪 80 年代发展以来，最始终如一的是日本京都大学和邻近大学的一系列研究小组[38]。他们的研究表明，在加压（10Torr 左右）腔室和真空之间，通过喷嘴扩散气体的绝热冷却形成大型原子团簇，随后使其电离形成气体团簇离子。这种效应也用于冰箱和空调的运行，即使是像氩这样的惰性气体也会被“冻结”成能容纳数千个原子的团簇。当气体团簇穿过分离器上的小选择孔时，该小孔将筛除包含较小原子团簇和单体的离轴气流，而大原子团簇的超音速束可以通过低能电子轰击电离并加速向目标表面运动，如图 1-25 所示。

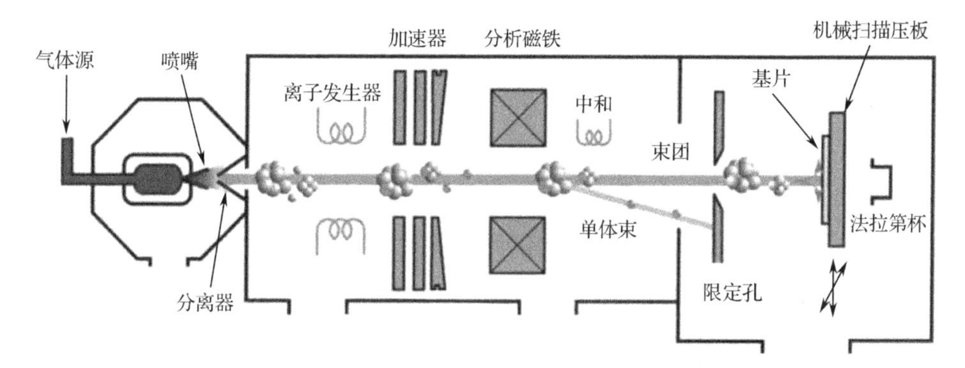

图 1-25　气体团簇离子束（GCIB）系统[38]的示意图

注：通过喷嘴将气体扩散到真空区域形成大型原子团簇，分离器筛除较小尺寸的团簇，离子通过低能电子轰击产生并加速，残余单体通过磁场偏转出离子束，离子在撞击目标表面之前被中和。

离子的动能由加速电势决定，每个原子的能量取决于团簇的大小。因此，包含 1,000 原子的团簇被加速到 1keV 时，每个原子的能量仅为 1eV。每个原子的能量对团簇尺寸的这种依赖性会产生严重的后果。如图 1-26 所示的硅上 20keV 氩团簇碰撞分子动力学模型中，小的（n=20～2,000）氩团簇碰撞会导致致密的损伤区域和凹坑。然而，对于大的（n=20,000）氩团簇碰撞，其中每个离子的能量远低于硅原子从晶格中反冲离位的阈值（12～15eV），整个团簇从硅表面反射而没有造成反冲损伤。由于 20keV 离子团簇与表面碰撞产生的动量交换，导致能量在短时间（约 10ps）内通过强烈的局部加热而被转移。当局部加热超过熔化温度时，团簇碎片中的原子被高效地纳入熔化区域，在表面留下一层高度掺杂的非晶层。最重要的是，在这种情况下，硅原子没有发生反冲离位，掺杂的非晶层不会被密集分布的晶格缺陷所包围，并且在热退火过程中，非晶层再生长后不存在“射程末端”损伤。残余损伤会极大地增加由载流子复合和隧穿效应引起的结漏电流。因此，GCIB 掺杂具备浅层注入的可能性，且不会产生与缺陷相关的漏电流。

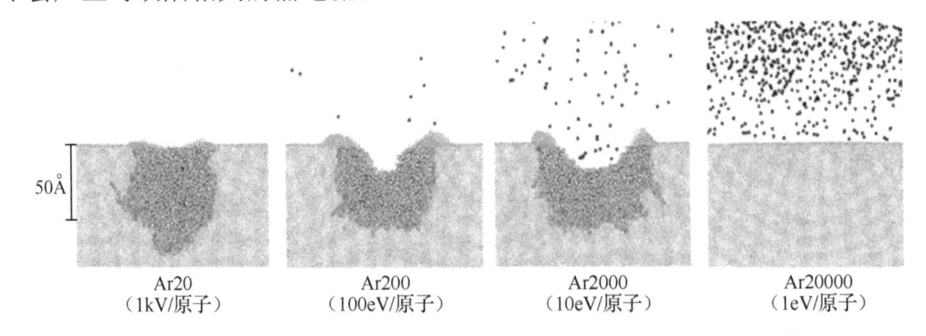

图 1-26　20keV 氩团簇碰撞分子动力学模型

注：对于最大的（*n*=20,000）团簇碰撞，每个氩原子的能量远低于硅原子的反冲离位阈值，导致团簇原子被反射，仅在硅中产生较高的局域加热却没有反冲。

GCIB 碰撞的应用不仅限于浅结掺杂。当加速较小的惰性原子团簇注入硅时，伴随着表面凹坑的形成，将产生强横向溅射和质量传递（参见图 1-26 的中间部分），为 X 射线扫描电镜的制造和表面声波器件的调谐等应用提供了一种有效的方法，可将表面光洁度微抛光至原子水平。当气体团簇离子包含化学反应性元素时，如硅和金属上的六氟化硫（SF_6）团簇，团簇离子碰撞引起的局部表面加热导致刻蚀速率比单体束或等离子体照射的刻蚀速率高几个数量级。长时间暴露在大量的 GCIB 中会导致在室温下沉积掩膜。使用 GCIB 照射来规避与 CVD 沉积相关的热循环，可以形成具有易碎成分的掩膜，如使用聚合物光刻胶在硅上进行局部室温沉积锗。

当 GCIB 碰撞导致的局部离子束加热与分子束沉积相结合时，可以形成独特的致密、高质量的多层结构。在图 1-27 所示的例子中，在氧气环境中进行电子束蒸发的硅和钽束沉积时，可以形成 SiO_2 和 Ta_2O_5 的多层掩膜。当利用氧分子的高能 GCIB 碰撞辅助掩膜生长时，生成的掩膜密度更大，表面更平坦。因此，该技术用于为光子器件提供更高质量的光学反射组件。类似的 GCIB 工艺已被用于在聚合物和其他独特结构上形成类金刚石碳膜，以及多孔材料表面的密封，如 IC 金属化结构中的低 k 介电膜[38]。

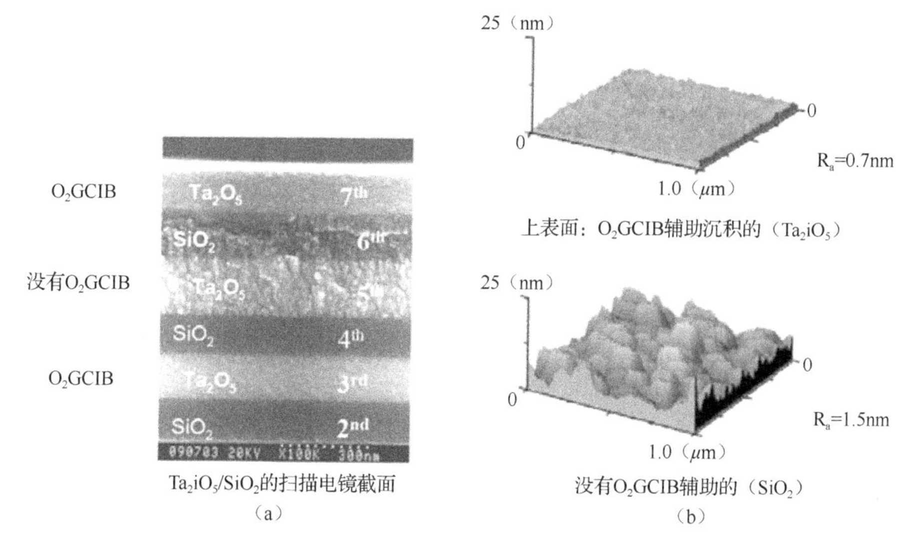

图 1-27　由电子束蒸发 Ti 和 Si 在氧气环境中形成 Ta_2O_5/SiO_2 多层结构的扫描电镜（SEM）扫描截面（a）和原子力显微镜（AFM）扫描图（b）

1.6.2　硅基光伏电池的掺杂

通过离子注入对硅基光伏（PV）电池进行掺杂是注入机的一项主要的新应用。使用离子注入对硅基光伏产品进行掺杂的主要驱动力是提高中等掺杂结的太阳能效率和减少光伏电池生产工艺流程中的步骤并相应降低成本。更先进的光伏电池设计采用了背面 p 型和 n 型结以及接触栅，从而使正面 100%不受阻挡以获得全光入射。注入掺杂在该设计中拥有更多的优势。

对于碳化硅（晶体硅）和晶硅块的标准光伏电池掺杂始于利用磷的沉积和驱出扩散在 p 型衬底中形成正面 n^+结。磷来自在炉管中与 $POCL_3$ 蒸汽反应形成的表面玻璃涂层（见图 1-28）。$POCL_3$ 气相掺杂是一种成熟的 n^+结形成方法，其表面掺杂浓度约 $3\times10^{20}P/cm^3$。通过 $POCL_3$ 炉中的扩散退火，获得理想的 0.5～1μm 结深。在 $POCL_3$ 掺杂之后，在电池背面和边缘的 n^+掺杂区域被刻蚀和/或磨掉，露出 p 型体以供后续加工。

由 $POCL_3$ 扩散导致高掺杂水平的一个问题是，大量的磷会使迁移率降低（掺杂离子核的库仑散射）从而减弱 n^+结的电导率，以及通过复合机制降低自由载流子浓度。因此，当磷掺杂浓度增加到 $1\times10^{20}P/cm^3$ 以上时，光伏电池的功率效率将会降低 2%～5%，这取决于掺杂水平和 n^+ 结深度，如图 1-29 所示。光伏电池效率的损失体现在高掺杂浓度表面区域吸收较短（“蓝色”）波长光的灵敏度降低。在掺杂水平低于约 $1\times10^{19}p/cm^3$ 时，由于载流子浓度不足，效率也会下降，从而增加了结阻抗，再次限制了光电流效率。

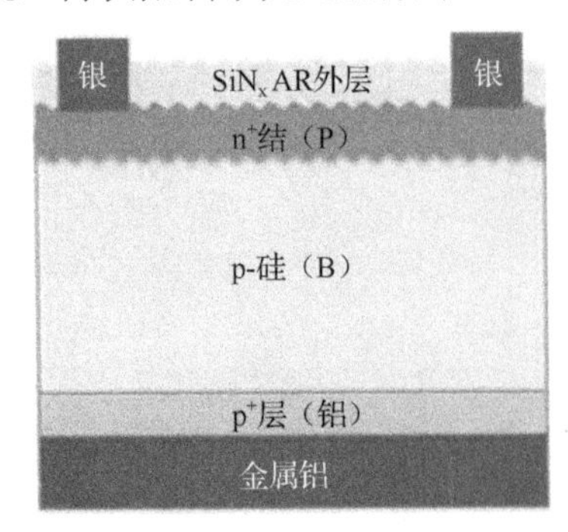

图 1-28　扩散掺杂的 PV 电池（左）和工艺流程（右）的示意图

注：正面 n^+结由 $POCL_3$ 气流沉积的掺杂玻璃层的扩散掺杂。在金属烧结退火期间，铝向外扩散形成了一个额外的 p 掺杂区，从而增强了背面接触。

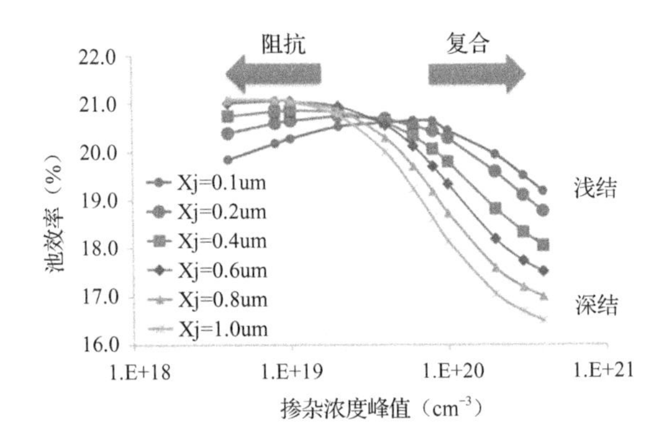

图 1-29　对于各种结深，PV 电池的功率效率是顶部 n^+结中掺杂剂浓度的函数[39]

随着光伏电池的使用环境由大面积的安装区域转移到面积有限的区域，如工厂和住宅的屋顶，光伏电池的效率成为关注重点。在仍然使用 $POCL_3$ 掺杂的情况下降低磷（P）浓度是可行的，方法是在延伸的推进退火前，通过增加氧气（O_2）流量、刻蚀含磷氧化物涂层的主要部分来进行 $POCL_3$ 沉积。但这两种方法都增加了处理时间和复杂性。

利用现代大电流注入设备，可以很容易地将磷掺杂剂高效、准确地注入光伏前表面，并且在推进退火之后，掺杂浓度达到 $1\times10^{19}P/cm^3$。通过注入中等掺杂的结可以显著提高光伏效率（见图 1-29），同时能显著改善掺杂的均匀性（$POCL_3$ 掺杂随蒸汽流速、炉温和磷玻璃/硅界面清洁度的变化而变化）和减少光伏工艺步骤，尤其是与金属栅格线发射极下 n^+区域的局部注入掺杂相结合时（见图 1-30）。

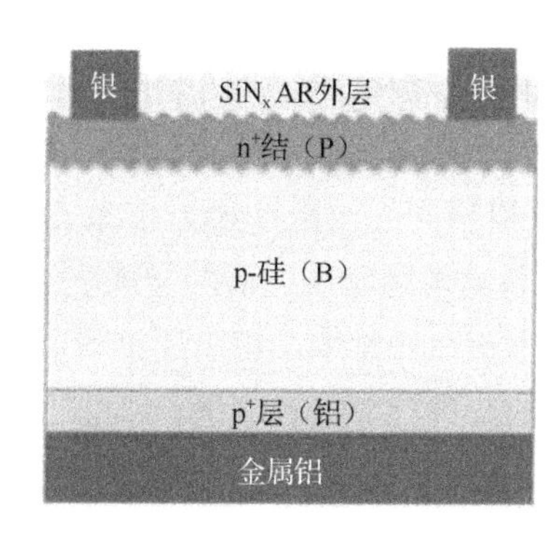

图 1-30　金属接触线局部高掺杂浓度的中掺杂 n 型前结的示意图（左）和工艺流程（右）[40]

为了在上层 n 结和金属栅格线之间实现欧姆接触，低接触电阻率是必需的。可以通过添加额外的掺杂剂，对金属栅格线沉积路径上的发射极结进行“选择”或“加倍”，使其恢复到类似 $POCL_3$ 的水平。对于瓦里安 Solion 注入机，这种局部额外掺杂可以通过放置在晶片前面的荫罩来实现，该荫罩与金属栅格的位置对齐，从而避免了在电池上镀膜的需求和成本（见图 1-31）。

图 1-31　瓦里安 Solion 光伏电池掺杂设备中使用的荫罩[41]

1）光伏电池注入掺杂的替代

通过直接控制调整以进行优化及使用非接触荫罩的注入方式能够严格控制结掺杂程度。非接触荫罩是一种经济高效的方法，用于对金属栅格线之下的上层结添加额外的“加倍发射极”掺杂。然而，注入机比扩散炉复杂得多，而且需要注意在高压和真空环境下的操作，有毒的掺杂气体及易碎的光伏电池处理机理。

用于“选择”或“加倍”发射极掺杂的一种替代技术是沿着金属接触栅格的

路径用扫描激光推进来自 P 掺杂玻璃层的额外掺杂原子。这是一种非真空的在线工艺，不包含用于额外发射极掺杂的镀膜流程。

另一种技术是使用与金属栅格线沉积相同的丝网印刷方法来实现局部沉积掺杂的硅油墨。在金属银（Ag）接触栅格的丝网印刷之后的金属烧结退火期间，将掺杂剂引入硅体。这些掺杂油墨的版本正在开发中，用于通过喷墨打印机对更脆弱的光伏材料（如多晶硅和超薄硅电池）进行非接触喷涂。

2）先进的光伏电池

虽然注入掺杂面临着正面结掺杂的几种竞争选择，包括现有的 $POCL_3$ 扩散掺杂，但效率大于 20%的下一代硅基光伏电池需要避免正面金属触点及将 p 型和 n 型结都置于电池背面。在这种情况下，注入掺杂对所有形式的扩散掺杂都具有显著优势，因为它可以使用室温下掺杂，并且容易去除印刷图案掩膜。基于 CVD 的掺杂需要沉积、镀膜及去除氧化和氮化层的高温兼容“硬”掩膜，这增加了光伏电池制造工艺的成本和复杂性。

下一代光伏电池将包括更薄的、载流子寿命和迁移率更高的硅，如利用 n-Si 块体电池的更高的电子迁移率，还将包括背面光学涂层将光反射回电池块体，以及在硅块体表面和电池边缘处具有更好的钝化界面以减少重组引起的载流子损失（见图 1-32）。其中一些功能已经集成在光伏供应商（如 SunPower）的高效 c-Si 电池中。

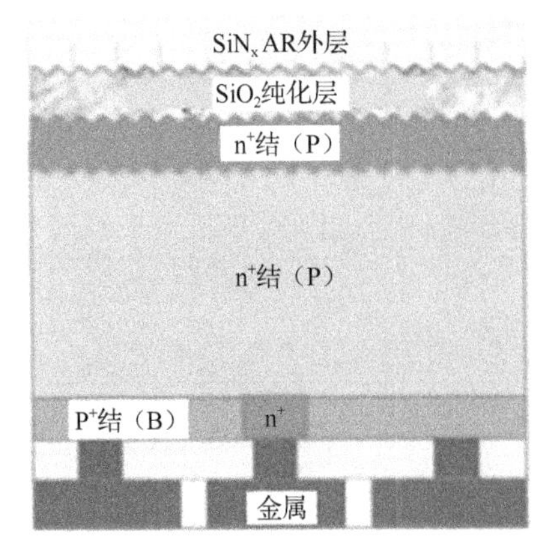

注入掺杂工艺：背面触点
1.锯齿损伤刻蚀前表面变形
2.注入正面覆盖n^+层
3.氧化和SiN_x正面沉积（PEVCD）
4.注入背面覆盖n层（背面）
5.图形注入P^+发射极结（背面）
6.沉积纯化介质层（背面）
7.退火掺杂
8.印刷和干燥铝接触金属（背面）
9.金属烧结退火

图 1-32　先进的光伏电池设计，背面有 P^+和 N^+结和触点，无正面金属触点（左），注入物掺杂工艺流程（右）

在图 1-32 中，PV 电池的主体是 n 型，利用了电子的较高载流子迁移率。正面和背面的所有结均通过离子注入进行掺杂。请注意，在前、后结附近存在钝化介电膜，其厚度和光学特性被设计成正面为抗反射涂层，背面为反射层（与金属层一起）。

下一代光伏电池中背面触点的掺杂可以通过现有工艺中的丝网印刷方法的扩展来实现，该方法使用局部激光加热从掺杂玻璃膜或喷墨印刷掺杂的油墨中进行扩散。这些方法面临的挑战将是更窄的接触线，目前的正面金属线宽度大于100μm，希望用于背面接触（以使背面光学反射涂层和钝化表面的可用面积最大化）。如果掺杂触点（可能是以交错的p型和n型结的形式分布在反射和钝化表面）的横向尺寸对于丝网印刷图案来说很难实现，那么对光刻和印刷图案膜的需求将极大地促进对结使用注入掺杂。

尽管离子注入在光伏掺杂中的应用相对较新，但至少有三家供应商为该市场设计了产品。瓦里安半导体设备联合（VSEA）公司（以下简称瓦里安）通过在前端结和发射极掺杂中加入可调式荫罩（见图1-31），改进了其广泛使用的大电流设备。瓦里安还积极开发使用束线（见图1-9）和等离子体浸没（图1-13）技术进行背面光伏掺杂。

针对光伏掺杂的需求，Intevac和Amtech公司开发了新型注入设备。随着光伏掺杂市场的发展，其他注入设备供应商可能会选择改进各种用于CMOS掺杂的等离子体浸没设备（瓦里安、先进离子束技术公司等），以及目前用于掺杂平板显示器和电子产品的“离子喷淋”（见图1-14）设备（日清离子设备公司、SEN部门）。

1.6.3　用于制备薄硅光伏膜的MeV强流质子

通常用于制备绝缘体上硅和光子结构的氢注入的能量范围为20～100keV，最近已扩展到1～4MeV。在这些较高质子能量下进行大剂量注入，可以形成深埋的H饱和分裂层，其能够分离20～150μm厚的硅膜。位于这些深度的富H-层，可以分离自支撑硅膜而不需要结合处理晶片来抑制表面起泡的形成。这些兆电子伏质子注入的目的，是在切割过程中以最小的硅损耗，获得小质量的光伏硅太阳能电池[42]。

使用物质中离子的阻止和射程（SRIM）相关的蒙特卡罗仿真程序来估算注入深度为20～150μm的质子的能量范围[43]，如图1-33所示。150μm深度的质子分布需要约4MeV的束能量。氢离子在硅中通过与目标电子碰撞而失去大部分能量，其中一小部分能量沉积会在离子路径的末端形成硅反冲。离子损伤峰的位置对于硅和锗中的氢很重要，因为最终的质子分布是由注入损伤层的深度决定的，注入损伤层会捕获原本高速移动的氢原子并将其固定。考虑到注入损伤层位置和密度的重要性，只有严格控制影响损伤累积速率的因素，如离子束电流密度、扫描速度和硅温度等，才能实现在该领域的成功应用。

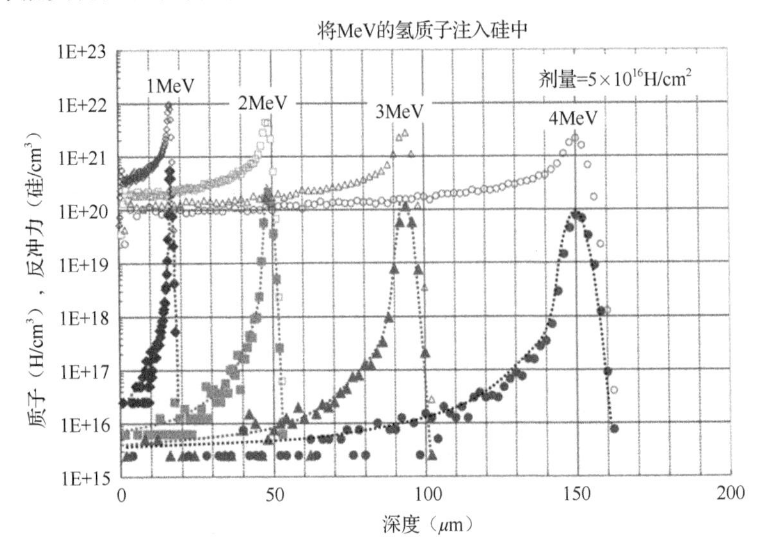

图 1-33　蒙特卡罗（SRIM08）计算氢气（实心符号）和硅反冲曲线（空心符号）

注：以 1～4MeV 的氢质子注入硅中，剂量为 $5\times10^{16}H/cm^2$。

强峰态的质子分布导致了高度区域化的分裂界面，在分离过程中硅的损失很少或没有损失，大部分的膜受到最小的离子损伤。这样就产生了高质量、长载流子寿命、约 50μm 的光伏材料，其示例如图 1-34 所示。鉴于进行 H-割需要高质子剂量（$\sim5\times10^{16}H/cm^2$），人们为该应用开发了基于新型射频四极（RFQ）直线加速器和大束流传输直流加速器的注入机。这类注入机可以提供毫安级低成本制造光伏应用所需的硅薄膜。目前，有硅创世纪和双溪科技两家公司，他们用高能强流质子加速器为此应用提供服务。

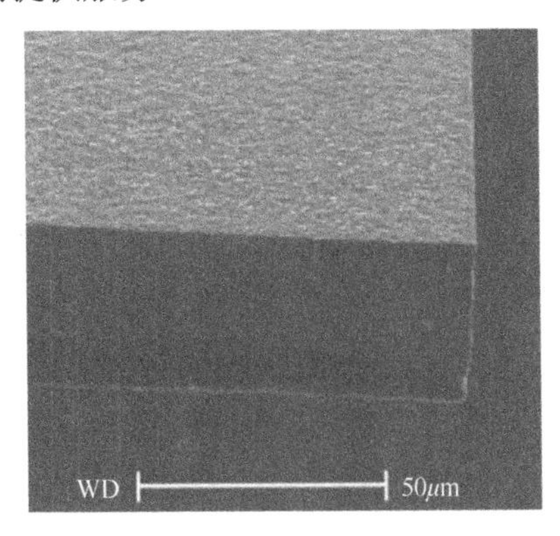

图 1-34　注入约 2MeV 大剂量 H 注入后，被分离的 50μm 厚的硅膜的扫描电镜图像

1.7　金属和生物材料的注入

虽然本章重点介绍了离子注入的主流应用，例如，将掺杂剂和活性元素如氧（O）、氢（H）、碳（C）、氟（F）等注入半导体材料，但工业加速器和等离子体注入系统也用于各种金属、陶瓷和快速多样化的生物材料系列的注入。

1.7.1　金属：硬度、摩擦和腐蚀

为改善应用于钻头、其他材料切割及模具冲压的金属模具的性能和寿命，人们长期使用大剂量 10^{17} 离子/cm^2 氮（N）注入，通过形成硬质氮化物沉积来增强铁、铬和钛等金属的耐磨性和耐腐蚀性。这项技术的使用，受到材料性能显著改善所需的高剂量及难以用强定向离子束处理复杂形状表面的限制，其中许多难题可以通过使用 PIII[44]的改进型来缓解。

在半导体晶片上掺杂 IC 元件的 PIII 应用中（在 1.3.4 中讨论过），晶片靶是一个位于含有掺杂剂的等离子体区域边界处的平面，通过晶片上的短（微秒级）脉冲负压将离子从等离子体中引出而实现注入。对于大型复杂形状的冶金应用，靶件完全浸没在等离子体的中心，当靶件被施加脉冲负偏压时，等离子体中的离子从各个方向以大致与局部表面形状垂直的角度被吸引到靶件上。这种 PIII 的原始形式是由威斯康星大学的约翰·康拉德在 20 世纪 80 年代中期开发的，大致与松下的本吉·米津诺在半导体应用方面的初始 PIII 工作同时开始。

美国洛斯阿拉莫斯国家实验室（LANL）开发了一个大型 PIII 示范装置，用于探索 PIII 在大型结构件（如图 1-35 所示）表面改性中的应用。该装置能够处理大体积（直径 1.5m×深 4.5m）等离子体室中的部件。在 100kV 时，脉冲电流为 55A[45]。

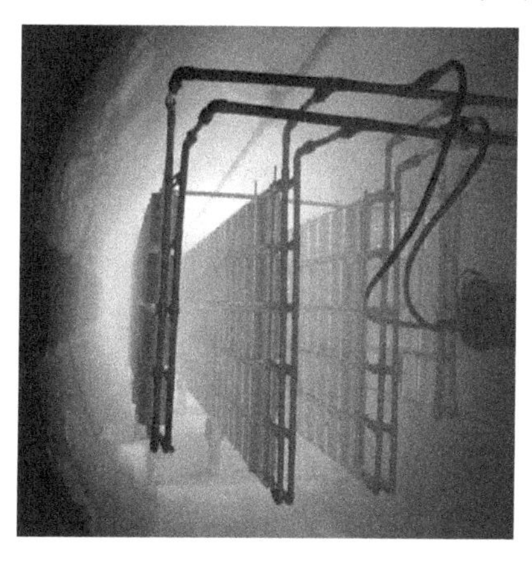

图 1-35　大容积（1.5m×4.5m）PIII 室和架子上的铝发动机活塞零件

从 20 世纪 80 年代中期开始，美国劳伦斯伯克利实验室（LBL）开发了从固体靶真空电弧熔化形成的等离子体中引出金属离子的方法，该方法被用于为高能注入提供高电荷态的强金属离子束[46,47]。在金属蒸汽真空电弧（MEVVA）离子源中，混合离子和液态金属颗粒从金属阴极表面上较小（几微米）的高温区域蒸发，产生的金属离子等离子体可以通过气流和外部磁场引导到引出栅极组件。通过引出栅极组件，离子被加速到所需的能量。在离子束注入目标表面之前，引导金属等离子体沿着弯曲的磁约束路径传输，可以将金属粒子从离子中筛除。MEVVA 型离子源可以在各种表面形成富金属膜和沉积层，具有良好的粘附性和覆膜性。金属离子束由 50 多种金属元素和多种合金构成[47]。

具有大面积引出栅极、包含多个阴极靶的金属离子源已经被开发出来。如图 1-36 所示，直径为 50cm 的栅极可以在电弧电流为 300A 的情况下，引出流强为 7A 的 100keV 纯钛离子束[47]。

图 1-36　LBL 开发的直径为 50cm 的金属离子源，提供流强为 7A、平均能量为 100keV 的纯钛离子束

1.7.2　等离子体浸没注入和沉积处理的生物材料

随着气体流量和成分、真空压力、等离子体密度和靶脉冲状态的变化，PIII 室可用于沉积和刻蚀膜及注入离子。这种操作的复杂性，往往对使用 PIII 将掺杂剂受控注入集成电路（IC）器件中提出了许多挑战，而在复杂表面上制备多种材料组合用于制造生物材料时，它具有相当大的优势。

长期以来，将 N^+离子注入钛和钛合金中以改善用于髋关节和膝关节置换的医用植入物的耐磨性和耐腐蚀性。注入式医疗植入部件的产出率每年超过 10^5 个。

在过去几年中，生物材料的应用已经扩展至许多新的领域[48]。

钛材料也非常适合作为牙科和整形外科的替代物，其中需要在植入部分周围形成牢固的骨骼再生。当 PIII 用于从腔室中的局部蒸发源注入形成等离子体羽流的钠（Na）或钙（Ca）离子时，浸泡在模拟体液中的耐磨性和骨骼生长率会获得极大的提高。在这些应用中，PIII 注入复杂表面的能力是其强大优势。传统注入机的定向离子束很难对这些复杂表面进行注入。

为了注入用于感测身体状况并将数据传输到外部接收器的集成电路(IC)器件，通常希望促进硅材料周围的骨生长以稳定体内的芯片。将高剂量的 H^+注入硅中，形成富氢的非晶硅层，当浸泡在模拟体液中时，大大提高了骨状磷灰石的生长率[49]。PIII 特别适合这种应用，因为大剂量质子注入具有极高的芯片部件处理效率，避免生物传感器设备和电路受到高温或污染环境的影响。

乙炔和其他有机物能够形成富含碳的等离子体。具备这种等离子体的 PIII 室，可用于形成具有很高的薄膜附着力和覆盖率的类金刚石碳（DLC）表面涂层。向富碳等离子体内进行添加，包括前文讨论过的阴极电弧源形成的金属离子，用于掺杂 DLC 膜可以提高生物活性。用诸如钙和磷的元素掺杂 DLC 膜可以进一步改善表面的润湿性，并抑制血小板黏附和损伤，这是与血液接触的生物表面的关键要求[50]。

用于制备生物材料的 PIII 型设备的数量在未来几年将明显增加。

1.8　总结

在离子加速器用于集成电路器件和材料制造的近半个世纪的历史中，不断进行着创新和复杂的工程循环，为全球现代电子工业提供设备。从 20 世纪 30 年代开始，商用加速器就根植于用于核物理实验和同位素分离的加速器领域。20 世纪 60 年代末，商用加速器用于集成电路设备和材料的制造，如今其年销售额已超过 10 亿美元。截至写作此文时，全球有 14 家供应商生产和销售这些商用系统，其中 4 家公司主导了用于制造半导体器件和材料的注入机市场。束流范围从微安（μA）发展到约 100mA，离子能量从几电子伏（用于 GCIB）发展到约 10MeV（直线和串列加速器）。

多样性的驱动力使离子注入法能够在精确的深度和位置沉积掺杂剂和其他有用的原子，浓度跨越六个数量级，在管理良好的连续生产环境中将剂量控制在 1%以下。这种能力使离子注入法被普遍用于集成电路器件的掺杂应用。

用于掺杂集成电路和制造半导体和光学材料的加速器及相关组件的范围和

能力在不断扩大。光子应用的持续发展需要越来越复杂的材料和结构，这似乎为离子束掺杂晶体管的技术提供了许多新的应用。不断探索离子注入在金属表面处理、高效光伏电池的选择性掺杂以及专业生物材料制造领域的快速发展中的应用，有望以更多的形式扩展工业加速器的应用。

致谢

本章的编写得到了瓦里安半导体设备联合公司、日清离子设备公司、亚舍立科技股份有限公司、先进离子束技术公司、应用材料公司和住友重机械工业株式会社的 SEN 部门提供的大量束线和离子源的图表和插图。非常感谢他们的支持。

1.9 参考文献

[1] E. J. H. Collart, *et al., inProc. 16th Int. Conf. on Ion Implantation Technology (IIT 06)*, AIP Conf. Proc. Vol. 866 (American Institute of Physics, Melville, 2006), p. 37.

[2] T. Ghani *et al., inIEDM Technical Digest* (2003), pp. 978–980.

[3] A. Vanderpool and M. Taylor, *Nucl. Instr. Meth. Phys. Res*. **B237**, 142 (2005).

[4] Y. Liu, et al., inSymp. *on VLSI Circuits Technical Digest, 2007* (IEEE, New York, 2007), pp. 44–45, doi:10.1109/VLSIT.2007.4339720.

[5] A. Li-Fatou *et al., ECS Trans*. **11**(6), 125 (2007).

[6] K. Robertson *et al., Nucl. Instr. Meth. Phys. Res*. **B55**, 555 (1991).

[7] J. Blake and S. Richards, *14th Int. Conf. on Ion Implantation Technology Proc. (IIT 02)*, IEEE Cat. No. 02EX505 (IEEE, New York, 2002), p. 391.

[8] D. K. Sadana and M. I. Current, *in Ion Implantation Science and Technology, 2000 Edition*, Ed. J. F. Ziegler (Ion Implantation Technology, Chester, 2000), p. 341.

[9] M. Bruel, *Electron. Lett*. **31**, 1201 (1995).

[10] M. I. Current *et al., Electrochemical Soc. Proc. SOI Technology & Devices X,* **PV-2001-3**, 75 (2001).

[11] http://www.soitec.com.

[12] *Integration of Heterogeneous Thin-film Materials and Devices*, MRS Symp. Proc. Vol. 768 (Materials Research Society, Pittsburgh, 2003).

[13] A. Renau, in *Proc. 16th Int. Conf. on Ion Implantation Technology (IIT 06)*,

AIP Conf.Proc.Vol.866(AmericanInstituteofPhysics,Melville,2006),p.345.

[14] C. Lowrie *et al.*, in *Proc. Int. Conf. on Ion Implantation Technology (IIT 96)*, IEEE Cat. No. 96TH8182 (IEEE, New York, 1996), p. 447.

[15] G. Redinbo *et al.*, in *Proc. 16th Int. Conf. on Ion Implantation Technology (IIT 06)*, AIP Conf. Proc. Vol. 866 (American Institute of Physics, Melville, 2006), p. 614.

[16] N. White *et al.*, in *Proc. 16th Int. Conf. on Ion Implantation Technology (IIT 06)*, AIP Conf. Proc. Vol. 866 (American Institute of Physics, Melville, 2006), p. 335.

[17] http://www.vsea.com/products.nsf/docs/viista3000xp.

[18] N. R. White *et al.*, in *Proc. 17th Int. Conf. on Ion Implantation Technology (IIT 08)*, AIP Conf. Proc. Vol. 1066 (American Institute of Physics, Melville, 2008), p. 277.

[19] S. Satoh *et al.*, in *Proc. 17th Int. Conf. on Ion Implantation Technology (IIT 08)*, AIP Conf. Proc. Vol. 1066 (American Institute of Physics, Melville, 2008), p. 273.

[20] E. Winder *et al.*, in *Proc. 16th Int. Conf. on Ion Implantation Technology (IIT 06)*, AIP Conf. Proc. Vol. 866 (American Institute of Physics, Melville, 2006), p. 511.

[21] Y. Inouchi *et al.*, in *Proc. 17th Int. Conf. on Ion Implantation Technology (IIT 08)*, AIP Conf. Proc. Vol. 1066 (American Institute of Physics, Melville, 2008), p. 316.

[22] C. McKenna *et al.*, in *Proc. 16th Int. Conf. on Ion Implantation Technology (IIT 06)*, AIP Conf. Proc. Vol. 866 (American Institute of Physics, Melville, 2006), p. 622.

[23] K. Tokiguchi *et al.*, in *Proc. 14th Int. Conf. on Ion Implantation Technology (IIT 02)*, IEEE Cat. No. 02EX505 (IEEE, New York, 2002), p. 629.

[24] D. K. Sadana and M. I. Current, in *Ion Implantation Science and Technology, 2006 Edition*, Ed. J. F. Ziegler, (Ion Implantation Technology, Chester, 2006), 8-1 to 8-28.

[25] I. G. Brown, Ed., *The Physics and Technology of Ion Sources* (Wiley–VCH, Weinheim, 1989).

[26] I. G. Brown, Ed., *The Physics and Technology of Ion Sources, 2nd Edition* (Wiley–VCH, Weinheim, 2004).

[27] J. H. Freeman, *Radiation Eff ects 100*, 161 (1986).

[28] M. Farley et al., in *The Physics and Technology of Ion Sources*, 2nd *Edition*, Ed. I. G. Brown (Wiley–VCH, Weinheim, 2004), pp. 133–161.

[29] N. Sakudo, *in The Physics and Technology of Ion Sources,* 2nd *Edition*, Ed. I. G. Brown (Wiley–VCH, Weinheim, 2004), pp. 177–201.

[30] D. Adams *et al.*, in *Proc. 16th Int. Conf. on Ion Implantation Technology (IIT 06)*, AIP Conf. Proc. Vol. 866 (American Institute of Physics, Melville, 2006), p. 178.

[31] T.N.Horsky,in *Proc. 16th Int. Conf. on Ion Implantation Technology (IIT 06)*, AIP Conf.Proc.Vol.866(AmericanInstituteofPhysics,Melville,2006),p.159.

[32] K. J. Hill and R. S. *Nelson, Nucl. Instr*. Meth. **38**, 15 (1965).

[33] M. Sugitani *et al.*, in *Proc. 17th Int. Conf. on Ion Implantation Technology (IIT 08)*, AIP Conf. Proc. Vol. 1066 (American Institute of Physics, Melville, 2008), p. 292.

[34] H. F. Glavish et al., in *Proc. 16th Int. Conf. on Ion Implantation Technology (IIT 06)*, AIP Conf. Proc. Vol. 866 (American Institute of Physics, Melville, 2006), p. 167.

[35] S. Umisedo *et al.*, in *Proc. 17th Int. Conf. on Ion Implantation Technology (IIT 08)*, AIP Conf. Proc. Vol. 1066 (American Institute of Physics, Melville, 2008), p. 296.

[36] L. Pipes *et al.*, *Nucl. Instr. Meth. Phys. Res*. **B237**, 330 (2005).

[37] R. Tieger *et al.*, in *Proc. 17th Int. Conf. on Ion Implantation Technology (IIT 08)*, AIP Conf. Proc. Vol. 1066 (American Institute of Physics, Melville, 2008), p. 336.

[38] I. Yamada, in *Ion Implantation Science and Technology*, *2008 Edition*, Ed. J. F. Ziegler (Ion Implantation Technology, Chester, 2008), 14–1 to 14–62.

[39] V. Moroz, http://www.avsusergroups.org/joint pdfs/2011-2moroz.pdf.

[40] A. Rohatgi and D. Meier, *Photovoltaic International* **10** (2010).

[41] Varian/Solion patent: US 2010/0041176A1 (Feb. 2010).

[42] F. Henley *et al.*, in *Proc. 23rd European Photovoltaic Conf.*, 2BO.2.3 (2008).

[43] J. F. Ziegler *et al.*, *SRIM*, *the stopping and range of ions in matter*, ISBN-13: 978-0-965407-1-6 (2008). SRIM program is downloadable from: http://www.srim.org.

[44] A. Anders, Ed., *Handbook of Plasma Immersion Ion Implantation and Deposition* (Wiley & Sons, New York, 2000).

[45] Available at http://microserf.lanl.gov/bpw/psii.html. Copyright 2011 Los Alamos National Security, LLC. All rights reserved.

[46] E.Oks and I. G. Brown,in *Physics and Technology of Ion Sources*, 2nd *Edition*, Ed. I. G. Brown (Wiley–VCH, Weinheim, 2004), pp. 257–284.

[47] I. G. Brown, *J. Vac. Sci. Technol.* **A11**(4), 1480 (1993).

[48] X. Liu, K. Y. Fu and P. K. Chu, in *Biomaterials Fabrication and Processing Handbook*, Eds. P. K. Chu and X. Liu (CRC Press, Boca Raton, 2008), pp. 573–631.

[49] P.K.Chu,in *Trends in Biomaterials Research*,Ed.P.L.Pannone(Nova Science Publishers, 2007), pp. 81–108.

[50] S. C. H. Kwok and P. K. Chu, in *Biomaterials and Surface Modification-2007*, Eds. P. K. Chu and X. Liu (Research Signpost, 2007), pp. 99–136.

第2章　电子束材料加工

唐纳德·E. 鲍尔斯
PTR 精密技术公司
美国康涅狄格州，恩菲尔德，邮政路 120 号，CT 06082-5625
dpowers@ptreb.com

在电子束加工中，一种定义明确的由高压加速间隙产生的相对能量较大的电子束，以精确的方式将热能传递到材料中。这种可控的热沉积被广泛用于各种工业应用中，如材料的精密切割、钻孔、焊接以及退火、上光和表面硬化。本章将描述该工艺所使用的设备和最突出的工业应用。

2.1　引言

电子束（EB）用于材料加工始于 1907 年，当时皮拉尼（Pirani）首次使用电子束作为在真空下熔化难熔金属的热源并申请了专利[1]。虽然电子束的应用持续发展，但大约用了 5 年的时间，电子束才被证明是一种真正可行的工业工具。20 世纪 50 年代，该工艺的两项主要支撑技术（真空工程和电子光学）已具有较高的成熟度，为建造可行的电子束加工设备提供了基础。德国的斯泰格沃尔德[2,3]和法国的斯托尔[4]于 1957 年首次发表有关设备开发的论文，促成了这种工业技术的诞生。随后成立的一些商业公司开始提供电子束系统。

20 世纪 50 年代末，美国西屋公司的贝蒂工厂从德国购买了一台电子束设备，将该工艺作为工业工具使用，这是对法国原子能委员会发表的文章所做的反应。该文章介绍了利用电子束工艺连接核能工业中使用的部件方面的成功经验[5]。在美国，人们对电子束加工的兴趣迅速增加，20 世纪 50 年代末，电子束加工交流会、研讨会等各种会议频繁举行[6]。这些会议为与会者持续提供了来自美国和其他国的用户，以及早期电子束加工设备制造商的信息。同时，该设备的一些供应商在美国各地举行的各种焊接和真空技术展览会上展出设备。这些会议和展览的结合使美国对电子束加工的兴趣日益浓厚，并迅速扩大了其在工业中的应用[7]。

随着技术的不断发展，加上电子束的应用和束流功率传输能力的不断提高，为今天在航空航天、汽车、核能、机械制造、医疗设备和许多其他行业中使用这种技术的用户提供了完成广泛材料加工任务的强大工具。这些热加工应用涵盖了电子束输出特性的所有范围，从使用低功率密度电子束可以完成的表面型任务，到使用高功率密度电子束可以实现的体积型任务（见表 2-1）[8]。尽管目前使用电子束技术的材料加工能力范围很广[9]，本章将向读者概述电子束在焊接、钻孔和热处理任务中最普遍的工业应用。本章还将简要介绍电子束加工技术在熔炼和铸造方面的应用。电子束辐照装置在非热材料中的应用将在本书的第 3 章中介绍。

表 2-1 电子束在热加工应用中的功能概述

应　用	功率密度（W/cm^2）	束功率（kW）	光斑尺寸（mm）	束电压（kV）
热处理工艺：硬化、上釉等	10^2～10^3	0.1～1	$5×10^{-4}$～30	20～150
焊接：高真空、部分真空和非真空	10^5～10^7	0.1～100	0.3～3	30～300
加工工艺：切割和钻孔	10^7～10^9	0.1～10	0.03～1	100～200
熔炼和蒸发：真空精炼和材料涂层	10^3～10^5	1～2000	3～50	10～50

2.2 电子束设备

典型的电子束加工设备的基本组件如图 2-1 所示。电子枪（由阴极、栅极和阳极组成）用于产生和加速主光束。磁光学（聚焦和偏转）系统用于控制电子束撞击被加工材料（工件）的方式。在操作过程中，电子枪阴极（一种可以直接或间接加热的发射器）是热发射电子的来源，通过使用的枪电极（栅极和阳极）所建立的静电场几何结构被加速并形成一束校准的电子束。然后电子束从电子枪组件的接地阳极上的一个出口孔发射出来，其能量等于施加到阴极上的负高压（电子枪工作电压）的值。这种利用直接高压产生高能电子束的方法，可以将输入的交流功率转换成束流功率，效率超过 95%，使电子束材料加工成为一种高能效技术。电子束通过磁透镜和磁偏转线圈系统，在工件上产生一个聚焦或散焦的光斑，而磁偏转线圈用于在一个固定位置上定位光斑或提供某种形式的振荡运动。

如表 2-1 所示，电子枪工作电压取决于正在执行的加工方法，并且可以在很宽的范围内变化。使用图 2-1 所示的三极管枪配置（电子束焊接、钻孔和热加工中最常用的形式），通过简单地改变施加在阴极和栅极之间的负电位的差值，就可以调节电子流或控制束电流的大小（打开/关闭或升高/降低）。因此，该电压差可用于脉冲枪的输出电流，而不是在连续输出的状态下工作。

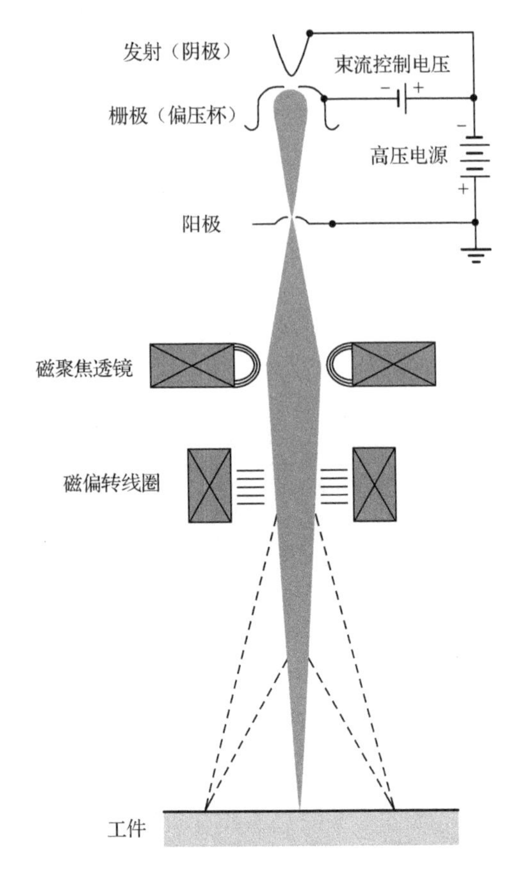

图 2-1　电子束材料加工设备的基本组件

除了上述三极管枪之外，通常还采用二极管枪。所选择的枪的类型通常取决于特定的应用，即焊接、钻孔、熔化等。与三极管枪相比，二极管枪采用双电极（仅阴极和阳极）布置。这是通过将阴极（发射电子的加热灯丝）和围绕它的场成型电极连接到单个电压源来实现的。因此，使用二极管枪时，必须通过改变供给灯丝的加热功率，使束输出电流从所需的工作电平上下增加。对于任何一种类型的枪，发射极（阴极/灯丝）可以是直接加热的丝状或带状，也可以是需要某种形式的间接加热的盘状或棒状，如通过电子轰击或其他方式加热。

对于电子束焊接、钻孔或热加工任务，通常使用 30～300kV 范围内的枪工作电压，其中束流范围从小于 1mA 到约 1,000mA。因此，目前用户可以获得能够产生电子束输出功率（枪工作电压 V 和束电流 I 的乘积）范围从小于 1kW 到约 100kW 的系统。

使用现代数字计算机模拟和绘图可以精确预测或改变枪电极形状和输出电子束间距的效果。今天的先进计算机技术和现代化束流偏转技术的进步也为当今的电子束设备使用者和供应商提供了能够同时量化和测量被传送到工件上的电子束的几何特性的能力[10]。例如，现在有一些设备可以快速扫描电子束穿过某种形式的孔径屏蔽电隔离的电流收集器，然后分析和绘制（通过专门开发的软件程序）收集到的数据，以提供被传送的电子束的功率密度分布曲线[11]。

目前，主要的电子束设备制造商包括施泰格瓦尔德斯特拉希尼克（Steigerwald Strahltechnik）和 PTR 应用技术（PTR-Praezisionstechnik）公司（德国）、西亚基（Sciaky）和 PTR 精密技术（PTR-Precision Technologies）公司（美国）、剑桥真空工程公司（英国）、泰克米特公司（法国）、日本电气（NEC）和三菱电机（MELCO）公司（日本）、佩顿（Paton）焊接研究所（俄罗斯）。据估计，在过去的半个世纪里，全球已经制造并交付了大约 7,000 台电子束焊接、钻孔和热加工设备，其中约 4,000 台至今仍在运行，超过 1,000 台位于美国。

2.3　电子束焊接

材料与电子束在 20 世纪初首次被用作研究工具，在 20 世纪 50 年代被核工业所接受，随后不久被飞机和航空航天工业作为一种可行的制造工艺所接受[12]。这些行业采用电子束焊接（EBW）主要是为了提高制造部件的质量和可靠性。与其他更传统的焊接方法相比，EBW 的一个主要优势是它能够执行所谓的“锁孔”焊接方法[13]。当高能电子束击中金属表面时，能量转化为热量，瞬间蒸发金属（大多数难熔金属在高达 5,000℃的温度下融化和沸腾），在电子束穿透工件时形成蒸汽通道。随着电子束的推进，熔化的材料在这个“锁孔”周围流动，并在其后面凝固形成焊接接头，当电子束前进时，熔化的材料围绕着这个“锁孔”流动，并在其后面凝固形成焊接接头，如图 2-2 所示。这个过程能够以高达 25 : 1 的深宽比产生极深的焊缝（见图 2-7）。

EBW 高度控制的能量沉积的另一个关键优势是能够焊接不同的材料和两个质量非常不同的部件。此外，它在真空环境中的应用使该工艺对许多活泼金属和难熔金属特别有效，因为在焊接过程中的污染会导致材料的损坏。由于 EBW 是一种高功率密度的加工，会产生局部加热，可以用来精确地连接不同熔化温度的材料，并最大限度地减少焊接过程中可能带来的变形和收缩。EBW 还为用户提供了多种功能，可以通过降低束电流或轻微放大（散焦）工件上的束斑来轻松地调整传递到工件上的热量。因此，通过利用现成的工艺变量，既可以生产锁孔（深焊）式焊缝，也可以生产导电（浅弧）式焊缝。

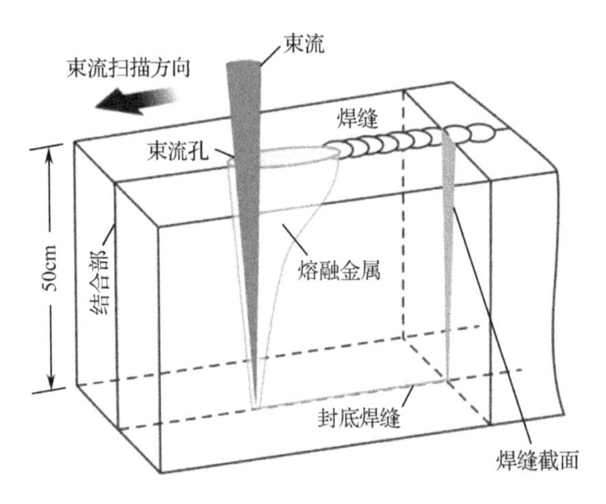

图 2-2　锁孔焊接工艺示意图（已经实现了 30cm 的焊缝深度，如图所示的 50cm 深度被认为是可能的）

EBW 的一个主要缺点是设备成本投资高。大约 50 年前使用该方法以来，投资数字一直在增加。这主要是由于该技术的进步，如固态电路和计算机式的控制、高束功率容量、增强的束偏转和诊断能力等特点，是目前设备的标准配置。因此，相对较小的 EBW 在 20 世纪 60 年代初期（小于 3kW 和全手动操作）可能花费 10 万美元或者更低金额就可以买到，但到了 90 年代后期，相对较大的 EBW 设备[功率输出在 40～60kW，带有 PLC（可编程逻辑控制器）/CNC（计算机数字控制）控制和多种可选功能] 可能需要花费大约 100 万美元或更高金额。

与精密机床的采购一样，购买电子束焊机需要基于经济可行性。因此，EBW 设备供应商为他们的客户提供了大量的包括价格和性能的系统选择，从不太复杂（价格适中）的设备到高度专业化（价格更高）的机型[12]。

最初，使用 EBW 需要在电子束产生区域和施加电子束的区域内设置高真空环境（压力≤10^{-4}Torr）。虽然生成电子束仍然需要高真空条件，但可以在高真空（HVEBW）、部分真空（PVEBW）或非真空（NVEBW）操作模式下执行 EBW 过程，如图 2-3 所示[14]。

EBW 首次成为工业工具时的主要市场是航空和能源工业，他们主要关注的是在高真空条件下应用时可获得较高的焊接质量，而不是生产零部件的速度。然而，随着更多以生产为导向的行业（如汽车零部件和工具制造商）意识到 EBW 可能会给他们带来的好处，增加零部件生产率的方法变得更加重要。最初，他们尝试了“批量装载”技术（每个泵送周期将多个部件放入一个腔室的方法），但是在诸如汽车零部件制造这样的大批量生产行业中，实现高真空所需要的 3～15min

的腔室泵送时间（取决于腔室大小），也就是所需的“死时间”（非生产性时间）仍然是不可接受的。

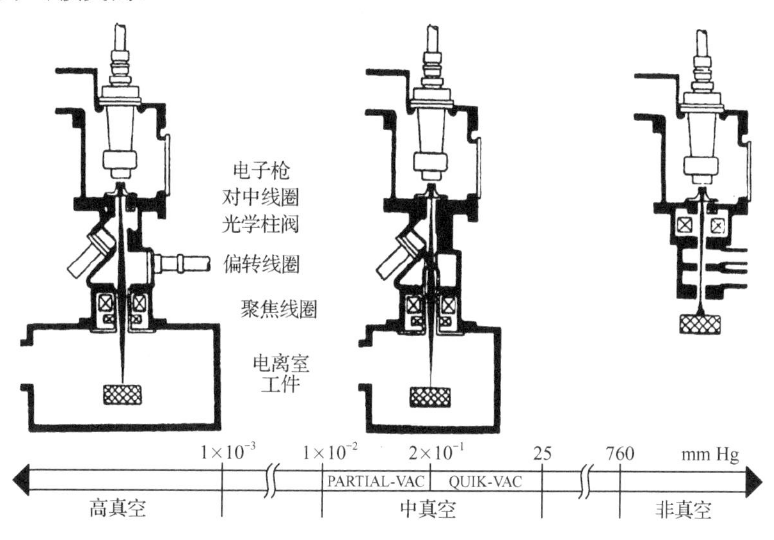

图 2-3　电子束焊接使用的不同模式的示意图

因此，开发出了部分真空电子束焊接（PVEBW）（也称为“软”真空或“中”真空）和非真空（大气）电子束焊接（NVEBW）方法。在 PVEBW 中，真空腔室的尺寸适用于待焊接的部件（以及任何所需的部件工具），然后将其抽真空至仅略低于 10^{-1}Torr 的真空水平，而不是 HVEBW 所需的 10^{-4}Torr（或更低）水平[15]。PVEBW 的抽空时间大约为 5～15s，相当一部分时间与 HVEBW 有关。随后开发了 NVEBW，动态差分泵送方案允许电子束（在高真空条件下产生）通过一系列中间真空级输送并直接应用于大气中，从而完全消除了焊接腔室抽真空时间[16]。

EBW 在 HVEBW 和 PVEBW 的相对良好的真空环境（≤10^{-1}Torr）中具有最高的灵活性。在这样的真空中，光束可以很容易地穿过长距离（超过 0.5m）并且仍然以一个的高密度的光斑聚焦在工件上。然后，在工件上形成的焦点可以很容易地在静态或动态模式下以非常高的速度进行电磁偏转，如图 2-4 所示[17]。如图 2-5 所示，说明了使用动态束偏转可以产生的焊接修改类型的模式[18]。在这张图中，束

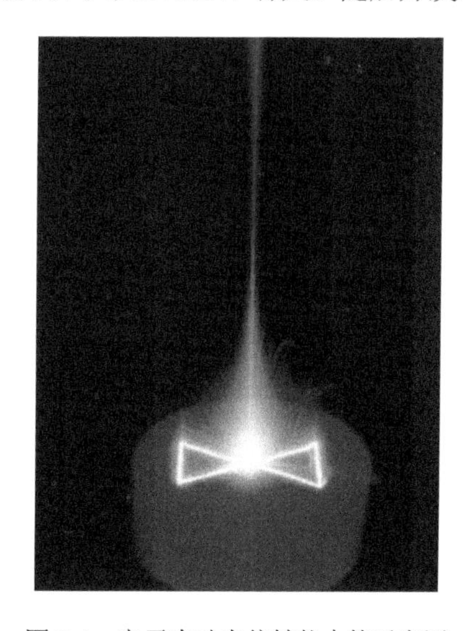

图 2-4　电子束动态偏转能力的示意图

的电流值被改变以便产生类似深度的焊缝，为清晰起见，焊接图案的顶部视图被放大了，并且与底部显示的焊缝轮廓不完全成比例。

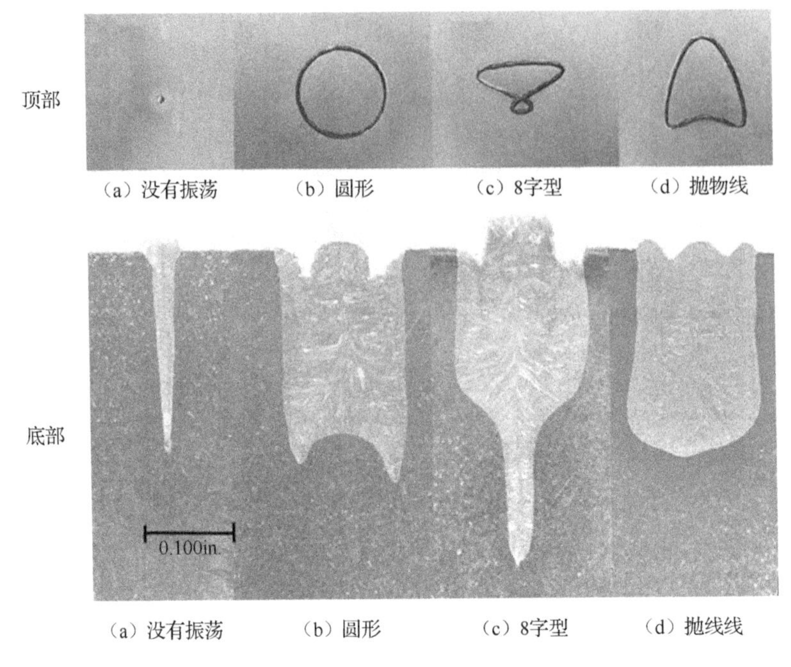

图 2-5　电子束振荡模式（顶部）及其相关的焊缝轮廓（底部）

当直接在大气中使用或在不太高的真空中使用时，电子束的整体通用性更受限制。这是由于电子与束路径中较高压力区域中存在的气体分子之间的碰撞引起的束展宽效应。这种影响的主要后果是：它明显地限制了可以使用的间隔距离以及采用 NVEBW 模式时可以实现的穿透程度[19,20]。但是，工业中的 EBW 有很多应用可以在快速实现的部分真空或大气中有效进行。

真空中的电子束用肉眼是看不见的。然而，随着环境压力的增加，电子和气体分子碰撞产生“束辉光”，导致随后的环境气体分子的激发，如图 2-6 所示[21]。该图说明了随着压力的增加，束展宽的变化效果，这种变化限制了束在恶劣或无真空条件下有效聚焦高密度光束点的距离。下面描述了几个例子，说明了目前 EBW 在真空和非真空条件下的使用情况。

2.3.1　大型汽轮机

20 多年前，大型蒸汽轮机发电机的主要制造商 GELSTG（后为 GE 电力系统公司）安装了一套专门用于加工大型工件的高真空、高功率 EBW 系统，至今仍在焊接这些工件。该设备拥有总容积约 36,000L 的焊接室、能够产生 60kW 束输出功率的电子束发生系统，以及能够处理直径为 3m、重量为 10,000kg 以下工件的工作运动系统。

（a）大气中的电子束

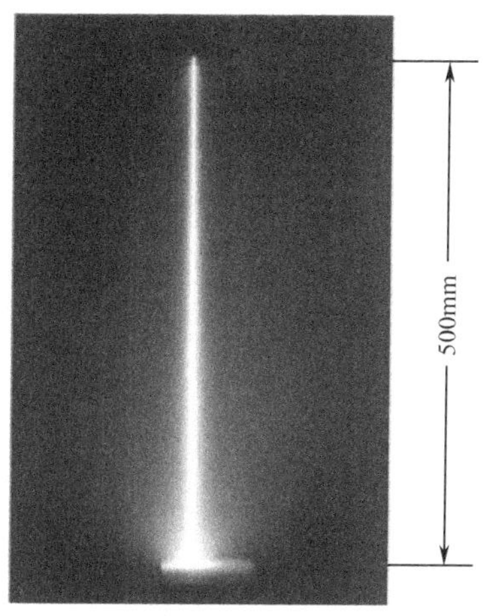

（b）真空中的电子束

图 2-6　电子束在大气和真空中产生的束辉光分布

图 2-7 显示了用该系统制作的部分焊缝的轮廓[22]。碳和低合金钢材料厚截面段连接有大约 130mm 深的焊缝，深度与宽度的比为 20。这是用 54kW 的束功率和 0.25m/min 的焊接速度完成的。每产生一条直径为 2.8m 的圆周焊缝，都需要连续焊接约 45min。在此期间，零部件的运动（x、y 和旋转）和束的运行参数（V、I、焦点等）都由系统的基于数字控制器以连续插补方式自动控制。

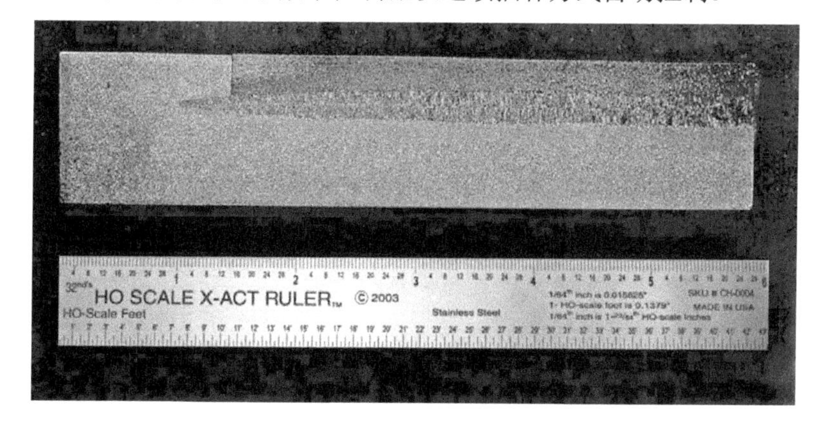

图 2-7　照片显示出了电子束的深、高比的焊接能力

由于焊缝（约 9m 长）在上面所述的束功率和焊接速度下进行，因此在这台机器上安装了一个名为 SEES（二次电子发射传感）的焊缝跟踪系统[22]。图 2-8

是这个系统工作原理的示意图。该系统监测瞬间（仅在 1ms 或 2ms 内）扫描电子束在焊缝冲击点前方的两侧产生的二次电子发射传感，并监测产生的信号，以提供电子束冲击点位置与即将到来的焊缝路径位置之间的直接关联。当这些信息被输入数字控制器时，它可以确保束在 45min 的焊接时间内不受热效应引起的任何部件变形的影响，保持与焊缝的正确对齐。此外，在焊接过程中提供圆形焊点振荡运动，既有助于确保存在的任何焊缝间隙完全被电子束冲击点覆盖，也有助于对焊缝熔融区提供“搅拌”效果，作为减少可能导致在凝固阶段的最终焊缝中形成空隙气穴的方法[23]。

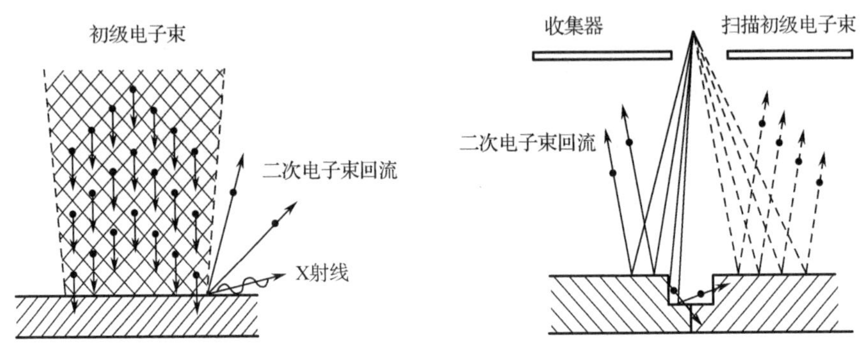

图 2-8　SEES（二次电子发射传感）焊缝跟踪原理

2.3.2　高效叶轮

另一个 HVEBW 的应用实例如图 2-9 所示[24]。在这个应用中，EBW 用于同时进行焊接和钎焊。图 2-9（a）说明了这种混合过程，EBraze（电子束钎焊）术语是由 Dresser-Rand 公司创造的，该公司最早利用了这种工艺，甚至至今仍在使用这种工艺将高效涡轮压缩机中的叶轮连接起来。

EB 三通焊是用一个特殊的垫片插入盖子和叶轮叶片之间形成的三通接合面。在这种操作中，电子束同时产生一个焊接和钎焊接头，其中钎焊部分有助于消除任何接头间隙，这可能会在随后的操作中产生疲劳故障。要进行 EB 钎焊的各种复杂的多叶片叶轮部件需要具有五轴 CNC 能力的大型 EBW 系统，以控制零部件的运动和更多的束参数。如图 2-9（b）所示显示了为该应用提供的系统。

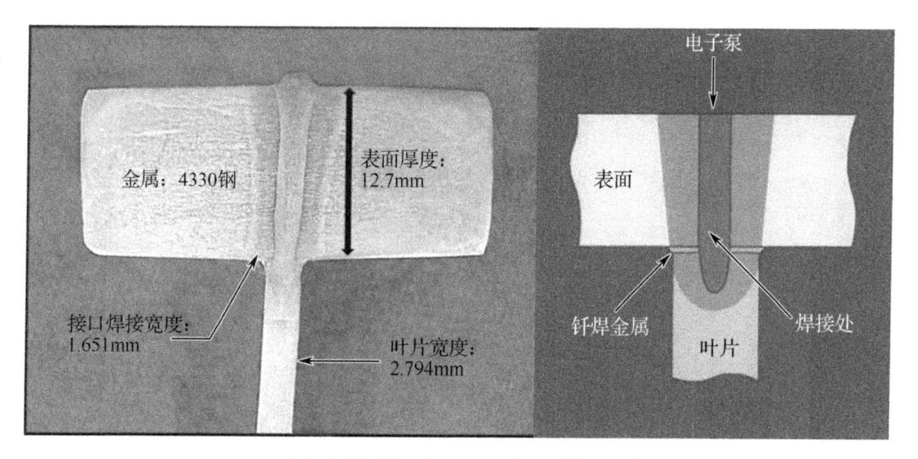

（a）从厚盖板到薄叶片电子束钎焊三通接头的外形

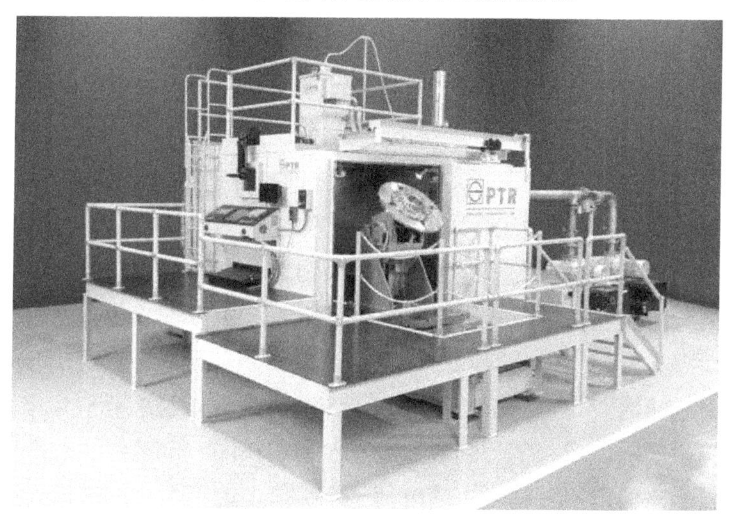

（b）大腔室、多功能 HVEBW 装置

图 2-9　HVEBW 的应用实例

2.3.3　变速齿轮

图 2-10 是部分真空电子束焊接（PVEBW）应用的示例。其中，齿轮和同步器环在部分真空条件下进行电子束焊接，以提供完成的变速齿轮。该图还显示出了约 6mm 焊缝的放大截面。该截面清楚地表明，PVEBW 方法可以产生这种部件所需的相对窄的平行侧焊缝，同时使焊接期间的部件变形最小化。在这个和其他类似的应用中，通常使用具有某种形式动态束反射的锐聚焦束，以增强最终焊缝的整体特性。

图 2-10　一个焊接完成的速度齿轮和最终焊缝的放大视图[25]

PVEBW 方法在生产上的显著优势是，它为用户提供了将生产焊接零件所需的总时间最小化的能力[26]。通过使用适合单个部件的焊接腔室（或取决于零件尺寸，可能是几个部件），小腔室被快速（3～6s）泵送到所需的部分真空度，而不是 HVEBW 所需的更长泵送时间（大约几分钟）。一旦达到所需的部分真空度，电子束就会打开，工件在束下移动或束在工件上移动，以完成焊接任务[18]。以这种方式操作，可以使部件像变速齿轮一样以约 200 个/小时的生产速度进行焊接。对于部件生产能力要求很高、需要真空型 EB 焊缝的行业来说，PVEBW 是一种理想的焊接方式。

图 2-11 显示了一个典型的 PVEBW 单元：一个双工位装载锁定单元，每个周期可处理三个零件。成品零件卸载和新零件装载在同一个工位，然后将装载工位预先泵送到所需的焊接真空度，同时另一个工位中的部件进行焊接处理。

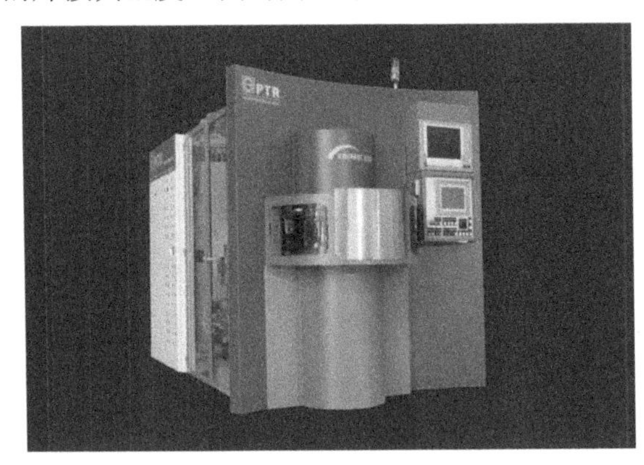

图 2-11　PVEBW 单元的照片

2.3.4 传动环

非真空电子束焊接（NVEBW）方法提供了另一种实现高吞吐量电子束焊接部件的方法。由于焊接是在大气压下进行的，因此消除了抽空焊接腔室的耗时过程。该方法在高真空区域中产生电子束，然后通过一系列差分泵级，在这些差分泵级连续较高的压力下，被孔隙隔开，直到电子束在大气压下到达工件。由于电子束在大气中的扩散类型（见图2-6），工件必须能够相当容易地到达有限的行程区域，而电子束仍能提供足够高的功率密度来完成焊接。因此，NVEBW一般只在出口喷嘴（电子束离开真空进入大气的那一点）能够被定位到间隔距离（从出口喷嘴到焊接顶面的距离）在6～25mm范围内时使用。尽管它限制了NVEBW在这种有限的间隔距离上的使用，但是电子束扩散效应提供了能够适应接头装配公差的优点。这些公差远小于真空电子束或非真空LB（激光束）焊接所需的公差[27]。

图2-12显示了一个NVEBW焊接任务，该任务涉及将传动环焊接到汽车变矩器的涡轮碗组件上，还显示了正在生产的搭接焊缝的放大图。对于这种应用，电子束以45°角引导到接头上，使用约12mm的间隔距离，焊接速度为80mm/s。这使得这些约300mm直径部件上的焊缝可以在大约11s内完成，从而能够以约200件/小时的速度周期生产这些大直径部件。

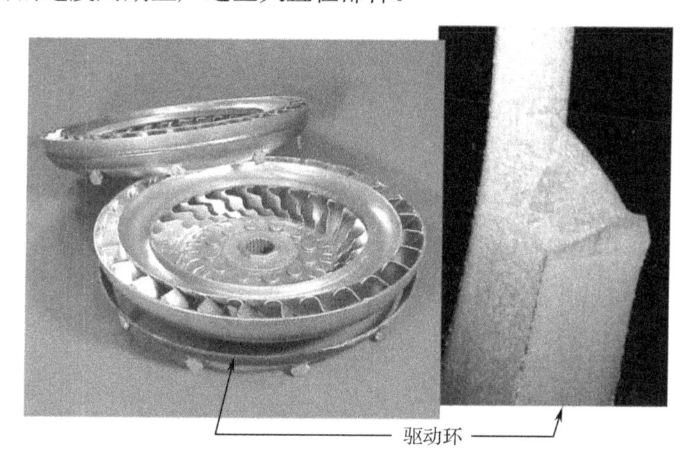

图2-12 NVEBW焊接生产的传动环和焊缝[25]

图2-13显示了一个非真空电子束，它利用45°角的光束，在约12mm的间隙距离下进行类似类型的焊接[19]。此图提供了一个非常好的非真空电子束焊接工艺视图。图2-14是用于此类非真空电子束焊接系统的NVEBW单元的照片[28]。如图2-14所示，工装包括一个4工位旋转分度台，完全由一个防辐射的铅外壳包

围，操作员站在一个单独的开口处。在运行中，操作员卸下焊接部件并通过该开口装载新零件，然后按下手动按钮。此操作会使旋转分度台旋转一个位置，将先前装载的零件移动到 2 号工位，在该焊接工位进行焊接，而刚刚加载的零件移动到 1 号工位停留。同时，刚刚焊接的零件进入 3 号工位停留，先前在工位停留的部件移动到 4 号工位进行卸载。每个循环大约持续 14s（焊接 10s，在此期间，操作员在 4 号工位卸载/装载部件，4s 将下一个要焊接的部件移动到位），因此提供了约 250 件/小时部件的焊接能力。

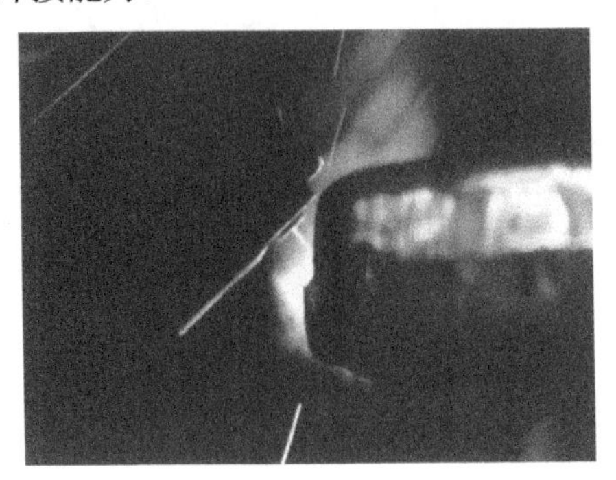

图 2-13　NVEBW 焊接过程

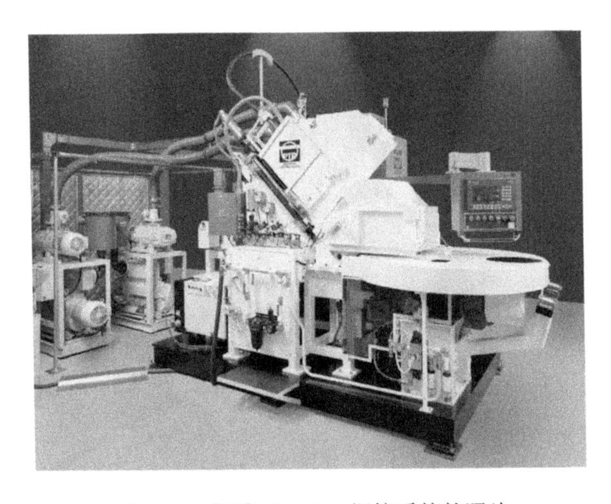

图 2-14　典型 NVEBW 焊接系统的照片

图 2-15 显示了使用 NVEBW 工艺生产的更复杂形状的零件[20]。该零件涉及一个三维焊接路径，要求同时应用两个轴（x 和 y）的零件运动和一个轴（z）的束发生器运动。这些 1m 长的汽车铝制横梁件，每件需要两个焊接点。焊接速度超过 10m/min，可提供大于 100 件/小时的成品焊接速度。由于被焊接零件的尺寸，用于固定它的工具的复杂性以及要求移动零件和束发生器来完成两个焊接，这种

应用是在一个大约 $3m^3$ 的房间式的防辐射封闭空间中进行的，采用自动零件转动装置来操纵零件完成每个焊接周期。

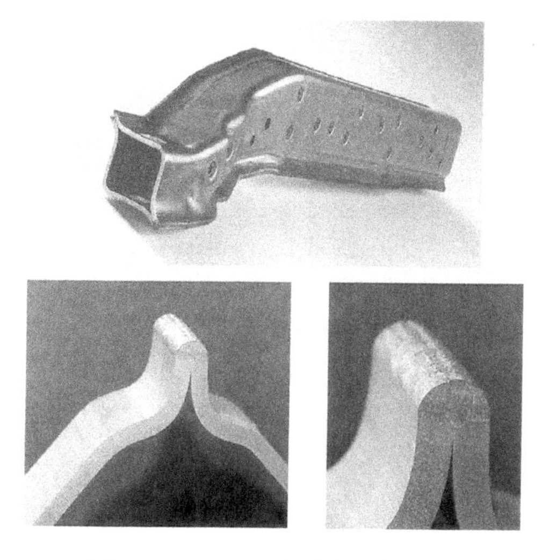

图 2-15　NVEBW 焊接铝制横梁件

2.4　电子束切割和钻孔

电子束在真空中作为加工（EBM）工具的多功能性，在于其全参数控制和精确可重复的结果[29]。通过调整电子束功率密度参数（电子束电流、电压和聚焦束斑大小），可以在工件上产生比电子束功率密度大两个数量级的极强电子束。当这种高束流密度（10^7～10^9W/cm^2）应用于材料表面时，强烈的局部能量传递导致在束流与工件碰撞点处的材料通过热侵蚀过程不断被移除。这个过程可以在材料上进行切割或钻孔。

因为有更经济的技术可用（激光、水射流或等离子弧切割），电子束切割在使用上受到限制。然而，电子束钻孔（EBD）是一种很普遍的技术，其中电子束能量的沉积用于形成一个孔，如图 2-16（a）所示，图示还说明了过程中使用的关键技术，该技术确保了钻孔直径的一致性。一个能够在与光束相互作用时产生大量气体的背衬材料被放置在要钻孔的材料上。然后，该气体通过孔向上膨胀，使残留的熔融材料从孔洞中喷出。通过利用现代 CNC 控制系统的能力，快速插入编程的零部件定位和束流操作水平指令，以及使零部件运动与电子束输出电流水平同步，可以非常快速地完成每个钻孔。然后，当工件重新定位到下一个孔的位置时，电子束会瞬间（只需十分之一毫秒）切断，然后以脉冲方式重新开启。这个循环从字面上看是“在飞行中”重复无数次的，直到完成整个孔图案[30]。

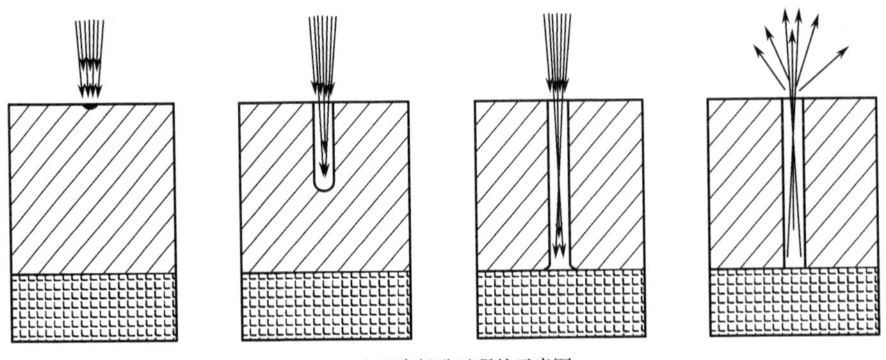

（a）电子束钻孔过程的示意图

（b）包含约25,000个电子束钻孔的零件的照片

图 2-16　电子束钻孔过程示意图和包含约 25,000 个电子束钻孔的零件的照片

尽管现在许多材料的钻孔应用都是在大气压力条件下使用激光完成的，但 EBD 的灵活性、高质量的孔和更快的钻孔速度使其更适用于某些钻孔任务。这是因为 EBD 能够精确控制每个重复能量脉冲的形状（高度、宽度和斜率）及频率，并同时控制工件运动的能力（x、y 和旋转）和光束的操作参数（脉冲、通过偏转的光斑定位等）。这些特点大大提高了该工艺的能力，也大幅度提高了孔尺寸的精确度（深度和轮廓）和准确可靠的生产速度。

如图 2-16（b）所示是 EBD 钻孔能力的一个例子。图中的旋转器用于制造玻璃纤维绝缘材料，包含约 25,000 个电子束钻孔，直径均为 0.55mm。这些孔在数字控制器控制下以每秒数百个孔的速率以特定的图案连续生产，同时结合工件运动命令控制光束脉冲和高速偏转功能。当生产较小直径的孔并使用较薄的材料时，可以在每秒数千个孔的范围内获得更高的速率。

除了“动态”钻孔速度和 EBD 可实现的精确钻孔/定位公差之外，它还具有消除与机械钻孔相关的工具磨损等优点。即便如此，EBD 是一种高度专业化的技术，正在运行的设备数量仅是当今使用的工业电子束加工设备总数的百分之几。

2.5　电子束热处理

由于电子束加工是一种快速、高效且用途广泛地向工件输送能量的手段，因此，它经常被用于一些热表面型工业加工[31]。然而，与 EBD 一样，电子束热处理在加工市场中占很小的一部分，运行中的设备数量仅占总数的百分之几。

在电子束热处理应用中，光束用作热能的来源，引发表面特性的物理变化。在一个电子束用于表面硬化的工业应用中，可以是传统的快速加热和淬火的相变型硬化，也可以是快速熔化和再固化的釉面型硬化。

对于传统的相变硬化，使用快速扫描（连续或脉冲）电子束对特定区域进行局部加热，使其温度高于工件的转变温度（但低于熔点）。当电子束熄灭时，这个加热区域会迅速被仍旧冷却的工件主体部分自我淬火，产生一个硬化的表面部分。对于上釉来说，当电子束熄灭时，电子束的热量输入用于快速熔化工件表面的特定区域，并迅速固化形成所需的硬化效果。

在相变硬化中，所达到的硬度水平取决于被加工材料中碳含量的百分比，以及通过调整电子束的能量输入和相互作用时间，以高度可控的方式达到的硬度深度。在上釉时，电子束输入能量和反应时间都经过精心控制，使工件表面的薄层迅速熔化并重新凝固，形成具有极高硬度值的“金属玻璃”状表面层。它可用于含碳或不含碳材料的表面硬化。

在这两种情况下，电子束可以快速将所需温度的确切能量以精确控制的方式沉积到加热处理区域。这两种方法都需要某种形式的真空环境，其真空环境与产生电子束所需的真空环境相同，或者环境压力水平高于产生电子束所需的水平。

图 2-17 描绘了一种电子束被用来对凸轮轴上的几个凸角同时进行热处理[32]，方法是同时采用高速和多轴电子束偏转控制。图 2-18 给出了应用电子束相变硬化工艺所获得的硬马氏体表面类型的显微照片[33]。

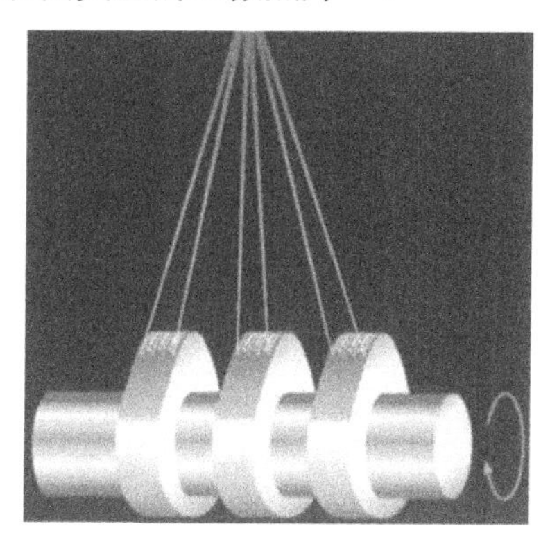

图 2-17　电子束对凸轮轴上几个凸角的同时进行热处理

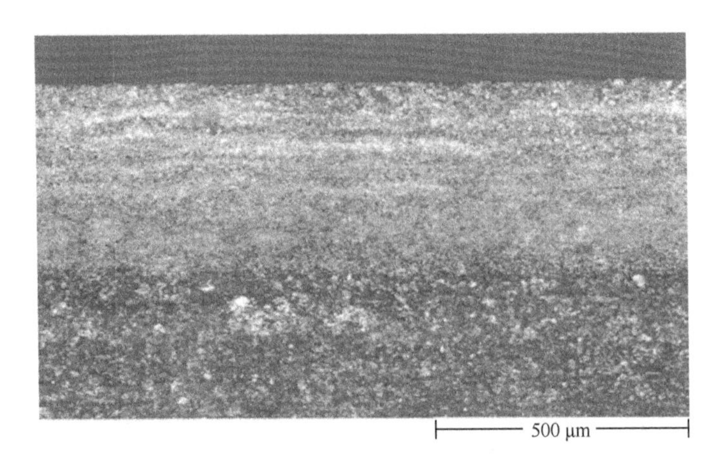

图 2-18　放大的电子束硬化区域照片

2.6　电子束熔炼和铸造

本章所讨论的电子束热加工工业应用的最后一个领域是电子束熔炼和铸造。在工业加工中的许多其他电子束应用领域（如塑料及橡胶的交联、涂料固化、食品辐照和医疗卫生产品灭菌）都是非热加工性质的，将在第 3 章中进行描述。辐照过程依赖于材料中电子本身引起的化学和物理变化，而不是依赖于热沉积。

尽管电子束熔炼和铸造的工业应用不如本章讨论的其他电子束热应用那样广泛，但这一领域确实值得提及，因为它采用了工业中使用的最高功率的工业电子束[34]。电子束熔炼最早于 20 世纪初用于熔化钛，它利用专门为低电压（25kV 左右）、大电流（安培级左右）操作而设计的电子束喷枪，每支喷枪可向被加工部件提供 0.75～1.25MW 的束功率。在受控的真空环境中使用，这种高热能可提供熔化和再熔化操作，允许对挥发性元素进行蒸馏，包括亚氧化物的汽化、气体的演化和去除，以及汽化蒸气压力高于被加工材料的金属杂质。在所有情况下，加工材料都是在水冷的铜容器（冷模）中浇铸，以防止铸锭受到污染[35]。

电子束熔化技术有两种基本的工作方式：滴落熔化和炉床熔化。图 2-19 示意性地说明了采用滴熔技术的两种方法[36]。图 2-19（a）是使用中心垂直材料送料的一个典型的滴熔方法示意图。图中显示了双电子束喷枪，但使用这一概念的熔炉可以使用一至六支电子束喷枪；图 2-19（b）显示了滴熔技术的另一种方法：单电子喷枪，侧送待熔化料。在全部滴落熔化过程中，钢锭在水冷模具中成形，以确保熔化的金属没有被模具污染。滴熔技术仍将是折射性和反应性金属加工中最流行的方式。

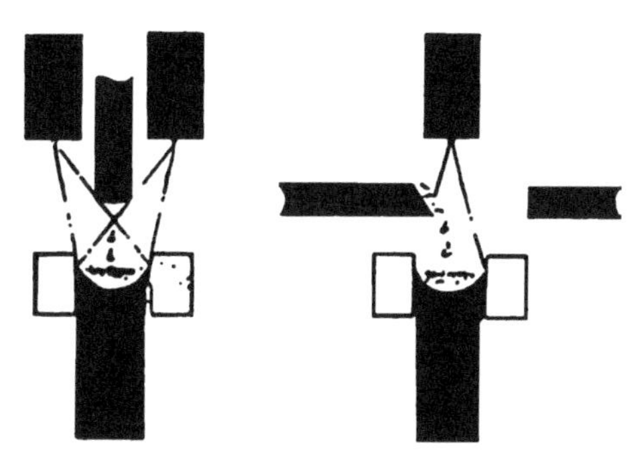

（a）使用中心垂直材料送料的滴熔方法 （b）使用单电子喷枪的滴熔方法

图 2-19 两种电子束滴熔技术示意图

在炉床熔化模式中，金属在水冷炉床中熔化（没有再次污染），然后在冷模具中浇注。除了去除气体和挥发性较高的杂质之外，炉床熔化还可以通过将杂质沉淀到炉膛底部来去除重于熔料的夹杂物。较轻的成分会熔化或漂浮到顶部，以便在熔化的材料流入水冷模具之前将其除去。如图 2-20 所示为多枪炉床熔化/铸造过程的示意图，并显示了采用多个电子束喷枪作为一种手段，不仅可以提供熔料，还可以在水冷炉床和铸模中对其进行控制[36]。

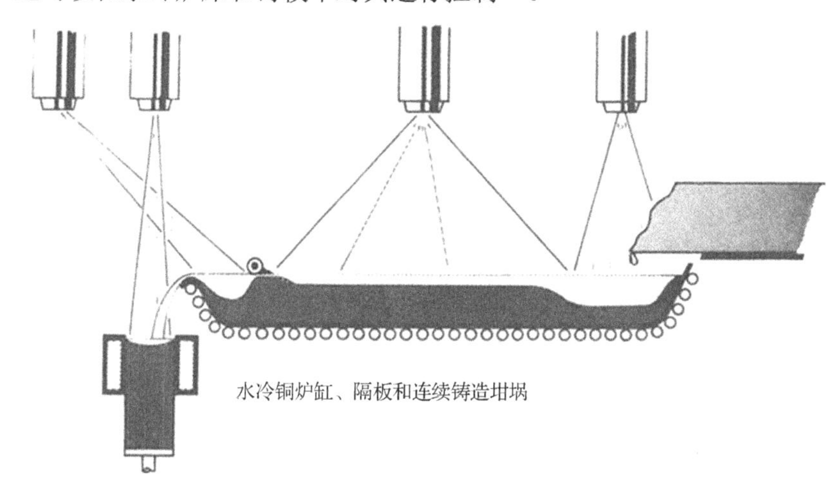

图 2-20 多枪炉床熔化/铸造过程的示意图

许多设备供应商（如 ALD 真空技术公司、冯阿登纳真空设备公司和威尔第冶金公司）为工业（如能源、医疗、航空和光学涂层行业）用户提供两种电子束熔炼模式。据估计，目前在世界各地运行的电子束熔炼炉的总熔炼功率远远超过35MW。

2.7 总结和未来趋势

用于焊接、钻孔和热加工应用的电子束的工业用途始于20世纪50年代，并且今天仍在全世界范围内使用。作为一种相对独特的实验室工具，最初只应用于技术相当先进的核工业和航空工业，如今电子束处理已稳步发展成为当今几乎所有工业领域都使用的高度复杂的生产工具[37]。在众多创新应用中，几个具有重大工业潜力的未来趋势值得一提：增材制造、表面纹理化、模拟多光束操作和大面积电子束表面加工。

增材制造（最初称为电子束无模成型制造和快速成型/制造）是一种依赖于电子束熔化的相对较新的工艺。在该技术中，使用三轴计算机控制台来移动电子束下的基座或部件，该电子束熔化并被馈送到其中的材料线，如图2-21所示。然后，可以将熔化的材料精确地沉积以产生三维零件。美国宇航局考虑将其用于漫长的载人航天任务中（如去往火星），作为宇航员快速生产他们可能需要的零件的一种手段[38]。

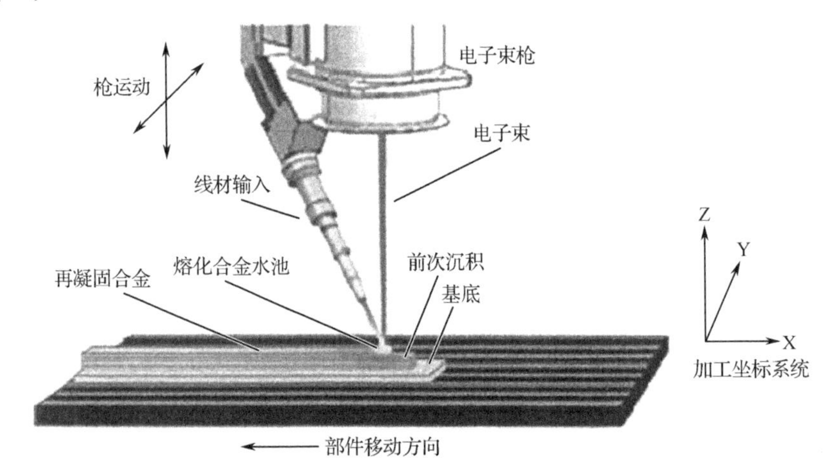

图2-21 电子束增材制造过程示意图

表面纹理化是一种相对较新的技术，它利用高带宽束偏转连续产生许多“小束”，然后用于快速喷射材料形成表面的凹凸，如图2-22所示，以便为润滑剂保持或黏合等应用提供增强的表面[39]。目前有几家飞机制造商使用这种方法将复合材料“粘”到铝或钛的飞机机身结构上。

图 2-22 经电子束表面纹理化处理的扫描电镜图像

模拟多光束操作也使用高速束偏转技术来形成许多光束，如图 2-23 所示，用于焊接应用。它可用于焊接的焊前和焊后处理，或者通过在不同的位置上同时焊接来减少零件变形[40]。

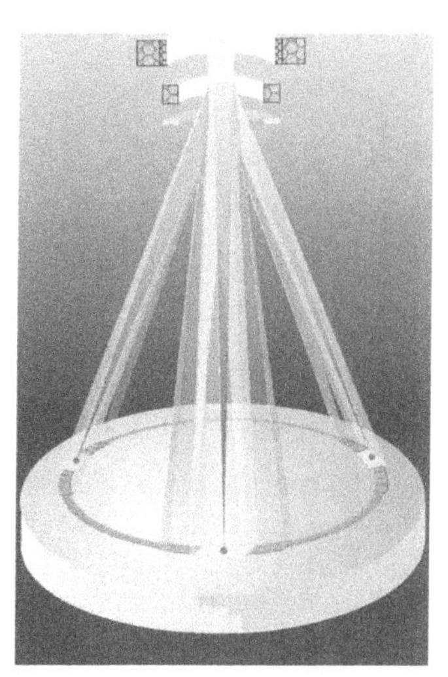

图 2-23 电子束模拟多光束加工示意图

利用等离子产生的大面积电子束来提供表面平滑效果，是一种相对较新的电子束表面加工技术。该技术已被研究用于难以抛光的金属表面做快速最终抛光，如铸造钛零件（如用于可摘义齿的零件）、硬质模具和工具钢，以及不规则金属模具的内表面。其他用途包括从金属表面快速去除毛刺、铣削痕或缺陷层。最近的研究表明，只需几分钟的照射时间即可达到与传统机械抛光或手工抛光相当或更好的表面光泽度和光滑度[41-43]。这些研究还报告了电子束照射的部件表面比未照射的部件表面具有更高的耐腐蚀性。与传统的使用加热灯丝作为电子源的高聚焦电子束不同（如本章所述），这些大面积光束是通过向惰性气体等离子体（通常是氩气）施加低压（约 25kV）脉冲负偏压，产生潘宁放电效应，使电子向环形阳极移动而形成的。这样，就可以从等离子体源引出大电流、大直径的电子束。被照射部件的抛光是通过加热和表面张力效应使表面反复快速熔化和重新凝固来完成的。

至少两家公司（均在日本）已经开发出工业大型电子束装置，该装置能产生直径达 6cm 的高能量密度电子束短脉冲，以照射放置在真空室中的工件，提供可选的 5 轴控制机构用于处理复杂零件。有迹象表明，全世界已经交付了 100 台这样的设备。

综上所述，电子束热处理能够完成从浅表面到深穿透型的任务，这使得它在广泛的工业应用中成为一种独特和无价的工具。随着设备的不断发展，电子束偏转和部分处理技术的进步，有望使电子束加工技术得到更广泛的应用。

致谢

感谢 PTR 精密技术公司的玛丽·科斯格罗夫女士、戴尔·巴特里莫维奇先生和德里克·梅耶斯先生，他们都协助我编写了本章的内容。

2.8 参考文献

[1] M. von Pirani, *US Pat. No. 848,600* (1907).

[2] H. B. Cary and S. C. Helzer, *Modern Welding Tech.* (Pearson Education, 2005), p. 202.

[3] K. H. Steigerwald, *PhysikalescheVerhandlungen* **4**, 123 (1953).

[4] H. A. James, *J. Vac. Sci. & Tech.* **7**(6), 539 (1970).

[5] J. A. Stohr, in *Nov. 1957 Fuel Element Conf., Paris, Proc*, TID 7456, Book J (US Atomic Energy Commission, 0-17, 1958).

[6] *Proc. Alloyd Electron Beam Symposiums, 1959—1963* (Alloyd Electronics Corp., Cambridge, MA).

[7] G. Purtan *et al.*, *American Machinist* **23**, 95 (1959).

[8] D. E. Powers, *AWS High Energy Beam Welding & Materials Processing Conf.Proceedings*, 187 (1992).

[9] S. Schiller, U. Heisig and S. Panzer, *Electron Beam Technology* (Wiley & Sons, New York, 1982).

[10] G. R. LaFlamme and D. E. Powers, *Welding Journal* **70**(10), 33 (1991).

[11] J. W. Elmer, A. T. Teruya and D. W. O'Brien, *Welding Journal* **72**(11), 493s (1993).

[12] D. E. Powers, in *Proc. 1st Int. Electron Beam Conf. (IEBW)*, Session 3, Paper 2 (International Institute of Welding, 2009), on CD available from iiwelding.org.

[13] Y. Arata, *Development of Ultra High Energy Density Heat Sources and their Application to Heat Processing* (Osaka University JWRI Publication, 1984).

[14] D. E. Powers, in *Proc. Int. Power Beam Conf.*, 8804-6 (ASM International, OH, 1988).

[15] F. Samuelson, in *OSU Electron Beam Welding Symp. Proc.*, 157 (Ohio State University, 1966).

[16] E. Gajdusek, *Welding Journal* **59**(7), 17 (1980).

[17] *Recommended Practices for Electron Beam Welding* (American Welding Society, Miami, 2004), Doc. C7.1M/C7.1:2004.

[18] G. Schubert and D. E. Powers, *Practical Welding Today* **32** (July/August 2003).

[19] K.-R. Schulze and D. E. Powers, in *Colloquium on Welding and Melting by Electron and Laser Beams, CISFFEL 6 Proc.* (French Atomic Energy Commission Institute for Welding, France, 1998).

[20] G. Schubert and D. E. Powers, in *Proc. Global Powertrain Congress (GPC2000)*, 115 (Detroit, 2000).

[21] D. E. Powers, *Welding Journal* **86**(12), 32 (2007).

[22] M. J. Carroll and D. E. Powers, *Welding Journal* **64**(8), 34 (1985).

[23] R. Mayer, W. Dietrich and D. Sundermeyer,*Welding Journal* 53(6), 35 (1977).

[24] G. LaFlamme, J. Rugh, S. MacWilliams and R. Hendryx, *Welding Journal* **85**(1), 44 (2006).

[25] *AWS Welding Handbook, 9*th *Ed.*, Vol. 3, Chapter 13 (American Welding Society, Miami, 2007).

[26] J. F. Hinrichs, P. W. Ramsey, R. L. Ciofoni and T. M. Mustaleski, *Welding Journal* **53**(8), 488 (1974).

[27] D. Powers and G. Schubert, in *Proc. Global Powertrain Congress (GPC2000)*, 110 (Detroit, 2000).

[28] D. Powers *et al.*, in *Proc. IIW 54* th *Annual Assembly — Ljubljanu, Slovenia*, Paper IV-795-01 (International Institute of Welding, July 2001).

[29] E. J. Weller, Ed., *Nontraditional Machining Processes*, 2nd *Edition* (Society of Manufacturing Engineers, Dearborn MI, 1984).

[30] D. Dobeneck and A. Parella, in *Proc. Electrochem. Soc. 1974 San Francisco Mtg.* (Electrochemical Society, 1974).

[31] D. E. Powers and W. Dietrich, in *1*st *Nat'l. Heat Treatment Conf. (Sydney, Australia) Proc.*, 44 (1984).

[32] W. J. Farrell and J. D. Ferrario, *Welding Journal* **66**(10), 41 (1987).

[33] J. E. Jenkins, *Metal Progress*, 38 (July 1981).

[34] R. Bakish, *Industrial Heating*, 12 (August 1985).

[35] W. Dietrich, in *Proc.* 2nd *Int. Congr. Int. Org. for Vac. Sci. & Tech., Washington DC* (American Vacuum Society, 1961).

[36] R. Bakish, Ed., *Proc. Electron Beam Melting and Refining State of the Art Conferences, 1983—1987* (Bakish Materials Corp., Englewood NJ, 1983-1987).

[37] D. E. Powers, *Welding Journal* **90**(1), 2 (2011).

[38] K. M. B. Taminger, R. A. Hafley and D. L. Dicus, in *Proc. 2002 International. Conf. on Metal Powder Deposition for Rapid Manuf.*, 51-60 (Metal Powder Industries Federation, 2002).

[39] F. Smith, *DVS Welding & Cutting*, Issue 4/2005, Specialist Article Section (2005).

[40] M. Mücke and C. Scheiblich, in *Proc. 1st Int. Electron Beam Conf. (IEBC)*,Session 2, Paper 6 (International Institute of Welding, 2009), on CD available from iiwelding.org.

[41] J. Tokunga *et al.*, *Dental Materials Journal* **28**(5), 571 (2009).

[42] Y. Uno *et al.*, *J. Materials Processing Tech.* **187/188**, 77 (2007).

[43] Z. Yu, Z. G. Wang, K. Yamazanki and S. Sano, *J. Materials Processing Tech.***180**, 246 (2006).

第3章　电子束材料辐照装置

马歇尔·R. 克莱兰
IBA 工业公司
美国纽约州，埃奇伍德，中心大道151号，NY 11717，
Marshall.Cleland@iba-group.com

辐射加工是一种通过高能电子、X射线和γ射线等电离能来提高材料和商业产品性能的成熟方法，其作用包括聚合、交联、接枝和降解，对一次性医疗器械进行消毒灭菌，对新鲜食品进行灭菌和除虫，净化饮用水、处理废水和其他对环境有害的有毒废物，以及许多仍在评估中的应用。全球已经开发出多种类型的工业加速器并已应用，已有1,800多台工业加速器运用在以上这些应用领域中。

3.1　引言

用工业加速器产生的高能电子或X射线，以及由放射性核素发射的γ射线形式的电离能辐照材料和产品，50多年来一直在发展。这些通常称为辐射加工的方法可以改变材料的物理、化学或生物学特性。在许多应用中，它可以提高产品的实用性并增加产品的商业价值。一些典型的应用包括：

- 将液体低分子量单体转化为固体高分子量聚合物，在不使用挥发性溶剂的情况下固化油墨、涂料和黏合剂，将单体接枝到固体聚合物上以改变其表面性能，并制成强纤维增强复合材料。
- 用于固体聚合物的交联，可生产强度高、韧性强的塑料和弹性体材料和产品，不会在高温下融化或在有机溶剂中溶解。
- 降低固体聚合物的分子量，如纤维素和聚四氟乙烯，使它们在某些应用中更有用。
- 用于医疗器械的灭菌，作为使用加热或环氧乙烷气体的替代。
- 对新鲜食品进行消毒或灭菌，以降低食源性疾病的风险。
- 消灭新鲜水果和谷物中的昆虫，以保证粮食供应，避免向其他国家出口或

从其他国家进口昆虫。

- 降解废弃物中的有毒化合物，减少其对环境的有害影响。

在 20 世纪 20 年代和 30 年代，人们发现了一些材料的辐射效应，但直到 20 世纪 40 年代末和 50 年代初，人们才对这一领域产生了浓厚的兴趣，那时人们开发了高强度辐射源来研究原子能的应用。最早的工业应用是塑料材料和产品的交联、医疗器械和食品的消毒灭菌。交联应用已经发展为工业电子加速器的最大市场。油墨、涂料和黏合剂（聚合和交联）的发展较晚，用于环保的废物处理也是如此。

开发不同类型的工业加速器以服务于工业应用。电子束加速器是一种可靠的电子设备，可以产生电离辐射，而不需要放射性同位素，它们可以像其他工业设备一样开启或关闭。因此，电子束装置没有与主要用于医疗器械消毒灭菌的半衰期长的 γ 射线放射性同位素（如钴 60）相关的安全、运输和处置问题。市场调查显示，全球工业用大电流电子束装置超过 1,800 台，为众多产品提供了超过 800 亿美元的附加值[1-4]。在全球范围内，工业电子束的数量大约是 γ 射线辐照装置的 9 倍[5]。这一数字不包括用于研究目的的近 1,000 台低电流加速器，也不包括第 2 章和第 7 章所述的电子束系统。

选择电子束加速器的能量和束流或电子束额定功率以满足特定辐射应用的要求。高能电子对材料的穿透能力随其动能的增加而增加，在辐射加工应用中低至 75～80keV 或高至 10～12MeV。很难使用再低的能量，因为它在固体、液体和气体中的电子穿透深度非常小；较高的能量通常避免使用，因为在某些材料中可能会产生感生放射性。加工速率随着电子束流的增加而增加，电子束流可能低至几毫安（mA）或高达几百毫安，而电子束功率可能从几千瓦（kW）增加到高达 700 千瓦。

随着近年来大电流、高能量电子束加速器的发展，电子束功率转换成 X 射线，在商业上已成为替代 γ 射线工业应用的一个可行方案[6-9]。当高能电子撞击任何一种材料并被材料中的原子核偏转时，就会发射 X 射线。正向 X 射线强度随电子束流、电子动能和靶材原子序数的增大而增加。为了提供足够的射线强度和穿透厚度，与大的 γ 射线源竞争，用于辐射加工的工业 X 射线装置的能量在 3～7MeV 范围内，束功率为 100～700kW。美国食品和药物管理局（USFDA）不允许食品辐照的 X 射线能量高于 7.5MeV，以避免产生 X 射线的钽或金靶材在食品矿物成分中引起核反应。

目前，已有许多关于辐射化学、电离能的实际应用和工业电子加速器技术的出版物。相关的许多论文已在国际辐射加工大会（IMRP）的 15 次会议中发表[10]。

有关辐射化学和辐射加工应用的大量信息资料也可在许多书籍和专利中找到[11-24]。

国际原子能机构（IAEA）出版的文献[25]对这一领域做了概述。本章总结了在国际原子能机构的小册子中详细介绍的信息（本章作者是该文献的主要作者之一），以及由作者及其同事撰写或发表的其他论文资料，以供参考。

3.2　高能电子和 X 射线的物理特性

3.2.1　高能电子

高能电子在材料中的穿透深度或射程不仅与它们的动能成正比，还取决于材料的密度和原子组成。这种能量主要通过与材料中的原子电子碰撞来传递。具有较高电子密度的材料在电子入射表面附近具有较高的吸收剂量（定义为每单位质量沉积的能量），但电子射程较低。由于缺乏中子，正常的氢每单位质量的电子数比任何其他元素的都多。因此，氢含量较高的材料，如聚乙烯$(H_4C)_n$、聚丙烯$(H_6C_3)_n$和水(H_2O)，其单位电子通量（定义为随时间累积的总入射电子通量）的表面剂量将更高，但电子射程将比其他塑料材料更短，如聚苯乙烯$(H_8C_8)_n$、聚碳酸酯$(H_{14}C_{16}O_3)_n$和聚四氟乙烯$(F_4C_2)_n$。

在高于 150keV 的入射能量下，吸收剂量倾向于随着深度增加而上升至最大电子射程的约 50%，然后在该范围的末端附近降低至相对低的值。这种初始增加是由于通过与原子电子的碰撞产生多个二次电子。通过深度-剂量曲线[26]可以得到几个有用的深度量，如图 3-1 所示。

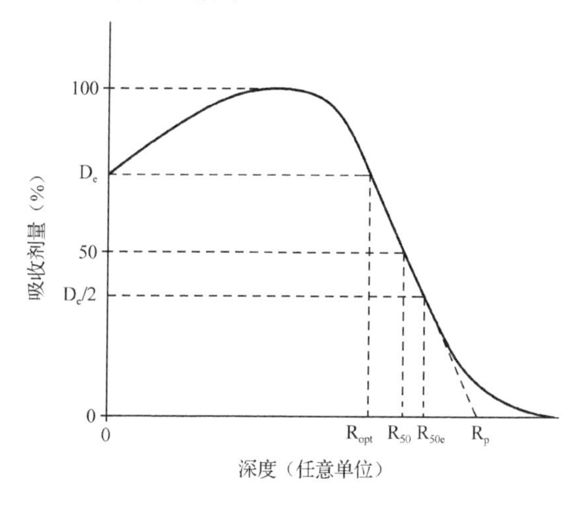

图 3-1　深度-剂量曲线所示的有用的深度量

- R_{opt}——出口表面的剂量等于入口表面的剂量的深度。
- R_{50}——出口剂量等于最大剂量的一半的深度。
- R_{50e}——出口剂量等于入口剂量的一半的深度。
- R_p——深度-剂量曲线拐点处切线与深度轴相交的深度。

为了说明低能电子束的深度剂量的特性，图 3-2 显示了高密度聚乙烯（HDPE）在 75～250keV 的束流能量下的深度-剂量曲线。这些曲线是由蒙特卡罗计算得出的，使用的是集成 TIGER 系列的 ITS3 中的一维 TIGER 程序[27]。实际上，电子束是在真空中产生的，在进入被辐照的材料之前，电子束首先通过真空窗和空气，并在真空窗和空气中沉积一些能量。在计算中必须考虑这一点。在这个例子中，假设电子束穿过厚度仅为 6μm 的钛窗，然后穿过 2.5cm 的空气，这使得空气的单位面积重量几乎与电子束窗相同。

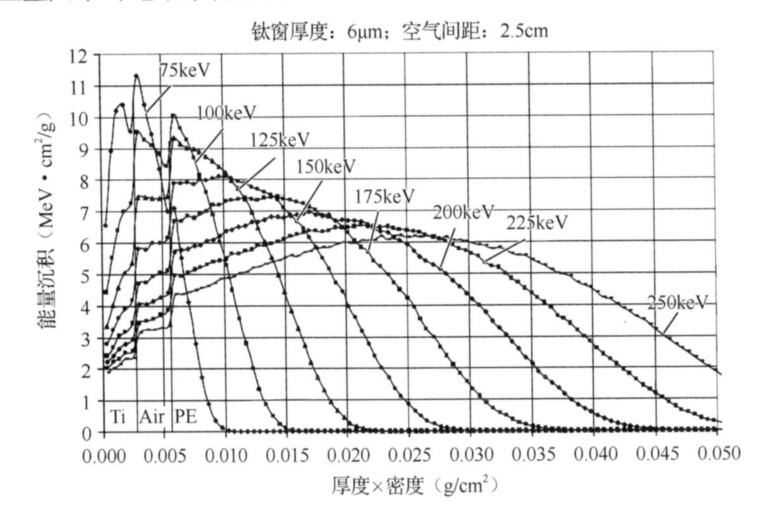

图 3-2　高密度聚乙烯中电子束能量从 75～250keV 的深度-剂量曲线

可以看出，高密度聚乙烯的穿透率随入射电子能的增大而增加，入射剂量和最大剂量随电子能的增大而减小。入口和最大剂量的减少是由于入射电子能量增加而引起的电子能量沉积或阻止本领的降低。聚丙烯和其他低密度塑料的曲线几乎是相同的，因为深度轴的单位是厚度（cm）乘以体积密度（g/cm^3）的组合单位。深度轴单位为 g/cm^2（单位面积重量）。这个量也称为面积或面积密度。对于不同体积密度的材料，用面积密度除以材料密度（gm/cm^3），可以获得以 cm 为单位的深度值。

对于 1.0～5.0MeV 的较高电子能量，水中的一组相似的深度-剂量曲线如图 3-3 所示[28]。在这种情况下，假定钛窗的厚度为 40μm，空气间距为 15cm，是此能量范围内应用的典型值。从这些计算中可以明显看出，窗口和空气对入口剂量的影响远小于低能量束的影响。在这些曲线中，假设水的密度为 1.0g/cm^3，以 cm 为单位的深度值与每单位面积的重量（g/cm^2）相同。

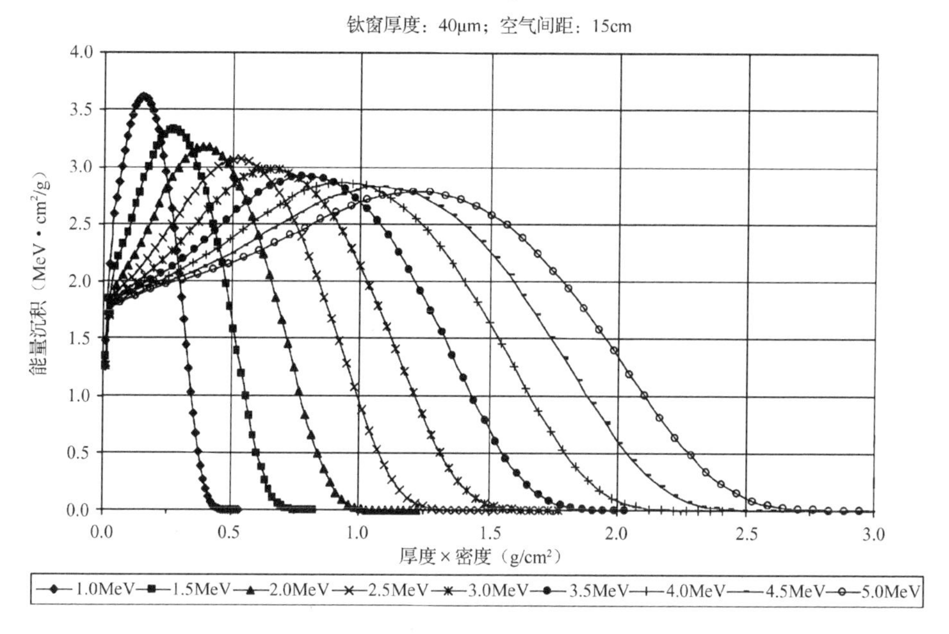

图 3-3 电子束能量为 1.0～5.0MeV 的水中电子的深度-剂量分布

在 1～10MeV 的扩展能量范围内，电子束穿透通常用单位密度材料中的最佳深度参数 R_{opt} 来表示。这种最佳深度与入射电子能量之间的近似线性关系如图 3-4 所示。对于较低的能量存在类似的关系，但对于单位密度材料而言，最佳穿透厚度要小得多，厚度范围为 10～400μm。

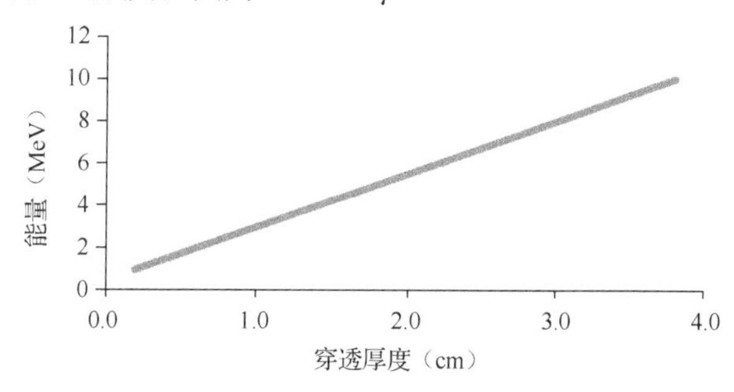

图 3-4 最佳电子束穿透 R_{opt} 与中高能束的入射电子能量的函数关系

当从双侧照射平板材料时，材料厚度可以从单侧照射的厚度增加约 2.4 倍，因为深度-剂量曲线的减少部分在中间有效地重合。如图 3-5[15,16]所示，该方法通常用于对大体积的低密度医疗产品消毒灭菌。

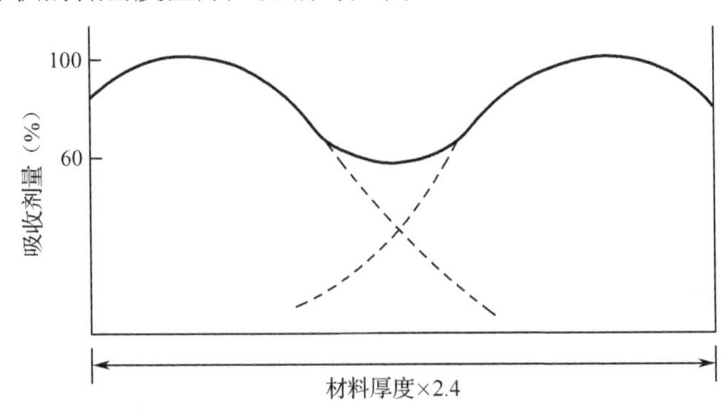

图 3-5　电子束对扁平材料双侧照射的深度-剂量分布

3.2.2　高能 X 射线

当高能电子撞击任何材料时，电磁辐射以 X 射线的形式发射。当原子核电子被入射电子激发时，发射特征单能 X 射线光子，并且通过入射电子与原子核相互作用产生韧致辐射光子。由于高能韧致辐射 X 射线是一种穿透形式的电离辐射，因此需要在高能 X 射线辐射装置周围进行较厚的屏蔽，以防止工人暴露于高水平的辐射中。所需的屏蔽材料厚度随着最大 X 射线能量而增加，X 射线能量等于入射电子的能量。75～800keV 的低能量电子束设备可以使用钢板和铅板进行屏蔽。然而，通过使用较厚的钢屏蔽而不使用铅，可以降低对铅的成本和安全性的担忧。较高能量的 X 射线场所通常使用厚混凝土墙进行屏蔽[1]。入口迷道有三个或四个拐角设计用于衰减来自照射区域的散射 X 射线，因此该区域外的辐射强度可以忽略不计[29]。

在工业 X 射线装置中，X 射线是由电子加速器的电子束撞击金属靶而产生的。前向 X 射线强度随着靶材料的电子电流、电子能量和原子序数 Z 而增加[30-32]。钨在许多 X 射线装置中用于其他应用（见第 7 章），但是由水冷却的钽板是大面积靶材的实际选择。当靶材厚度为靶材料中最大电子射程的约 40%时，可获得最佳 X 射线产额。水冷却通道和不锈钢背板必须有足够的厚度以阻止靶组件中的入射电子。将入射电子功率转换为正向 X 射线功率的效率取决于加速器能量和靶材的 Z 值。在有冷却通道的钽靶上，计算了 5.0～7.5MeV 的电子能量的效率，范围为 8%～12%。X 射线的角度分布在前向方向上达到峰值，并且加工材料中的剂量率可以通过束流、产品传送速度和到靶的距离的组合来控制。超高功率的高能电子加速器（如 5.0MeV 时为 300kW 或 7.0MeV 时为 700kW），可以弥补 X 射线转换效率低的不足[33,34]。

如图 3-6 所示为来自钽靶的 5.0MeV X 射线的正向发射。它与 γ 射线源的各向同性发射非常不同，在加工托盘装载产品时具有明显的优势。如图 3-7 所示，X 射线的穿透比工业电子束装置中的最高电子能量（10MeV）大得多，并且与钴 60γ 射线的穿透相当。X 射线剂量率比典型的 γ 射线装置高至少一个数量级，但明显低于电子束的剂量率。使用大功率、高能电子束装置进行 X 射线加工的产品生产率可超过中低功率、高能量（10MeV）工业直线加速器（Linac）的电子束生产率[35]。因此，随着大电流、高能量加速器的出现，在医疗器械灭菌和食品辐照等应用中，需要使用超过 1.5～2MCi 的钴 60γ 射线辐照装置时，X 射线成为一种可行的替代品[6-8,36]。X 射线在辐射加工中的应用的主要优点可概括如下：

- 更好地穿透加工大体积产品，如托盘装载的医疗器械或食品。
- 剂量率可控、可促进剂量率敏感过程，如单体聚合。
- 低温、非热加工、消除热对材料的不利影响。

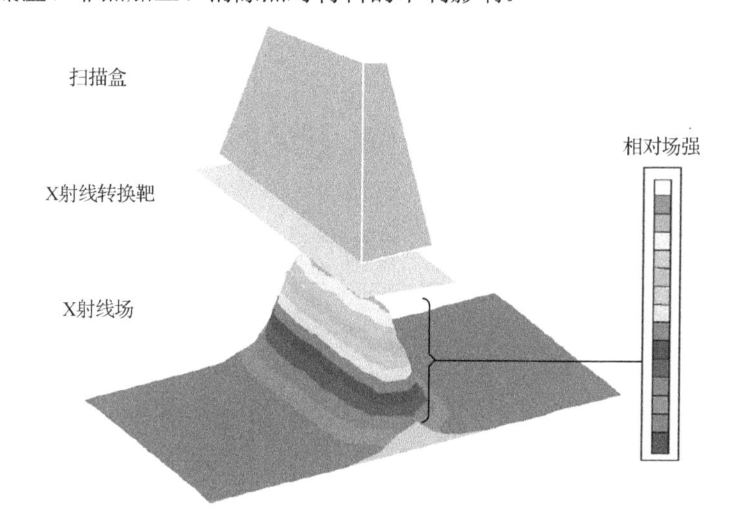

图 3-6　MeV X 射线在塑料板中的角分布

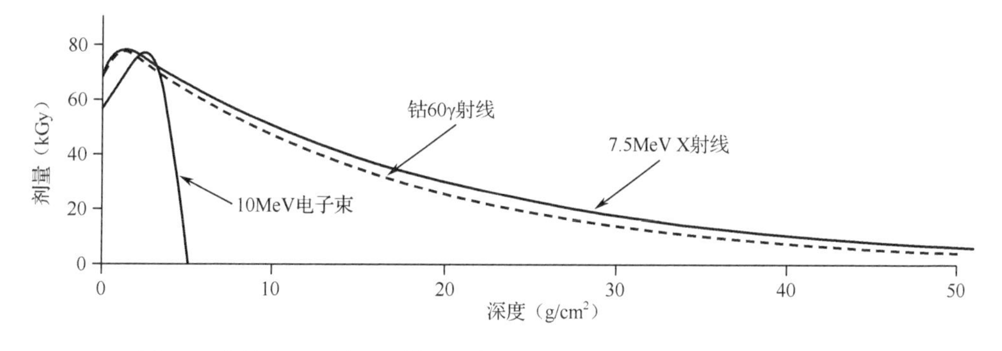

图 3-7　高能电子、钴 60γ 射线和高能 X 射线在水中的剂量和穿透的比较

3.2.3 辐射剂量测量

电离辐射加工材料的有益影响与吸收剂量有关，吸收剂量的定义为每单位质量材料吸收的能量。国际剂量单位是 Gy（戈瑞），其定义为每千克物质吸收 1 焦耳的能量（J/kg）。对于大多数辐射加工应用而言，更常见的单位是 kGy（1kGy=1kJ/kg 或 1J/g）。Gy 代替了 rad（拉德），其定义为每克（或 10^{-5}J/g）100 尔格的吸收。

因此，100rad 相当于 10^{-3}J/g 或 1.0J/kg 或 1.0Gy。即使 rad 已经过时，但现在仍然以 rad、krad 或 Mrad 指定许多辐照过程，1.0Mrad 相当于 10kGy。

对于高于 1.0kGy 的剂量，平均吸收剂量可以通过使用等式（1）的辐照材料中的温度升高来测量：

$$D_{ave}=c(T_2-T_1) \qquad (1)$$

其中 D_{ave} 是 kGy 中的吸收剂量，T_2-T_1 是升高后的温度℃，c 是热容量，单位为 J/g/℃。标准实验室使用这种关系来测量已知热容量的材料（如水、石墨或塑料）中的剂量[37]，然后可以通过暴露于实验室中的相同辐射源来校准其他剂量计。该校准程序通常使用来自钴 60 或铯 137 源的 γ 辐射来完成。在常温常压下水的 c 值为 1.0 卡路里/g/℃或 4.18J/g/℃。因此，1.0kGy 的剂量使温度仅增加 1.0/4.18=0.239℃。

商业辐照场所采用多种剂量指示器，比上述热量法或量热法更方便使用。其中可能有几种含有染料的塑料薄膜，它们在辐照后会改变薄膜的光学密度。这些薄膜被称为剂量计，但与量热计不同，它们不直接测量剂量。剂量测量使用的另一种方法是使用电子自旋共振（ESR）光谱仪检测由氨基酸丙氨酸制成的小块或薄膜中的长寿命自由基。由于丙氨酸比染色膜受温度、湿度、环境紫外线辐射或剂量率的影响小，因此该方法更准确、重复性更好。然而，ESR 光谱仪比光学密度计昂贵得多。剂量测量的第三种方法是检测聚乙烯薄膜中的不饱和碳双键。这些反乙烯链段是在辐照过程中通过吸收氢形成的。它们可以使用红外光谱仪进行检测，红外光谱仪的成本远低于 ESR 光谱仪。与染色薄膜相比，聚乙烯薄膜还具有受外来条件影响较小的特征[38]。

3.2.4 剂量与电子束功率

上述定义的吸收剂量与辐射源的发射功率、加工时间和被辐照材料的质量有以下几种形式的关系：

$$D_{ave}=F_p(PT/M) \qquad (2)$$

$$D_{ave}=F_pP/(M/T) \tag{3}$$

$$D_{ave}/T=F_pP/M \tag{4}$$

式中 D_{ave} 为辐照材料的平均剂量，单位为kGy，F_p 是材料的辐射功率吸收因子，P 为辐射源发射功率，单位是kW；T 为加工时间，单位是s；M 为材料质量，单位是kg。$P{\cdot}T$ 为单位是kJ的发射能量，M/T 为工艺的质量生产率，单位为kg/s，D_{ave}/T 为kGy/s的平均剂量率[39]。F_p 的值可以通过深度-剂量分布曲线来估计，也可以通过合适的蒙特卡罗程序来计算，根据材料的尺寸大小和形状可以精确到0.25～0.75。

3.2.5　剂量与电子束流的关系

与式（2）～式（4）中给出的剂量-束流功率关系相比，采用剂量-束流功率关系可以避免功率吸收因子 F_p 的估计或计算。因此，采用剂量-束流功率关系可以更方便地处理被辐照材料的吸收剂量、电子束流、加工时间和被辐照材料的面积之间的关系。这种关系也可以用以下形式来表达：

$$Dz=D(e,z)F_iIT/(10A) \tag{5}$$

$$Dz=D(e,z)F_iI/(10A/T) \tag{6}$$

$$Dz/T=D(e,z)F_iI/(10A) \tag{7}$$

式中 D_z 是深度为 z 的材料的剂量，单位为kGy；$D(e,z)$ 是深度为 z 的材料每单位面积上的电子能量沉积密度（厚度乘以体积密度），单位为MeV/（g/cm^2）；F_i 是由材料截获的发射电子束的电流的比值，I 是发射电子束电流，单位为mA；T 是加工的时间，单位为s；A 为 z 深度下材料面积，单位为 m^2。A/T 为该加工的面积吞吐率（m^2/s）；Dz/T 为剂量率，单位为（kGy/s）[39]。通常可以通过材料的面积与电子束照射的总面积之比，以足够的准确度来估计适当的 F_i 值。能量沉积的单位通常写为MeV•cm^2/g，这有点不容易理解。$D(e,z)$ 的值可以从深度剂量曲线中获得，也可以用合适的蒙特卡罗程序计算。从图3-3可以看出，电子能量为2.0～10MeV的水或聚乙烯入口表面的典型值为1.8～2.0MeV/（g/cm^2）。能量较低时，它反而更高，在100keV下增加到约10MeV/（g/cm^2）。

3.3　工业电子束加速器

工业电子束加速器可以根据其最大电子能量进行分类。电子能量为“低能量”

的系统通常为 75～300keV，上限有时扩展到 500keV。“中等能量”范围通常指 300keV 或 500keV～5MeV，“高能”范围为 5～10MeV 或 12MeV。这些能量范围反映了不同应用类型所需的材料穿透厚度（见表 3-1）。

表 3-1　几种辐照细分市场的电子束能量范围和材料穿透厚度

细分市场	电子束能量	最大穿透厚度
表面固化	80～300keV	0.4mm
热缩膜	300～800keV	1.6mm
电线电缆	0.4～3MeV	11mm
灭菌	3～10MeV	40mm

截至写作此文时，世界各地至少有 20 个不同的商业实体在这些能量范围内提供大电流电子束加速器。这些公司利用各种不同的加速器设计来满足已知的和新兴的辐射应用。

3.3.1　低能电子束加速器

在低能量范围内（低于 300keV），电子束加速器通常采用长线性阴极或多阴极将电子分布在一个正在通过电子束的宽幅材料上。电子加速是在一个连接到直流高压发生器的长真空管内完成的。大多数低能加速管在热离子阴极（电子源）和阳极（接地电位的薄金属窗）之间采用单个间隙。这个金属窗必须足够薄，以使电子离开加速管并在空气中照射材料或产品。高压通常由低频铁芯变压器和整流电路产生，高压电源通常用柔性高压电缆连接到加速器上。低能加速器可以用高密度金属局部自屏蔽，通常是铅和钢，但也可以单独使用钢。这些低能量、自屏蔽系统的主要供应商是能源科学公司、Iwasaki 电力公司（日本）的子公司、宽束设备公司、PCT 产品制造有限责任公司（美国）、先进电子束公司（美国），以及日本日清电器的子公司 NHV。

近年来，工业加速器增长最快的市场一直在这个低能领域，其应用包括油墨、涂料和黏合剂的固化（不使用溶剂），这些都由液体反应单体组成，反应单体可以通过电子束辐照聚合和交联。这种固化的一个重要优势是消除了空气污染物，主要是传统印刷和涂布工艺所排放的溶剂。此外，研究还发现，这些辐射加工的总能量效率高于其他方法，如强制空气干燥。这种类型的低能电子束加速器大多数都集成到印刷、涂布或类似的连续卷筒纸工艺生产线中。与传统印刷机、涂布系统和干燥炉等其他工艺设备相比，电子束装置在生产线上只占很小的空间。材料在束下移动时，呈一定角度进出（见图 3-8），所需的屏蔽量可以最小化。当然，低能电子束装置也可以设置较长的入口结构，用于处理木板等扁平材料。

如图 3-8 所示为第一个商用低能电子束加速器，该装置使用长线性阴极丝形成均匀密度的电子“帘”，用于照射宽幅的材料。基于此概念的装置几乎不占工厂地面空间，可以很轻松地安装到涂布和转换（Conversion）生产线上。20 世纪 70 年代早期，能源科学公司（ESI）基于此专利设计开发了如图 3-9 所示的电子帘（Electrocurtain™）系统[40]。此后，ESI 通过几代产品的技术改进缩小了尺寸，现在提供了多种电子束加工系统。这包括结构紧凑、价格较低 EZCure™ 生产线。

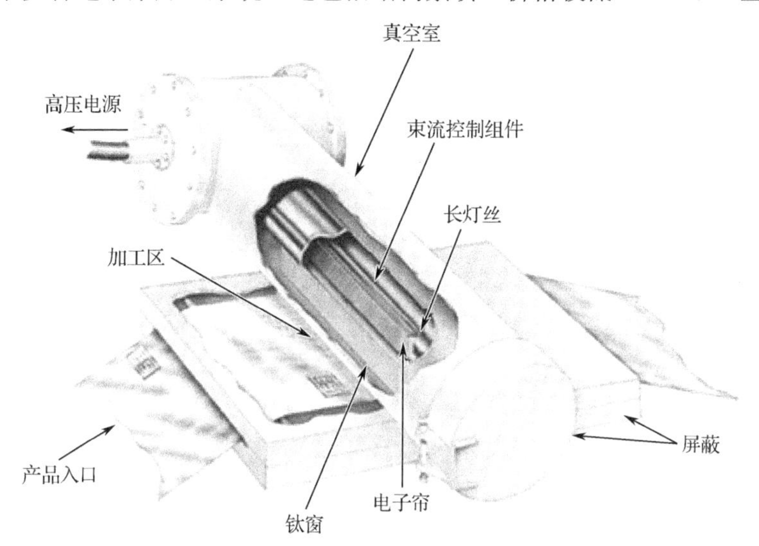

图 3-8　使用一个单长阴极灯丝设计的低能电子束加速器

图 3-9　低能电子帘装置（长 3.6m、宽 1.5m，电源未显示占用略多于 $1m^3$ 的空间）

使用单一长灯丝的一个缺点是，当灯丝烧坏时，必须打开真空室来替换它。RPC 工业公司开发了一种替代方案，后来被宽束设备公司收购（现在是 PCT 产品和制造部门）。它是一个分段阴极设计的，并行连接短丝段[41]。当一根灯丝在分段阴极中烧断时，相邻的灯丝仍能提供足够的表面剂量均匀性，使其在不中断加工过程的情况下继续工作。分段灯丝设计用于 100～300keV 自屏蔽设备。图 3-10 显示了加速器在移除钛窗后的分段灯丝阵列。就像 ESI 和其他电子束设备制造商一样，PCT/宽束已经在其 LE 宽系列中生产了小型化的低能辐照装置。NHV 在其 Curetron™ 低能系统中也采用了分段灯丝。

图 3-10　一个低能电子束加速器移除钛窗后的分段灯丝阵列

还有一种降低低能电子加速器成本的方法是由先进电子束公司（AEB）开发的。虽然大多数低能的辐照系统都是为满足客户的要求而制造的，但 AEB 只生产了两种标准设计：端窗为 26cm 的圆形电子束装置和侧窗为 41cm 的长度较小的装置。与其他低能加速器不同的是，AEB 装置在工厂进行了抽真空和密封，专为即插即用操作而设计。他们不需要一直被抽真空。图 3-11 为 AEB 圆形电子束模块示意图。多个模块可以放置在不同的配置中，以辐射更广的区域，在线处理卷筒的两面或在三个维度上加工产品。

AEB 还制造了一个低成本的、自屏蔽的实验装置，如图 3-12 所示，其主要组件都有标示。这种经济的应用开发装置工作在 80～120keV，能够在任何实验室研究足够低厚度的材料（如薄膜和油墨液体、涂层或复合基体，甚至气体），提供足够的束流来模拟工业过程[42]。ESI 和 NHV 也提供实验室装置。

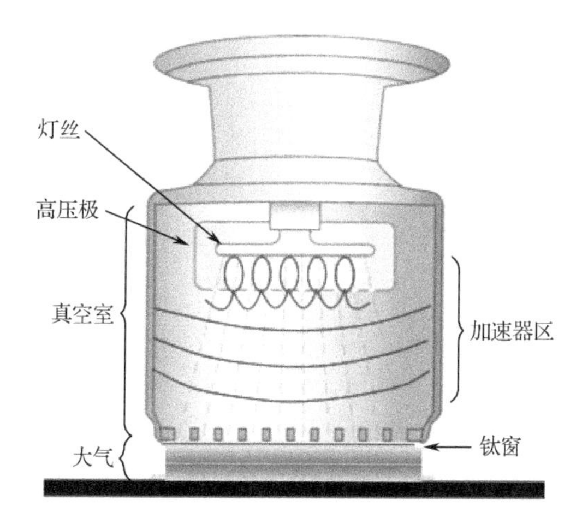

图 3-11　AEB 圆形电子束模块示意图（重约 15kg，直径为 27cm、高 33cm）

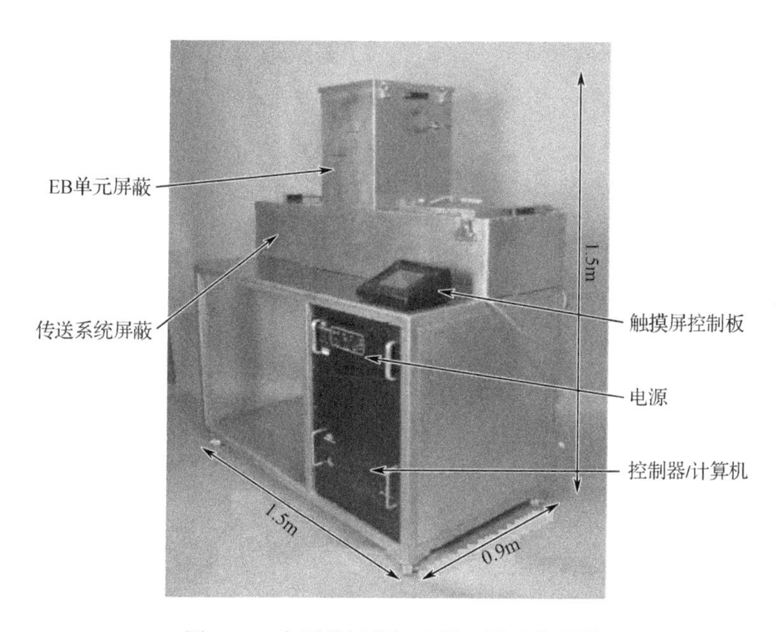

图 3-12　自屏蔽低能加速器应用开发装置

作为低能自屏蔽电子束系统的主要终端用户，希悦尔的制冷机部门（Cryovac Division）生产了自研的 500keV 加速器，用于辐照食品包装的热收缩多层塑料薄膜。这些 ICT 系统的设计是从以前的供应商高压工程公司（HVEC）获得的，高压工程公司已经退出了加速器业务。据报道，Cryovac 已经建造了 130 多台加速器用作自己的生产装置。

3.3.2 中能加速器

在中能范围内（300keV～5MeV），大多数工业电子束加速器都是大电流直流电势装置，虽然也使用了脉冲射频（RF）直线加速器（在高能加速器部分讨论）。其中一个例子是ILU系列直线加速器，由俄罗斯巴德克核物理研究所（BINP）开发，用于中能应用。这些是运行在100～200MHz的脉冲射频谐振腔系统，产生0.6～4MeV的电子能量，在4MeV时电子束功率可达50kW。

对于该能量范围内的直流加速器，在高压发生器和加速器之间，在较高电压下使用柔性高压电缆是不现实的，因此在800keV以上电压下运行的系统将高压发生器和加速管放在同一壳体内。内部充6～7个大气压的六氟化硫气体用于绝缘。

电子加速管必须使用多个电极，通常称为倍增极，具有小的孔隙来分配电压和避免内部火花。因此，电子源必须是产生小直径电子束的单个小阴极。加速后，电子束通常用一个由交流电（AC）激励的偏转磁体快速扫描，然后电子束经过一个三角形的扫描盒进入大气，将电子分布在宽幅的材料上或用于电线或塑料管材的其他类型的产品加工系统上，扫描频率通常为100～200Hz。这些加速器的高压发生器通常由多级级联整流电路组成，可以通过中频或高频交流电源供电，再通过电容或磁力耦合到整流器。

在日常生产应用中使用的电子加速器必须具有大电子束电流，如几十毫安，以满足大剂量率的需要。在相同的中能范围内的研究设备中，例如范德格拉夫发电机（已经建造了超过550台）或静电加速器（Pelletron™）系统（静电用绝缘链代替皮带来积累电荷的设备，已经建造了超过150多台）不能达到如此大的电流和高剂量率。其他一些已经开发出的各种类型的低电流中能电子加速器，像范德格拉夫或静电加速器系统一样，仅限于科学研究。

用于在中能下获得大束流功率的直流加速器结构的主要类型如下：

- 磁串列绝缘芯变压器型加速器（ICT）。ICT最初是由美国高压工程公司（HVEC）开发的，它利用圆形变压器铁芯之间的串联耦合，将低频交流电从地电位的初级绕组传输到直流电压依次升高的所有次级绕组。在铁芯之间插入薄绝缘片，以尽量减少高压击穿。每级直流电压由整流器和电容器产生，各级串联在含电子枪的高压端子与地之间。ICT的主要制造商是Vivirad SA（法国）和Wasik Associates,Inc.（美国）。HVEC、Wasik和Vivirad已经生产了各种各样的ICT，其输出功率可达100kW，电压从300kV到3MV。正如前面在低能部分提到的，Cryovac建立ICT系统供自己使用。这些装置主要用于加工热收缩薄膜材料，这是一种典型的低能应用。此外，中国的几家公司正在建造的从 300kV 到 1.2MV 的 ICT 系统，主要是该国自己使用。

- 由俄罗斯巴德克核物理研究所（BINP）开发的磁并联耦合电子变压器——整流器型加速器（ELV）。ELV 采用并联耦合，主绕组延伸至整个高压总成的长度。这些系统的电压范围从 400kV 到 2.5MV 不等，1MV 时输出功率可达 400kW，2.5MV 时输出功率可达 100kW。ELV 系统由 BINP 和电子束技术有限公司（韩国）与 BINP 合资提供。
- 来自俄罗斯电气物理设备科学研究院（NIIEFA）的变压器驱动直流加速器。其系统类似于 BINP 的 ELV，因为锥形的主绕组延伸至加速器的整个长度。最新的系统已扩展到 750kV。
- 日本 NHV 公司生产的电容耦合串联科克罗夫特-沃尔顿系统。这种平衡的串列级联科克罗夫特-沃尔顿系统的驱动频率为 3kHz，它不需要使用最初为物理研究开发的这类加速器所需的精密元件。NHV 的科克罗夫特-沃尔顿系统可在 150kW 时达到 5.0MeV，并可用于产生 X 射线[43,44]。
- 来自 IBA Industrial,Inc.（美国）的电容式并联耦合的地纳米加速器（Dynamitron®）。地纳米加速器最初是在 1959 年[45]获得专利的，然后由辐射动力学公司开发，后来辐射动力学公司被 IBA 收购。这些系统使用环绕高压柱的半圆形电极将高频（100kHz）交流电并行地传输到发电机的所有整流级。电极与中心接地、无铁芯、高 Q 值的变压器相连，形成一个与三极管振荡器电路激励的平衡谐振电路。电极感应出交流电压，通过高压端子和地之间的串联级进行整流。图 3-13 显示了由电极包围并安装在压力容器内的地纳米加速器的高压柱。

图 3-13　由辐射动力学公司开发的地纳米加速器

ICT 和地纳米加速器是在 20 世纪 50 年代末和 60 年代初发展起来的，是最早的中能电子束加速器，也是该领域应用最广泛的加速器。ICT 和 ELV 中能加速器的设计仅限于 2.5～3.0MeV 的电子能量。如图 3-14 所示的是 Wasik 公司为电线辐照而新建的 550keV ICT 系统。该地纳米加速器可获得高束流功率，如 3.0MeV 时功率为 150kW、5.0MeV 时功率为 300kW，因此它也可以用作高能、大功率的 X 射线发生器。如图 3-15 所示的是一个 5MeV、300kW 地纳米加速器的剖面图。在过去的 20 年里，ICT 系统和地纳米加速器还被中国的一些供应商和研究所建造，主要为自己使用。这些系统是 20 世纪 90 年代由美国国家实验室开发的，技术转让给了至少 6 家中国商业公司进行生产。

图 3-14　来自 Wasik 的机柜门开启的 550keV ICT 系统

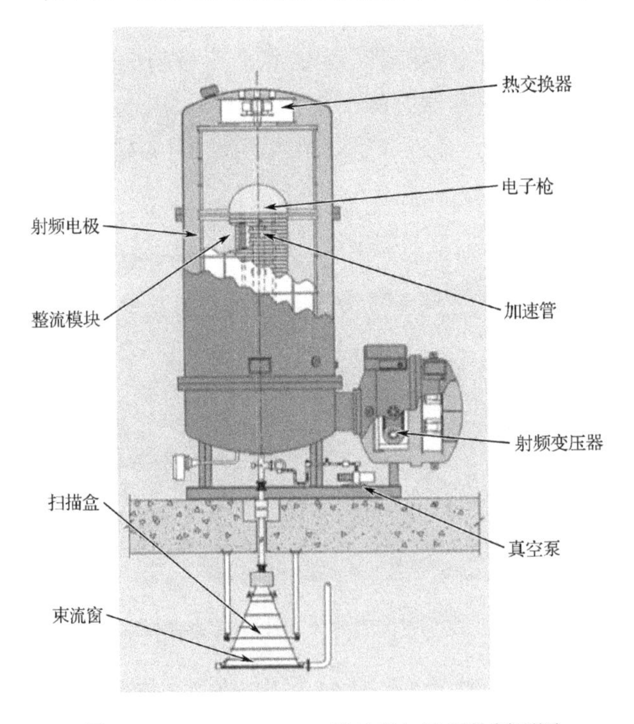

图 3-15　5MeV、300kW 地纳米加速器的剖面图

大电流、中电压电子束装置主要用于绝缘电线电缆和热缩管的交联，以及轮胎行业橡胶部件的局部固化。电子束加工是一种被广泛接受的工业生产实践，也可以用 X 射线模式对医疗器械消毒灭菌、新鲜食品的辐照和厚复合产品的固化。

3.3.3 高能加速器

在高能范围（5～10MeV），大多数工业电子束加速器使用射频（RF）功率产生的电场来加速电子。高功率、高压直流发生器可以制造出大于 5MeV 能量的加速器，但是它们的尺寸要大得多，而且比 RF 加速器的制造和建造成本也要高得多。

除了基于单个大直径环形腔且在 176MHz 的 VHF 频率下谐振的俄罗斯 ILU 直线加速器之外，大多数用于高功率电子束辐照的电子直线加速器是由一系列在微波频率下发生共振的小耦合腔组成的，腔越小、频率越高。这些微波直线加速器通常由其所属的频段来指定：L 频段为 1～2GHz，S 频段为 2～4GHz，C 频段为 4～8GHz。这些腔体由微波发生器供电，无论是磁控管还是速调管，都必须仔细地调整到相同的谐振频率上。一般来说，L 波段系统可以提供最高的束功率（高达 100kW），但尺寸也最大。较小的 S 波段直线加速器是电子束辐射最普遍的系统，但是通常限制在约 30kW 的束功率范围内。较低频率的 ILU 直线加速器能够产生高达 100kW 的束功率，但这些系统比微波直线加速器大得多。与直线加速器不同的是，Rhodotron 通过在一个单同轴谐振腔中重复的循环来加速电子，从而在一个相对较小的占地面积结构中获得高能量。Rhodotron 工作于 VHF 频率范围（100～200MHz）并可以产生高达 700kW 的束功率。

直线加速器的电子能量不限于 5～10MeV。直线加速器可以产生 2～16MeV 的电子能量用于射线照相检测（见第 7 章），甚至更高的能量用于癌症治疗。由于低功率直线加速器在 X 射线照相和医学治疗中的广泛应用，这些必须与适用于材料辐照的大功率直线加速器区分开来。用于材料辐射加工的直线加速器通常限制在 10MeV 的峰值能量，以尽量减少产品中的感生放射性，但它们也可以减小到几个 MeV 的能量[46]。然而，在大多数材料的辐照应用中，都需要高占空比和高剂量率。直线加速器通常是在脉冲模式下运行的，低占空比从零点几个百分点到大约百分之一不等。占空比是指束流工作时间（束脉冲宽度乘以重复频率）的百分比。直线加速器的能量转换效率相对较低，大约 30%的交流输入功率转换为输出束功率。放射学、医学和研究用直线加速器工作在低负荷因素下，与工业辐照直线加速器相比，其平均剂量率也相对较低。除了决定产品的生产率之外，剂量率还会影响电子束对材料和产品的某些效应。

最早用于工业辐照的直线加速器之一是 HVEC 于 1957 年为强生公司的 Ethicon 分部生产的一台 7MeV、5kW 的装置。它被用来对动物组织制成的可吸收缝合线进行消毒。另一个早期的直线加速器是瓦里安于 1960 年为丹麦 Riso 国家实验室制造的一台 10MeV、5kW 的装置。

此后，一些公司又生产了许多其他更大功率的直线加速器用于辐射加工。法国的盖廷格-拉卡勒内公司及其前身直线加速器技术公司、MeV 工业公司和 CGR-MeV 公司 40 多年来一直生产这种直线加速器。1967 年，CGR-MeV 在法国的一家辐照工厂中安装了一台 10MeV、10kW 的直线加速器。1985 年，MeV 工业公司安装了一台 10MeV、20kW 的 CIRCE™ 用于食品辐照的直线加速器，1987 年以来，又安装了多台 CIRCE 直线加速器用于医疗器械灭菌[47,48]。其中一台加速器安装在法国波尔多地区欧洲航空防务及航天公司的设施中，用于碳纤维复合材料基体交联（1991 年）。这是一台 10MeV、20kW 的加速器，具有 X 射线功能。

工业辐照直线加速器可以垂直安装或水平安装，也可以使用偏转磁铁来布置加速器及其扫描系统以满足应用要求。对于 10MeV 工业直线加速器，其长度可达 4m。

20 世纪 80 年代后期，加拿大原子能有限公司（AECL）开发了 Impela 直线加速器，这是当时功率最大的 10MeV 系统。该 L 波段直线加速器以不同寻常的长脉冲、高占空比工作模式运行，平均束功率达 50kW。原型系统是安装在 AECL 的 Chalk River 实验室，但该公司只建造了几个商业系统后于 1998 年退出了直线加速器业务。一台安装在电子束服务公司的新泽西工厂，另一台安装在加拿大 Iotron 工业公司的温哥华工厂。Iotron 从 AECL 那里获得了该技术的使用权，目前 Impela 系统仍可使用。

加拿大 Mevex 公司自 20 世纪 80 年代末开始设计和制造各种工业电子束辐照直线加速器。Mevex 目前提供 3～6MeV 能量范围内、适用于小型产品辐照的 3～8kW 紧凑型系统，并为大功率应用开发了 10MeV、30kW 的系统。

在日本，三菱重工提供 3～10MeV 的各种工业用电子束系列直线加速器。这些系统可以产生 2～6kW 的小型 C 波段和中型 S 波段直线加速器的束功率，最大功率的 S 波段 10MeV 直线加速器的束功率可达 31kW。

在美国，L-3 公司的 Pulse Sciences（L-3 PS）生产 5MeV 和 10MeV 大功率电子直线加速器，并将其集成到食品辐照和医疗器械灭菌的交钥匙系统中。10MeV 系统基于紧凑的 S 波段直线加速器，可以产生高达 18kW 的束功率。体积大但功率更大的 5MeV L 波段直线加速器可产生高达 100kW 的束功率。5MeV 直线加速器既可用于大功率电子束辐照应用，也可以产生 X 射线用于食品辐照。

一种大功率、高能量的直线加速器由俄罗斯的巴德克研究所（BINP）开发，其基本的谐振腔加速结构与中能 ILU 系统相同。据报道，ILU-14 通过将多达 6 个谐振腔模块耦合在一起，可以获得 7.5～10MeV 的能量，束功率高达 100kW[49]。与上面所述的高频直线加速器相比，这些谐振腔的工作频率为 176MHz。较低的频率导致加速器的体积较大，但它可以被高效率的三极管射频功率管激励。一个 ILU-14 原型系统的照片如图 3-16 所示。

图 3-16 ILU-14 原型系统

另一种普遍用于高能电子束辐射加工的加速器是 IBA 的 Rhodotron。Rhodotron 通过将电子束反复通过一个同轴谐振腔来加速电子。基本的加速原理是由法国原子能机构（CEA）的一组研究人员在 20 世纪 80 年代末构想并证明的。这一专利设计在 20 世纪 90 年代初被授权给 IBA，随后被 IBA 开发成今天的商用 Rhodotron 系统。如图 3-17 所示为加速器的束轨迹，图 3-18 是一个 Rhodotron 谐振腔的剖面图。

射频直线加速器的平均束流功率通常小于 100kW，而 Rhodotron 在 10MeV 和 7.0MeV 时可分别产生 200kW 和 700kW 的功率。有了如此高的束功率，产生 X 射线已成为辐射加工的一个可行选择[6]。Rhodotron 中的再循环束也使其具有从同一加速器（但不是同时）引出具有不同电子能量的多条束线的能力。

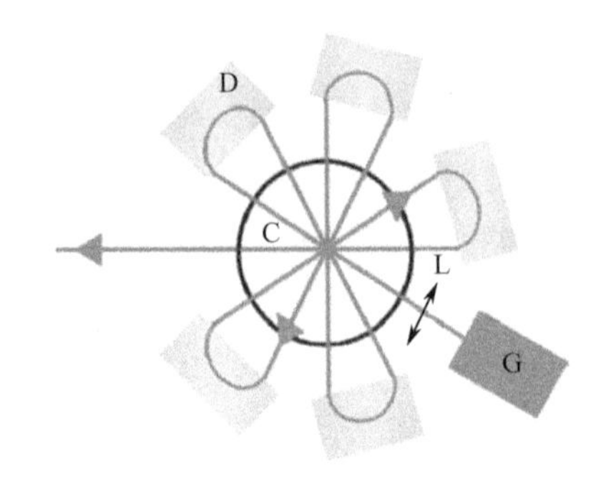

G—电子枪；L—磁透镜；C—加速腔；D—偏转磁铁

图 3-17　Rhodotron 六通道加速器的束轨迹

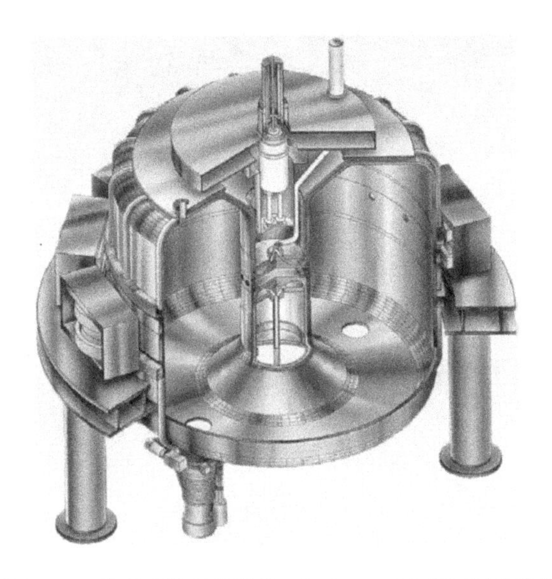

图 3-18　带有束偏转磁铁的 Rhodotron 谐振腔的剖面图

大功率的 Rhodotron 已经证明了 X 射线加工的工业可行性。美国邮政总局在新泽西州安装了一台功率为 130kW 的 Rhodotron，为华盛顿特区的美国联邦政府的重要部门和机构进行邮件消毒。该加速器的 10MeV 电子束流线用于辐照托盘中的邮件，5.0MeV 的钽 X 射线转换靶线用于处理散装的邮件。该装置清楚地说明了 Rhodotron 的多功能性，10MeV 束流线向下弯曲到下部的拱顶用于电子束处理，另外两条 5.0MeV 和 7.0MeV 束线被水平地引导到 X 射线靶上。但同一时间只能使用一条束线。

3.4　工业电子束辐照装置的主要应用

3.4.1　材料的交联

材料的交联是电子束辐照系统的最大应用。交联应用的主要类别按相对市场规模如图 3-19 所示。这些应用涵盖了广泛的加速器能量范围，以适应这些不同细分市场中各种产品所需的电子束穿透深度。不同的最终使用领域也倾向于使用不同的电子束加工系统，这取决于正在加工的材料或产品的大小和形状。“服务”部分包括各种装置为外部公司进行的合同辐照工作，涵盖了其他部门中的许多应用。下文将简要介绍电子束辐照交联的一些最普遍的工业用途。

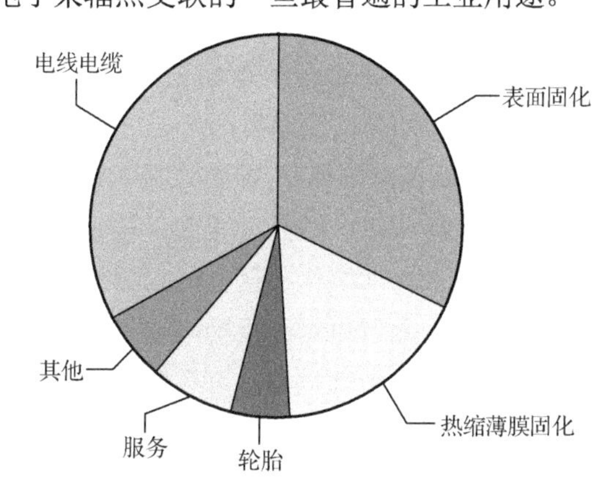

图 3-19　电子束辐射交联应用的主要类别

1）电线电缆

电线电缆交联是辐射交联最早的商业应用之一，也是目前应用最广泛的电子束加工应用之一。当导体过热时，交联可以使绝缘层不至于熔化，也使其更耐火灾。这对于汽车发动机附近的电线尤其重要：当它们暴露在火焰中时，护套不会被烧掉或融化。这种电线通常符合美国保险商实验室的阻燃标准。交联还能增加绝缘材料的韧性和耐磨性，使其不溶于有机溶剂。聚乙烯（PE）或聚乙烯与乙丙橡胶的混合物通常用作基本聚合物，但也可以添加其他材料，如三羟化铝（Hydral）这种制造绝缘阻燃剂的常见成分。加工助剂、抗氧化剂和交联增强剂，如三羟甲基丙烷三丙烯酸酯（TMPTA）通常也会被添加，但大多数电线制造商不会透露其专有绝缘层化合物的实际成分。

电线电缆交联是通过在扫描电子束中多次往返移动来完成的。当电线电缆通过电子束时，多个卷筒固定装置和导轨控制线缆通过电子束的位置。扫描束的发散和线缆通过卷筒之间时的轻微扭曲导致线缆周围的剂量分布足够均匀。最小电子能量取决于线缆的直径和绝缘层的厚度。对于汽车和电子电器中的低压线，它可以低至 0.5MeV，对于多芯电缆的护套，它可以高至 3MeV。大电流电子加速器加工速度每分钟可高达几百米。

2）热收缩塑料管和薄膜

瑞侃（Raychem）公司成立于 1957 年，主要生产和销售辐射交联的电线系统。他们还利用了交联聚乙烯（PE）在高于熔体转变温度时所表现出的弹性恢复效应开发多种新产品。热缩塑料管材可以使用与绝缘电线的相同类型的束下固定装置进行照射，使用 1963 年获得专利的方法（美国专利 No.3086242）扩张交联的管材。聚乙烯由非结晶区域和结晶区域的混合物组成，但交联主要发生在非结晶区域。当交联的聚乙烯加热到高于熔体转变温度时，结晶区域熔化并且材料表现得像软橡胶一样。在这种情况下，辐照的聚乙烯管材可以通过压缩空气膨胀到更大的直径。当管材以膨胀的形状冷却时，结晶区域重新形成并使管材保持在更大的尺寸内，当再加热时，结晶区域再次熔化并且管材收缩到其原始尺寸。聚乙烯的这种独特特性被用于制造热缩产品以包裹成束的电缆、电缆连接器和管道等。短管材用于覆盖电线连接，其与电线护套类似。可在管内涂抹黏合剂或密封剂，以在连接处形成防水密封。当它再次加热时，管材会收缩并与里面的接头形状一致。除管材之外，还可使用特殊形状的热收缩套管来保护其他各种产品。

瑞侃公司开发的热收缩聚乙烯管材，促使 W.R Grace＆Co.（现为希悦尔公司的一部分）的 Cryovac 部门得以开发用于生产食品包装的热收缩薄膜的辐照工艺。薄膜通常以薄壁大直径管的形式照射，然后用压缩空气加热和膨胀，并在膨胀的尺寸下进行冷却。

这个概念是以一个挤压管状的形式多次照射电子束，从而吸收电子束的大部分能量，然后将辐照和加热的材料吹成所需的薄膜尺寸。这就是所谓的“双泡”过程，一个泡是挤出物，另一个泡是吹膜[50,51]。有时会用低能量（300keV）电子束装置将薄膜作为平面照射。就像塑料薄膜工业中通常做的那样，先确定薄膜取向，然后用拉幅机加热和拉伸。物品用这种薄膜包裹并被短暂地暴露在热空气中，以使薄膜收缩并形成一个紧密的封闭外壳。感恩节晚餐用的生冷冻火鸡通常都是这样包装的。热收缩食品薄膜通常至少有五层：内部食品接触层、连接层、气体屏障膜、另一连接层和用于耐磨和印刷的外层。0.3keV～0.5MeV 的电子能量通常足以满足这一过程。所使用的确切能量取决于薄膜厚度，以及是单次电子束照射还是多次电子束照射的。

3）油墨、涂料和黏合剂的固化

用反应性单体和低聚物配制的油墨、涂料和黏合剂，用电子束固化比用紫外线（UV）或热固化速度更快。电子束固化涉及聚合和交联的结合。电子束常与宽幅印刷机一起使用，用于大批量生产和需要印刷精细图案和高光色泽的印刷品（电子能穿透颜料而紫外线不能）。电子束固化和涂层交联的一个优点是，颜料不会像紫外线那样干扰交联过程。此外，电子束油墨配方往往比紫外线配方要简单得多。由于电子束固化的温升不像热固化那么高，电子束可用于热敏基材（如塑料薄膜）的固化。与紫外线固化不同，电子束固化不需要有毒的引发剂，因此这种涂料可用于与食品接触的应用。电子束固化比紫外线固化或热固化消耗的能量更少。它还消除了热固化中使用的挥发性溶剂，这些溶剂会污染大气。电子束固化过程中温度的最小温升，使得该方法能够固化具有不同热膨胀系数的薄膜之间的胶层，而不会产生热固化所引起的界面应变[52]。

油墨、涂料和黏合剂用单体和低聚物的供应商必须解决毒性、清洁空气法合规性、食品接触以及当代制造业中许多其他应关注的问题。在过去几十年里，这些都是配方设计和使用者可用来改变材料组合的主要因素。使用电子束固化油墨、涂料或黏合剂配方所需的能量，明显低于使用其他干燥系统所使用的能量，即使是所谓的“高固体含量”的产品也是如此，因此，除了减少挥发性有机化合物（VOC）之外，电子束固化还减少了潜在的温室气体排放。

低能量电子束固化也可用于制造薄型膜片或薄型膜覆盖层。更高能量的电子束甚至X射线可以用来固化较厚的基材之间的黏合。具有不同热膨胀系数的材料可以与电子束固化黏合剂黏合，而不会产生与热固化时相同的界面应变。压敏胶（PSA）也可以使用电子束固化。

4）汽车轮胎

1933年，B.F.Goodrich公司获得了一项专利（美国专利号为1906402），该专利涉及电子束在工业上用于天然橡胶的无热硫化。如今，汽车轮胎的一些零部件在组装成一个完整的轮胎之前，都要接受低剂量的电子束辐射。这个过程被称为部分交联或部分固化。先压出轮胎并成形，然后用电子束照射，使其变成凝胶状态。在轮胎的最终热固化过程中，辐照稳定了轮胎的厚度，防止了轮胎帘布和钢丝层通过支撑材料的迁移。部分固化还保持了允许不同层粘在一起所需的黏性表面状态。这种技术使轮胎更均匀、更平衡，比无辐照轮胎更薄、更有弹性。在确定轮胎的胎面花纹、外观、形状和其他特征的热模塑过程中，成品轮胎被熔合在一起[53]。

不同的弹性体材料用于轮胎的各种功能。配方的卤化丁基橡胶（如 BIIR）用于内衬的侧壁。侧壁由乙丙橡胶（EPDM）制成，因为这种聚合物具有固有的耐臭氧性。胎圈包布也可部分固化。图 3-20 显示了这些部件在经过处理的部分交联、热固化轮胎中的位置。由于轮胎的制造量非常大，仅减少的橡胶用量的费用就可以在一年左右的时间内收回电子束加速器的成本。许多美国专利提供了关于该申请的各方面的详细信息，这些专利都已经过期，因此其涉及的内容已经进入了公共领域[54]。

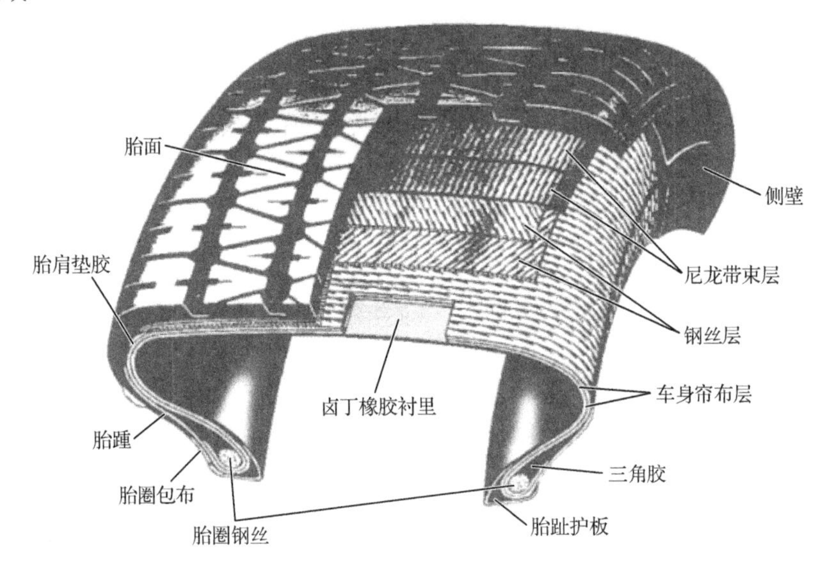

图 3-20 现代子午线轮胎的截面

5）聚乙烯发泡材料

交联发泡材料通常由聚乙烯制成，用于各种熟悉的物品，包括家具、医疗产品、运动头盔、运动安全垫和汽车中的隔热和缓冲材料。泡沫塑料是将发泡剂加入塑料中混合，经加热后，将发泡剂转化为气体，从而在塑料材料内部形成泡沫。加热过程必须小心控制，以保存气泡。塑料/发泡剂混合物可能与热化学反应发生交联，但这可能使发泡剂过早活化，而发泡剂的性质是热不稳定的。由于电子束加工只引起很小的温升，所以在不激活发泡剂的情况下，混合物可以与电子束辐照交联。

所使用的聚乙烯的类型、发泡剂的数量、辐射剂量和吹制过程都结合在一起，形成了一个清晰的闭孔泡沫[55]。在这些发泡材料的许多用途中，最重要的是它在汽车上的安全保护作用，特别是在汽车内饰面的缓冲作用。图 3-21 显示了一个使用闭孔聚乙烯发泡塑料的汽车内饰板。

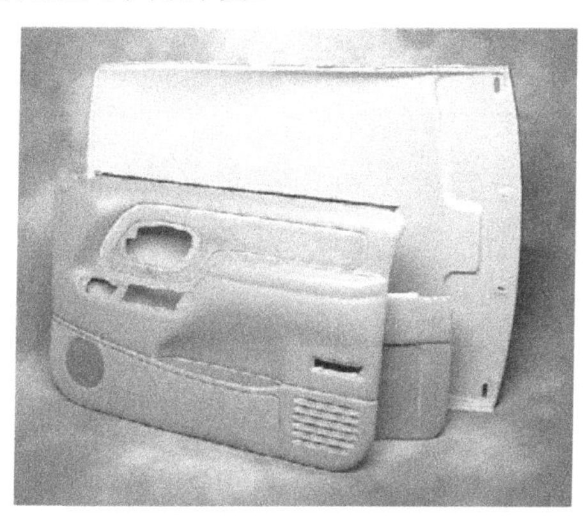

图 3-21　电子束交联、闭孔聚乙烯发泡泡沫的汽车应用实例

3.4.2　医疗器械的辐射灭菌

强生（J&J）公司是第一个用电离辐射灭菌医疗器械的工业组织，其 Ethicon 部门从 1956 年开始使用电子束加工技术对动物组织制成的可吸收缝合线进行消毒。各种各样的医疗器械正在使用电子束消毒，如表 3-2 所述，列出了一些一次性医疗物品的名称[17-19]。在计划使用电子束或来自电子束的 X 射线进行医疗器械灭菌时，必须考虑三个问题：①用于器械制造的材料；②器械灭菌的制造阶段；③达到无菌保证水平所需的射线照射或剂量。过去用于确定灭菌保证水平的研究主要是用 γ 射线照射进行的。X 射线是放射性 γ 射线源的一种可行替代品，因为它们可以提供更高的剂量率，尽管其剂量率不如电子束所能提供的那么高。有关电子束灭菌的研究表明，剂量率依赖于射线照射的杀伤力：较高的剂量率可有更大的杀伤力。因此，未来有可能通过电子束或 X 射线照射以减少灭菌剂量[25]。

表 3-2　一些常用的经电离辐射消毒灭菌的一次性医疗用品

注　射　器	吸　附　剂
导管	手套
排水管	手术服帷帘
管子	毛巾

续表

注 射 器	吸 附 剂
尿袋	烧杯和实验室用具
排水管	培养皿
绷带	试管

辐射灭菌也用于非一次性医疗物品，如髋关节和其他关节置换。这些植入物是由金属和塑料组合而成的。本章不讨论各种材料的生物相容性，也不讨论使用辐射来增强这些部件，在第 1 章中已简要介绍了这些材料。

当使用电离辐射对医疗器械进行消毒时，必须考虑不同组分的相容性。这种形式的能量不仅能杀死微生物，而且能影响某些材料的性能。医疗器械由许多不同的材料制成（其中一些是不受电离辐射影响的金属）。然而，大多数材料都是非金属材料，如成型聚合物、复合结构甚至陶瓷。如果金属是设备的一部分，如注射器的针头，那么必须有足够的电子束能量来穿透这种高密度的材料，或者必须选择束下的产品方向来对整个物品进行照射。

在一些医疗产品中，塑料通常被用来代替玻璃。然而，人们对聚氯乙烯（PVC）暴露在电离辐射下的变色和在 PVC 配方中用于赋予柔软性的增塑剂渗透到血液中产生了担忧。已经开发出一种替代品来替代 PVC 在医疗设备中的使用。这些新材料是基于聚乙烯的混合物，包括光学透明的茂金属催化聚乙烯（MPE）、聚丙烯（MPP）以及这些材料的层压板。当用电子束或 X 射线灭菌时，这些产品仍然是透明的。适当配方的聚乙烯材料在不丧失柔软性的同时，也会因辐射而增强[1,9,25]。

刚性透明的医疗器械可由耐辐射塑料制成，这些塑料基于聚苯乙烯（PS）、聚碳酸酯（PC）、聚对苯二甲酸乙二醇酯（PET）等多环（环）分子。PC 和 PET 的制造商已经开发出特殊等级的产品，可以最大限度地减少辐射带来的变色。医用软管和医疗器械的其他产品也可由硅橡胶制成。一般来说，这样的材料是耐辐射的。

早在 20 世纪 50 年代中期，电子束就被用于辐射灭菌。从 20 世纪 60 年代开始，无论是内部生产装置还是外部服务中心，高能（10MeV）加速器被用于对包装好的医疗器械进行灭菌，一些 5.0MeV 及以下的中能加速器也用于医疗器械的灭菌。许多封装的器件具有较低的体积密度，因此电子的穿透性较好。如果需要，可以从两边相对照射，从而将电子束穿透深度增加到比单面照射更大的 2.4 倍。历史上，较大包装的医疗器械都是用钴 60 等大型 γ 射线源进行消毒的，但是 X 射线的使用成了一种替代方法（X 射线与 γ 射线的有效穿透力相同）。此外，X 射线的剂量率可能比γ射线高一些，而且对某些聚合物（如配方 PP）可能没有γ射线辐射那么有害[1,9,25]。

为了在中高密度产品的大托盘载荷下获得更均匀的剂量分布，可以在 X 射线束中使用转台旋转托盘。这样的一个 Palletron™ 系统最初是由 MDS Nordion（加拿大 MDS 公司的一部分）构思并申请专利的，然后授权给 IBA。图 3-22 展示了一个在 Palletron 的长 X 射线靶前的托盘，靶的每一面都装有厚钢板准直器，以限制 X 射线束的宽度[56,57]。

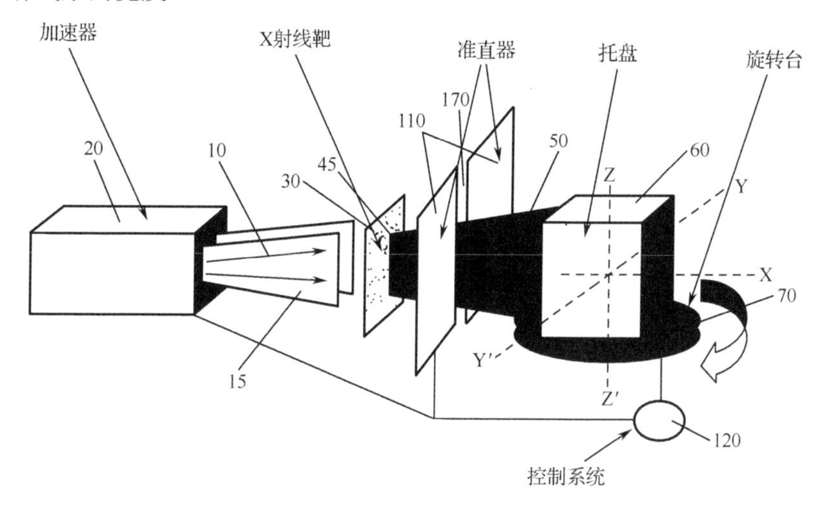

图 3-22 托盘在准直 X 射线束前旋转图

用蒙特卡罗程序计算扫描准直 X 射线束中旋转托盘载荷的剂量分布。这表示能量沉积水平，从而可以估计最大剂量（D_{max}）和最小剂量（D_{min}）之间的差异，并获得可接受的剂量均匀度比（DUR）。图 3-23 显示了在准直的钽 X 射线靶的前方旋转，拦截 5MeV 电子束的圆柱形物体旋转时 DUR 的三维蒙特卡罗计算结果。在此示例中，假定圆柱体的直径为 80cm，平均产品密度为 0.8，与医疗器械相比，这个密度更适合食品。通过正确选择准直器的宽度，可以将表面剂量减少到旋转圆柱体中间的剂量，从而获得较好的剂量均匀度之比（DUR）。通过对电子能量、束流、到 X 射线靶的距离、准直器开口的宽度、产品负载的大小和密度等参数进行调整，可以得到所需剂量和剂量均匀度比[56,57]。

剂量设定是辐射灭菌过程的一个特殊特征，以获得所需的无菌保证水平（SAL），在大多数国家是 10^{-6}。这个值意味着，在无菌产品上存在活生物体的概率将低于百万分之一。许多医疗器械制造商已经采用了美国的良好制造规范（GMP），特别是文件控制、检验和测试、过程验证、工厂调试和微生物监测。良好制造规范基本要求直接与质量管理（质量保证和质量控制），人员（资格、培训和卫生），设备和场所（生产区域、存储区域、质量控制区域和辅助区域），文档（规格、加工和包装说明、程序和记录），生产，合同制造和分析，投诉和产品召回及自检有关[17-19,58]。

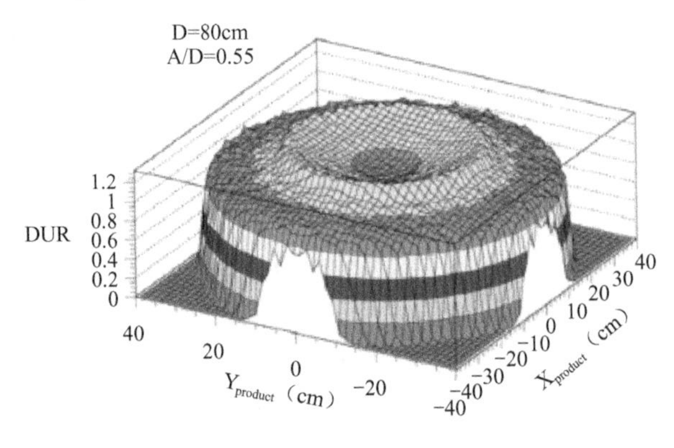

图 3-23　旋转产品剂量均匀分布的蒙特卡罗图解

2008 年，盖廷格-拉卡勒内公司（前身为直线加速器技术公司）开发了中等能量（3～5MeV，5kW）自屏蔽在线电子束系统，可将包装好的医疗产品进行灭菌或将无菌的包装转移到无菌产品灌装系统中。整个 SterBox 系统（电气柜和冷却系统除外）安装在无支架钢壳内，钢壳包裹着铅屏蔽，占地面积小于 $20m^2$，如图 3-24 所示。这允许整个装置被安装在 GMP 洁净室内。在线灭菌与生产和包装过程以相同的速度完成，从而降低了与将产品转运到外部进行灭菌的物流和存储成本[59,60]。一台安装好的 SterBox 系统已经通过美国食品和药物管理局（USFDA）的验证。对于高密度产品的灭菌，SterBox Twin 包含两个 5MeV、5kW 的加速器，使产品的双面照射可以在一个通道内完成。

图 3-24　配备了一个 5MeV、5kW、MeVAC 加速器的 SterBox 的在线灭菌通道

3.4.3 食品辐照

1895 年，威廉·伦琴发现这种形式的辐射后不久，人们就开始研究用 X 射线杀死微生物的可能性。1896 年，F.明克发表了一篇论文，描述了他用 X 射线灭活微生物的失败尝试[61]。1905 年，雨果·利伯获得了美国关于使用电离辐射来保存食物的专利，尽管当时人们还不清楚辐射的化学和生物效应[62]。1906 年，约瑟夫·阿普尔比和阿瑟·约翰·班克斯获得了用 X 射线加工食物的英国专利[63]。1921 年，美国农业部（USDA）证明了 X 射线可以杀死猪肉中的旋毛虫[64]，并且在第二次世界大战期间研究了用电离辐射保存牛肉馅。1953 年，美国开始在食品辐照方面做出努力[65]。从那时起，使用辐射加工消毒食品中的病原体和杀灭新鲜水果和蔬菜中的昆虫有了进展。然而，尽管有可能降低美国食品和药品管理局制定的标签要求，并被有机会购买和消费辐照食品的公众接受，但主要的食品加工商一直不愿采用这项技术。

先前描述的用于医疗灭菌的工业高能电子加速器（10MeV）也被成功地用于辐照食品和食品消除病原体[47,48,65]。用于包装医疗产品获得可接受剂量分布的处理系统也可用于食品辐照。此外，可以使用 5.0 或 7.5MeV 的 X 射线，因为它们的穿透性与 γ 射线源相似。

例如，在得克萨斯 A&M 大学国家电子束研究中心，用于电子束和 X 射线灭菌研究和商业食品辐照的两种类型的设备都在电子束模式或 X 射线模式下运行：两台相对的垂直安装的 10MeV、18kW 电子束的直线加速器和一个水平安装的 5MeV、用于产生 X 射线的 15kW 直线加速器。两个 10MeV 电子束可同时用在厚的或致密的产品（如牛肉馅饼）中以获得均匀的剂量分布。该装置已获得 USDA-FSIS（食品安全和检验服务）批准用于商业食品辐照，其设备和传输系统与用于加工研究材料的设备和传输系统相同，有适当的标准操作程序，以适应研究和商业加工[66]。

食品辐照的有效性、对营养价值的最小影响和一般安全性已经一次又一次地得到证明，世界卫生组织（WHO）多年来一直支持这种食品加工方法[67,68]。已经被辐照过的包括红肉、家禽和香料。辐照香料被广泛应用于加工食品中，因为这些用于增强风味的成分受辐照的影响比其他形式的巴氏杀菌（如热杀菌或化学杀菌）要小。

由国际原子能机构、世界卫生组织、联合国粮食农业组织（粮农组织）召集的联合专家委员会于 1980 年宣布，任何剂量低于 10kGy 的辐照食品都是安全的。食品法典委员会于 1983 年批准了接受低于 10kGy 辐照食品的法规，并于 2003 年进一步批准高于 10kGy 辐照的食品。该法规包含在粮农组织的《食品法典》辐照食品通用标准中，该法规还要求对辐照食品进行适当的标识。

在不同的国家，对食品辐照的法规遵守情况各不相同，尚未实现对世界卫生组织和粮农组织建议的普遍接受。例如，美国食品和药物管理局对不同食品的最大辐照吸收剂量制定了具体规定：①新鲜红肉产品：4.5kGy；②家禽：3.0kGy；③新鲜水果和蔬菜：1.0kGy；④香料：30kGy[69]。

日本于 1972 年批准对收获的土豆进行辐照以抑制发芽，从 1974 年开始对土豆进行商业辐照，现在每年约 10^5t。然而，日本卫生和福利部尚未批准任何其他供公众食用的辐照食品，其规定也不符合食品法典。欧盟有指令指导成员国制定有关食品辐照的法律、规则和法规，如指令 1999/2/EC 和 1999/3/EC，以及指令 89/397/EEC 和 93/99/EEC。即便如此，对于哪些特定的辐照食品可以被公众消费，各个国家仍然存在着差异。

鉴于消费者会受到由大肠杆菌、肠炎沙门氏菌和其他病原体污染的食物引起的疾病，以及随之而来的肉类和蔬菜食品召回事件，美国境内的食品辐照处于不断变化的状态。主要食品加工商和分销商采用辐射加工的意愿比任何消费者的抵制都要强烈，这仍然是一个市场障碍。

3.5 其他电子束辐射应用

除了上述主要终端用途的例子之外，还有许多其他现有的或正在出现的电子束辐射加工应用。这些都是经过验证的有效的工业电子束工艺，但大多数都受到特定市场规模或有限的商业接受程度的限制。下文列举了一些具有重大工业潜力的应用实例。

3.5.1 废物处理

与食品辐照一样，电子束处理可杀灭污泥中的病原微生物[70-72]。此外，电子束辐射还可以降解废水中的有毒有机化合物[73-75]。已建造了完全规模化的演示设施以及安装在货车上的可运输电子束系统[76]。虽然可移动系统尚未投入商业使用，但人们对使用电子束系统分解炼油厂容器清洗污染废水中的污染物重新产生了兴趣，已开发出一种向上流动的废水系统，利用所有的束流功率来处理废水[77]。在韩国，一个完全规模化的电子束水处理装置中使用了一个类似的系统，其中有一台 1MeV、400kW 的 ELV 型加速器，该加速器有三条束流线照射到束下的凹槽中，以消除纺织厂废水中的残留印染料[78-80]。

3.5.2 烟气净化

20 世纪 70 年代初，在日本进行的实验表明，电子束处理可用于消除化石燃料发电厂废气中形成酸性气体二氧化硫（SO_2）和氮氧化物（NO_X）[81,82]。电子束处理工艺的独特之处在于它可以同时消除这两种气体。这些燃烧气体像湿法洗涤器这样的替代系统可以去除二氧化硫，而不包括氮氧化物。当氨气被注入正在处理的气体中时，其结果是混合硫和硝酸铵的粉末状沉淀物，可以收集并用作肥料[83-86]。这样的系统已在波兰、日本和中国使用，其中一个系统计划用于沙特阿拉伯。

研究利用电子束辐照消除其他气体中的污染物，如公路隧道排放的废气或工业工厂的挥发性有机化合物（VOC），其中一些工艺仍处于试验或可行性研究阶段[87]。

3.5.3　复合材料的固化

电子束辐照已用于固化碳纤维复合材料中的聚合物基质材料。研究表明，这种基质也可以在模具中固化，从而利用X射线制造出汽车挡泥板等形状的物品。X射线会穿透模具和复杂形状的产品。用电子束和X射线固化不是热加工过程，它们只引起温度的轻微上升。因此，由热膨胀系数的差异引起的复合结构内部残余应变被最小化。此外，在高温化学过程中所需的暴露时间可以减少[35,88]。如图3-25和图3-26显示了一种碳纤维跑车挡泥板，它是在真空袋装聚酯模具中用X射线固化的，而一种宽轮摩托车挡泥板也是在模具中用X射线固化的。两种材料都具有A级表面，基体材料具有良好的纤维润湿性，最终复合产品的性能令人满意。

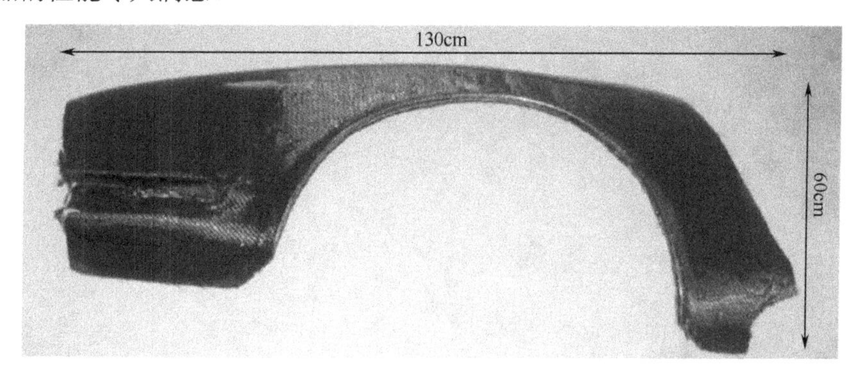

图3-25　X射线固化碳纤维跑车挡泥板

为了提高基体对碳纤维的附着力，还对复合材料制造中使用的碳纤维进行了电子束处理。无论纤维的初始施胶量如何，固化复合材料的力学性能都得到了改善[89- 92]。

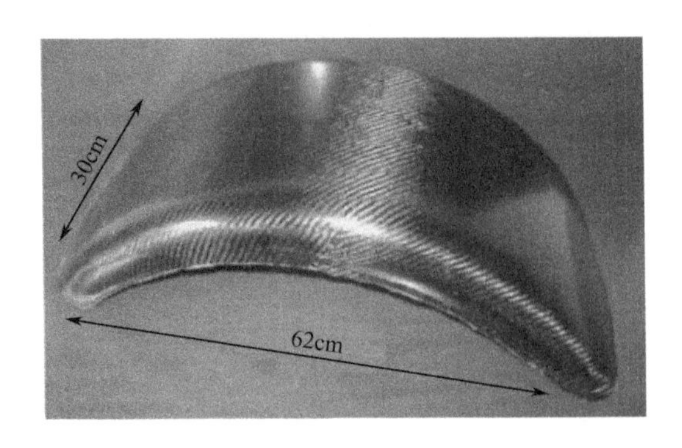

图 3-26　X 射线固化碳纤维摩托车挡泥板

3.5.4　碳化硅纤维的制备

碳化硅纤维（SiC）在空间应用方面具有重要的意义。先将聚碳硅烷挤压成纤维束，然后用电子束辐照使纤维交联。传统的工艺包括加热聚碳硅烷。由于氧气的存在，这种纤维的耐热性较低。电子束交联 SiC 纤维可以在 1,700℃下保持较高的拉伸强度，而热交联 SiC 纤维只能在 1,200℃下可保持较高的强度。

3.5.5　燃料电池的生产

燃料电池用质子交换膜（PEM）的生产是在聚四氟乙烯（PTFE）、聚偏氟乙烯（PVDF）、聚乙烯（PE）和聚丙烯（PP）等聚合物薄膜上辐射接枝苯乙烯的基础上发展起来的，然后将接枝表面磺化。这些薄膜具有优良的机械性能和理想的质子电导率[94-96]。

铂（Pt）和钌（Ru）纳米颗粒可用作燃料电池的催化剂。它们的制备方法是将含有 Pt（IV）和 Ru（III）离子的水/乙二醇溶液暴露在电子束辐射下，然后将纳米颗粒沉积到碳颗粒上以获得支撑。这些 PtRu/C 催化剂在燃料电池中的表现非常好[97,98]。

3.5.6　聚四氟乙烯和橡胶交联

聚四氟乙烯（PTFE）的交联可以通过电子束辐照在高温下进行交联，温度高于熔体转变温度（330～340℃），同时浸入惰性气体中。提高机械性能和耐磨性，使交联 PTFE 适用于滑动部件、滚柱和轴承。这种材料已在日本商业化 [99]。

宽幅压延电子束交联橡胶用于工业建筑屋顶、池塘和水盆衬里，以及作为防止垃圾填埋场泄漏的材料。这种类型的片材通常由电子束可交联的聚烯烃制成，最著名的是配制的乙丙二烯橡胶（EPDM），它对电子束加工反应良好[25]。

3.5.7 种子和土壤灭虫

传统用有毒的熏蒸剂控制昆虫，这种熏蒸剂会留下微量残留物。电子束处理是传统种子处理的一种替代方法。在此过程中，种子在两个相对方向的低能量（105～145keV）电子束装置之间通过重力流动，使得只有种子的表面暴露于电离辐射。试验表明，用电子束处理加工一些种子可以使作物产量增加11%，是用化学杀虫剂处理的种子产量的2倍多[100]。

使用约50kGy剂量的电子束处理土壤，可以消除病原体并消毒土壤。这样经过消毒的土壤可以接种固氮细菌，如慢生根瘤菌和根瘤菌，以提高大豆等作物的产量[101,102]。

3.5.8 人体组织辐射灭菌

辐射灭菌已被批准用于组织库，因为它是一个非热过程。用于移植病人的软组织，如皮肤，不受电离辐射灭菌剂量的影响，所以它们的机械性能保持完好[103,104]。

3.5.9 直接接触食品的涂料

北美辐射固化协会的食品包装联盟已经获得了美国食品药品监督管理局（USFDA）的广泛许可，可以使用多种丙烯酸酯单体来制备直接接触食品的涂料。还可以使用涂层代替薄膜层压材料，通过使打印机在印刷过程中施加套印涂层来简化食品包装材料的印刷和转换，然后，低能电子束照射可以固化印刷油墨及食品接触涂层[105]。

3.6 总结

材料辐照是目前电子束加速器的最重要的应用，这个行业的未来发展看起来相当强劲。如本章所述，这些系统现在普遍应用于许多工业过程中，并且正在为更多的过程而开发。交联是迄今为止最大的应用，随着这些系统在世界各地的使用，应该会发现更多的新应用。专为这一用途而研制的新的大功率电子束加速器也可用于医疗产品的灭菌，传统上是用放射源来灭菌的。由于对辐射的恐惧和食品行业缓慢的监管过程，导致食品辐照的潜力几乎没有得到开发。幸运的是，这些障碍正在减少。巴氏杀菌技术和延长食品货架期的研究在逐步发展。由于有大量的食物可以加工，这可能成为辐射的一个巨大应用。这些结果将导致世界范围内可获得的食品质量和数量得以显著改善，特别是在发展中国家，食品因为没有普遍使用冷藏保存，导致损失很大。其他电子束辐照的应用已被证明在技术上是可行的，但还没有被工业充分利用。这些应用包括用于废弃物料的降解或灭菌和复合材料的生产。在这些领域中，有些是相互竞争的技术，而另一些只是作为工业加工出现。然而，随着生产和使用辐射的成本降低，其中许多应用已经成熟。

总之，工业电子束加速器技术的材料辐照的未来非常光明。专门针对这些应用开发的新型电子束系统，以及辐射加工的扩展知识，将为市场和长期发展带来许多新的机会。

致谢

非常感谢我的同事安东尼·J.贝莱加，是他孜孜不倦地教授一位核物理学家足够的辐射化学知识，让他能够理解本章中简要描述的许多电子束聚合、交联和灭菌应用中涉及的化学过程。罗伯特和玛丽安主编对内容和风格所做出的重大贡献也非常值得赞赏。

3.7 参考文献

[1] A. J. Berejka, in *Emerging Applications of Radiation Processing*, IAEATECDOC-1386 (International Atomic Energy Agency, Vienna, 2004),pp. 65-72.

[2] S. Tagawa *et al.*, *J. Nucl. Sci. Tech.* **39**(9), 1002 (2002).

[3] Y. Lin, in *Proc. Second Asian Part. Acc. Conf.* 852 (2001), available at http://accelconf.web.cern.ch/AccelConf/a01/PDF/FRAM01.pdf.

[4] S. Machi, presented at *Topical Meeting AccApp09, IAEA Satellite Meeting Appl. Electron Accel.*, paper SM-EB-04 (International Atomic Energy Agency, Vienna, 2009), available at http://www-pub.iaea.org/MTCD/publications/PDF/P1433_CD/datasets/abstracts/sm_eb-04.html.

[5] A. G. Chmielewski and A. J. Berejka, Radiation Sterilization Centers Worldwide, in *Trends in Radiation Sterilization of Health Care Products* (International Atomic Energy Agency, Vienna, 2008), pp. 49-62.

[6] *Radiation Source Use and Replacement*, National Research Council of the National Academies (The National Academies Press, Washington DC, 2008).

[7] J. Meissner *et al.*, *Rad. Phys. Chem.* **57**(3-6), 647 (2000).

[8] Y. Jongen *et al.*, in *Emerging Applications of Radiation Processing*, IAEA-TECDOC-1386, (International Atomic Energy Agency, Vienna, 2004),pp. 44-54.

[9] A. J. Berejka, *Nucl. Instr. Meth. Phys. Res.* **B261**, 86 (2007).

[10] Papers in Proc. Int. Meetings on Radiation Processing, *Rad. Phys. Chem.* **9**(1-3, 4-6) (1977), **14**(1-2, 3-6) (1979), **18**(1-2, 3-4, 5-6) (1981), **22**(1-2,3-5) (1983), **25**(1-3, 4-6) (1985), **31**(1-3, 4-6) (1988), **35**(1-3, 4-6) (1990),**42**(1-3, 4-6) (1993), **46**(4-6), Part 1 and 2 (1995), **52**(1-6) (1998), **57**(3-6)(2000), **63**(3-6) (2002), **71**(1-2) (2004), **76**(11-12) (2007), **78**(7-8) (2009)(Elsevier Ltd., Oxford).

[11] J. W. T. Spinks and R. J. Woods, *An Introduction to Radiation Chemistry*,3rd Edition (Wiley-Interscience, New York, 1990).

[12] A. Singh and J. Silverman, Eds., *Radiation Processing of Polymers* (Oxford University Press, Hanser Publishers, New York, 1992).

[13] J. G. Drobny, *Radiation Technology for Polymers* (CRC Press, Boca Raton,2003).

[14] R. Bradley, *Radiation Technology Handbook* (Marcel Dekker, New York, 1984).

[15] J. H. Bly, *Electron Beam Processing* (International Information Associates, Yardley, 1988).

[16] R. J. Woods and A. K. Pikaev, *Applied Radiation Chemistry: Radiation Processing*(Wiley-Interscience, New York, 1994).

[17] M. R. Cleland and J. A. Beck, in *Encyclopedia of Pharmaceutical Technology*, Volume 5, Eds. J. Swarbrick and J. C. Bolan (Marcel Dekker, New York,1992), p. 105.

[18] M. R. Cleland, M. T. O'Neill and C. C. Thompson, in *Sterilization Technology*, Chapter 9, Eds. R. F. Morrissey and G. B. Phillips (Van Nostrand Reinhold, New York, 1993), p. 218.

[19] *Trends in Radiation Sterilization of Health Care Products*, (International Atomic Energy Agency, Vienna, 2008).

[20] P. Loaharanu and P. Thomas, Eds., *Irradiation for Food Safety and Quality* (Technomic Publishing Co., Lancaster, 2001).

[21] V. Komolprasert and K. M. Morehouse, *Irradiation of Food and Packaging*, (American Chemical Society, Washington DC, 2004).

[22] C. H. Sommers and X. Fan, Eds., *Food Irradiation Research and Technology* (IFT Press, Blackwell Publishing Ltd., Oxford, 2006).

[23] E. A. Abramyan, *Industrial Electron Accelerators and Applications*

(Hemisphere Publishing Corporation, New York, 1988).

[24] W. H. Scharf, *Particle Accelerators — Applications in Technology and Research* (Research Studies Press Ltd., Taunton, 1989).

[25] *Industrial Radiation Processing with Electron Beams and X-rays*, Booklet in press (International Atomic Energy Agency, Vienna, 2011).

[26] *Standard Practice for Dosimetry in an Electron-Beam Facility for Radiation Processing at Energies Between 300 keV and 25MeV*, ASTM INTERNATIONAL ISO/ASTM 51649, Nuclear (II), Solar, and Geothermal Energy,Vol. **12.02**.

[27] M. R. Cleland, R. A. Galloway and A. J. Berejka, *Nucl. Instr. Meth. Phys.Res.* **B261**, 94 (2007).

[28] M. R. Cleland, T. F. Lisanti, and R. A. Galloway, *RDI-IBA Technical Information Series* TIS 01556 (IBA Industrial, Inc., Edgewood, NY, 2003).

[29] *Radiation Protection for Particle Accelerator Facilities*, NCRP Report No. 144 (National Council on Radiation Protection and Measurements Washington DC, 2003).

[30] J. P. Farrell, *Rad. Phys. Chem.* **14**(3-6), 377 (1979).

[31] J. P. Farrell, S. M. Seltzer and J. Silverman, *Rad. Phys. Chem.* **22**(3-5), 469(1983).

[32]. S.M. Seltzer, J. P. Farrell and J. Silverman, *IEEE Trans. Nucl. Sci.* **NS-30**(2), 1629(1983).

[33] R. A. Galloway, T. F. Lisanti and M. R. Cleland, *Rad. Phys. Chem.* **71**(1-2), 551 (2004).

[34] M. Abs, Y. Jongen, E. Poncelet and J.-L. Bol, *Rad. Phys. Chem.* **71**(1-2), 287(2004).

[35] A. J. Berejka, M. R. Cleland, R. Galloway and O. Gregoire,*Nucl. Instr. Meth. Phys. Res.* **B241**, 847 (2005).

[36] M. R. Cleland in *Advances in Radiation Chemistry of Polymers*, IAEA-TECDOC-1420 (International Atomic Energy Agency, Vienna, 2002), pp. 111-123.

[37] *Standard Practice for Use of Calorimetric Dosimeter Systems for Electron Beam Dose Measurements and Routine Dosimeter Calibration*, ISO/ASTM51631: 2003(E) Vol. 12.02 (ASTM International, West Conshohocken,2011).

[38] A. J. Berejka, M. Driscoll and D. Montoney, in *Proc. International Polyolefins Conference 2009*, Society of Plastics Engineers (Curan Associates, New

York,2009).

[39] M. R. Cleland, R. Galloway, F. Genin and M. Lindholm, *Rad. Phys. Chem.* **63**(3-6), 729 (2002).

[40] B. S. Quintal, US Patent No. 3,702,412 (1972).

[41] S. R. Farrell, L. J. Demeter and P. G. Wood, US Patent No. 3,863,163 (1975).

[42] X. Coqueret, B. DeFoort, J. M. Dupilier and G. Larnac, in *Radtech Europe Conf. Papers Archive 2003,* http://www.radtech-europe.com/files content/december 202004 20papers/coqueretpaper december2004.pdf.

[43] S. Uehara *et al., Rad. Phys. Chem.* **42**(1-3), 515 (1993).

[44] K. Mizusawa, M. Kashiwagi and Y. Hoshi, *Rad. Phys. Chem.* **52**(1-6), 475(1998).

[45] M. R. Cleland, US Patent No. 2,875,394 (1959).

[46] R. R. Smith and S. R. Farrell, in *14*th *Int. Conf. Appl. Acc. Res. Ind.*, AIP Conference Proceedings **392** (American Institute of Physics, Melville, 1997),pp. 1093-1098.

[47] C.-L. Gallien, J. Paquin and T. Sadat, *Rad. Phys. Chem.* **22**(3-5), 759 (1983).

[48] T. Sadat, *Rad. Phys. Chem.* **25**(1-3), 81 (1985).

[49] V. S. Podobaev *et al.*, in *Proc. RuPAC-2010* (JACoW, 2010), pp. 411-413, available at http://accelconf.web.cern.ch/accelconf/r10/papers/frchb03. pdf.

[50] W. G. Baird, Jr. *et al.*, US Patent 3,022,543 (1962).

[51] W. G. Baird, Jr., *Rad. Phys. Chem.* **9**(1-3), 225 (1977).

[52] J. V. Koleske, *Radiation Curing of Coatings* (ASTM International, West Conshohocken, 2002).

[53] J. D. Hunt and G. Alliger, *Rad. Phys. Chem.* **14**(1-2), 39 (1979).

[54] US Patents on Tire Irradiation: 3,933,553 (1976), 3,933,566 (1976), 4,089,360(1978), 4,102,761 (1978), 4,108,749 (1978), 4,122,137 (1978), 4,139,405 (1979), 4,166,883 (1979), 4,176,702 (1979), 4,202,717 (1980), 4,221,253 (1980), 4,230,649 (1980), 4,756,782 (1988), 4,851,063 (1989).

[55] D. A. Trageser, *Rad. Phys. Chem.* **9**(1-3), 261 (1977).

[56] J. Kotler and J. Borsa, US Patent 6,504,898 (2003).

[57] F. Stichelbaut *et al., Rad. Phys. Chem.* **71**, 291 (2004).

[58] I. Kaluska and Z. Zimek, in *Proc. Symp. Techniques for High Dose Dosimetry in Industry, Agriculture and Medicine*, IAEA-TEC-DOC-1017, IAEA-SM-

356/33 (International Atomic Energy Agency, Vienna, 1999).

[59] A. G. Chmielewski, T. Sadat and Z. Zimek, in *Trends in Radiation Sterilizationof Health Care Products* (International Atomic Energy Agency, Vienna, 2008), pp. 40-41.

[60] D. Morisseau, P. Fontcuberta and F.Malcolm, in *Proc. Int. Topical Meeting on Nucl. Res. Appl. and Utilization of Accelerators* (International Atomic Energy Agency, Vienna, 2009), SM/EB-08.

[61] F. Minck, *Muenchener Medicinische Wochenschrift* **43**(5), 101 (1896).

[62] H. Lieber, US Patent 788,480 (1905).

[63] J. Appleby and A. J. Banks, British patent GB 1609 (1906).

[64] B. Schwartz, *J Agri. Res.* **20**, 845 (1921).

[65] J. F. Diehl, *Rad. Phys. Chem.* **62**(3-6), 211 (2002).

[66] Dr. Suresh Pillai, private communication, National Center for Electron Beam Research, Texas AM University.

[67] *Report of a Joint FOA/IAEA/Who Expert Committee: Wholesomeness of Irradiated Food*, WHO Technical Report Series 659 (World Health Organization, Geneva, 1981).

[68] *Food Irradiation: In Point of Fact* **40** (World Health Organization, Geneva, 1987).

[69] *Fourth Report on Needs in Ionizing Radiation Measurements and Standards* (Council on Ionizing Radiation Measurements and Standards, Duluth, 2004), pp. 86-92, CD-ROM.

[70] J. G. Trump, US Patent 3,901,807 (1975).

[71] J. G. Trump, E. M. Merrill and K. A. Wright, *Rad. Phys. Chem.* **24**(1), 55 (1984).

[72] E. H. Bryan *et al.*, in *Radiation Energy Treatment of Water, Wastewater andSludge* (American Society of Civil Engineers, New York, 1992).

[73] W. J. Cooper, R. D. Curry and K. E. O'Shea, Eds., *Environmental Applications of Ionizing Radiation* (John Wiley & Sons, New York, 1998).

[74] M. H. O. Sampa, P. R. Rela and C. L. Duarte, in *Environmental Applications of Ionizing Radiation* (John Wiley & Sons, New York, 1998), pp. 521-530.

[75] C. Kurucz, in *Proc. Work. Appl. Ion. Rad. Decon. Env. Resources* (NationalScience Foundation, Environmental Engineering Program, Washington

DC,1994), pp. 79-89.

[76] M. N. Schuetz and D. A. Vroom in *Environmental Applications of IonizingRadiation* (John Wiley & Sons, New York, 1998), pp. 63-82.

[77] P. R. Rela *et al.*, *Rad. Phys. Chem.* **57**, 657 (2000).

[78] B. Han *et al.*, in *Radiation Treatment of Gaseous and Liquid Effluents for Contaminant Removal*, IAEA-TECDOC-1473 (International Atomic Energy Agency, Vienna, 2005), pp. 101-110.

[79] D. Kim *et al.*, US Patent 6,121,507 (2000).

[80] B. Han *et al.*, in *Proc RuPAC 2006* (JACoW, 2006), pp. 123-125, available at http://accelconf.web.cern.ch/accelconf/r06/PAPERS/THLO02.PDF.

[81] S. Machi *et al.*, *Rad. Phys. Chem.* **9**, 371-388 (1977).

[82] S. Machi, *Rad. Phys. Chem.* **22**, 91-97 (1983).

[83] A. G. Chmielewski *et al.*, *Modern Power Systems*, 53 (2002).

[84] A. G. Chmielewski *et al.*, *Rad. Phys. Chem.* **71**(1-2), 441 (2004).

[85] A. G. Chmielewski, *Rad. Phys. Chem.* **76**(8-9), 1480 (2007).

[86] L. Genli *et al.*, in *Environmental Applications of Ionizing Radiation* (JohnWiley & Sons, New York, 1998), pp. 113-121.

[87] O. Tokunaga, in *Environmental Applications of Ionizing Radiation* (JohnWiley & Sons, New York, 1998), p. 108.

[88] A. J. Berejka, in *Proc. 2007 SAMPE Conf. Baltimore, MD* (Society for theAdvancement of Material and Process Engineering, Baltimore, 2007), available at http://www.sampe.org/store/paper.aspx?pid=4573#p4573.

[89] C. Giovedi *et al.*, *Nucl. Instr. Meth. Phys. Res.* **B236**, 526 (2005).

[90] C. Giovedi *et al.*, in *Proc.* 2nd *Inter. Symp. Utilization of Accelerators*, IAEACN-115-29 (International Atomic Energy Agency, Vienna, 2005).

[91] E. S. Pino, L. D. B. Machado and C. Giovedi, *Nucl. Sci. Techn.* **18**(1), 39 (2007).

[92] C. Giovedi, L. D. B. Machado and E. S. Pino, in *Proc. Inter. Nuclear Atlantic Conf. INAC 2007*, available at http://www.ipen.br/biblioteca/ 2007/inac/11960. pdf.

[93] M. Sugimoto, T. Shimoo, K. Okamura and T. Segucki, *J. American Ceramic Soc.* **78**(4), 1013 (1995).

[94] M. Yoshida *et al.*, Japanese Patent, filed no. 2008-049319 (2008).

[95] J. Chen *et al.*, *Rad. Phys. Chem.* **76**, 1367 (2007).

[96] F. Muto *et al.*, *Nucl. Instr. Meth. Phys. Res.* **B265**(1), 162 (2007).

[97] D. F. Silva *et al.*, *Mat. Res.* **10**, 367 (2007).

[98] D. F. Silva *et al.*, in *Proc. Inter. Nuclear Atlantic Conf. INAC 2007*, available at http://www.ipen.br/biblioteca/2007/inac/11959.pdf.

[99] T. Seguchi, *Rad. Phys. Chem.* **57**, 367 (2000).

[100] C. Zago and P. R. Rela, in *Proc. Inter. Nuclear Atlantic Conf. INAC 2007*, Available at www.ipen.br/biblioteca/2007/inac/12065.pdf.

[101] D. Tsai and P. R. Rela, Master of Science Dissertation, São Paulo University and Institute for Nuclear Energy Research (2006).

[102] S. M. Tsai *et al.*, *VisãoAgr'ıcola*5(Ano 3), 31 (2006).

[103] S. C. Bourroul, M. R. Herson, E. S. Pino and M. B. Mathor, *Cell. Mol. Biol.* **48**(7), 803 (2002).

[104] A. Dziedzic-Goclawska *et al.*, *Cell and Tissue Banking* **6**, 201 (2005).

[105] Adtech International North America Food Packaging Alliance: see www.radtech.org/Industry/food.htm.

第4章　加速器生产放射性核素

大卫·J. 施莱尔
布鲁克海文国家实验室医学部
美国纽约，厄普顿，NY 11973
schlyer@bnl.gov

托马斯·J. 露丝
国家粒子与核物理实验室和不列颠哥伦比亚省癌症机构
加拿大温哥华，不列颠哥伦比亚省
truth@triumf.ca

虽然目前使用的许多放射性核素都是在自然界中发现的，但更多的是通过使用核粒子辐照靶材料而人工产生的。两种不同的技术可以提供所需的高能粒子：核反应堆产生中子流；粒子加速器产生带电粒子流。本章将讨论加速器生产放射性核素的重要环节及其应用的一些细节，并描述用于此目的的商用加速器系统以及设备业务的规模。

4.1　引言

放射性核素（通常称为放射性核素或放射性同位素）的早期应用和相关的加速器的诞生，与20世纪初期核物理和核化学中的许多关键事件交织在一起。虽然自19世纪90年代以来就已知自然产生的放射性物质的存在，但放射性核素作为示踪剂的第一个已知实际应用是1911年由乔治·德·赫维西（被认为是核医学之父）制造的[1]。当时，赫维西是匈牙利一位年轻的研究人员，在欧内斯特·卢瑟福的曼彻斯特实验室（英国）工作，研究天然存在的放射性物质。那时他没有多少钱，吃住都在房东的一间公寓里。他怀疑有些食物可能是房东用前几天甚至几周前的剩饭剩菜做成的，但他始终无法确定。为了证实他的怀疑，赫维西在一次剩余的饭菜中放入了少量放射性物质。几天后，当同样的菜再次上桌时，他用一个简单的辐射探测器（一个金箔验电器）检查食物是否具有放射性。结果是他的怀疑得到了证实（据说房东因此很生气，把他赶出了公寓）。赫维西持续从事放射性示踪剂的开创性工作，1923 年，他用放射性示踪剂研究了生物系统。1943 年，他因在化学过程研究中使用同位素作为示踪剂而获得诺贝尔化学奖。

1919 年，欧内斯特·卢瑟福（1908 年因放射性研究获得诺贝尔化学奖）首次发现了一种元素可以通过人工方法转化成另一种元素[2]。他证明了当氮气被来自放射性源的 α 粒子（^{4}He 原子核）轰击时，偶尔会有一个 α 被停止，同时释放出一个具有大量动能的质子。这实际上是第一次证明了人为的核反应：通过 $^{14}N(\alpha,p)^{17}O$ 反应形成了氧 17——一种当时未知的自然存在的氧稳定同位素。这种利用原子粒子生产稳定同位素的方法，在几年后引领了人工放射性核素的生产。

卢瑟福早期对核反应的研究是有限的，因为他只能使用少量来自放射源的低能 α 粒子轰击。1927 年，他宣布需要一种尺寸合理的设备，可以产生大量的高能粒子，从而在当时的研究人员中掀起了一场竞赛，构思和演示一种可以将粒子加速到兆电子伏能量的装置。这项工作很快促成了科克罗夫特-沃尔顿和范德格拉夫高压静电装置的发明，但它们产生的能量或束流有限。此时直线加速器的概念也出现了，但这些直线加速器或不适合建造，或需要一个当时无法获得的射频电源。真正的突破是在 1929—1930 年，由欧内斯特·劳伦斯发明的回旋加速器。威德洛所发表的一篇论文中使用了交流电压，在许多小增量电压中直线加速粒子，劳伦斯从中得到了灵感，虽然他几乎不懂德语，但他理解原理图。他知道带电粒子可以被磁场偏转，从这篇论文中他意识到这些粒子可以被小增量电压加速[3]。这两个概念都不新鲜，但劳伦斯是第一个将两者结合起来的人。1930 年，他在加州大学伯克利分校的学生奈尔斯·埃德莱夫森和 M.斯坦利·利文斯顿制作了第一个回旋加速器模型，成功地证明了这一概念[4,5]。在随后的几年里，伯克利的辐射实验室（被称为 Rad Lab）制造并安装了更大更强的版本。劳伦斯因他的发明于 1939 年获得诺贝尔物理学奖（加速器历史上的关键事件请见《引擎的发现：粒子加速器的世纪》[6]）。

最后一个关键因素是发现放射性核素可以人工制造。1932 年，艾琳·居里和弗雷德里克·约里奥·居里观察到，他们通过 α 粒子（来自镭）轰击硼来研究的能量发射，在放射源被移除后仍在继续。他们随后证明了（通过化学方法）氮的不稳定同位素 ^{13}N，称之为“放射性氮”，已经被创造出来。1934 年，他们首次报道了“人工放射性”的发现[7]，并在 1935 年获得了诺贝尔奖。他们进一步指出，这些物质可以通过其他如质子、氘核或中子的轰击产生。

在得知居里-约里奥的发现后，劳伦斯意识到，他和他的同事们已经在用辐射实验室的回旋加速器研究氘核诱导各种靶元素的衰变时，创造了放射性核素。

事实上，这些高能带电粒子以及更大的回旋加速器产生的高能束流可能产生各种各样的放射性核素，从而使它们在工业和医学上得到广泛应用。

放射性核素应用较早的一个例子是塞缪尔·鲁本和马丁·卡门利用放射性碳同位素来研究光合作用。他们一直在使用劳伦斯 37 英寸回旋加速器的氘核轰击 ^{10}B 产生的 ^{11}C 来绘制植物中二氧化碳的路径，但是 ^{11}C 半衰期太短。他们决定尝试生产一种新的碳同位素，这种同位素是居里夫人于 1934 年提出的[8]，方法是在回旋加速器中连续用氘辐照石墨 120h。1940 年 2 月 27 日上午 8 时，卡门带着刚从回旋加速器里取出的样品冲进了鲁本的办公室，鲁本对其进行了分析，发现他们已经产生了足够量的 ^{14}C，以便最终鉴定它的存在。第二次世界大战后，随着核反应堆的出现，他们利用中子捕获技术生产了 ^{14}C，这使得 ^{14}C 产量更大，促进了 ^{14}C 作为示踪剂广泛应用于生物学和医学。

尽管早期使用加速器产生的放射性核素作为示踪剂还有一些例子，但过了几十年才开始发挥示踪剂和放射性药物的主要作用。20 世纪 50 年代，医用放射性核素的产量开始增长，这在很大程度上是因为人们发现 ^{201}Tl 是研究心脏血流的理想示踪剂[9]。20 世纪 70 年代中期，^{18}F 标记葡萄糖类似物（FDG）及其用于代谢研究是一项重大突破，促进了目前广泛使用的核医学成像模式，即正电子发射层析成像（PET）的发展[10]。

多年来用于生产放射性核素的回旋加速器最初被设计为能够加速质子、氘核、$^{3}He^{+2}$ 和 ^{4}He（α 粒子）的物理研究机器。然而，现在日常使用的大多数放射性核素是由质子束产生的。只有质子的回旋加速器设计简单，使得系统能够同时产生两束或两束以上不同能量和强度的光束[11]。虽然回旋加速器是目前商业化生产放射性核素的主要加速器类型，但也为此目的开发了现代射频直线加速器（RF linac）。射频直线加速器虽然受限于单束流，但屏蔽和直线运行的稳定性与回旋加速器相比有一些优势。现代的回旋加速器和直线加速器都是完全由计算机控制的，可以长时间连续运行，而无须过多的关注。加速器生产的放射性核素广泛应用并越来越受欢迎的主要原因有三个：①加速器生产的放射性核素与反应堆生产的相比具有更有利的衰变特性（粒子发射、半衰期、γ 射线等）；②反应堆中生产的放射性核素的比活度（单位质量放射性核素的活度）通常不高；③或许最重要的是，可用于生产放射性核素的反应堆数量很少，而用于这一目的的加速器的数量却显著增加。

本章还将概述加速器常规生产的一些放射性核素及其应用，并介绍常用的加速器。此外，将介绍用加速器生产放射性核素的一些基本原则，包括一些重要的物理、化学和涉及创建实际放射性核素生产靶的工程问题。

4.2 放射性核素的应用

当代社会，放射性物质无处不在，截至写作此文时，最大的应用领域是核医学。虽然有许多非医疗工业用途，但其中大多数是使用反应堆产生的放射性核素。工业用途的一些例子如下：

- 许多大型制造商在金属、化学品、塑料、纸张、制药、橡胶、玻璃和黏土制品、食品、烟草、纺织品和其他产品的生产中使用放射性核素；
- 许多行业都使用放射性示踪剂来研究蒸馏塔和分馏塔中的混合效率，以及气体或流体的流速和模式；
- 放射源用于石油、天然气和地热行业；
- 许多烟雾探测器中装有微小的 ^{241}Am 源，复印机使用少量放射性物质消除静电和防止卡纸。

目前已有 50 多种加速器生产的放射性核素，用于核医学诊断疾病和治疗癌症。表 4-1 列出了一些使用最广泛的放射性同位素产品及其半衰期和应用。许多其他例子可以在文献和最近公布的 IAEA 技术报告 TRS468 中找到[12]。感兴趣的读者可查阅这些和其他加速器生产的放射性核素的更深入的资料，以及其中引用的许多参考文献。

4.2.1 放射性示踪剂

放射性示踪剂是指用于跟踪（追踪）活体植物/动物体内或在物理/化学过程中器官系统的摄取或机能的放射性物质。在大多数放射性示踪剂的应用中，放射性核素以痕量（非常小的）的浓度使用，并且经常被整合到具有生物或化学特性显著的分子或化合物中。放射性核素及其所标记的化合物必须遵循三个示踪的基本原则：

- 示踪剂与其靶向系统的行为或相互作用是已知的、可再现的；
- 示踪剂不会以任何方式改变或扰乱系统；
- 示踪剂的浓度可以测量。

一个明显的例外是使用放射性核素进行内照射治疗肿瘤和其他疾病，从严格意义上讲，第二项原则已被打破，因为传递放射性毒性物质的目的是故意引起靶向肿瘤或组织的损伤。然而，为了使放射性毒性物质定位，它仍然必须遵循已知的化学行为，而不扰乱指向定位的路径。

天然元素的放射性核素或这些元素的化学同类物首先被用作放射性示踪剂，

并一直沿用至今。这些例子包括放射性碘，用于监测甲状腺中碘的摄取并标记各种化合物。近30年来，^{123}I一直受到人们的关注，由于其独特的化学性质使其能够与多种分子结合，其γ射线能量（159keV）与SPECT（单光子发射计算机层析扫描）相机非常匹配。从富集的^{124}Xe靶可制备高纯度^{123}I，使远距离运输^{123}I成为可能，并且仍然有足够的比活度用于SPECT。

表4-1 一些常见的加速器产生的放射性同位素

放射性同位素	半 衰 期	主 要 用 途
砹211（^{211}At）	7.2h	免疫治疗
镉109（^{109}Cd）	461.4d	工业定量分析； 环境和生物医学示踪研究，在核医学中作为^{109m}Ag发生器
碳11（^{11}C）	20.4min	PET成像和生物医学研究
钴57（^{57}Co）	271.8d	核医学
铜64（^{64}Cu）	12.7h	PET成像和放射免疫治疗
铜67（^{67}Cu）	62h	放射免疫治疗
氟18（^{18}F）	109.8min	PET成像
镓67（^{67}Ga）	3.26d	SPECT成像
锗68（^{68}Ge）	270.8d	校准PET相机和用作^{68}Ga发生器
铟111（^{111}In）	2.83d	SPECT成像
碘123（^{123}I）	13.2h	SPECT成像
碘124（^{124}I）	4.2d	PET成像和放射治疗
氮13（^{13}N）	10min	PET成像
氧15（^{15}O）	122s	PET成像
钯103（^{103}Pd）	17d	用于癌症近距离放射治疗的种子
钠22（^{22}Na）	2.6a	PET相机和离子室的校准
铊201（^{201}Tl）	73.06h	SPECT成像
钇86（^{86}Y）	14.7h	靶向治疗成像

4.2.2 核医学成像

核医学成像不同于其他放射成像方式，如X射线和计算机层析扫描（CT），因为放射性示踪剂用于描绘器官系统的功能或代谢途径。因此，这些药物在体内的浓度成像可以揭示这些系统或通路的完整性。这是核医学扫描能够为身体的各种器官/功能系统提供的独特信息的基础。利用放射性示踪剂阐明这些生物过程的途径和生物分布，也大大有助于对这些生物过程的研究。

两种广泛应用的核素成像是 SPECT 和 PET。其所涉及的原理都是相似的：将放射性示踪剂注入体内，然后在体外检测放射性示踪剂发出的 γ 射线。这与 X 射线或 CT 成像相反，X 射线或 CT 成像的辐射源在体外，所提供的信息主要是解剖学上的。SPECT 一般使用寿命更长的放射性示踪剂，可储存在使用现场，而 PET 主要使用半衰期较短的正电子（β^+）放射性同位素，必须在使用现场附近生产或由几小时路程内的生产厂家交付（如 ^{18}F-FDG）[13,14]。

使用几个装有重金属准直器的探测器环来完成 SPECT 成像，以确定来自放射示踪剂的 γ 射线源在人体中的位置。γ 射线从体内沿一条直线穿过准直器。利用这些信息重建放射性分布的三维图像。较小的准直器可以获得更好的图像分辨率，但缺点是进入探测器的 γ 射线更少，而且要获得好的图像，扫描时间必须更长。SPECT 成像的基本原理如图 4-1 所示。

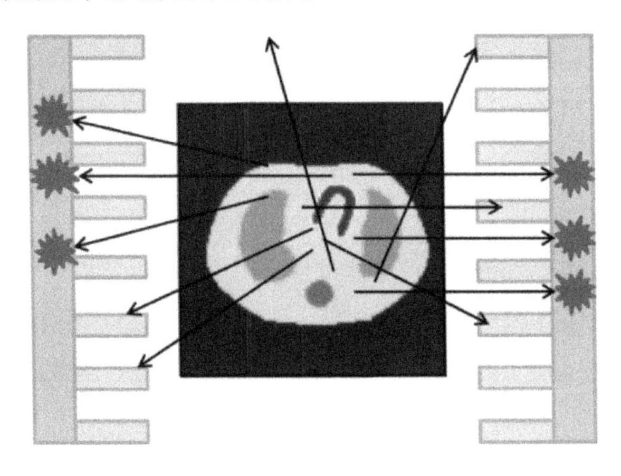

图 4-1　SPECT 成像基本原理示意图，显示用于重建辐射图像的 γ 射线

目前，SPECT 成像的应用比 PET 成像广泛得多，但 PET 的发展速度较快。据估计，2010 年全球每年有 2,600 多万次 SPECT 扫描，所使用的放射性药物的销售额超过 30 亿美元。大约 85%的 SPECT 检查程序是使用 ^{99m}Tc 进行心脏学检查，^{99m}Tc 由 ^{99}Mo（反应堆生产）发生器生产。然而，由于担心反应堆产生的 ^{99}Mo 再次发生短缺，人们越来越关注用加速器直接生产 ^{99m}Tc。其他的 SPECT 检查主要使用回旋加速器产生的放射性同位素，如 ^{201}Tl、^{123}I、^{67}Ga 和 ^{111}In。它们均有各自的用途。^{201}Tl 用于诊断冠状动脉疾病和其他心脏病，如心肌死亡，以及低级别淋巴瘤的定位。^{123}I 可以标记多种化合物，并用于许多检查，包括甲状腺功能的诊断。^{67}Ga 用于肿瘤成像和炎性病变（感染）的定位。^{111}In 用于一些特定诊断研究，如脑研究、感染和结肠转运研究。

正电子发射层析显像（PET）类似于 SPECT，应用探测器来测定注入或吸入体内的放射性示踪剂的分布。不同之处在于，PET 依赖于对两种同时发生、方向相反的 511keV γ 射线的探测，这两种射线是由 PET 放射性示踪剂发射的正电子在体内迅速湮灭时产生的。因此，电子准直可以代替 SPECT 中使用的重金属准直器。如果两束 γ 射线同时到达人体两侧的探测器（在几纳秒内），原始正电子衰变的位置一定是在它们之间的直线上某处发生的。这一原理如图 4-2 所示。在 SPECT 中，移动病人通过环形探测器，可以重建全身辐射位置的三维图像。然而，仅利用对 511keV 同轴的 γ 射线探测，现代 PET 临床扫描仪的分辨率约 4mm，而典型 SPECT 图像的分辨率约 9mm。

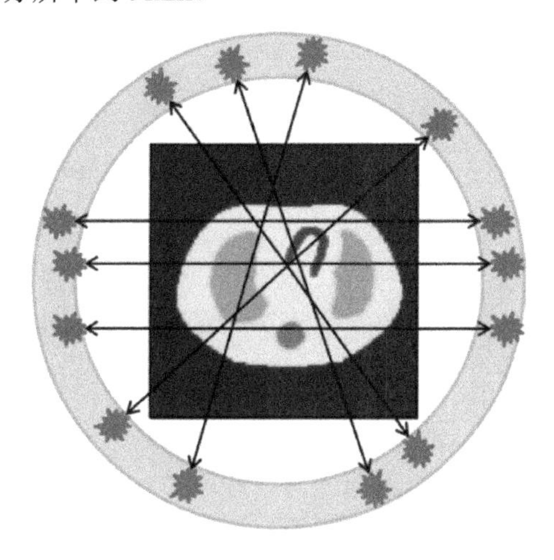

图 4-2　PET 成像示意图，由体内辐射源发射的正电子的局部湮灭对连续 γ 射线进行共线检测

医学研究人员早期利用 PET 使用多种发射正电子的放射性核素来鉴定肿瘤，但没有取得很大进展。FDG（^{18}F 标记的葡萄糖类似物）的发展是一项重大的突破。最初，将 FDG 注射入血流中，在不同的大脑激活条件下，进行放射性成像来研究大脑功能。FDG 是研究葡萄糖代谢的理想示踪剂，因为它能像正常葡萄糖一样被转运到细胞中，但并不能像正常葡萄糖一样被完全代谢，因此会在细胞中保留并降解。此后，PET 被认为是检测许多局部肿瘤和转移瘤极其强大的工具，主要是由于使用了四种最常见的 PET 放射性同位素：^{11}C、^{13}N、^{15}O 和 ^{18}F。这些同位素的稳定同位素是构成生命的最基本元素之一，因此这些正电子同位素可以很容易地与有机分子结合，成为各种生物过程的真正示踪剂。

近年来，由于许多用于肿瘤学和心脏病学的药物已获得世界各地医疗支付机构的报销批准，因此这种功能强大的医学诊断成像工具得已快速发展。2010 年，美国有 2,000 多家机构进行了超过 200 万次 PET 扫描（写作此文时美国是 PET 成像最大的市场）。根据一些市场调查，全世界 PET 设备和放射性药物的销售额每年超过 20 亿美元，而且该业务的复合年增长率超过 8%。

4.2.3 治疗和其他医学应用

放射性核素治疗应用背后的理念是基于将其衰变产物（俄歇电子、β 粒子或 α 粒子）相关的高传能线密度的放射性原子与可以被标记的生物活性分子偶联，从而可以定向到肿瘤部位。由于发射 β^-的放射性同位素富含中子，因此通常在反应堆中生产。然而，有一些治疗用放射性核素是由加速器常规生产的，还有一些显示出放射性治疗应用的前景。

1）近距离放射疗法

在近距离放射治疗（Brachytherapy）中，将放射性种子或放射源放置在肿瘤中或附近，以向肿瘤传递高剂量的辐射，同时减少周围健康组织的辐射暴露。“近距离”（Brachy）一词在希腊语中是“短距离”的意思。因此，近距离放射治疗是在短距离内进行的放射治疗，从而对肿瘤产生局部的和精确的剂量。由于放射源可以精确地定位在肿瘤治疗部位，所以近距离放射疗法可以将高剂量的辐射限制在较小的靶部位。

近距离放射疗法的历史可以追溯到 1901 年，当时皮埃尔·居里建议将一小束镭插入肿瘤中（亚历山大·格雷厄姆·贝尔在 1903 年提出了类似但独立的建议），早期试验表明，辐射确实会使肿瘤缩小[15]。近距离放射疗法目前通常用于治疗宫颈癌、前列腺癌、乳腺癌和皮肤癌，但也可用于治疗各种其他类型的肿瘤。由于放射源放置在目标肿瘤内或旁边，当病人移动或肿瘤在目标肿瘤内有任何移动时，放射源与肿瘤的位置保持一致。因此，辐射源仍然有准确的靶向性。

某一放射性核素是否适合于近距离治疗取决于其半衰期及其发射的能量、类型和丰度（每次衰变的数量）。目前，广泛使用的放射性同位素包括 ^{125}I、^{103}Pd、^{90}Y、^{90}Sr、^{144}Ce 和 ^{106}Ru[16]。在密封源方面最突出的进展包括高剂量率近距离放射治疗的 ^{192}Ir 源，以及治疗前列腺癌和脑癌的 ^{125}I 和 ^{103}Pd 种子。具有 17 天半衰期的 ^{103}Pd（钯 103）是一种低能量（21keV）的光子发射同位素，可用于永久性的间质植入。与 ^{125}I 相比，其具有更好的能量和安全性，其初始外周剂量率大约是 ^{125}I 的 3 倍。这有可能加强对快速增殖肿瘤的控制。它已用于治疗各种癌症，如眼癌、脑癌、颈部癌、子宫癌和结肠癌，但现在几乎完全用于治疗前列腺癌。前列腺癌是男性中最常见的癌症之一，在美国是男性癌症死亡的第二大诱因。

历史上，^{103}Pd 是通过反应堆中 $^{102}Pd(n,\gamma)^{103}Pd$ 的反应生成的，该反应依赖于1%天然丰度的 ^{102}Pd 的富集形式和其适中的中子俘获截面。然而，在最近的20多年里，^{103}Pd 是通过 $^{103}Rh(p,n)^{103}Pd$ 反应产生的，通过来自加速器的相对低能质子照射金属铑来实现。2007年，美国报告了超过22万例前列腺癌的新发病例（可用的最新统计数据）[17]，因此用于治疗前列腺癌的获得专利的 ^{103}Pd 种子拥有巨大的市场。为了满足需求，美国唯一的 ^{103}Pd 种子制造商——Theragenics公司有多达14个大型回旋加速器专门生产这些种子，欧洲也有一家制造商已将美国专利的 ^{103}Pd 种子源推向世界市场。

2）靶向治疗

虽然大多数局部癌症患者可以通过手术、放疗、化疗及联合治疗治愈，但那些远处转移的患者一般需要全身治疗。一种全身性放疗治疗称为靶向放射性核素治疗。这涉及使用放射性标记的寻找肿瘤的分子向肿瘤细胞传递细胞毒性剂量的辐射。尽管仍处于早期阶段，但靶向放射性核素已开始在某些肿瘤类型的治疗中应用。在过去的十年中，人们付出了相当大的努力，利用各种双功能螯合剂（BFCA）使放射性核素与单克隆抗体稳定结合。许多基于抗体的制剂已被批准用于人类诊断[18]。靶向放射性核素治疗的主要理论的优势是，可以选择性地将放射物质传递到亚临床肿瘤和转移灶处，由于这些肿瘤和转移灶太小，无法通过影像判断，因此不能通过手术切除或局部外照射治疗。此外，通过靶向治疗获得的肿瘤吸收剂量可能高于其他全身性放疗方法。

对于任何基于放射的治疗，肿瘤治愈的可能性取决于三个因素[19]：①肿瘤吸收的辐射剂量及其传递模式（如剂量率和分离）；②存在的克隆性肿瘤细胞的数量（如细胞是彼此的克隆），这些都必须经过辐照才能治愈肿瘤；③肿瘤细胞对辐射的反应（如辐射敏感性、修复能力、增殖率）。

放射免疫治疗（RIT）是一种靶向放射性核素治疗方法，使用单克隆抗体或片段，将放射性核素的辐射传递至特定类型的细胞[20]。根据诊断试剂的使用经验，可以预见基于单克隆抗体的治疗性放射性药物在临床应用方面将会有长足的发展。此外，小肽（由2个或2个以上氨基酸组成的分子）作为放射性核素载体的引入为诊断试剂的开发开辟了新的可能性，^{111}In-奥曲肽的使用就是证明。目前正在拓展肽作为其他治疗性放射性同位素如 ^{188}Re、^{90}Y 和 ^{153}Sm 等载体的应用。使用 ^{111}In 俄歇电子进行治疗的最成功探索是高剂量使用 ^{111}In-奥曲肽，为探索、开发和使用更易得、更经济的放射性同位素如 ^{153}Sm，^{90}Y 和 ^{177}Lu 与肽和单克隆抗体耦合的放射性免疫治疗提供了强大的发展动力。β 射线联合各种双功能生物活性肽的螯合物，包括奥曲肽和 VIP（血管活性肠肽）类似物，是多个临床研究中心的热门研究领域[21]。

用于放射疗法的大多数放射性核素是在反应堆中产生的，因为这些放射性同位素的理想特征之一是它们将发射 β 粒子，因此往往富含中子。^{111}In 是例外，因为它通常是用回旋加速器生产的。

另一类放疗药物是发射 α 射线的放射性核素。它们的优点是体积小而辐射剂量高，因此特别适用于微小转移灶和血液系统肿瘤。这一类正在开发的放射性同位素主要是 ^{211}At、^{213}Bi 和 ^{225}Ac。这些同位素都可以由加速器生产，并正在作为治疗药物进行研究。^{225}Ac 及其衰变产物 ^{213}Bi 也可由 ^{229}Th 发生器生产。还可从 ^{233}U 发生器生产，但是 ^{233}U 是一种管控非常严格的"特殊核材料"。

3）其他医疗应用

加速器生产的放射性核素也可用作探测器和 PET 衰减校正的校准源。最常见的放射性同位素是 ^{68}Ge，半衰期为 275 天，衰减为 ^{68}Ga。^{68}Ge 是一个正电子发射体，可直接用于 PET 的衰减校正。然而，随着 PET/CT（PET 成像照相机和传统 X 射线 CT 扫描仪的组合）的发展，目前 PET 衰减校正通常是用 CT 完成的。^{22}Na 作为一种长半衰期的正电子发射体，既可用于测试样，也可用于 PET 和电离室的校准点源。

4.2.4 工业应用

如前所述，用加速器生产的放射性核素很少有非医学工业应用，工业和消费品中使用的放射性核素绝大多数由反应堆生产。但也有一些值得注意的地方。

加速器生产的 ^{22}Na 和 ^{68}Ge 用于校准 PET 扫描仪和离子室。在农业方面，使用加速器生产的放射性碳和氧同位素来研究植物生物动力学，观察从土壤中合成和吸水的过程。最后，薄层活化（TLA）是放射性示踪剂的特殊工业应用，二十多年来一直用于研究关键机械部件（如轴承、凸轮轴、车辆制动盘、活塞环和内燃机气缸套）在实际操作条件下的磨损和腐蚀，以及监测管道、涡轮叶片、离岸平台和核电站等表面的腐蚀和侵蚀[22]。但是，与本章中描述的其他应用不同，放射性示踪剂不是以单独的形式制造的。相反，使用加速器通过带电粒子或中子活化直接在感兴趣的部分或组分的表面下产生薄的放射性层，也被认为是一种离子束分析技术，这在第 5 章带电粒子活化分析（CPAA）中有更详细的介绍。

4.3　生产放射性核素的加速器

使用带电粒子束通过核反应生产放射性核素的两个主要要求是：束流能量必须高于反应阈值，束流必须产生足够可用的量。回旋加速器是第一个用于此目的的加速器，它们继续主导放射性核素生产设备市场。随着放射性核素在核医学中的应用不断发展，其他几种类型的加速器也出现了，包括超导磁铁回旋加速器、紧凑型低能射频离子直线加速器、串列级联加速器和纯氦粒子直线加速器。虽然已经有一些用于 PET 放射性核素生产的射频直线加速器上市，但是这些加速器都没有得到广泛的认可。

几乎所有用于制造放射性核素的回旋加速器和直线加速器都是由工业生产的。设备市场中增长最快的部分是为商业放射性核素生产和分销业务提供的系统。这些加速器的能量范围从用于 PET 放射性核素的 7～30MeV，到大规模生产诸如 ^{201}Tl，^{111}In 和 ^{67}Ga 的长半衰期 γ 射线发射体。2010 年，出现了一些新的回旋加速器设计，试图占领预期的市场，其中单剂量 PET 被视为“个性化医疗”的新范例。ABT（美国 ABT 分子影像公司）设计并销售了 7.5MeV 小型回旋加速器，每 20min 左右（第一次运行后）可以提供单剂量的 ^{18}F-FDG。ACSI（先进回旋加速器系统公司）生产的 24MeV TR24 回旋加速器有两个潜在的市场，一个是从 ^{124}Xe（p，X）反应生产 ^{123}I，供当地使用，另一个用于直接生产和分销 ^{99m}Tc。^{124}Xe（P，X）反应生产 ^{123}I 已经被 ^{123}I 大型生产商广泛使用更强大、更昂贵的 30MeV 电子回旋加速器代替。^{99m}Tc 的直接生产越来越受到人们的关注，原因有两个：一方面因它是核医学中使用最广泛的放射性同位素；另一方面，由于越来越多用于生产 ^{99}Mo 发生器的核反应堆计划内或计划外关闭，人们对过去和将来导致 ^{99}Mo 发生器（目前是 ^{99m}Tc 的唯一来源）供应中断感到担忧。这些新系统能否满足日常生产和运行的需要，还有待观察。根据从现有制造商的数据和各种市场调查的出版物中获得的数字，在写作本文时，全世界约有 700 台用于生产放射性核素的回旋加速器在运行。在过去的十年里，加速器系统的数量每年增加了 10%以上，并且由于对 PET 放射性药物的需求，尤其是对 ^{18}F-FDG 的需求，系统的年增长率将超过 50～60 台。

全球主要的回旋加速器设备制造商如表 4-2 所示。全球每年生产放射性核素的回旋加速器市场估计超过 1 亿美元。

表 4-2　全球主要的回旋加速器制造商

制　造　商	所 属 国 别
通用电气医疗（GE Healthcare）	瑞典
西门子医疗（Semens Health Care）	美国
离子束应用（Ion Beam Applications SA）	比利时
先进回旋加速器（Advanced Cyclotron Systems Inc）	加拿大
贝斯特回旋加速器（Best Cyclotron Systems，Inc）	加拿大
住友重工（Sumitomo Heavy Industries，Ltd）	日本
三洋联合（Samyoung Unitech Co.，Ltd.）	韩国
NPKLUTS	俄罗斯

在能够生产放射性核素的其他主要类型的加速器中，静电加速器的数目非常有限，在此不做进一步描述。关于射频直线加速器，几个紧凑型射频质子直线加速器正在进行或计划进行放射性核素生产，主要用于 PET 放射性核素。这些加速器基于射频四极（RFQ）和漂移管直线加速器（DTL）加速结构。用于放射性核素生产的质子直线加速器的能量范围为 7～11MeV，尽管通过增加模块化加速段可以提供更高的能量。7MeV 直线加速器可在靶上产生超过 100μA 的质子束流。这些直线加速器中至少有两台已安装在拖车上（见图 4-3），显示了这种紧凑、轻量化技术的多功能性。这些射频离子直线加速器的主要设备供应商是美国的加速器系统公司。

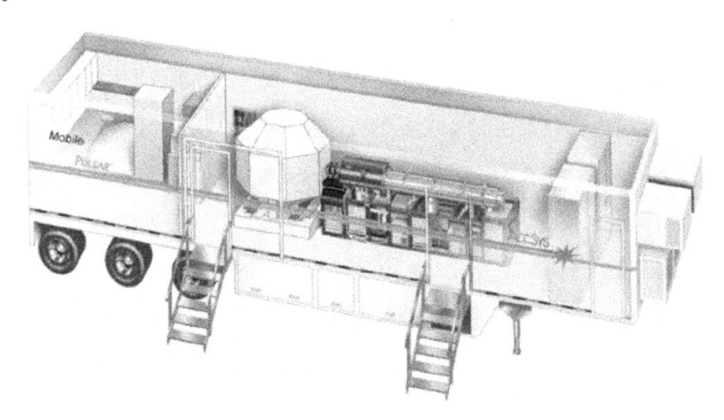

图 4-3　为 PET 放射性核素生产提供的移动 PULSAR® 7 MeV 质子直线加速器，显示了屏蔽放射性核素生产靶区域（八角形外壳）和化学实验室区域（拖车后部）

正如已经指出的，用于生产放射性核素最常用的加速器是回旋加速器。回旋加速器已经从最初的需要一组物理学家来维持运转的机器，发展到现在的几乎任何人都可以在几次实验之后即可操作的稳定可靠的系统。下文将介绍回旋加速器的基本工作原理，并概述完整的放射性核素生产系统的主要组成部分。本章还将简要介绍现代射频离子直线加速器在放射性核素生产中的应用。

4.3.1　回旋加速器

回旋加速器工作有三个基本物理原理：①带电粒子（离子）可以通过电场获得能量(加速)；②在垂直于运动方向的磁场中运动的带电粒子将沿圆形路径运动；③根据电动力学理论，带电粒子的旋转频率与其轨道半径无关。通过应用这些原理，回旋加速器可以在相对有限的空间内产生中等能量的带电粒子束（10～70MeV）。例如，用于生产PET放射性核素的典型的18MeV回旋加速器的半径只有1m。

回旋加速器工作的一般原理相对简单。回旋加速器中心附近释放正离子或负离子，通过放置在强磁铁两极之间的两个或多个空心D形电极（又称D形盒），以半圆形的路径逐渐向外移动。快速交替的射频电压施加到D形电极以提供加速电场。选择电压的频率使离子进入D形电极之间的加速间隙时，总是在行进方向上受到吸引。也就是说，当离子从一个D形电极离开时，它们被一个D形电极推出并被另一个D形电极拉进，如图4-4所示。离子束在D形电极内部不受电场力，仅受磁极间磁场的洛伦兹力，在垂直磁场平面内保持运动状态，向外螺旋运动，直到达到最大能量。所有这一切是在真空下进行的，因此加速粒子与其他物质如气体分子等之间的相互作用最小。

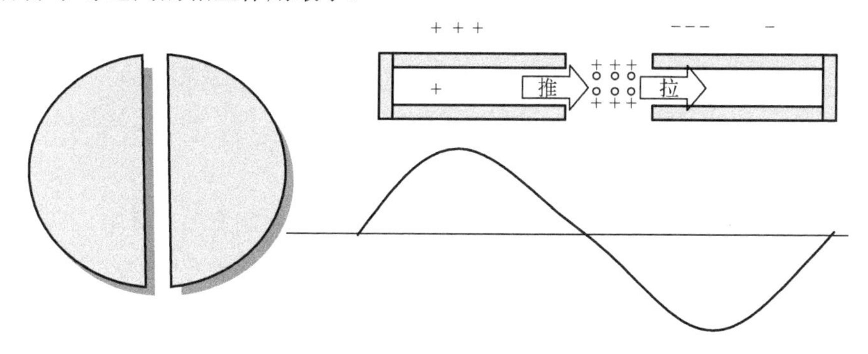

图4-4　两个D形电极的简单射频加速场的示意图

每当一“包”离子穿过两个D形电极的间隙时，它的能量提升与所施加的电压值密切相关。在理想的情况下，这两个具有大电压差V_0的导电表面将会使带电荷q的粒子获得qV_0的动能。通常，在离子循环时，射频电压的峰值时间稍微落后于离子包。这使得尾随粒子能够获得额外的能量提升，而领先的粒子则得到较少的推动。结果是“包”保持在一起，在下一次传输中处于更好的位置，但能量增益略小于 qV_0。

离子束的能量应从中心到外缘平稳增加。随着能量的增加，路径变长，但形成一个回路所需的时间保持不变，因为速度与距离的增加成正比。当能量超过20MeV 时，相对论效应导致粒子质量增加，这就需要更强的磁场来保持束流与射频电压同步。

回旋加速器系统的主要组成部分为在加速区提供磁场的磁铁、离子源、向 D 形电极提供交流电压的射频电源以及束流引出系统。磁铁通常是一个大型多线圈铁芯电磁铁，其两极的布置可以为 D 形电极提供垂直的磁场。由于该系统的工作频率通常在几秒至十秒之间的 MHz 范围内，所以射频功率系统与商业广播装置的工作频率相似。这种系统通常是基于一个大功率电子管（如三极管或四极管），但现在正朝着使用固态单元的方向发展。图 4-5 是回旋加速器的主要部件和束流路径的示意图[23]。以下将讨论回旋加速器中离子产生、离子注入和束流引出的方法，并简要介绍放射性核素的产生靶和屏蔽问题。

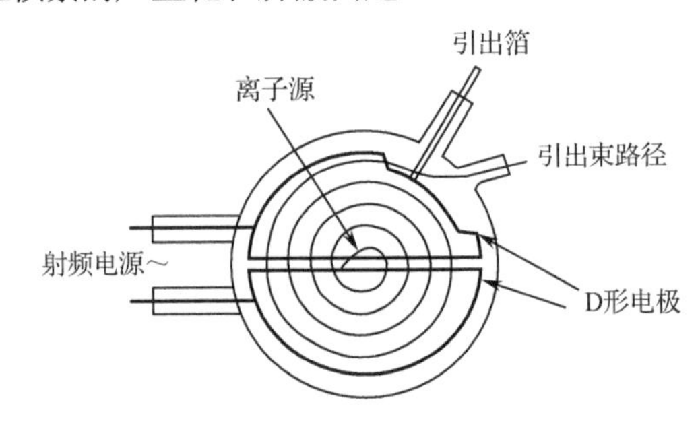

图 4-5　回旋加速器主要部件和束流路径的示意图（磁铁未显示）

1）离子源

离子源的目的是产生要加速的正离子或负离子。在回旋加速器中，离子通常在中心的等离子体中产生。离子源可以是外部的，也可以是内部的，这取决于所需的离子和束流类型。在大多数回旋加速器源中，中性原子或分子组成的气体被“加热”成等离子体状态，在这种状态下，离子和电子被解离并以自由粒子的形式独立运动。加热机制有多种，可以是热、电甚至是使用激光。一旦离子在源中产生，它们就可以从等离子体中引出并加速。

最常见的离子源类型是使用气体放电来产生离子。在任何气体放电中，正离子和负离子的数量大致相等。离子源设计的目的是优化所需的离子产额和束流质量。大多数现代回旋加速器都能加速负离子，而离子源的设计通常是为了最大限度地生产负氢离子。对等离子体中中性原子进行电子轰击是产生离子最常用的方法。要从原子中去除数量不断增加的电子，需要增加能量，因此多电荷离子如氦，需要高得多的电离能量。

气体放电离子源有两个主要类型：热阴极型和冷阴极型。在热阴极型中，加热的灯丝用来产生大量的电子，从而维持电弧。在冷阴极型中，一旦用高压启动放电，在离子源正常运行期间不需要通过热丝来维持等离子体。图4-6给出了一个简单的热阴极离子源的例子。

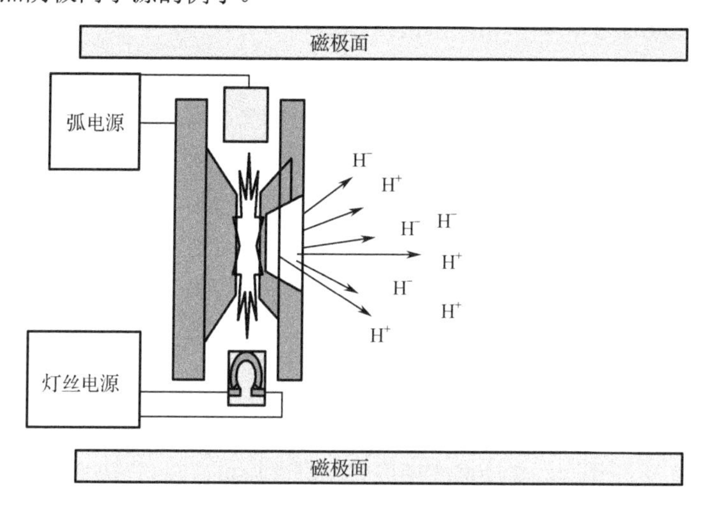

图4-6　回旋加速器热阴极离子源产生正负离子

在这两种类型中，电子都受到磁场的径向约束和静电势阱的轴向约束。在回旋加速器中，利用加速器的磁场来控制等离子体是可能的。内部源的空间分布和输出没有很好的界定，离子通常具有广泛的能量分布。这些问题通常都是通过在离子源上使用狭缝来解决的，这种狭缝降低了束流的强度，但同时会产生一个清晰的束流轮廓。一旦离子离开离子源，束流的路径就可以通过拉出器进一步确定。它是金属板上的一个小缝隙，只接受那些具有适当能量和位置的离子，使其继续通过第一轨道。离子源的位置对有效的束流引出至关重要。离子源上的狭缝、拉出器和中心区域的磁场之间的关系必须处于正确的对准位置，以便有效地实现将束流引到第一轨道中进行加速。

2）离子注入

当离子离开离子源时，它们所经过的路径由中心区域的环境决定。这包括将等离子体中的离子拉出离子源并进入第一个轨道区域的磁场和电场中。离子源的一个关键参数是形成电场和磁场，使离子从等离子体中被拉出，进入可以加速离子运动的D形电极区域。即使使用现代的场建模技术模拟，通常也需要反复实验调整，以便最大限度地提高效率。

3）束流引出

一旦离子束加速到所需的能量，必须从回旋加速器中引出，以便轰击靶并产生放射性核素。有两种主要的方法能做到，这取决于被加速的粒子的电荷。正离子（如 H^+）通过静电偏转从其最终轨道中被引出；负离子（如 H^-）通常是通过剥离电子产生正离子，然后通过磁偏转从最终轨道被引出。

对于正离子引出，通过使用施加在束流轨道外边缘电极的电场，使束流偏离回旋加速器。该方法的优点在于对真空要求不那么严格，并且正离子源具有更高的束电流。缺点是它不如负离子引出效率高。这将导致回旋加速器内的束流损失和活化，意味着操作人员在进行内部机器维护期间会受到更高的辐射剂量。

在负离子引出过程中，束流通过引出箔（束流可以在多个出口点被引出），产生的正离子被其磁场偏转出回旋加速器。该系统的优点是引出效率高，回旋加速器的内部活化很小。缺点是对真空的要求略高于正离子的机器，需要定期更换引出箔。

由于大多数现代的回旋加速器加速负离子，与正离子机器相比，需要更好的真空度来降低束流损失。随着涡轮分子泵和无须油的冷冻泵的使用，真空系统得到了改进，10^{-7} Torr的真空已被普遍使用。由于回旋加速器内部活化极少，使得操作人员在机器维护期间所受的辐射剂量大大降低。随着离子源技术的进步，产生的负离子源能够产生与正离子源相同量级的束流，因此不再存在束流的限制。

4）束流传输

理想的情况是将放射性核素生产的靶放置在远离加速器的位置，以便可以独立地进行两个系统的维护。当使用高束流功率加速器时更是如此。靶区周围残留的辐射场会使操作人员数小时至数天无法接近，而一旦束流关闭，大多数加速器的靶区可以相当快地出入。为了使束流损失最小，必须使用高真空束流线将束流传输到靶区。在负离子回旋加速器上，可以有两个或多个来自机器上不同端口的束流线，它们可以同时操作。每个束流线可以进一步分成几个靶区。正离子回旋加速器只能支持一个出口，因此只支持一个束流线。这条束流线也可以使用开关磁铁分成几个靶区。通常需要四极磁铁来保持束流聚焦以便传送到每个靶区。

5）靶

放射性核素生产的靶材料可以是气体、液体或固体形式。其中每个都有各自的问题，必须在靶的设计和构建中加以解决。

无论靶的类型如何，热问题都是主要问题，因为它们是靶故障的主要原因。

一般来说，虽然固体靶更容易冷却，能够让大流量的水在靶衬底内通过，但实际靶材料的导热系数较低，因此工作温度仍然是一个大问题。

通常，气体和液体也是水冷却的，但它们采用双入口箔系统，第一个箔将靶与加速器或束流线的真空隔离，而第二个箔包含液体或气体靶材料。高压氦气在箔之间流动以消除沉积的热量。这些箔必须很薄，以便在粒子束通过时使能量损失最小化。箔材料在强度和导热性方面通常不能以最佳的方式耦合：最强的箔往往具有较低的导热性，因此容易发生与热相关的故障。

6）辐射屏蔽和场所要求

辐射屏蔽是所有涉核场所的主要关注点，包括加速器。监管者通常根据粒子束能量和电流对加速器系统进行分类。屏蔽要求旨在确保安全的操作条件，同时确保加速器和靶系统的安全维护。靶是一个主要的屏蔽问题，因为它们成为难以屏蔽的巨大中子源。热中子就像气体一样流动，因此可以穿过裂缝和角落。

大多数场所将加速器放置在由低钠含量材料制成的混凝土建筑中，以尽量减少中子俘获产生的^{24}Na。这些场所通过迷道进出，也会在空间有限的情况下使用滑动屏蔽门。还有一种使用被误称为“自屏蔽”加速器的方法。所谓的“自屏蔽”回旋加速器，利用了回旋加速器磁铁中的铁提供了一些内置的中子屏蔽；然而，大多数屏蔽材料是混凝土或其他与加速器紧密接触的复合材料，以减少其占地面积。虽然这些系统可以在出入受限的又相对开放的区域内运行，但在出入靶区域方面确实存在操作条件限制和挑战。

4.3.2 直线加速器

直线加速器的基本加速度原理与回旋加速器相同：带电粒子可以被电场加速；主要的区别是回旋加速器利用磁场将粒子限制在螺旋轨道上。射频直线加速器的概念其实比回旋加速器早几年，在 1924 年由古斯塔夫·伊辛首次提出了用交变电压以几个小的线性步进加速粒子的想法，并在 1928 年由韦德实现[6]。事实上，正如已经指出的那样，正是韦德的工作引发了劳伦斯发明了回旋加速器。

射频直线加速器的能量增加是由交变（射频）电场提供的，交变电场必须按正确的顺序施加，以保持粒子在直线上加速。其最简单的形式就是通过使用空心电极（漂移管）来实现的，如图 4-7 所示，它允许粒子在管内以恒定的速度漂移，然后在管之间的间隙加速。粒子被与电荷符号相反的电场加速进入管中。当它们穿过空心管时，电场的相位发生了变化，在管的出口处，电场的推力使它们加速，此时电场的符号与粒子的符号相同。

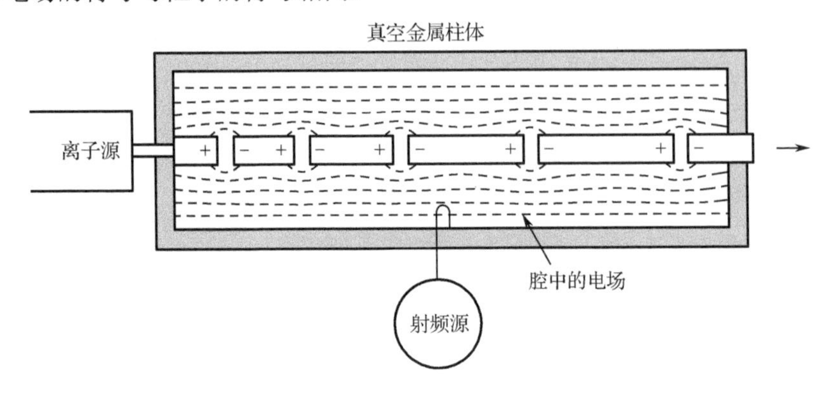

图 4-7　漂移管直线加速器的示意图

与在回旋加速器中一样，直线加速器中的带电粒子在通过加速间隙的中点后，可以通过施加最大电势使它们保持在一起。如果粒子过早到达，则所施加的电位将略微低于最佳值。它将以更慢的速度穿过下一段，因此处于下一个加速势的阶段。为放射性核素生产而建造的现代离子直线加速器（主要用于 PET 放射性核素）由 RFQ 加速器组成，通常将相对低能量的质子或氘核束注入漂移管直线加速器。RFQ 直线加速器是一种相对较新的离子直线加速器结构，它使用了带有纵向扰动的射频电四极杆几何结构来连续聚焦和加速低能离子束[24]。由于粒子加速的路径由直线替代了圆形，加速发生在每个 RF 周期的间隙中，为了建造具有合理能量和合适尺寸的直线加速器，高频是必不可少的。RFQ 的发展使低能离子有效加速到合理的输出能量（几兆电子伏），这也使现代高频离子直线结构得到发展，这些结构可以由以前开发远程雷达应用的射频管提供动力。虽然现代射频离子直线加速器非常可靠和稳定，但它们并不常用于放射性核素的生产。部分原因是过去较为传统的直线加速器的一系列严重故障引起了潜在客户的一些担忧。这些问题在很大程度上已经被解决，但直线加速器还是没有像回旋加速器那样被市场广泛接受。

4.3.3　加速器的选择

在选择生产放射性核素的加速器时，必须明确加速器的用途。这包括要生产什么放射性核素及所需的数量。当加速器用于商业生产或与可能改变研究方向的研究项目相关联时，应特别注意潜在的增长。

一旦确定了放射性核素的种类，就可以根据天然丰度或富集材料来确定所需的靶材料，从而确定粒子能量的合成。如果需要浓缩靶材料，则应考虑到可用性和成本。为了选择合适的加速器系统以满足市场或研究需求，必须考虑所有这些因素。

对比回旋加速器和直线加速器，它们的束特性存在差异，这会对放射性核素生产靶的设计和操作产生影响。最明显的差异是束的结构。回旋加速器束的强度几乎是均匀的，束脉冲的频率（通常为40～70MHz）使束保持连续。一方面，直线加速器具有均匀的束强度，但其脉冲频率要低得多，通常为10～300Hz。这会导致靶的束加热特性不同。在直线加速器中，当平均电流与回旋加速器的电流相同时，靶箔可以在一个周期内加热然后冷却。这会对金属箔施加机械应力，进而使金属疲劳，导致金属箔变弱，更有可能出现失效。解决这个问题的方法是使用更耐疲劳的金属、更薄的箔和更大的束斑，或者经常更换金属箔。另一方面，直线加速器输出的束均匀性更高，并且在某些回旋加速器输出束中没有“热点”，这是由于其在回旋加速器中由多个轨道引出造成的。

4.4　放射性核素生产的一般原则

放射性同位素生产实际上是真正的“炼金术”——将一种元素的原子转变成另一种元素的原子。这种转换涉及靶核核中质子和/或中子的数目不同。如果靶核受到带电粒子（质子、氘核或α粒子）的轰击，则通常是生成不同的元素的原子核。

有几种模型可用于预测核相互作用概率（截面），其中最全面的是 EMPIRE 计算机模拟程序[25]。EMPIRE 是基于各种核模型的核反应模块化系统，专为计算各种能量和入射粒子而设计。入射粒子可以是中子、质子、光子或任何离子（包括重离子）。该程序解释了主要的核反应机制，包括直接、预平衡和复合核通道。

4.4.1　核反应

高能带电粒子（入射粒子）与靶核的核相互作用有几种形式。入射粒子可以简单地被散射（直接或间接散射），或者如果它有足够的能量，它可以与靶结合形成一个复合核，然后沿着许多可能的出口通道之一分解。在放射性核素生产中，最感兴趣的是后一个过程。

为了发生核反应，入射粒子必须有足够的能量来克服两个势垒。首先，它必须克服库仑势垒，这是入射粒子中的质子与靶中的质子之间的自然静电斥力的结果；否则这两个原子核就不会足够靠近，让核子感受到吸引的核力。第二个势垒取决于反应是释放能量（Exoergic，外能、放热）还是需要入射粒子提供能量（Endoergic，内能、吸热）。这种能量的过剩或不足被称为反应的 Q 值，Q 值又用来确定阈值能量，根据总能量和动量守恒的物理定律，入射粒子需要多少能量才能发生反应。

1）库仑势垒

在一个简单的迎面碰撞模型中，质量数（核子总数）A_p 和原子数（质子数）Z_p 的入射粒子的最小能量必须克服质量数为 A_t 的靶核的库仑势垒，原子数 Z_t 可近似为：

$$Ec \cong \left(\frac{Z_p Z_t}{A_p^{1/3} + A_t^{1/3}}\right)\left(\frac{A_t + A_p}{A_t}\right)\text{MeV} \tag{1}$$

第一项是近似的库仑势垒能，而第二项是保持动量守恒。如果入射粒子能量低于这个最小值，就不太可能发生核反应（由于量子隧穿效应，反应可以发生在库仑势垒之下，但概率非常小）。质子是放射性核素生产的主要入射粒子之一，图 4-8 是针对质子绘制的能量图，能量是靶原子序数的函数。

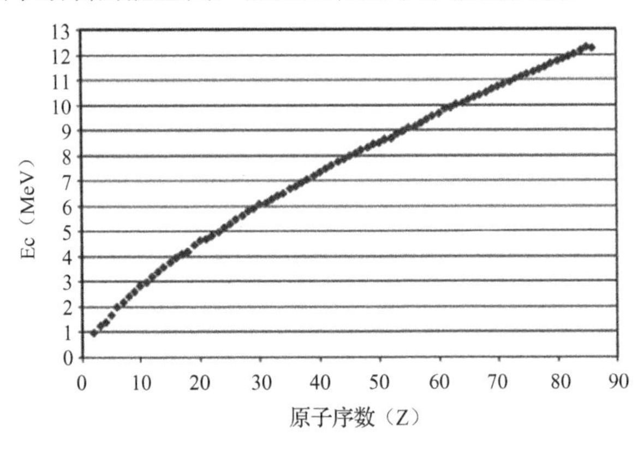

图 4-8　质子克服库仑势垒所需的最小能量是靶原子序数的函数

2）反应模型

在许多可能的反应路径（如直接散射、间接散射、粒子转移或敲除、吸收或复合核反应等）中，导致反应产物与反应物不同的反应路径对放射性核素的生产是有意义的。这里讨论两种反应途径。

一是直接反应。由于相互作用，粒子从入射粒子转移到靶或从靶转移到入射粒子。入射粒子改变它的方向，通常把其一部分动能转移到靶上。相互作用后各自的质量数 A（核子总数）和原子数 Z（质子数）与之前不同（如图 4-9 所示，一个中子被转移）。

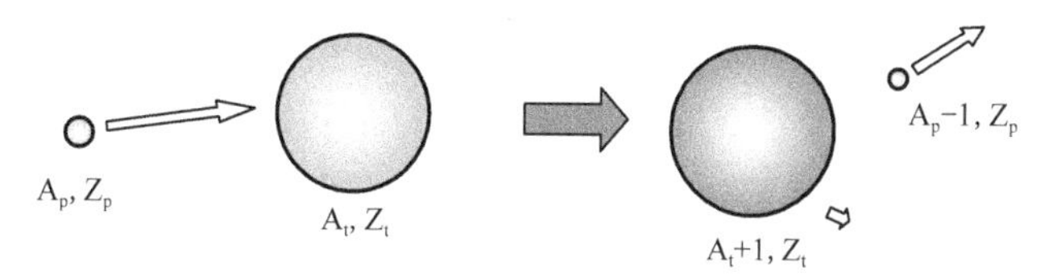

图 4-9 直接反应中一个中子被转移

二是吸收。入射粒子被靶捕获后形成一个高度激发的复合核（见图 4-10）。然后该原子核将激发能分配在其内部，直到达到自由度平衡。复合核可以在能量重新分配的同时发射粒子，也可以在达到平衡后发射粒子。

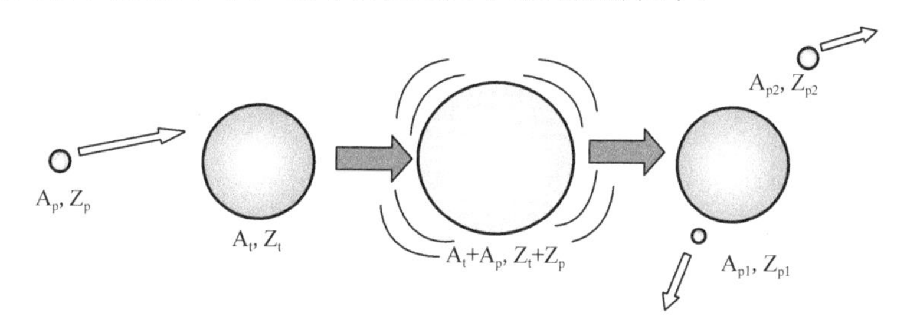

图 4-10 入射粒子被靶捕获后形成一个高度激发的复合核

这个模型的一个重要的推论是，高度激发的中间核“忘记”它是如何形成的，除了所有的基本守恒定律（总能量、总动量、电荷等）仍然有效之外。当入射粒子与靶核结合时，就失去了其特性，并且复合核的总能量在分解之前被所有核共享。这种分解可以通过许多出口（反应）通道进行，这些通道与形成复合核的方式无关。一些初始动能可以在分解中转化为质量，或者一些质量可以转化为动能，这意味着产物的总动能可以大于或小于反应物的总动能。在外能反应（放热）中，产物的动能更大，释放能量。在内能反应（吸热）中，产物的动能较小，必须提供能量。

3）Q 值和阈值能量

上述动能差称为反应能，通常称为 Q 值。由于反应物的总能量必须等于产物的总能量，任何动能的变化都必须与质量的变化相平衡。因此，Q 可以用反应物的总静质量与产物的总静质量之差来计算。外能反应 Q 值为正，内能反应 Q 值为负。对于二体反应 $M_p + M_t \mathrm{t}\rightarrow (M_R + M_r)$：

$$Q = 931.4\{(M_p + M_t) - (M_R + M_r)\}\mathrm{MeV} \tag{2}$$

式中 M_p 和 M_t 分别为入射粒子和靶的原子质量，M_R 和 M_r 分别为反应产物 R 和 r 的原子质量。所有质量都以原子质量单位（u）为单位，931.4 是等效于 1 原子质量单位的 MeV 能量当量。使用反应物和生成物的质量过剩表（原子质量和质量数之差）可以更方便地确定 Q 值。这些资料可以很容易地从许多来源获得。

内能反应的阈值能量 E_t 是入射粒子在能量上可能发生的反应所必需的最小动能。它总是略大于 Q 值，因为必须用入射粒子能量的一部分给产物提供动量，才能满足动量守恒。E_t 可以很容易地从 Q 值、入射粒子（A_p）和靶（A_t）的质量数，通过以下公式计算得出：

$$E_t = -Q\left(\frac{A_p + A_t}{A_t}\right) \tag{3}$$

注意，外能反应的阈值能量总是零。

如图 4-11 所示，显示了在许多可能的反应通道下，对于特定入射粒子-靶组合的 Q 值和阈值的宽的变化范围。实际上，最小入射粒子能量是阈值能量或克服库仑势垒所需的能量，并满足动量守恒［式（1）］。因此，即使对于零阈值能量，入射粒子仍然需要能量来进行反应。

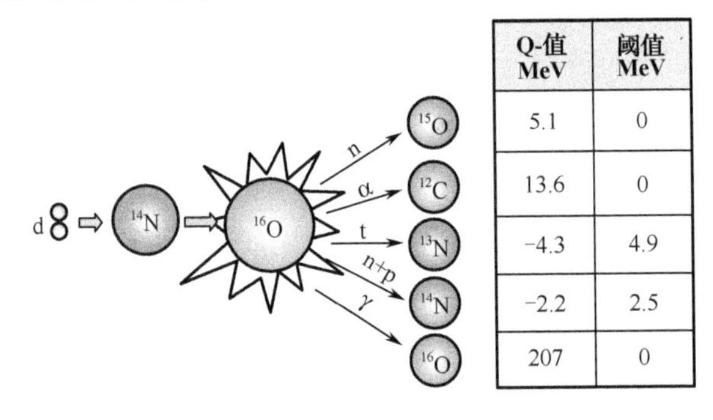

图 4-11　通过氘核和 ^{14}N 核的碰撞形成的 ^{16}O 的复合核分解的各种通道下的 Q 值和阈能

4）反应截面

虽然物理定律决定了一个特定的反应是否可能发生，但反应截面代表了反应实际发生的概率。反应截面通常用 σ 表示，单位是面积（如 cm^2）。反应截面的值，无论是预测的还是测量的，都存在于大量的核反应中。反应截面常用的基本单位是靶恩（barn，b），它近似等于一个典型核的物理截面（$1\mathrm{b}=10^{-24}\mathrm{cm}^2$）。

当一个反应截面被描绘成入射粒子能量的函数时，其通常被称为激发函数。

将激发函数绘成曲线，称为激发曲线，如图 4-12 所示。激发函数可用于确定给定加速器中放射性核素的数量。如果可能发生几个反应，激发函数也可以表示靶材料中可能产生的其他放射性核素的污染水平。

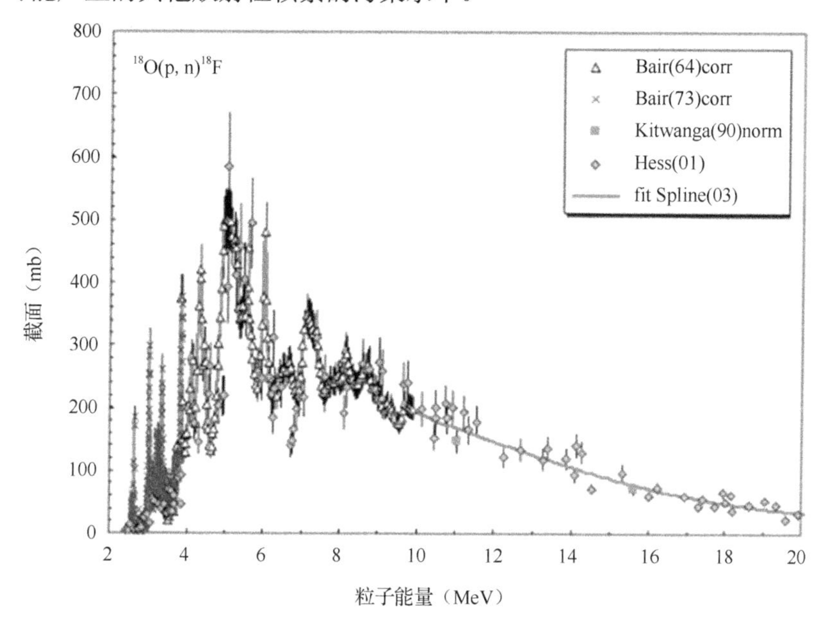

图 4-12　^{18}O（p, n）^{18}F 反应的激发函数解释了反应截面与能量的依赖关系

4.4.2　优化生产

对于给定了入射粒子、靶和束流能量的组合，运动学可以确定在可能存在多个反应通道的情况下，哪种放射性核素将占主导地位。辐照时间取决于所需产品的半衰期和潜在污染物的半衰期。在设计生产过程时必须考虑所有这些因素。详细的处理超出了本章的范围，但可以对反应截面进行一些有用的概括[26]：

- 对于远远低于库仑势垒的轰击能量来说它很小但是有限；
- 当动能小于势垒高度时，它会随着入射粒子动能的迅速增加；
- 当动能等于势垒高度时，它不会达到最大值；
- 渐近地接近最大值，该最大值仅是靶核——πR^2 的几何区域，其中 R 是当动能远大于势垒高度时的核半径。

质子和较重的靶核之间的反应不太可能在库仑势垒以下具有非常显著的反应截面。如果入射粒子是 α 粒子，势垒高度会增加到 25MeV。因此，在此能量下，反应截面通常很小。各种反应的 Q 值通常可以预测反应发生在这个势垒之上的程度。这些经验法则常常能使我们了解在特定情况下所期望和干扰的核反应概率。

同样地，也可以估计释放一个中子、两个中子等所需的能量。这一点很重要，因为由于库仑势垒的存在，中子发射比质子发射的可能性要大得多。

1）产额

尽管已经有几种核反应模型能够提供越来越准确的结果，但反应截面的最佳来源仍然是通过实验测得的。这是因为这些参数的理论估计不如人们所希望的那样精确，特别是对于轻核子。

实验中，反应截面可以根据影响产额的各种参数之间的数学关系来确定[27]：

$$R=Inx\sigma \quad (4)$$

其中 R 是产品放射性核素每秒在衰变中的活度，I 是每秒入射粒子的数量，n 是每立方厘米靶核的数量，x 是靶厚度，单位是 cm，σ 是核反应截面，单位是 cm^2。这种数学关系假设：①束流在辐照过程中是恒定的；②靶核在靶材料中均匀分布；③反应截面与靶内入射粒子能量范围内的能量无关，这对于薄靶来说很接近。

当然，产额受到产物核具有放射性并会发生放射性衰变的事实的影响，对于短半衰期核素，产额和衰变之间的竞争将在足够长的轰击时间内达到平衡。这一点被称为饱和，这意味着无论进行多长时间的照射，产额都等于衰变速率，放射性的量保持不变。考虑到这一点，在照射时间 t 结束时放射性核素的产额为：

$$R=Inx\sigma(1-e^{-\lambda t}) \quad (5)$$

其中，t 是辐照时间，单位为秒，λ 是放射性核素的衰变常数，与它的半衰期有关，用 $\lambda=0.693/t_{1/2}$ 表示。术语（$1-e^{-\lambda t}$）称为饱和因子，并解释了由于已经产生的粒子反应和原子核的放射性衰变而引起的原子核竞争。该术语表明，当辐照时间足够长，超过所产生的放射性核素的半衰期时，饱和因子趋于统一。

2）饱和因子

如图 4-12 所示，放射性核素在辐照过程中的任何时刻，其生成和衰变的竞争速度都会影响其产额。在较短的照射时间下，产生的放射性核素比率与饱和因子（$1-e^{-\lambda t}$）有关。由此，很明显，相当于一个半衰期的辐照将达到最大产额的 50%。由于实际原因，除了寿命最短的放射性核素外，辐照时间很少超过三个半衰期（饱和的 90%）。生产 ^{15}O（半衰期约为 2min）相对容易接近饱和，但是将生产 ^{18}F（半衰期约为 110min）的靶照射到饱和点是不合理的，因为所需的时间过长。当以饱和因子作为辐照时间与半衰期比值的函数绘图时，如图 4-13 所示，可以清楚地看到，对于较长的半衰期核素的产额，必须在预期产额与辐照时间之间做出平衡。

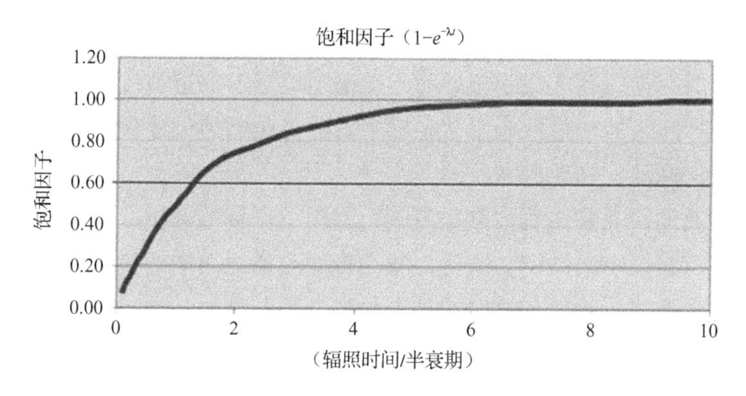

图 4-13　饱和曲线是辐照时间与放射性核素半衰期之比的函数

对于长半衰期放射性核素，产额通常用综合剂量或总光束通量（μA · h）表示。例如，对于像 ^{82}Sr 这样长半衰期的放射性同位素（$t_{1/2}$=25d），照射结束时的放射性同位素数量基本上是相同的，无论是 1h 内 100μA 还是 50h 内 2μA（二者均代表 100μA · h 的束）。对于像 ^{18}F 这样短半衰期的放射性同位素，相同的两种辐射条件下将会有非常不同的产额。

3）比活度

放射性核素的比活度是另一个要考虑的重要因素。比活度是指放射源的放射性活度与其质量之比，即单位质量产品中所含某种核素的放射性活度。比活度通常用每质量单位的辐射单位来表示。传统单位是 Ci/mol（或 Ci/g）或其分数（现在用 GBq/mole 表示）。如果样品中唯一存在的原子是放射性核素原子，则该样品就被称为无载体。例如，标记有 ^{211}At 的化合物将是无载体的，因为它没有稳定的同位素。在大多数系统中，一些稳定的同位素与放射性核素同时存在。高比活度在核医学中是必不可少的，其中用于诊断疾病的放射性药物的生物学效应在很大程度上取决于具有相对于载体的最高浓度的放射性核素。

利用加速器生产的放射性核素的重要优势是高比活度，它可以通过（p,xn）、（p,α）和其他涉及带电粒子的反应，从而产生一个与靶不同的元素。另外，反应堆常常使用一个（n,γ）反应，导致同一元素不同同位素，因此相比之下比活度较低。

4.5　加速器制靶

使用加速器常规生产放射性核素的靶需要专门设计，这些靶需要针对靶材料、期望的终产品和要使用的加速器的特性（如粒子、束能量和束电流）而定制。主要考虑以下因素：①靶核的化学和物理形式；②所需产物的化学和物理形式；

③产物与靶是否容易分离。

靶的目的是使材料在束中被辐照，在辐照过程中保持其完整性，并有利于快速有效地将产品中的放射性核素从靶材中去除。在靶的设计和制备过程中，必须考虑其中的物理和化学现象。

可能涉及的科学和工程原理很复杂，超出了本章的范围。然而，由于靶是放射性核素生产系统中最关键的部分，我们将简要描述其中的一些现象，它是如何以预期的化学形式影响所需放射性核素的产额和纯度的。更详细的处理方法可在IAEA技术报告TRS465和其中的参考资料中找到[28]。

4.5.1 阻止本领和能量损失

通过任何方式减慢带电粒子在材料中的速度（动能损失），称为“阻止本领”。阻止本领取决于粒子的类型、能量及物质的性质，其定义为每单位路径长度材料中粒子损失的平均能量，并写为 $S(E)=-dE/dx$，其中，粒子能量以 MeV 表示，x 表示穿过材料的距离，单位为 cm。

在许多关于材料的文献中都有关于质子和其他粒子的阻止本领和 dE/dx 的表。如果质子的阻止本领已知，则较重粒子的阻止本领可通过表 4-3 中给出的关系式确定[29]。类似的化合物、合金或复合材料中粒子的阻止本领，是每种元素的粒子的阻止本领乘以该元素在化合物中的原子分数。尽管此方法需要进行一些简化和假设，但是对于大多数靶材计算而言，结果是足够准确的。

表 4-3　各种粒子相对于质子的阻止本领

粒　子	相对于质子的阻止本领
氘核（Deuteron）	$S_d(E) = S_p(E/2)$
氚核（Triton）	$S_t(E) = S_p(E/3)$
^{3}He	$S_{He\text{-}3}(E) = 4S_p(E/3)$
^{4}He	$S_{He\text{-}4}(E) = 4S_p(E/4)$

4.5.2 能量分散

由于原子碰撞的统计性质，一个最初的单能粒子源穿过一种材料时，其射程分布将以平均值为中心，这种现象称为能量分散。能量分散对于确定不能完全阻止带电粒子入射束的靶的预期产额具有重要意义。

使用箔来降低束的能量，即使通过箔后计算出的束能量与没有箔的束进入靶的能量相同，也会对靶子的产额产生特别显著的影响。作为一个例子，图 4-14 显示了从 200MeV、70MeV 或 30MeV 降低到 15MeV 的质子束退化所产生的能量的分布，所有的粒子数都相同。从图中可以清楚地看到，如果初始能量是 30MeV，能量分布约 2MeV，而如果初始能量是 200MeV，则能量分布接近 10MeV。利用束相互作用的统计模型,可以相当准确地确定靶中某一点的这种能量分布的宽度。关于这个问题的更完整的讨论可在 IAEA 技术报告 TRS465 中找到[28]。

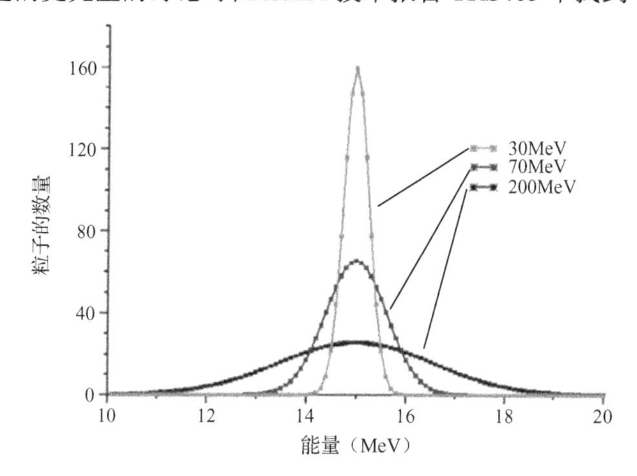

图 4-14 当质子束从 200MeV、70MeV 或 30MeV 的初始能量降低到 15MeV 最终能量时的能量分布

4.5.3 小角度多次散射

当带电粒子穿过任何材料时，它们会发生小角度的多次散射。这种现象对加速器靶的设计具有重要的意义，因为束路径中的任何箔或靶材料都会引起束的角度扩散。靶的形状必须考虑到束直径的增加，以便最大限度地提高产额，这在气体靶的设计中尤其重要。在气体靶中，靶介质的密度通常低于液体或固体靶中的密度，这意味着气体靶将会更厚（较长的束径），因此小角度多次散射的影响将会变得更大。更完整的现象描述可以在文献[30]中找到。

4.5.4 束加热和密度降低

带电粒子通过靶介质时损失的能量最终以热量的形式消散。靶设计中最具挑战性的问题之一，是探寻在辐射过程中从靶中除去热量的方法。靶产生的热量通常会产生几种不利影响，包括靶密度降低、靶材料或产品中发生的化学反应、以及靶箔或靶主体的损坏。

因此，靶体和入口箔的材料选择不仅取决于它们的强度和化学稳定性，还取决于它们的热性能。在设计靶时，重要的是要了解热量是如何传递的，以便有效地去除热量。任何传热方式都涉及温差作为驱动力，并且正如人们所预料的那样，温度梯度越大、传热越快。加速器的靶在某种程度上涉及三种传热模式：辐射、传导和对流。

除了靶箔或具有低导热率和大电子束流的固体靶之外，辐射的热损失通常很小。热传导在靶体的构造中尤其重要，因为大部分来自束流的热量将在靶体中沉积。最后一种传热模式是对流，这是最难以准确估计的。对流传热有两种模式：自由对流和强制对流。在自由对流中，流动方式主要由流体的浮力作用决定；在强制对流中，流动方式由其他诸如风扇或射流之类的力决定。在大多数情况下，特定系统的效率必须通过实验来确定，以获得准确的值。

在传热的参考书中已经列出了一些经验关系式，可用于估算各种情况下的此量，但这些关系式估算的值不如实验确定的准确。

4.5.5 靶材的电离

当束流穿过靶材料时，带电粒子会通过各种机制释放能量并减速。根据不同的物理状态，碰撞的相互作用可能导致靶材料的激发或电离。激发使一个电子跃迁到一个更高能级的壳层，而电离会将电子从原子中完全除去。电离会产生一个电子-离子对，由从原子中释放出的电子和被移除电子的带正电荷的原子组成。释放的电子可能具有足够的动能来引起进一步的电离效应。关于这些计算的完整描述超出了本章的范围，但可以在文献[31]中找到。实际上，这些电离效应将影响放射性核素的化学形态，并使靶材的温度升高。

4.5.6 辐射损伤及活化

由于辐射照射，靶中某些物质的降解也可能是一个问题。γ 射线和 β 射线对金属几乎没有影响，但它们对有机化合物的结构却有很大的影响。束流穿过靶箔的一个重要影响是它们将被活化。典型的靶箔如 Havar，含有许多种金属。每一种成分都可能发生核反应和产生放射性核素。通常这些放射性核素包含在箔片中，但在某些情况下，如在水中，它们会从箔片中渗出，并随产品一起转移。因此，检查由这类靶材制造的任何产品的放射性核素杂质水平是很重要的。

4.5.7 化学反应

在其去激发过程中，高度激发的核原子（由核反应产生的原子）与周围靶材料发生的化学反应，往往会决定所产生的放射性核素的分子形式。靶内物质的状态取决于被轰击物质的状态。

在气体靶中，气体非常热并且高度电离。这可能导致大量的化学反应，包括离子-分子反应。辐照过程中气体靶内部的典型视图如图 4-15 所示。在气态等离子体或“离子羹”（Ionic Soup）中可形成大量的化学物质。当存在其他气体时，无论是作为污染物还是作为添加剂，可能发生的反应数量都会大幅增加。在大多数情况下，最终的产品分布将由热力学的情况决定，因为有足够的能量来克服动力学活化障碍，这些障碍会在较低温度下限制产品分布。

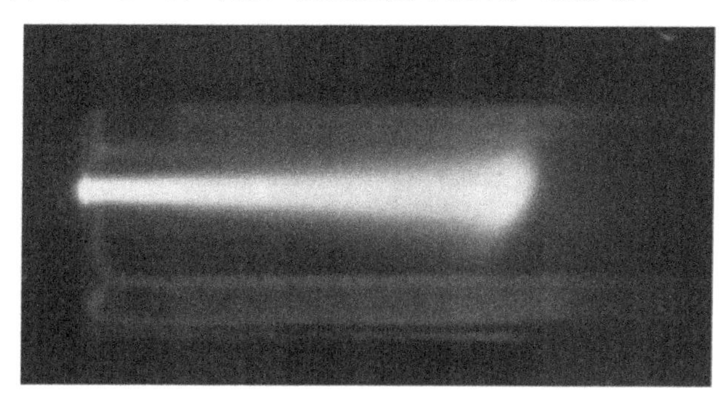

图 4-15　在辐照过程中观察气体靶内部，高度激发和电离的气体分子释放光和热

在液体靶中，材料可以作为液体或蒸汽存在，这取决于束密度和温度，并且水分子被高度激发和电离。正如在水中生成 ^{18}F 的过程所示，液体靶材料可能会间歇性地沸腾[32,33]。水沸腾和激发的水分子发出的光如图 4-16 所示。和气体靶一样，在这类靶中也有由激发分子和离子反应形成的新物质，如羟基自由基和过氧化物自由基，这些物质可以与水中的污染物发生反应。对于固体靶，尽管液体和气体靶中发生的反应类型受到一定程度的抑制，但固体可能液化或升华，并且会产生激发物质。

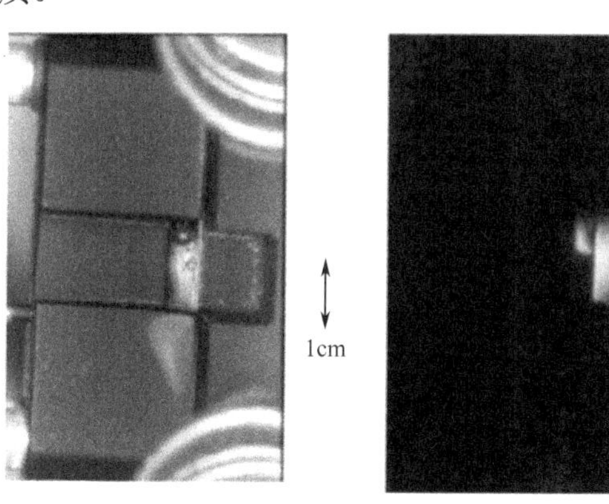

图 4-16　水沸腾（左）和辐射时发出的光（右）

4.5.8 压力增加

随着靶温度的升高，压力也会按比例增大。由于箔片将靶材料从加速器或束流的真空中分离出来，这种压力的上升在选择箔片时是至关重要的。如果压力增加对箔片的应力超过其抗拉强度，箔片就会破裂。当箔片破裂时，靶材料可能会丢失，加速器可能会关闭。

4.5.9 束流聚焦

通常由束流传输系统将束流从加速器引出并输送到靶。它可以是一系列偶极子和四极磁铁、磁透镜、准直器、束流监测器等，或者像许多将靶直接连接到机器上的小型回旋加速器那样，只需要一个束流准直器。

从加速器中发射的束流可以有不同的形状，这取决于加速器的加速度和引出动力学，以及回旋加速器的边缘场，不过直线加速器没有这个问题。有时用四极磁铁聚焦束流。在一些加速器中，束流可能在强度分布中有“热点”或尖峰，或者束流焦点非常小，在这些情况下，需要对束流进行一些平滑处理。

4.6 结论和未来方向

用加速器生产放射性核素有着非常光明的未来。在世界各地，回旋加速器的数量一直在稳步增长，已经有 700 多台用于此目的。许多较新的回旋加速器能量较低（<20MeV），主要用于生产临床用的 FDG 等 PET 放射性示踪剂。紧凑型射频直线加速器也被用于 PET 放射性示踪剂的商业化生产，包括安装在拖车上的移动系统。随着 PET 成像技术在医学诊断和治疗监测方面的应用越来越广泛，这一领域还将长远发展。用于诊断或治疗特定疾病的新型示踪剂和新型放射药物的开发需求迫在眉睫。在这种情况下，对生产放射性核素的加速器的需求可能会更大。

PET 未来应用的一个例子是诊断神经退行性疾病，该疾病与胞内或胞外异常蛋白的沉积有关。这些可能导致痴呆的疾病包括阿尔茨海默病（AD）、额颞叶痴呆（FTD）、路易体痴呆（DLB）、帕金森氏症（PDD）等。针对这些疾病的新型示踪剂正在开发中，这些示踪剂可以更早地诊断出疾病，从而在疾病进展到症状明显之前开始治疗[34]。PET 还可用于诊断感染和炎症等非肿瘤性疾病，这些疾病似乎增加了糖的利用率，因此很容易通过 FDG PET 成像诊断出来[35]。

关于放射药物的分配（交付），有许多新的发展和想法。其中一个比较新颖的概念是加速器和化学合成模块的概念，该模块可按需生产单剂量的放射性药物。这改变了集中式分配系统的想法，目标是让每一家医院都有一个这样的设备，就像生产 PET 放射性药物的发生器一样。

另一个概念是真正的发生器，如 $^{68}Ge \rightarrow ^{68}Ga$ 发生器系统。这些发生器在欧洲非常流行，并且使用 ^{68}Ga 的放射性药物的数量正在增加。如果开发的放射性药物对临床诊断具有吸引力，那么这些发生器肯定会在核医学的未来发展中占有一席之地。

4.7　参考文献

[1] W. G. Myers , J. Nucl. Med.**20** (6), 590–594 (1979).

[2] E. Rutherford, *London, Edinburgh and Dublin Phil. Mag. J.* Sci.**37**, 581 (1919).

[3] *The First Cyclotrons — Ernest Lawrence and the Cyclotron: AIP History Center Web Exhibit*, http://www.aip.org /history/lawrence/first.htm, accessed July 2011.

[4] E. O. Lawrence and M. S. Livingston, *Phys. Rev*.**37**, 1706 (1931).

[5] E. O. Lawrence and N. E. Edlefsen, *Science* **72**, 376 (1930)

[6] A. Sessler and E. Wilson , *Engines of Discovery: A Century of Particle Accel-erators*(World Scientific Publishing, Singapore, 2007).

[7] F. Joliot and I. Curie, *Nature* **133**, 201 (1934).

[8] M. D. Kamen, *Science* **140** (3567), 584 (1963), doi:10.1126/science.140. 3567.584.

[9] E. Lebowitz *et. al*.,*J. Nucl. Med*.**6** (2), 151 (1975).

[10] J. S. Fowler and T. Ido, *Seminars Nucl. Med*.**32** (1), 6 (2002).

[11] *Directory of Cyclotrons Used for Radionuclide Production in Member States*,IAEA-DCRP/CD(International Atomic Energy Commission, Vienna, 2002), ISBN 92–0–133302–1.

[12] *Cyclotron Produced Radionuclides: Physical Characteristics and production Methods*, IAEA TRS **468** (International Atomic Energy Agency, Vienna, 2009).

[13] *Cyclotron Produced Radionuclides: Guidelines for Setting Up a Facility*, IAEA TRS 471 (International Atomic Energy Agency, Vienna, 2009), ISBN:

978-92-0-103109-9.

[14] J. S. Keppler and P. S. Conti, *Am. J. Roentgenology*,**177** (1), 31 (2001).

[15] V. K. Gupta,*J. Med. Phys*.**20**, 31 (1995).

[16] A. Flynn, in *Radiotherapy in Practice — Brachytherapy*, Eds.P.Hoskin and C. Coyle (Oxford University Press, New York, 2005), pp. 1–20.

[17] U.S. Cancer Statistics Working Group, *United States Cancer Statistics: 1999–2007 Incidence and Mortality Web-based Report*, (US Dept. Health and Human Services, Centers for Disease Control and Prevention, and National Cancer Institute, Atlanta, 2010), available at http://www.cdc.gov/uscs.

[18] R. M. Sharkey and D. M. Goldenberg, *J. Nucl. Med*.**46**, Suppl. 1,115S (2005).

[19] J. A. O'Donoghue, M. Bardies and T.E.Wheldon, *J. Nucl. Med*.**36** (10), 1902(1995).

[20] D. E. Milenic, E. D. Brady and M. W. Brechbiel, *Nature Rev. Drug Discovery* **3**, 488 (2004).

[21] R. Schibli and P. A. Schubiger, *Eur. J.Nucl.Med.Mol.* Imaging **29**(11), 1529(2009).

[22] IAEA Bulletin 1/1994, accessed 30 Oct. 2011 at http://www.iaea.org/Publications/Magazines /Bulletin /Bull361/36101081618.pdf.

[23] T. Ruth, *Reviews of Accelerator Science and Technology* **2**, 17 (2009).

[24] T. Wangler, *Principles of RF Linear Accelerators* (Wiley & Sons, New York, 1998), p. 225.

[25] M. Hermanet al., *EMPIRE: Nuclear Reaction Model Code System for Data Evaluation, Nuclear Data Sheets* **108**(12), 2655 (2007).

[26] R. D. Evans , *The Atomic Nucleus*(McGraw-Hill, New York, 1955).

[27] G. Friedlander, J. W. Kennedy, E. S. Macias and J. M. Miller,*Nuclear and Radiochemistry*, 3rd Ed. (Wiley & Sons, New York, 1981).

[28] *Cyclotron Produced Radionuclides: Principles and Practice*,IAEA TRS **465**(International Atomic Energy Agency, Vienna, 2008).

[29] J. Janni, *Stopping Power and Ranges*, Air Force Weapons Laboratory Report AFWL-TR-65-150 (1965).

[30] D. J. Schlyer and P. S. Plascjak, *Nucl. Instr. Meth. Phys. Res*.**B56/57**, 464(1991).

[31] W-M Yao *et al* , *J. Phys. G: Nucl. Part. Phys.***33**, 1 (2006).

[32] S. J. Heselius, D. J. Schlyer and A. P. Wolf, *Int. J. Radiat. Appl. Instr. A, Appl. Radiat. Isot.***40**, 663 (1989).

[33] B. W. Wieland, D. J. Schlyer and A. P. Wolf, Int. *J. Appl. Radiat. Isot.***35**, 387 (1984).

[34] A. Kadir and A. Nordberg, *J. Nucl. Med.* **51**(9), 1418 (2010).

[35] M. Hashefi and R. Curiel, *Ann. NY Acad. Sci.***1228**, 167 (2011).

第5章　工业方面的离子束分析

拉格纳·海尔堡
瑞典，隆德大学物理系，SE-221 00
ragnar.hellborg@nuclear.lu.se

哈里·J. 惠特洛
瑞士，拉绍德封高等电弧工程学院微技术研究所，CH-2300
harry.whitlow@he-arc.ch

离子束分析技术在产品和工艺开发中得到越来越多的应用。本章对这些技术进行了概述，大致分为定量测量技术和深度分布测量技术。此外，还讨论了将工业材料分析加速器引入工业环境和仪器仪表的指导原则。

5.1　工业中的离子束分析

高科技发展对新型高性能材料提出了越来越高的要求。特别是新兴的纳米科学技术，正在走出实验室和中试阶段，进入工业生产阶段。这意味着对能够在纳米尺度上工作的材料特性质量控制（QC）的需求越来越大。在早期，高科技常常被认为是微电子技术的同义词，先进的材料和相关的表征方法被集中在中央处理器和存储器的工艺技术上。今天的高科技产业经历了戏剧性的发展。现在的工业更加多样化，虽然微电子工业仍是重点，但制药工业、可再生能源工业和环境监测等新型工业被列为高科技工业。例如，制药行业越来越需要检测药物制剂在体内的代谢、遵循生物途径和确定新药物传递系统（如功能化纳米颗粒）效率的方法。在可再生能源领域，复合太阳能电池的出现能够与太阳能集中器一起工作，其中热量和电流的组合，意味着可靠性和寿命是直接与半导体接触和封装技术的选择有关的。随着尺寸缩小到纳米量级，传统的标准“工业”表面特征变得越来越不适用。这对先进材料的表征和改性提出了新的要求，例如，在质量控制和环境管理工作中，检测工业原料和废品中的极低水平的有毒物质。

本章将概述基于高能离子的离子束分析的不同方法。文中的大部分内容都是综述性的，并通过离子束分析用于工业质量控制或作为过程开发工具的不同方法来引导读者。为了强调卢瑟福背散射光谱（RBS）等方法的定量性质，还给出了RBS进行光谱定量分析的分步指南。

利用离子束对材料进行分析是一个相对较新的工业加速器的应用。加速器最初是为核物理研究开发和使用的。从20世纪70年代初开始，材料分析的应用促进了离子束分析（IBA）领域的发展。本章第一作者等研究者编辑的一本书的导言中给出了这种发展的年表[1]。离子束的独特能量分辨率以及使用直流电压技术轻松连续地改变加速器束能量的可能性，使其成为分析技术的理想选择。它们现在被广泛应用于材料科学和环境科学，以及文化遗产和生物样本的研究。直流电压加速器现在被半导体工业用于质量控制，在环境科学中用于污染监测。

在许多研究领域和技术应用中，需要检测样本中浓度非常低的原子。一些分析技术是从核物理方法发展而来的，其中一些方法具有定量性、深度分辨率和灵敏度，而这些方法不能与任何其他物理或化学技术方法相结合。在产生高速离子束的粒子加速器中，离子能量、强度和几何尺寸及离子束的类型通常可以自由选择，这使得开发一系列具有极高分辨率和灵敏度的分析技术成为可能。如表5-1所示，列出了一些技术及其特点。有关这些技术的详细描述，请参阅布鲁恩等研究者的著作[2]。使用100s的千电子伏到兆电子伏能量的离子作为探测光束，意味着这些基于初级散射和X射线激发过程的离子束分析技术，其所涉及的能量比化学结合大几个数量级。这样做的好处是，与大多数竞争技术如二次离子质谱（SIMS）、溅射俄歇和溅射-XPS不同，测量元素的总量时不必考虑化学效应。这些IBA方法的成功和影响可以从以下观察结果来判断：即交付用于材料表征和改性的新加速器比交付用于基础核物理研究的原始任务的加速器要多得多。

材料分析技术都依赖于存在于元素周期表中大多数原子核的庞大的知识数据库。本章介绍了以下物理技术：

- 卢瑟福背散射光谱法——RBS。
- 弹性反冲检测分析法——ERDA。
- 粒子激发X射线荧光分析法——PIXE。
- 粒子激发γ射线荧光分析法——PIGE。
- 核反应分析法——NRA。
- 带电粒子活化分析法——CPAA。
- 加速器质谱法——AMS。

对离子束分析领域起着重要作用的技术发展是核微探针。从正常毫米直径到微米尺寸、在兆电子伏能量范围内准直和/或聚焦离子束的可能性，为不同的离子束分析技术开启了相当多的可能性。

如图 5-1 所示的核微探针系统，背后的基本思想是产生足够高强度的微米或亚微米离子束，以允许使用许多离子束分析技术及有关束位置的精确知识。在大多数实验室中，核微探针使用直流电压加速器，并且实验测量是在包含磁性聚焦装置如四极透镜的束线上进行的。四极透镜的设计用于最小化像差，如图 5-1（a）所示。用于将离子束聚焦到微米尺度的四极透镜磁体的质量，对于实现小焦点尺寸是至关重要的。由于机械失调和寄生像差，以及每种光学设计固有的像差，将限制理想入射离子束的最高横向分辨率。最重要的是尽量减少球面和色差。在实验室内，不同的离子束分析方法采用不同的探测器阵列进行测量。通常，光学显微镜也被整合到靶室，以精确定位样本进行分析。

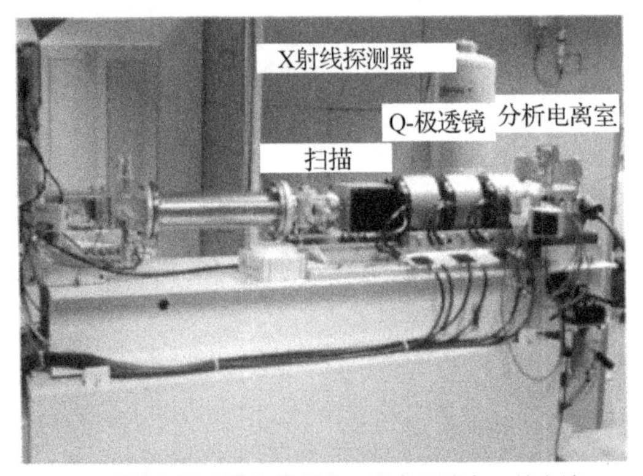

（a）磁性扫描系统和样品室。为实现稳定，整个镜头和样品室组件安装在一个坚实的混凝土基座上

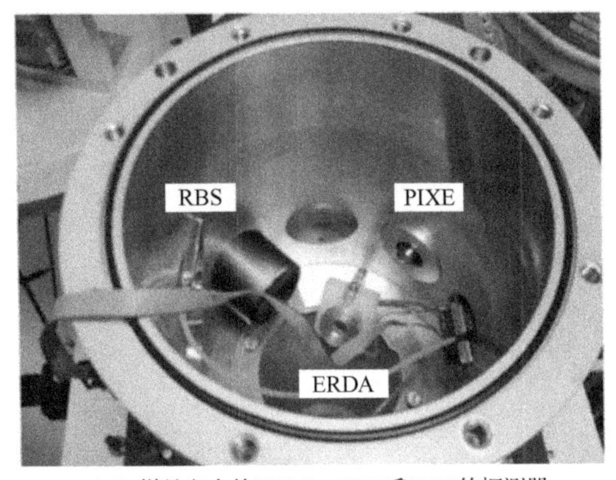

（b）样品室内的ERDA、PIXE和RBS的探测器

图 5-1　瑞典乌普萨拉（Uppsala）的核微探针系统

这些技术主要用于核微探针装置，包括粒子激发的 X 射线荧光分析法、背向散射光谱法、弹性反冲检测分析法、扫描透射离子显微镜、粒子激发 γ 射线荧光

分析法、更广泛的核反应分析法等。典型样本室中的探测器系统如图 5-1（b）所示。关于微束方法的全面综述，可以在一本已出版的手册中找到[3]。

使用离子束分析技术的非学术实验室的一个很好的例子是巴黎的卢浮宫博物馆[4]。法国博物馆复兴中心实验室负责研究法国公共博物馆的藏品。艺术史学家、化学家、物理学家、地质学家、文物保管员等都在进行多方面的研究。该实验室正在使用特定的分析技术[5]，其中许多分析技术涉及核物理学，如离子束分析。卢浮宫地下室安装了一台 2MV 串列加速器，使用外部束，允许在大气压下进行分析；使用了所有不同类型的离子束分析技术。PIXE 是最常用的技术，PIGE 和 NRA 也是常用的技术。利用氦束 RBS 和氦原子能谱仪（ERDA）进行氢谱分析。离子束分析的国际会议每两年举办一次[6]。

表 5-1　使用高速离子束的不同分析技术

技术[a]	深度（μm）	精度 深度/横向	灵敏度[b]	样品	世界范围的装置样品成本（欧元）	典型的束	测量复杂程度
RBS	3	25nm/0.5mm	10^{-4}～10^{-7}	固体/0.25mm^2	500/70	2MeV $^4He^{2+}$	简单
ERDA	1	20nm/1m	10^{-4}～10^{-5}	固体/5mm^{2,c}	300/100	2MeV $^4He^{2+}$	复杂，需要飞行时间探测器
PIXE	50	10μm/1μm	10^{-6}～10^{-7}	固体/粉末/1mm	300/50	2MeV $^1H^+$	简单
PIGE	50	10μm/1μm	10^{-5}～10^{-6}	固体/粉末/1mm	200/70	2MeV $^1H^+$	简单
NRA	0.1～1	5～10nm/1mm	10^{-4}～10^{-7}	固体/3mm	300/200	2MeV $^1H^+$	
CPAA	100	—/1mm	10^{-7}～10^{-8}	固体/1mm^2	100/1000	20MeV $^2H^+$	简单
AMS	—	—	10^{-14}～10^{-15}	—	100/400	12MeV $^{14}C^{3+}/^{4+}$	复杂

注：[a] 所用缩略词的定义在本章中给出

[b] 每个主原子的原子数

[c] 掠入射光束和掠出射光束

5.2　用于离子束分析的加速器

用于离子束分析的加速器几乎完全是直流电压型的。在利用这一原理的加速器中（不同于其他名称为“电位降”或“高压直流加速器”加速器的类型，因为电流为直流电），粒子（电离后）通过加速管一步加速。加速管是长的直线型漂移管结构，沿轴线有多个电极，每个电极具有受控的电压，一部分帮助聚焦电子束，另一部分是为了使电压梯度沿绝缘表面均匀分布。被加速的正离子（或电子）是在高压离子源中产生的（串列加速器除外，其是在地电位中产生负离子的）。直流电压加速器通常由使用的高压发生器的类型来确定。这个高压可以通过交流电压整流（通常称为级联发电机）或使用静电充电来产生。在这种充电方式中，机械系统将电荷输送到高压端子（称为静电发电机）。空气中的加速电压在几兆伏以上就会失效，主要是因为空气被电击穿引起电火花。如果加速器被密封在一个装有合适的高压气体的容器中，那么可用的电压将高达几十兆伏。通常在工业应用中，使用的是电压为2MV或更小型的紧凑型加速器。

直流电压原理已被世界各地成千上万的加速器所采用。这种类型受欢迎的原因是：

- 所有类型的离子都可以加速；
- 离子能量可以连续变化；
- 高压稳定性非常好；
- 离子能量的能散非常低。

不同类型的加速器的概述，包括直流电压型，可以在本章第一作者[7]主编的一本关于静电加速器的书的导言中找到。

5.2.1 级联加速器

级联加速器的高压单元由一个倍增整流-电容系统组成。一个级联发电机的不对称电路原始设计（首先由科克罗夫特和沃尔顿使用）[8]如图 5-2 所示。在实践中，不对称原理很快被对称原理所取代，以减少波纹。为了获得高电压，后来引入的第三种原理是并联驱动电路。这种类型的加速器被封闭在一个压力罐中，目前被设计高达6MV。级联加速器的主要优点是，其输出电流高达几百毫安。这种类型的加速器多年来一直被用作高电压加速器的注入器，这是因为这种加速器可以提供大的束流[9]。

欧洲高压工程公司（HVEE）和日本神户钢铁有限公司是当今商用级联加速器的主要生产商。HVEE 加速器以串列加速器（Tandetron）商标销售。图 5-3 是一张 5MV 串联级联加速器的照片，其发电机部分是按照并行驱动原理设计的[10]。固态电源包裹在高能加速管周围（见图 5-3 中左侧部分）。射频场由一对名为倍增极的大电极提供。在加速器压力罐开口的顶部可以看到一个倍增极的末端。倍增极上的射频电压通过电晕环电容耦合到电源二极管组件上，也可以在照片中看到。

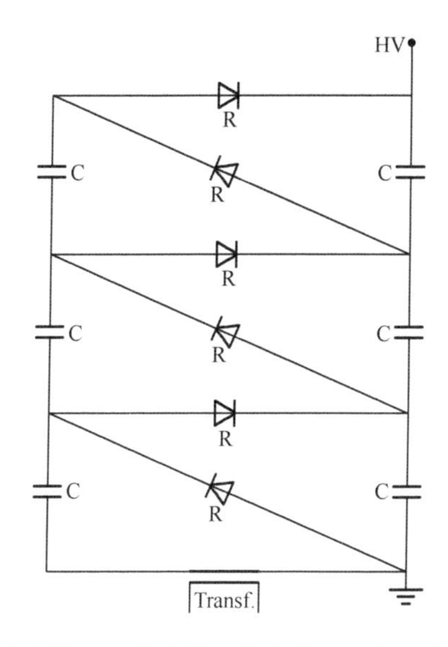

图 5-2 由电容器 C 和整流器 R 组成的不对称电路级联发电机

图 5-3 5MV 并联驱动级联串列加速器（马德里自治大学制造）

5.2.2 静电加速器

1929 年，罗伯特•范德格拉夫演示了这种类型的第一个发电机模型[11]。静电充电带用于产生高压。本发明提供两个辊轮，一个位于电机驱动的接地电位处，另一个位于高压端子处，与地面绝缘良好。绝缘材料制成的环形带穿过辊轮。电荷从尖锐的电晕点喷到转动的传送带上。传送带将电荷送到绝缘的高压端子上，在高压端子上的电荷被集电极点收集移除，并可以流动到电极表面。静电发生器的原理如图 5-4 所示。

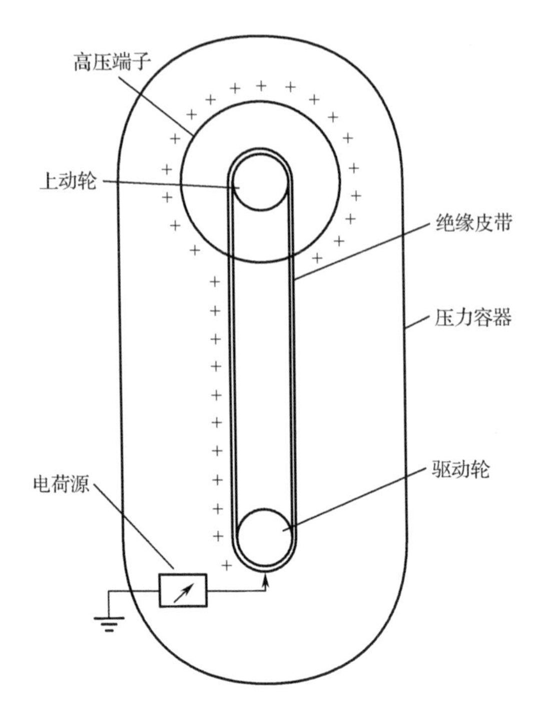

图 5-4 静电发生器原理

与级联加速器相比，静电加速器的一个缺点是输出电流小。现代的直流电压型加速器封闭在一个高压气体的容器中，以缩小尺寸及与空气中的水分隔离。

在许多现代静电加速器中，输送电荷的绝缘传送带几乎全部被一系列金属柱所取代。各个柱之间通过绝缘连接。每个金属柱都是感应充电的。这样，与使用绝缘带相比，可以获得一个更稳定的传输系统，该传输系统具有更好的电荷传输特性，因此电压稳定性更好。

关于不同类型的加速器，尤其是静电加速器的更多细节，可以在一本广泛使用的教科书中找到[12]。NEC 是当今商业静电加速器的主要生产商。他们的加速器以 Pelletron 为商标出售。

5.2.3 串联（级联和静电）加速器

20 世纪 50 年代，负离子源被开发，即可以向中性原子添加额外电子的离子束。这种发展使构建两级（或串联）加速器成为可能。在串联中，高压被利用了两次。负离子在地电势处形成，并注入第一级，在该级中发生向正极高压端子的加速。能量增益是 eU_T eV。其中 e 是基本电荷，U_T 是端电压。在高压端的剥离器（引出）系统中，负离子损失少量电子，变成正离子。在第二级，正离子再次获得能量，能量增益是 qeU_T eV，其中 q 是正离子的电荷态，从而获得（q+1）eU_T eV

的总能量增益。对于重离子和高压，即高速离子被剥离，q 值可以相当高。因此离子的最终能量可以达到数百 MeV。图 5-5 为两级（串联）加速器的原理图。

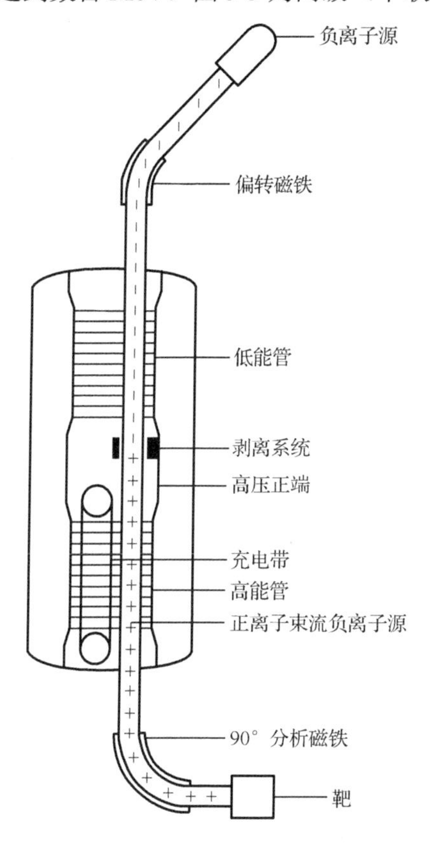

图 5-5　两级（串联）加速器原理

每三年举办一次关于重离子加速器的国际会议[13]。离子束分析技术中使用的大多数类型的加速器都在这些会议中讨论。

5.3　定量分析

5.3.1　引言

在用于离子束分析的不同技术中，以下主要用于定量分析：PIXE、PIGE、CPAA 和 AMS。这些方法通常不适用于深度分散方法。定量分析是指确定样品中不同元素的量。因此，它不直接提供有关元素如何在样品中分布的信息。

5.3.2 PIXE 技术

粒子激发（诱导）X 射线荧光分析法（PIXE）是广泛应用于各个领域的众所周知的分析方法[14]。每个核子的能量大于几个兆电子伏的离子撞击样品时，对靶（样品）原子中的内壳空位产生较高的截面。换句话说，它们很容易击穿最内层和束缚最紧密的电子，随后去激发导致发射出具有每种样品原子类型能量特征的 X 射线，如图 5-6 所示。除了发射 X 射线，还可以发射俄歇电子。但是，粒子激发的俄歇电子没有被广泛地用于工业特性分析，因此不会进一步考虑。PIXE 技术是由斯文・A.E.约翰逊于 1969 年提出的[15]，它可以用来测量所有比钠（Na）重的元素。对于较轻的元素，特征俄歇电子比 X 射线占主导地位，其特征 X 射线能量太低，不易被检测到。特征 X 射线由高分辨率半导体探测器检测。这种类型的探测器与 γ 射线探测器类似，在 20 世纪 60 年代中期开始使用。如图 5-7 所示，PIXE 光谱中的特征 X 射线峰叠加在连续的背景上。

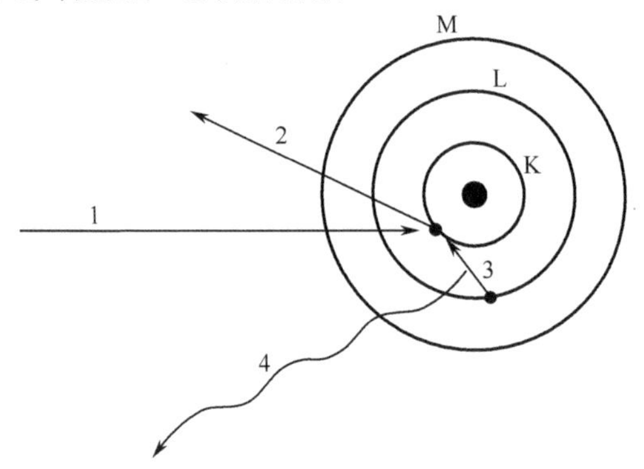

1—入射离子束；2—内壳层空穴产生；3—去激发；4—X 射线光子的发射

图 5-6 特征 X 射线产生的说明

与 PIXE 相比，一种类似且较古老的技术是 X 射线荧光法（XRF）。在该技术中，使用 X 射线束来产生特征 X 射线。与带电粒子相比，带电粒子在产生特征 X 射线方面具有明显的优势，因为它们会导致 X 射线光谱中的连续背景强度大大降低。因此，与使用 XRF 技术相比，使用 PIXE 技术的相对检测限（如 μg/g）通常要低两个数量级。此外，离子束与 X 射线束相比容易聚焦，因此在 PIXE 实验中入射光束的密度通常比 XRF 实验高得多。此外，可以将离子束聚焦到微米（μm）尺寸。

光束通过材料时的相互作用主要是由于与目标中的电子发生非弹性碰撞而产生的。这不仅会导致原子的激发和电离，还会导致其他一些现象，如电子韧致辐射，这些现象对背景也有贡献。这一背景将决定 PIXE 技术的最终检测限。

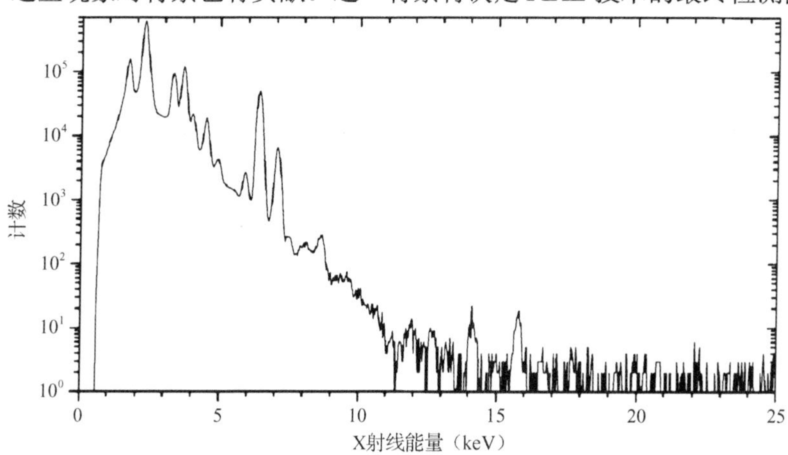

图 5-7 2010 年 5 月 16 日，从 CARIBIC 平台（基于仪器容器对大气进行定期调查的民用飞机）上采集的冰岛艾雅法拉火山云中气溶胶样品的 PIXE 光谱

当一束离子穿透材料时，离子将逐渐失去能量，直到它们最终停止在一个非常明确的范围内。PIXE 的截面随离子能量缓慢变化。质子能量为 1～4MeV 的范围是 PIXE 实验的典型范围，电离截面和 X 射线产生截面随质子能的增加而增大，随靶的原子数的增加而减小。

PIXE 分析的实验装置包括产生离子束（加速器）的系统。光束应均匀照射靶。均匀光束由一对圆形准直器限定，直径为 1～10mm。用于 PIXE 的能量分散型 X 射线探测器的有效敏感面积为 10～100mm^2。

大多数 PIXE 测量是在真空中进行的。但是也使用了外光束方法，无论是在 He[a]大气压下还是在中等真空下，真空度要求不那么严格，因此设计一个低成本的腔室更容易。使用外部光束，靶的热导率增加，因此靶温度可以保持在较低的水平。

因为通过加速器系统的束流需要低气压，以便使发散最小，所以外部离子束必须通过薄的出口箔或通过与差动泵结合的窄孔，被提取到中真空或大气压的区域。这个出口箔将受到强烈的辐射，因此使用寿命有限。必须仔细选择其材料，如使用薄的聚合物或金属箔。一个很好的例子是商用的卡普顿（Kapton）箔片，它只含有低 Z 元素，在击穿前可以承受高强度和高辐射剂量。还有一个改进是使用了超薄的（可达 100nm）氮化硅（Si_3N_4）薄膜。束的尺寸通常由出口窗口前几

[a] 氢经常被用来代替空气，因为空气中含有 1%的 Ar，这会引起 X 射线的干扰。

厘米的真空准直确定，典型尺寸为1mm×2mm，所使用的束流从几纳安培（nA）到几十纳安培不等。如果可能的话，样品被放置在离出口窗口几厘米的地方。束流在空气中传播时产生的强氩 K 层 X 射线可以用来监测束流电荷，这在非真空 PIXE 实验中是很难做到的。可使用外部光束检查精密和/或大型物体，如考古学或艺术史中感兴趣的对象[16]。潮湿的样品或液体样品很难在真空中使用，因为需要复杂的样品制备程序，这种问题一般通过使用外部束来解决。将样品置于大气中也大大促进和加快了各种操作，特别是在需要分析大量样品的情况下。可在卡尔佐拉伊等研究者的文献中[17]找到用于环境研究的外部束实验装置的详细说明。

在 PIXE 核微探针中，非常窄光束（～μm）的束流可能非常低，如几十皮安培（pA）。因此，开发新的多晶探测器可在光束入射孔周围以环形几何形状最多布置约十个探测器，每个探测器的面积约 100mm^2，在外部束的情况下，将样品放置在出口箔后几毫米处，该出口箔可薄至 100nm，面积为 1mm×1mm。可以通过在样品和探测器之间放置 X 射线吸收体来调制光谱形状。吸收体的目的是减少或消除不必要的连续背景和/或强烈的 X 射线峰及其相关的堆积峰，同时允许以更高的光束强度进行轰击，以便在较短的轰击时间内以较少的光谱干扰测量感兴趣的元素。电子设备（放大器和脉冲处理器）需要很长的时间常数才能获得最佳能量分辨率。这意味着在相对较低的计数率下，脉冲堆积会成为一个严重的问题。因此，电子堆积剔除器及其相关的死区时间校正电路通常包含在脉冲处理链中。当分析薄样品时，离子束会穿过样品并停在法拉第杯中进行电流积分。当使用厚样品时，离子束将完全停在样品中，并且必须间接测量光束电流或通过使整个腔室与地面绝缘来测量束电流。如果可能，样品应安放于与腔室电绝缘的位置。PIXE 样品设置（其轮廓如图 5-8 所示）通常包括其他探测器，如用于 PIGE 分析的 γ 射线探测器。

在 PIXE 实验中，具有 $Z\leq 50$ 的元素，即 Sn，通常是通过发射的 K 层 X 线来探测的。对于较重的元素，发射 L 层 X 射线用于检测，因为它们位于能量范围内（1～10keV）X 射线探测器最敏感的地方。定量分析的基础是检测到的 X 射线的数量与样品中存在的元素的量之间的关系。在大多数情况下，PIXE 设置使用薄膜标准进行实验校准。如果这不可能或不合适，则必须进行绝对测量。对于质子束和无限薄的样品（这意味着一个足够薄的样品，使基体效应可以忽略不计），数量之间的关系在 X 射线光谱中以特定峰值 p 获得的 X 射线量子 Yp（Z_2）和样品中特定元素的浓度 C2 由下式给出：

$$YpZ_2 = C_2 \frac{N_0 \rho t}{MW} \frac{d\sigma}{d\Omega} \delta \omega \eta_P, \tag{1}$$

式中 Z_2 是与光谱中的峰值 p 相关的样品中特定元素的原子序数，$d\sigma/d\Omega$ 是X射线小角度峰值 p 产生的微分截面 $\delta\omega$，η_p 是X射线峰值 p 的检测效率，N_0 是入射离子的数量，ρ 是样品密度，t 是样品厚度，MW 是与峰值 p 相关的特定元素的分子量。这里，下标遵循标准符号，其中下标1和2分别代表入射离子和样品原子。在建立该等式时，假设样品是均匀的并且光束尺寸小于样品区域。

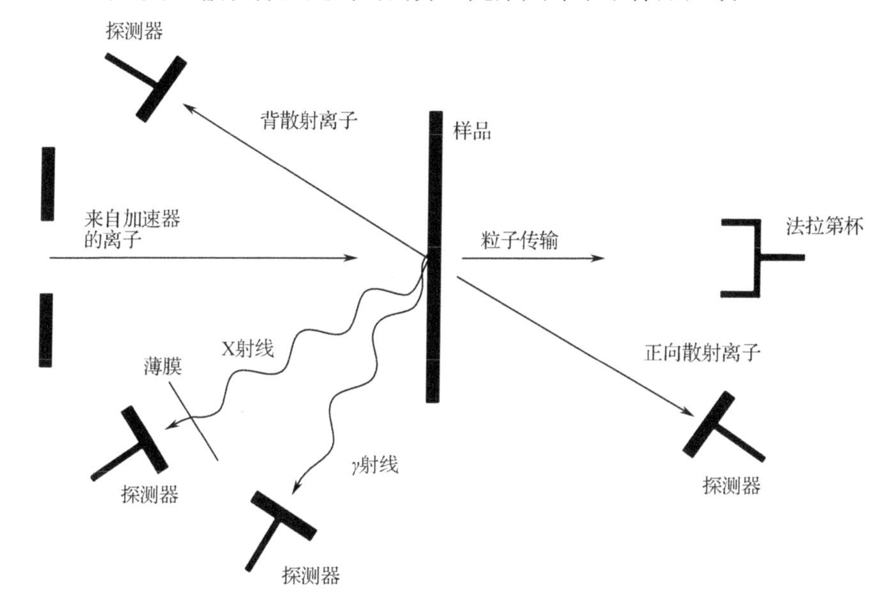

图5-8　实验装置显示了IBA实验中可以使用的一些不同的探测器

在实践中，样品很少薄到基体效应完全可以忽略不计的地步。对于中等厚度的样品和无限厚的样品（比粒子范围更厚的样品），公式（1）的量化必须包括对离子的慢化和特征X射线衰减的校正。

PIXE的最低检测限取决于基体成分和所研究的元素。通过使用K层和L层的X射线，可以在整个周期表中获得良好的灵敏度。在常规分析中，检测限为0.1～1μg/g。通过优化实验参数，可以在最佳情况下实现10倍的改进。在某些情况下，也可以获得深度信息，但深度分辨率相当差。

PIXE技术已经成功应用于许多领域。材料科学可能是最重要的应用，其他包括环境科学、考古学、地球物理学和生物医学等。使用的样品可以是纸、纸莎草纸、陶瓷、玻璃、半宝石、金、青铜等金属、血液、气溶胶颗粒、组织切片等。PIXE技术的全面介绍可以在新出版的手册中[18]找到。

5.3.3 PIGE 技术

质子诱发 γ 射线荧光分析法（PIGE），如前文所述的 PIXE 技术，提到 20 世纪 60 年代中期半导体探测器的可用性大大提高了 γ 射线检测的分辨率，从而可以使用 PIGE 进行定量分析。

核反应的截面以复杂的方式取决于入射离子能量及束核与样品核的内部特性。除非入射能量大于库仑势垒，否则入射不会发生核反应。库仑势垒为：

$$E=\frac{Z_1Z_2}{\left(M_1^{1/3}+M_2^{1/3}\right)}\ \text{MeV} \tag{2}$$

对于原子序数为 Z_1、质量为 M_1 的入射离子以及质量为 M_2 和原子序数为 Z_2 的样品核，在中等离子能量时，核反应只会发生在最轻的样品元素上。因此，一个轻离子的兆电子伏的能量可以克服低 Z 样品基体元素的核电荷，而可以发生非弹性反应。具有相对较高截面的特定核反应的存在，为高 Z 样品基体中特定轻同位素的精确微量元素测定提供了一种可能。

核反应既可以是直接反应，也可以是复合核反应。在后一种情况下，一个处于中间状态的激发态原子核形成，最终会被 γ 射线或带电粒子辐射衰变。通过检测这种辐射，可以对轻元素进行分析。有许多离子和元素的组合可以促进特定核反应的分析。测量较轻的元素，如硼、铍和氮的可能性，是与技术相结合的一个主要优势。如 RBS 和 PIXE，它们更适用于测量中等的和重的元素。

PIGE 通常是基于在兆电子伏离子轰击深度均匀样品时，对产生的瞬时 γ 射线的检测。如前文所述，PIXE 的截面比 PIXE 低，且 PIGE 是一种比 PIXE 灵敏度低的分析技术。然而，γ 射线的峰值通常被很好地隔离，发射的 γ 射线光子的能量足够高，因此不需要对衰减进行校正。因此，在某些情况下，PIGE 对于钠、镁、铝、钙和钾等元素可能更有利于 PIXE；气溶胶颗粒内部 X 射线光子的自吸收是不可忽略的。PIGE 没有这种问题，因为它有更高的 γ 射线能量。PIGE 在绘画分析中也很有用，因为它可以检测到保护性清漆下面的漆层中是否存在低 Z 元素[20]。

γ 射线的高穿透性简化了实验安排，核相互作用也有利于获得同位素信息。在 PIGE 的情况下，外部光束是 PIGE 的标准方法[20]，并提供了与上述 PIXE 技术相同的优点。如表 5-2 和表 5-3 给出了一些 PIGE 检测限的例子。由于具体的实验条件会对检测限产生很大的影响，因此表 5-2 和表 5-3 只给出了可达到的灵敏度指标。

表 5-2　使用质子的 PIGE 的检测限（原子分数）（Ep <9MeV）[19]

>1%	0.1%～1%	<0.1%
Pd, Sm, Gd, Hf, W, Au, Pb	S, K, Sc, Ti, Co, Cu, Ge, Y, Zr, Mo, Ru Ag, Sn, I, Ta, Pt	Li, Be, B, C, N, Na, Mg, Al, Si, Cl, Ca, V, Mn, Fe, Ni, Zn, Nb, Cd, In, Sb

表 5-3　使用 α-粒子的 PIGE 的检测限（原子分数）（5MeV）[21]

>1%	0.1%～1%	<0.1%
Sc, Cr, Cu, Zn, Rb, Zr, Er, Hf, Hg	O, Mg, Si, Cl, K, Ti, Fe, Br, Mo, Ru, Pd, Ag, Cd, Ta, W, Re, Ir, Pt, Au	Li, B, N, F, Na, Al, P, V, Mn, Rh

由于 γ 射线是核反应的结果，所以 PIGE 技术是一个称作“核反应分析法”（NRA）领域的更广泛的一部分。任何具有适当能量的离子都可以用于 PIGE。然而，主要使用轻离子，如质子、氘和氦。

通过与标准样品的比较，可以得到厚样品中元素的均匀浓度。然而，这种方法只给出当标准与待分析样品非常接近时，结果良好。有人试图在不使用标准的情况下进行定量分析。它是通过积分核反应截面来实现的[22]。

PIXE 和 PIGE 技术经常同时使用。从图 5-8 所示的实验装置可以看出，这些装置被设计用于容纳相关探测器和该组合所需的其他设备。

核技术使用的（如 PIGE）是由低库仑势垒即轻离子与轻样品核结合的一种轻离子。另外，如前文所述，低 Z 元素的软 X 射线使 PIXE 技术主要适用于分析比钠重的元素。如果在一个共同的实验装置中使用这两种方法，就有可能同时测量轻元素和重元素，并比较两种技术的独立结果，以保证质量。这两种技术或两者的结合已广泛应用于许多领域，如地质学、生物医学、环境研究和考古学[23]。

综上所述，PIXE 和 PIGE 技术经常被应用于相同的领域，可以分别被认为是对重、轻元素测量的补充。PIGE 与 PIXE 的一个重要区别在于它是同位素特异性的，而不是元素特异性的。此外，仪器和形式是非常相似的。

5.3.4　加速器质谱仪

表 5-1 中列出的核物理技术的应用之一是加速器质谱分析法（AMS），它对其他科学研究领域有很大的益处。在过去的 35 年里，AMS 在极其敏感的同位素测量中的能力得到了广泛的证明。例如，AMS 允许在考古学和第四纪地质学领域

对 ^{14}C 年代测定技术进行改进。与传统放射性测量方法（测量发射的辐射）相比，最重要的改进是使用 AMS 对小样品进行测量的可能性。使用 AMS，可以在不到 30 分钟的时间内，以 40 年的精度测定 1 毫克或更少的 1 万年样品的放射性碳年龄。为了用辐射测量法达到同样的精度，样品中至少含有 1 克以上的碳，必须进行 24 小时以上的计数。

我们将用以下 ^{14}C 示例来说明这一考虑：1 克现代碳含有 6×10^{10} 个 ^{14}C 原子（^{12}C 原子的数量是 1.2×10^{12} 倍），在这些 ^{14}C 原子中，每分钟只有 13 个会衰变。如果用 1 克碳测定数据，得到的统计精度为 0.5%（这在放射性碳年代测定中通常是必需的），则需要计算超过 48 小时的衰变。当使用质谱仪（MS）技术时，没有必要等待原子衰变，因此，这种方法在原则上更有效。然而，由于 ^{14}C 离子被原子同量异位素 ^{14}N 的强通量和同样质量的分子同量异位素（如 ^{13}CH、$^{12}CH_2$、^{12}CD 和 $^{7}Li_2$）所掩盖，传统的质谱方法无法应用。此外，稳定同位素 ^{12}C 和 ^{13}C 的“尾巴”对 MS 的背景也有贡献。这些因素意味着 MS 只能用于同位素比值为 $^{14}C/^{12}C$，约 10^{-7} 或更高的情况。采用 AMS，可以将 $^{14}C/^{12}C$ 的检测限降低到大约 10^{-15}。

长期以来，确定元素同位素组成的两种标准方法是质谱法和衰变计数法。虽然 MS 可用于所有同位素，但衰变计数仅限于放射性同位素。对于长寿命放射性同位素，衰变计数是低效的，因为在一个样品中只有一小部分同位素在一个合理的测量时间内衰变。传统的质谱具有较高的效率，但它仅限于同位素比值大于 10^{-7}。在 AMS 中，MS 的效率与对同量异位素、同位素和分子干扰的极好识别能力相结合。在图 5-9 中，AMS 的效率和衰变计数是被测同位素半衰期（$T_{1/2}$）的函数。效率定义为检测到的原子数与样品中的原子数之比。AMS 的计数时间在图 5-9 中假设为 1 小时。AMS 的高分辨能力是通过将离子加速到高能量来获得的，通常使用串列加速器。在少数情况下，使用其他类型的加速器。在过去 10 年里，最重要的技术发展是加速器小型化的发展趋势，以及小型单级 AMS 的发展趋势[24]。减少占地面积和总费用是这些新系统最吸引人的特点，以及运行该系统所需的有限技术资源和工作人员。单级机器更小，更容易使用。在瑞典的隆德大学安装的单级加速器如图 5-10 所示。

一个典型的 AMS 包括以下步骤和组件：

- 在多样品负离子源中产生负离子。含有稀有同位素的样品材料被放置在离子源中。表 5-4 给出了一些 AMS 同位素的典型束流、稳定同位素离子的选择及注入离子源的材料。
- 负离子从地电位加速到高正电压。

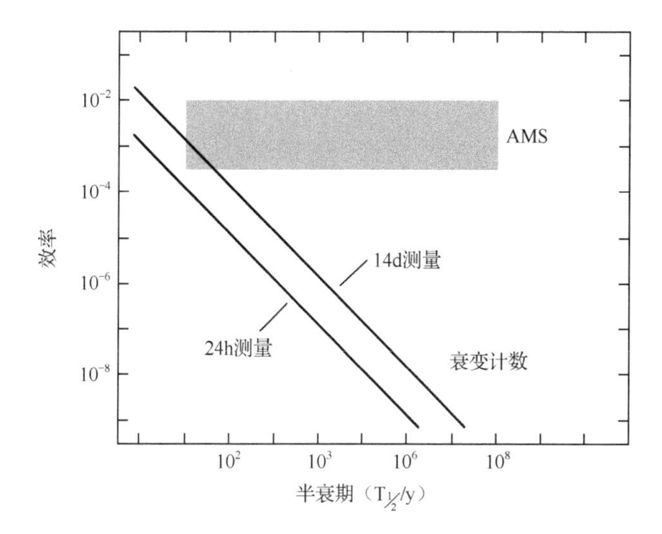

图 5-9　AMS 的效率和衰减计数是半衰期的函数

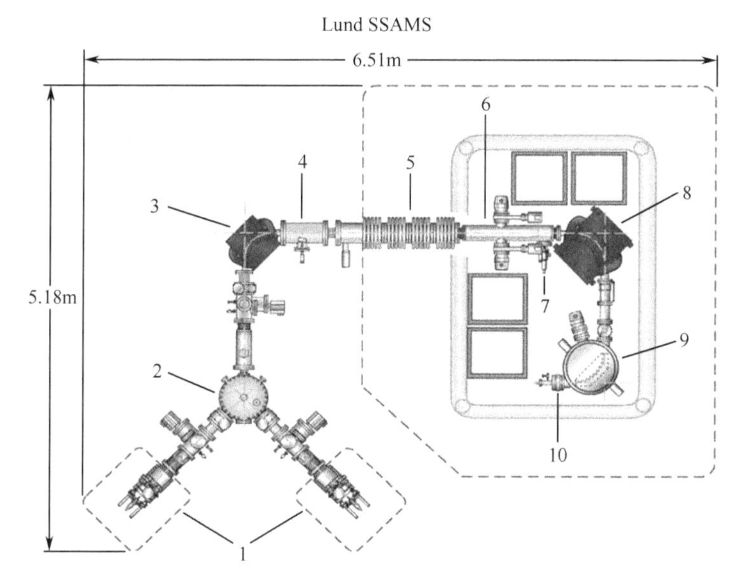

1—离子源；2—低能量 45° 球形静电分析仪；3—低能量的偏转磁铁；4—单透镜；5—加速器管；6—氩气剥离器；7—氩气阀；8—高能偏转磁铁；9—高能静电球形分析仪；10—顺序后置加速器偏转器

图 5-10　隆德大学的单级加速器（SSAMS）

- 通过剥离电子，同时将所有分子离子解离，将所有离子重新充电为正离子。
- 正离子加速回地电位。
- 用电场和磁场去除不需要的离子。
- 利用核探测技术鉴定和计数个别稀有同位素。

- 计算机控制加速器系统，使无人看管的操作成为可能，并可控制 AMS 的参数。

AMS 可以看作包括一个加速器的 MS 的扩展。在图 5-11 中，将 MS 与简单的 AMS 进行了比较。引入串列加速器后再加上几个离子过滤装置，可将背景降低 10^8。AMS 有三个特别重要的特性，可以测量低同位素比值（例如，$^{14}C/^{12}C$ 比值降到 10^{-15}）：

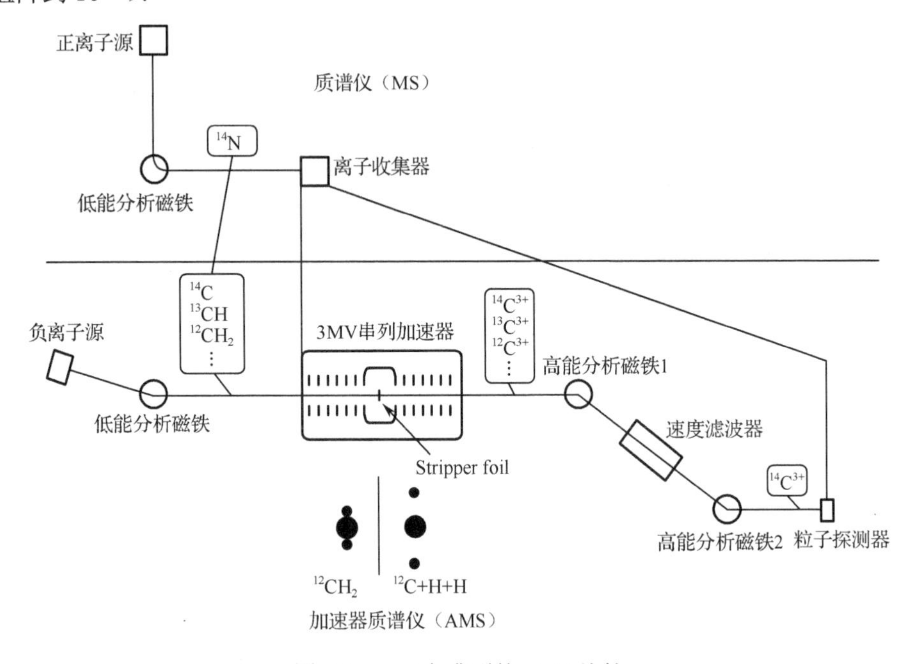

图 5-11　MS 与典型的 AMS 比较

- 通过使用负离子源避免了一些同量异位素的干扰（例如，当分别检测 ^{14}C、^{26}Al、^{55}Fe 和 ^{129}I 时，具有负电子亲和力的干扰同量异位素 ^{14}N-、^{26}Mg-、^{55}Mn-、和 ^{129}Xe-均被抑制）。
- 通过在加速器的高压端使用剥离器系统(例如,当检测到 ^{14}C 时,使用 $^{12}CH_2$ 和 ^{13}CH）来避免分子的干扰。在剥离过程中，负离子变成正离子，同时，几乎所有的分子离子都会被解离。几个最大电荷态为 2+的分子离子会存活下来。因此，通过在加速器之后用高能分析系统选择高于 2+的电荷状态，可以避免分子离子的产生。
- 由于硅或气体电离探测器的最终能量很高，因此可以对单个离子进行计数。到达探测器的离子很容易被它们的能量差分开。

表 5-4　用于 AMS 的高强度铯溅射源的典型束流

同位素	物质	稳定同位素的离子选择	负离子电流（μA）
^{10}Be	BeO	$^{9}Be^{16}O^{-}$	1～20
^{14}C	石墨	$^{12}C^{-}$	20～100
^{26}Al	$Al^{20}O_3$	$^{27}AlI^{-}$	0.1～1
^{36}Cl	AgCl	$^{35}Cl^{-}$	5～25
^{129}I	AgI	$^{127}I^{-}$	2～10

为了说明 AMS 的一些技术细节，我们考虑了隆德大学的静电串列加速器系统，如图 5-12 所示。在离子源（a）中形成一束负离子，并通过注入器中的静电分析仪（e）和磁性分析仪（f）对其进行分析。静电分析器将束流弯曲使其垂直，而磁性分析仪将束流弯曲回水平方向。因此，相对于加速器，离子源被提升。光束光学元件（单透镜/四极透镜）沿束线放置在多个位置，以保持光束的包络尽可能小（d）。负离子束被传输到加速器，并被加速到串列加速器（h）的正高压端。在高压端，负离子通过金属箔或气室，处于高能量的负离子会失去电子而带正电荷。分子离子在金属箔或气室中离解，因此不会产生干扰。通过加速器的第二级，正离子被加速到地电位，并获得能量的进一步增加。用磁性分析仪对正离子束进行分析，选择感兴趣的离子。离子束流由速度选择器（i）和磁性分析仪进一步分析。所选离子将具有明确的电荷状态、能量和质量。使用粒子探测器（j）对它们逐一进行识别和计数。离子是由它们的能量来识别的。这是必要的，因为除所需离子之外的其他离子也可以到达探测器。AMS 的概述文章[24]更详细地描述了 AMS 的各种组成部分。

随着 AMS 装置数量的增加，应用程序的数量也在增加。^{14}C 仍然是最重要的 AMS 同位素，除了 ^{14}C 测定年代外，新的应用也被用于研究大气过程和海洋环流，以获得有关过去气候的信息。^{14}C AMS 在生物医学研究中也有应用。其他同位素如 ^{10}Be（$T_{1/2}$=1.5Ma）和 ^{36}Cl（$T_{1/2}$=301ka）被用来获得水文地质资料。这两种同位素也被保留在格陵兰岛和南极洲的冰原中，在那里它们可以被用作太阳和地磁调制到达地球的宇宙辐射的追踪器。

宇宙射线照射也会导致地表岩石中 ^{10}Be、^{26}Al（$T_{1/2}$ =720ka）和 ^{36}Cl 的积累。这些同位素的累积量可以用质谱仪测量，并用来测定岩石的年代（暴露年代测定法）。这往往是勘探工业矿物和矿物燃料的关键资料。^{26}Al-AMS 也被用于研究生命系统的代谢过程。AMS 测量了核武器试验产生的 ^{41}Ca（$T_{1/2}$ =103ka），并用 ^{36}Cl 和 ^{129}I（$T_{1/2}$=15Ma）追踪了核废料从核储存和后处理厂以及核电厂的迁移。

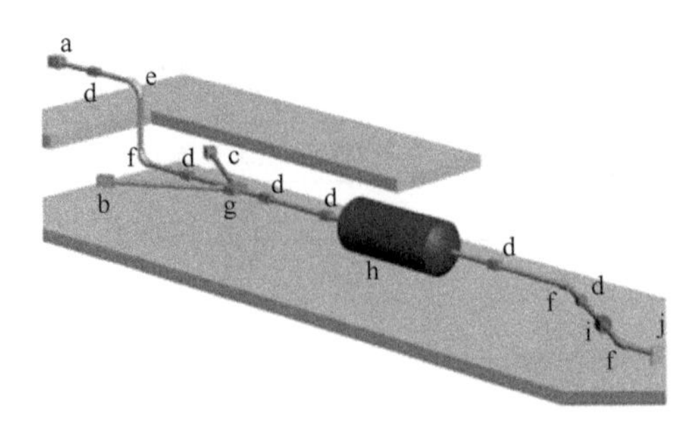

a—第二代离子源；b—离轴双等离子体源；c—第一代 AMS 源（Cs 枪型）；d—单透镜/四极透镜；e—球形静电分析仪；f—磁性分析仪；g—带三个入口端口的磁性分析仪；h—静电串列加速器；i—速度选择器；j—粒子探测器。离子源（a）和粒子探测器（j）之间的总长度约为 35m。加速器箱的长度仅大于 5m，直径近 2m

图 5-12　隆德大学静电串列加速器系统（1988—2005 年用于 AMS）

AMS 的工业应用包括在地质学、海洋学和生物医学领域的应用。AMS 在药物开发中的应用是这项技术发展最快的工业应用。高灵敏度允许使用微剂量测定新药的药代动力学。药物开发法规允许，在使用 AMS 来确定不同器官的药物摄取情况的研究中，以名义剂量的 1%给人类受试者使用标记为 ^{14}C 的药物剂量。一些研究机构继续使用这一敏感的分析工具，但工业使用的发展与其他 IBA 方法相同。

在英国约克的一家商业公司安装了一个专门用于生物医学应用的 AMS。该系统基于美国威斯康星州国家静电公司生产的一台 5MV 串联加速器。两台 SSAMS 机器用于药物开发，与隆德大学的那台类似，由 NEC 于 2005 年交付。在过去的几年中，另外四个仅用于生物医学应用的 NEC-AMS 已经安装在制药和其他公司。

交钥匙 AMS 的主要生产商是荷兰的 NEC 和欧洲高压工程公司（HVEE）。许多 AMS 被出售用于工业用途。一个完整系统的大致价格从基本的 ^{14}C 系统的 120 万美元到能够进行氯和其他同位素分析的多用途系统的 400 多万美元不等。

此外，瑞士联邦理工学院的 AMS 小组也在为生物医学应用提供 AMS 加速器。其结构是一个非常紧凑的串列加速器，高压终端只有 200kV。

AMS 国际会议每三年组织一次[25]。

5.4　深度剖面法

5.4.1　引言

工业技术薄膜加工通常需要定量测量以下数据：①薄膜表面的厚度；②界面氧

化物的存在；③一个覆盖膜与另一个覆盖膜的反应；④外延层外延生长的质量；⑤注入原子的分布。这些可以通过测量元素组成如何随样品深度的变化来表征。这种类型的测量通常称为深度剖面。到目前为止，许多深度剖面法被广泛应用于工业薄膜的测量，如基于溅射的溅射-俄歇电子能谱（AES）、溅射-X 射线势谱（XPS）和二次离子质谱等。这些方法基本上是基于通过溅射侵蚀在材料表面形成一个小坑。坑形成过程中分析喷射出的物质，或分析凹坑底部的表面层以给出深度剖面（浓度对深度曲线）。这些传统的基于溅射的方法不太适合工业中用于表征纳米级结构的新兴需求，因为溅射工艺以复杂的方式将表层和底层混合在一起。这意味着这些技术需要复杂的耗时且昂贵的校准才能提供定量结果。

弹性反冲检测分析（ERDA）和卢瑟福背散射光谱（RBS）基于完全不同的原理，其中 MeV 离子穿透表面层并在表面和次表面原子上反弹。结果，离子从材料（RBS）中弹回，或者在一次碰撞（ERDA）中将样品中的原子撞出表面，如图 5-13 所示。RBS 与 ERDA 的本质区别在于前者在散射后探测入射离子，而 ERDA 探测反冲目标原子。虽然能量要高得多，但这些技术在很多方面都是非破坏性的，因为材料很难从表面除去。激发混合和扩散确实会发生，但发生的水平远低于溅射剖面技术。这些方法提供了真正的元素分析，因为传递的能量在 MeV 的数量级上，因此对在 eV 尺度上发生的化学键效应不敏感。

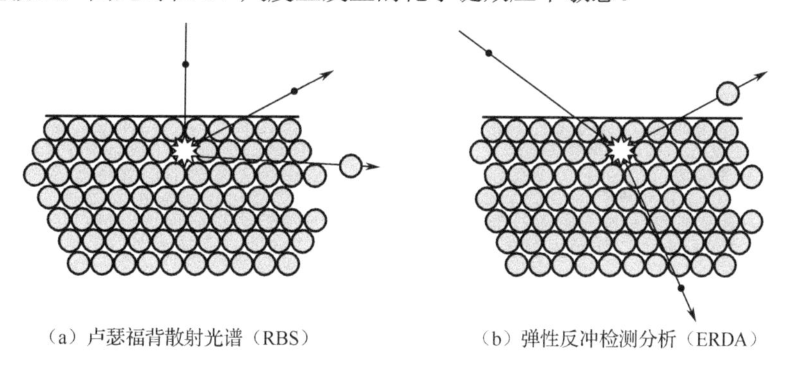

（a）卢瑟福背散射光谱（RBS）　　（b）弹性反冲检测分析（ERDA）

图 5-13　卢瑟福背散射光谱（RBS）和弹性反冲检测分析（ERDA）中的基本散射过程

注：入射离子用小的黑色圆圈表示，反冲目标原子用较大的灰色圆圈表示。

获得深度分布的两种相关方法是核反应分析（NRA）和带电粒子活化分析（CPAA），前者使用快速核反应，后者检测长时间（半衰期从几分钟到几年不等）放射性衰变的产物。与 RBS 和 ERDA 相比，这些方法在工业测量和开发方面的应用较少，这里包含它们是出于完整起见。这两种方法是同位素特异性的，而不是元素特异性的。例如，这使 NRA 能够用于跟踪示踪剂，如在普通氢气中的氘

（用于确定渗水），以及 ^{15}N 标记（用于确定在精密加工的金属部件上含 ^{14}N 的硬质氮化物涂层的磨损）。

5.4.2 RBS 和 ERDA 测量的基本原理

在这里，我们简要介绍深度剖面分析法的基本原理。这种描述是必要的、技术性的。因此，有些读者可能更愿意跳到下一部分，那部分总结了主要的结果。为简洁起见，我们考虑了 RBS 的情况。ERDA 可以简单地通过改变截面、运动因子和阻止力来获得，考虑到出射粒子是一个反冲目标原子，因此与入射粒子离子不同。入射粒子能量 E_0 在 ERDA 中被散射离子（RBS 情况）保留或转移到反冲靶原子的比例分别为：

$$K(\theta,M_1,M_2)=\left[\frac{\sqrt{M_2^2-M_1^2\ \sin^2\theta}+M_1\cos\theta}{M_1/M_2}\right]^2;\ M_1\leqslant M_2 \tag{3}$$

$$E_2=E_0\frac{4M_1M_2}{(M_1+M_2)^2}\cos^2\phi \tag{4}$$

其中 E_2 是反冲原子的能量，M_1 和 M_2 分别是出射离子和靶原子的质量，θ 是出射离子的散射角，ϕ 是反冲对入射离子方向的角度。

RBS 和 ERDA 最简单的应用之一是测量自支撑膜（靶）的成分，如图 5-14 所示。在图中所示的设置中，K（θ，M_1，M_2）仅是 M_2 的函数，即 K（M_2）。这是因为角度 θ 由孔径限定，质量 M_1 由从加速器中选择的光束固定。与元素 A 对应的峰值计数为：

$$Y_A=\left(\frac{d\sigma_A}{d\Omega}\right)N_{\text{ion}}N_A\delta\Omega \tag{5}$$

式中 $(d\sigma_A/d\Omega)$ 是每个原子散射到单位固体角的微分截面（这是散射概率的度量）；$\delta\Omega$ 是探测器所对的固体角；N_{ion} 是入射离子的数量；N_A 是 A 原子单位面积的原子数量。对元素 B 编写与式（5）类似的方程式，将式（5）除以新方程式，然后重新排列，根据峰值下面积的比率得出成分比 N_A/N_B：

$$\frac{N_A}{N_B}=\frac{\left(\frac{d\sigma_B}{d\Omega}\right)Y_A}{\left(\frac{d\sigma_A}{d\Omega}\right)Y_B} \tag{6}$$

RBS 和 ERDA 中每次碰撞发生散射的深度取决于内向路径 ΔE_{in} 上的入射离子和外向路径 ΔE_{out} 上的散射离子或反冲所遇到的能量损失 ΔE。该能量损失 $\Delta E=\text{K}\Delta E_{\text{in}}+\Delta E_{\text{out}}$，可以通过测量在深度 t 处发生散射的位置与表面之间的能量差来获得，如图5-15所示。对于从表面以能量E_1反向散射的离子和在深度t以能量E_2反向散射的离子（见图5-15），我们可以写出：

$$E_1 = E_0 K(M_2) \quad (7)$$

$$E_2 = (E_0 - \Delta E_{in}) K(M_2) - \Delta E_{out} \quad (8)$$

$$\Delta E = E_1 - E_2。 \quad (9)$$

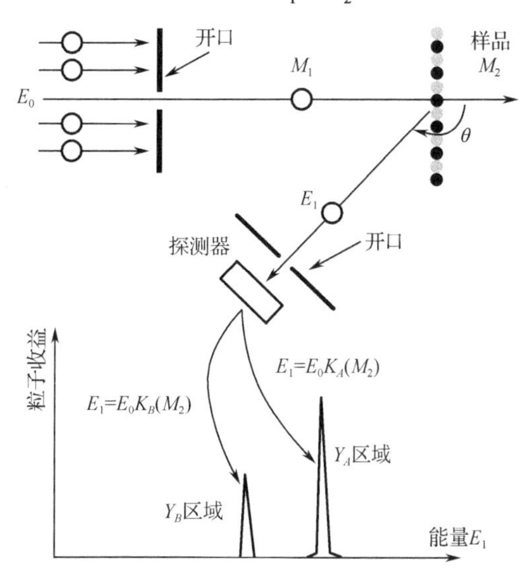

图5-14　自支撑双元素膜（靶）组成的简单RBS测量的示意图

注：具有不同质量M_2的两个元素的原子由黑色和灰色圆圈表示。加速器（未示出）产生具有固定质量M_1和能量E_0的离子。两个孔分别限定光束方向和散射角θ。探测器起着光谱仪的作用，电子系统根据脉冲的振幅对脉冲进行分类，产生一个能谱。不同的原子质量在能谱中产生峰值。峰的大小与灰或黑原子的浓度成正比，其位置与质量M_2相对应。

运动因子K（M_2）表示碰撞后散射离子（RBS情况）或反冲目标原子（ERDA情况）所保留的能量比例。在向内和向外的路径上，高能离子主要通过与电子的碰撞而失去能量。这给出了阻止力dE/dx，所以对于不太大的t，我们有：

$$\Delta E_{in} = \left|\frac{dE}{dx}\right|_{in} \frac{t}{\cos\theta_1} \quad (10)$$

$$\Delta E_{out} = \left|\frac{dE}{dx}\right|_{out} \frac{t}{\cos\theta_2} \quad (11)$$

把式（10）和式（11）代入方程式（7）和（8），我们从式（9）得到：

$$\Delta E = \left\{ K(M_3) \left|\frac{dE}{dx}\right|_{in} \frac{t}{\cos\theta_1} - \left|\frac{dE}{dx}\right|_{out} \frac{t}{\cos\theta_2} \right\} t \quad (12)$$

阻止力$\left|\frac{dE}{dx}\right|_{in}$和$\left|\frac{dE}{dx}\right|_{out}$取决于样品材料以及离子种类和能量。对于大多数离子和元素，这些都已测量并制成表格，不确定度为5%～10%。考虑到以**阻止截面**$\in$来表示阻止，即穿过厚度相当于每单位面积一个原子的材料时所损失的能量，我们可以写成下式：

$$\Delta E_{in} = Nt \in_{in} \tag{13}$$

$$\Delta E_{out} = Nt \in_{out} \tag{14}$$

这里，N是单位体积的原子数。Nt是以单位面积的原子数表示的层厚度。阻止截面列表或可以方便地从预测程序中获得，如 SRIM[26,27]。该方法的优点是利用布拉格定律可以方便地确定化合物或元素混合物的阻止截面。那么对于元素 A_m 和 B_n，阻止截面只是元素A和B的阻止截面的加权平均值：

$$\in_{in}^{A_mB_n} = \frac{m \in_{in}^{A} + n \in_{in}^{A}}{m+n} \tag{15}$$

对于$\in_{out}^{A_mB_n}$也存在类似的关系，由式（15）中的下标“in”替换为“out”可得到。对于ERDA，相应的式（5）到式（15）是相同的，但运动因子K［式（3）］必须用反冲运动因子Λ［方程式（4）］和所用的适当阻止截面替换。

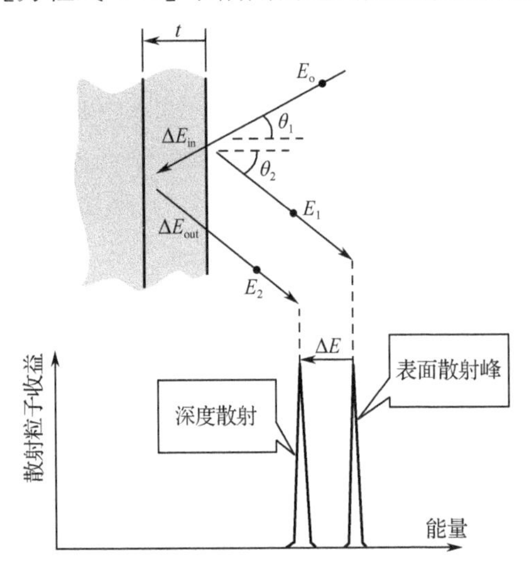

图5-15　ERDA和RBS深度剖析基础的图示

在早期，RBS和ERDA实验的数据是通过测量台阶高度、峰下面积和位置来分析的，确定薄膜厚度的边缘。一个特殊的问题是，在能谱中，来自不同元素的信号可以重叠。例如，来自氧化层中的氧的信号常常叠加在来自较重的衬底（如Si）的信号上。一般来说，当信号在单一能谱中重叠时，不可能明确地解出不同元素的深度剖面。随着低成本计算的出现，开发了许多仿真程序，如早期的RUMP[28]、SIMNRA[29]及IBA数据炉[30]，这样就可以将模型结构的模拟能谱与实测能谱进行比较。然后通过调整模型结构中描述不同元素深度剖面的参数，使模拟谱与实验谱重合。仿真程序通过直观地排除物理上不合理的解，减少了从重叠谱中确定元素深度剖面的模糊性。但是，需要注意的是，在一些比较罕见的情况下，模拟得到的深度分布方程的解可能不是唯一的，这意味着结果有很大的不确定性。当基板是重元素（如金）时，测量含有轻元素（B、C、N、O等）的极薄薄膜是非常麻烦的。另一个陷阱是，使用氦离子的RBS对氢来说是盲目的。氢是一种重要的杂质，其影响可能需要纳入RBS光谱的模拟中。然而，由于氢对光谱没有贡献，氢剖面具有很大的不确定性。另一方面，氢容易被ERDA检测到，利用该方法可以准确地确定其剖面。

模拟程序基于平板模型，如图5-16所示。现代RBS和ERDA分析程序包含了许多其他的功能，例如，在分析大量相似样品时，迭代参数细化程序很有用，能量交错也很有用，有助于判断界面粗糙化。样品被认为是由多层板组成的。通过选择各层的元素组成和厚度，建立样品模型。到达第i层的离子的能量E_0^i等于入射能量减去$n<i$时前几层的能量损失，通过式（15）计算每层的能量损失，并考虑成分依赖性。然后，对样品中的每个元素，计算散射后的能量［式（3）RBS，式（4）ERDA］。通过考虑每层的成分相关的能量损失，依次计算每个层中出射粒子E_1^n的能量。最后，将各元素的能谱叠加得到总的能谱。

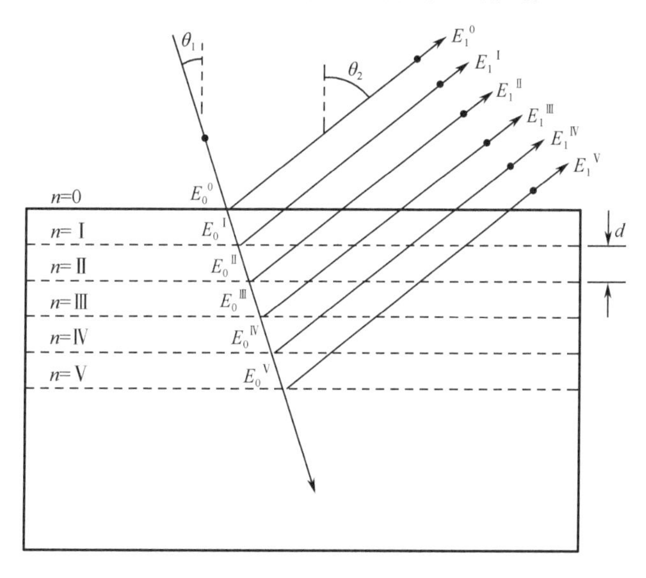

图5-16 用于数据分析的平板模型示意图

5.4.3 基于 ERDA 和 RBS 的定量分析

ERDA 和 RBS 深度剖面测量的定量性质，是基于通过式（12）和式（5）量化的两个过程，式（12）建立了深度尺度，式（5）通过散射截面（每个原子的散射概率）将被测粒子的产额与样品中给定类型原子的数量联系起来。因此，RBS 和 ERDA 的量化取决于以下两个因素：

- 离子从样品原子核散射的概率。对于卢瑟福散射，一般情况下，离子的原子核穿透样品原子最内层的电子壳层，不会对轨道上的电子的产生屏蔽，因此可以准确计算统计微分截面。
- MeV 离子的能量损失。将阻止截面已经被阻止力预测程序如 SRIM[26,27] 制成表格，这些程序可以提供阻止截面的估计，精确度约为 10%或更好。如果需要更高的精确度，可以使用参考标准的相对测量值。

这样做的意义在于，ERDA 和 RBS 本质上比工业上广泛使用的溅射分析方法如二次离子质谱和溅射-俄歇/XPS 更具有定量性。最大的贡献来自阻止截面的不确定性，在覆盖率因子（k=2.0）下，RBS 的绝对不确定性为 5%～15%，ERDA 的绝对不确定性为 12%～20%。相对不确定性主要由计数统计量决定，对于典型的计数率，这些不确定性可以比绝对不确定性小几个数量级。对于工业质量控制应用，这使得 RBS 和 ERDA 都比溅射剖面方法有相当大的优势。这是因为溅射方法需要大量的、昂贵的、耗时的校准，即便如此，它们也会受到难以控制的影响，如光束电流变化、记忆效应和二次电离系数的基体依赖性。随着工业质量控制的兴趣范围缩小到纳米尺度，这些困难将变得更加突出。

5.4.4 卢瑟福背散射光谱法

测量深度剖面最直接的 MeV-离子束分析方法是卢瑟福背散射光谱法（RBS）。这个名字被广泛使用，即使在某些情况下散射并不是严格意义上的卢瑟福散射。这发生在能量非常低的情况下，碰撞原子核上的静电荷被轨道电子屏蔽，而在能量很高的情况下，原子核靠得非常近，核力开始相互作用。

在新兴的微电子工业的需求推动下，RBS 方法在 20 世纪 60 年代末和 70 年代初兴起，它被用于测定新兴的微电子行业中注入的掺杂剂离子的深度分布，栅氧化层的厚度以及互连的金属化。该方法相对于其他方法，如溅射-俄歇和二次离子质谱，其最大的优点是该方法是定量的，因为元素的深度分布可以用原子层数和原子浓度百分比来表示。作者在其他地方对这些方法进行了大量的论述，并进行了相互比较[2]。这些溅射方法的一个重要限制是，它们依赖于连续溅射形成的小坑底部的成分。辐照引起的分离和扩散效应，可能意味着该层与表面以下几十个纳米的整体成分有显著差异。RBS 和 ERDA 的商用仪器能够测量亚纳米分辨率的薄膜。它们利用低能（100～700keV）下大截面的反向散射和阻止力。因此，分析方法通常被称为中能离子散射（MEIS）。在这个能量区，“卢瑟福散射”将不存在，因为散射的力场可能不是库仑势垒，而是被屏蔽的轨道电子。

使用不同类型的 RBS 测量，优化深度分辨率，掠入射和退出几何形状使用，使离子的内部和外部路径的路径长度分别最大化，以获得较大的能量差 ΔE[式(16)]。利用高分辨率磁谱仪还可以优化深度分辨率。带有 ^{12}C 和 ^{16}O 等重离子的 RBS 也可以用来优化质量分辨率。表 5-5 列出了不同类型的 RBS 及其应用程序。莱维特等研究者[31]、楚等研究者[32]、戈茨和格特纳[33]及王和纳斯塔西[34]已经出版了关于这种方法的全面手册和综述。离子沟道技术是一种密切相关的技术，它可以用来测量晶体近表面层缺陷的深度分布以及缺陷在晶格中的位置。该方法已广泛应用于微电子工业的基础开发工作，特别是用于测量离子注入引起的晶体损伤的恢复。这项技术已在 RBS[31-33]和斯旺森公司[35]的标准文本中得到了很好的证明。由于需要将每个样品中的晶格与离子束精确对齐，这使得该方法不适合工业质量控制。然而，对于工业开发来说，少量的样品是有用的。

表 5-5 卢瑟福背散射光谱法（RBS）的方法和应用

方 法	束和探测器	深度分辨率 半高全宽 （FWHM）/nm	最小可探测 浓度/%	应 用	评 价
正常 RBS	1～2.5MeV ^{4}He 硅带电粒子探测器	20～30	0.1	离子注入 溅射膜 原子层沉积（ALD）膜 微电路金属化 生物界面层	H 未分析
RBS	1～2.5MeV ^{4}He 硅带电粒子探测器	3～7	0.01	栅极电介质 微电子金属化 光学膜 屏障层	H 未分析； 表面粗糙 度敏感
磁性分析 RBS	0.5～2MeV ^{4}He 磁谱仪	0.2～1	0.01	栅极电介质 微电子金属化低/高 k 介质 屏障层	H 未分析
重离子 RBS	10～20MeV ^{12}C, ^{16}O 硅带电粒子探测器 飞行时间光谱仪	0.2～10	0.05	GaAs 微电子金属化低/高 k 介质 III-V 半导体 MOCVD	H 未分析

为了说明 RBS 技术用于薄膜分析的定量性质，下面给出了一个分步操作的指南。考虑图 5-17 中的 RBS 光谱，它是在类金刚石（DLC）衬底上与一层标称氧化钛（TiO_2）薄膜组成的样品测量得到的。选择这个例子是因为 TiO_2 的工业重要性。表 5-6 给出了 TiO_2 薄膜的性能及工业应用情况。图 5-17 显示了光谱中的三个区域。能量最高的反向散射离子对应于样品中最重的元素 Ti 的反向散射离子。根据等式（8）、式（9）和式（12），随着离子穿透得更深，它们会失去能量。这就产生了 362～420 区间的"高峰"。高峰的低能量（后）边缘产生的原因是，离子一旦穿透 TiO_2 膜进入 DLC 层，就不会再遇到更多的 Ti 原子，从而不能再以高能量反向散射。TiO_2 中与氧对应的沟道 167～215 也有类似的平台。氧比钛轻，因此，运动因子更小，来自 O 的信号以较低的能量反向散射。沟道区间 27～106 的信号对应 DLC 膜中 C 的反向散射。在下文中，我们对图 5-17 中的光谱进行了数值分析，得到了 TiO_2 薄膜的厚度和化学计量。

1）测定二氧化钛膜的厚度

从图 5-17 可以看出，氧和钛的信号具有明确的低能量边缘，边的位置对应于 DLC/TiO_2 界面上 ^{16}O 和 ^{48}Ti（最丰富的同位素）的散射。根据式（12），Ti 和 O 信号的能量宽度由前后边缘的半高位置测量，与薄膜厚度有关。对于图 5-17 中的测量，能量定标为 3.3713keV（通道），通道零点偏移 28.6keV。使用这种方法，O 和 Ti 信号的边缘位置和能量在表 5-7 中指定。表 5-7 中的运动学因子 *K* 可以从已发表的表中计算获取[31-33,36,37]。

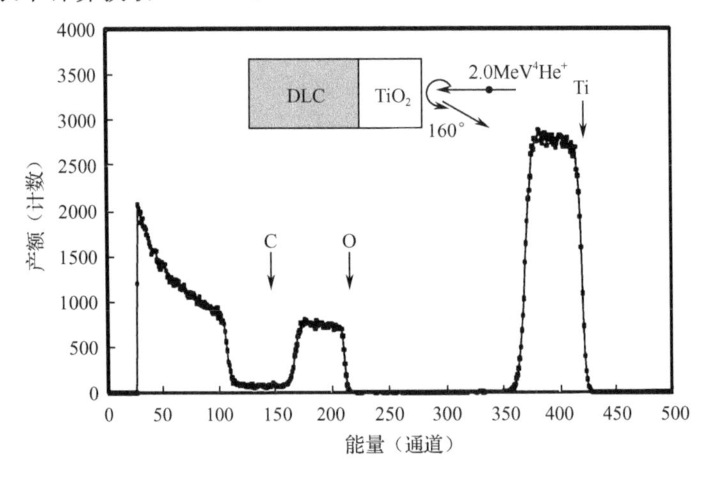

图 5-17　在类金刚石（DLC）衬底上 TiO_2 薄膜的 RBS 谱

表 5-6　二氧化钛薄膜的性能及应用

属　性	应 用 程 序
超疏水性	防污、防雾涂料、自洁玻璃
生物相容性	骨间骨整合促进层和基质 细胞基生物传感器底物
光催化性能	水解、脱臭膜、染料敏化太阳能电池、生物分子用酶基电化学传感器
折射率（$n \cong 2.7$）	介电镜、紫外光阻挡薄膜

为了将能量宽度 ΔE 转化为深度，有必要计算作用在 TiO_2 中离子上的阻止力。为了演示该方法，我们使用了一个简单的假设，称为曲面近似。这样做是为了克服阻止力随能量变化。在这个假设中，离子沿内路径的能量取 E_0，在外路径上取 $E_1=K$（E_0）。也就是说，能量与散射发生在表面的能量相同。第一步是确定入射离子能量和从膜中每个元素散射后的阻止截面。阻止截面值可从表[31-33]或计算机预测程序（如 SRIM 包）中获取[26,27]。表 5-8 分别给出了 Ti 和 O 中 He 离子在入射能量（向内路径）和 Ti 和 O 向外（向外路径）散射后的阻止截面。为了从 TiO_2 组成元素的阻止截面中得到复合膜的阻止截面，我们使用 m=1，n=2 的布拉格规则［式（15）］，得到如表 5-9 所示的结果。使用式（13）和式（14），我们可以将式（12）写成：

$$\Delta E = \left\{ \frac{K(M_2)\epsilon_{\text{in}}}{\cos\theta_1} - \frac{\epsilon_{\text{out}}}{\cos\theta_2} \right\} Nt \qquad (16)$$

对于从 Ti 中散射 He 离子的情况，可以写成：

$$\Delta E = Nt[\epsilon]_{\text{TiO}_2}^{Ti} \qquad (17)$$

表 5-7　Ti 和 O 的边缘位置和能量

元素	E_0（keV）	K	$E_1=K$（E_0）（keV）	表面边缘（chan#）	后边缘（chan#）	ΔE（keV）
钛（Ti）	2,000	0.7231	1,446.2	420.5	375	153.4
氧（O）	2,000	0.3708	741.6	211.5	167	150.0
碳（C）	524	2,000	0.262	146.9		

表 5-8　在 Ti 和 O 中的阻止截面

元素	E_0（keV）	ϵ_{in} [eV/（10^{15}at.cm^{-2}）]
钛（Ti）	2,000	73.31
氧（O）	2,000	35.84

续表

元素	$E_1=K_{Ti}$（E_0）（keV）	ϵ_{out}^{Ti} [eV/（10^{15}at.cm^{-2}）]
钛（Ti）	1,446.2	84
氧（O）	1,446.2	42.2
元素	$E_1=K_0$（E_0）（keV）	ϵ_{out}^{O} [eV/（10^{15}at.cm^{-2}）]
钛（Ti）	741.6	95
氧（O）	741.6	47

表 5-9　根据布拉格规则二氧化钛的阻止截面［式（15）］

化合物	E_0（keV）	ϵ_{in}［eV/（10^{15}at.cm^{-2}）］
化合物 TiO_2	2,000	48.33
化合物 TiO_2	$E_1=K_{Ti}$（E_0）（keV） 1,446.2	ϵ_{out}^{Ti}［eV/（10^{15}at.cm^{-2}）］ 56.13
化合物 TiO_2	$E_1=K_0$（E_0）（keV） 741.6	ϵ_{out}^{O}［eV/（10^{15}at.cm^{-2}）］ 63

$$[\epsilon]_{TiO_2}^{Ti}=\frac{K(Ti)\,\epsilon_{TiO_2}^{Ti}}{\cos\theta_1}-\frac{\epsilon_{out}^{Ti}}{\cos\theta_2} \tag{18}$$

$[\epsilon]_{TiO_2}^{Ti}$ 的数量被称为阻止截面因子。可以通过用“O”代替上标“Ti”来写入从氧原子中散射的 He 离子的类似表达式。然后使用表 5-7 中的运动因子［式（3）］，能量宽度 ΔE 和表 5-9 中的 TiO_2 的阻止截面，我们可以确定表 5-10 中给出的每单位面积原子的厚度。RBS 和 ERDA 分析中的固有厚度单位是每单位面积的原子，即覆盖率。如果膜的密度 ρ 和分子量 MW 是已知的或可以假设，则可以将其转换为具有长度单位的厚度，使 N 可以计算为：

$$N=\frac{\rho}{MWu}(m+n) \tag{19}$$

式中（$m+n$）为化合物 A_mB_n 分子中原子数。由 O 和 Ti 信号的能量宽度决定的薄膜厚度相差几个百分点（见表 5-10）。这种差异主要是由于阻止截面的不确定性造成的（见表 5-8），通过基于改进的半经验拟合实验数据以及从头算方法的实验测量和预测计算机程序，不断努力提高阻止截面的准确性。在撰写本文时，阻止截面对于 He 离子的精度约 5%，质子的精度稍好一些，为 3%。

表 5-10 TiO_2 薄膜的阻止截面因子、能宽和厚度（Nt）

元素	$[\epsilon]^{A}_{TiO_2}$ [eV/（10^{15}at.cm^{-2}）]	ΔE（keV）	Nt（10^{15}at.cm^{-2}）	t（nm）
Ti	108.7	153.4	1411	147
O	100.6	150	1491	156

2）测定二氧化钛膜的成分

到目前为止，我们假设薄膜的成分是 TiO_2。这涉及阻止截面的确定（见表 5-9）。由式（5）可知，Ti 与 O 的收益率之比可写成：

$$\frac{Y_{Ti}}{Y_O}=\frac{\left(\dfrac{d\sigma Ti}{d\Omega}\right)N_{\text{ion}}N_{Ti}\delta\Omega}{\left(\dfrac{d\sigma o}{d\Omega}\right)N_{\text{ion}}N_{O}\delta\Omega} \tag{20}$$

式中，收益率 Y 被认为是谱中给定能量区间 ζ 上元素 A 在谱中的计数 H_A。当 He 离子从 Ti 和 O 中散射时，由于不同的反向散射能，$[\epsilon]^{O}_{TiO_2}$ 和 $[\epsilon]^{Ti}_{TiO_2}$ 的厚度不完全相同，因此用 ζ 表示的厚度是不同的。此外，对于卢瑟福散射，反向散射截面与 Z^2 近似成正比，其中 Z 是目标原子序数。然后式（20）可以重新排列为：

$$\frac{N_{Ti}}{N_O}=\left(\frac{Z_O^2[\epsilon]^{Ti}_{TiO_2}}{Z_{Ti}^2[\epsilon]^{O}_{TiO_2}}\right)\frac{H_{Ti}}{H_O} \tag{21}$$

用阻止截面因子（见表 5-9）和 O 和 Ti 的原子序数代替 10 通道间隔上的 Ti 和 O 信号的高度，薄膜中 Ti 与 O 的比值 m/n=0.53。这在 TiO_2 的化学计量值 m/n=0.5 的 8%范围内。这种不确定性可归因于阻止截面的不确定性。统计计数不确定性贡献约 0.1%。

3）复杂的 RBS 光谱分析

图 5-18 显示了来自 SnO_2/SiO_2/Si（衬底）的多层薄膜结构的 RBS 光谱。氧化锡薄膜也已用作电阻率传感器，如用于一氧化碳传感器。主要的工业用途是氧化铟锡的导电光学透明膜。这些在新兴的有机发光二极管（OLED）显示器工业和太阳能电池应用中都很重要。图 5-18 中的 RBS 光谱由来自不同元件和层的重叠信号组成。结构中边缘和界面之间的关系在该图中用虚线表示。尽管很有可能手动获得 SnO_2 和下面的 SiO_2 膜的厚度和成分，如图 5-17 所示，但最好的方法是使用模拟程序。这样做的好处是，可以更准确地确定不同的层，因为不需要调用诸如表面近似（见上面）这样的假设。图 5-19 显示了使用 SIMNRA[29]进行仿真的

结果，从频谱可以看出，通过调整不同材料板的宽度、成分和厚度，可以分别计算出不同元素对 RBS 光谱的贡献。为了生成复合 RBS 光谱，将样品中所有元素的信号相加。调整各平板的成分和宽度，直到计算与实验光谱匹配为止。这可以手工完成，或者如果所需的更改不是太大，可以使用迭代优化过程。这种方法的威力显而易见，因为它允许以一种简单而直接的方式识别和分析复杂 RBS 频谱中的特性。

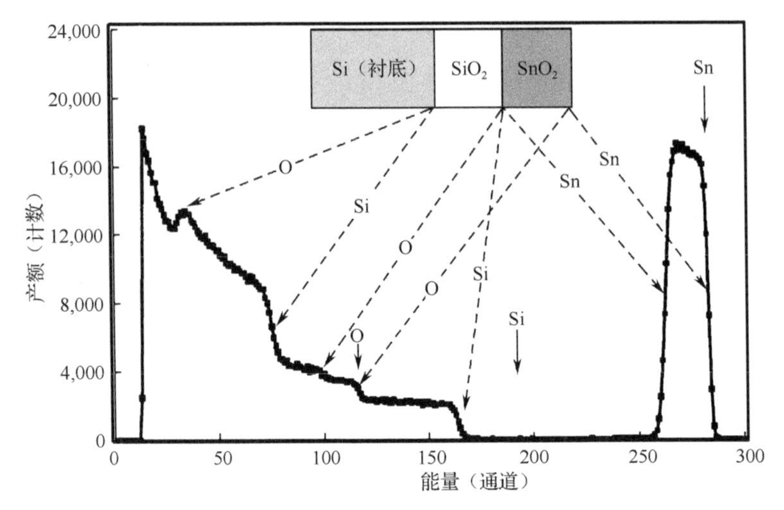

图 5-18　来自 $SnO_2/SiO_2/Si$（衬底）薄膜的 RBS 光谱

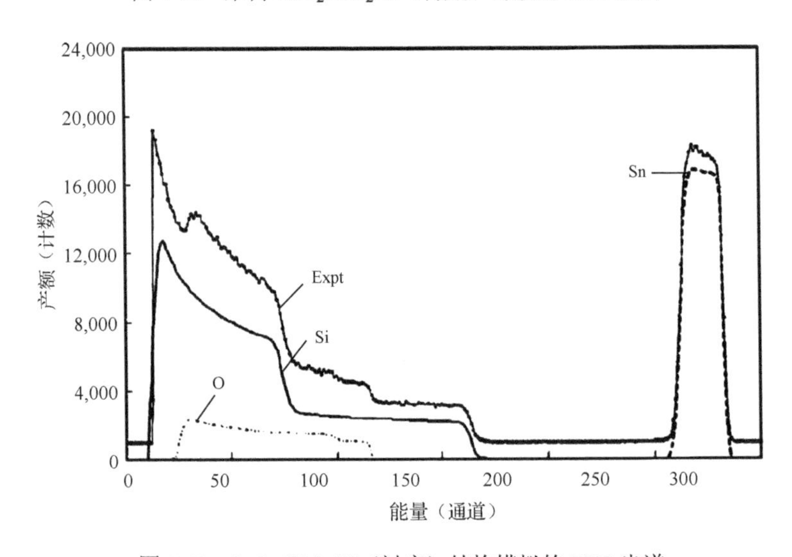

图 5-19　$SnO_2/SiO_2/Si$（衬底）结构模拟的 RBS 光谱

5.4.5　弹性反冲检测分析

弹性反冲检测分析（ERDA）与 RBS 非常相似。该技术的关键优势在于，可以检测到样品原子本身，而不是散射的粒子。这意味着除了由反冲能量所携带的深度信息之外，被探测的粒子还直接携带可以使用适当的探测器测量的原子序数和质量信息。在巴伯和道尔的文献[38]以及《离子束分析手册》中对该方法做了全面介绍[34]。

ERDA 有三种常用形式。最简单的形式是用阻止箔把反冲离子和前向散射离子分开，因为前向散射离子数量更多，所以会淹没样品原子反冲的信号。第二种形式使用 ΔE 探测器来确定原子数，而第三种形式使用飞行时间（ToF）探测器来确定原子质量。这三种形式通常被称为阻止箔 ERDA、ΔE-E ERDA 和 ToF-E ERDA。

阻止箔 ERDA 主要用作对 RBS 的补充，用于深度剖析氢气。这是因为，如上所述，在 RBS 中使用氦离子无法检测到氢。阻止箔 ERDA 可以在与 RBS 相同的系统中进行，并使用 1～2MeV ^{4}He 离子束。氢之所以重要，是因为它在许多重要的工业生产过程（如腐蚀）中起着关键作用，并且通常由于碳氢化合物污染而合并在隐藏的接口处。氢气在 XPS 中也是不可见的，并且难以用 SIMS 进行分析，因为它是真空系统中常见的静止气体，易于附着在表面上。通过用 D_2O 代替 H_2O 阻止箔 ERDA 也可以与氘一起用做扩散和水掺入研究中的示踪剂。

在 ToF-E ERDA 中，采用了由两个时间探测器和一个能量探测器组成的检测系统。这通常被称为探测器望远镜。配置如图 5-20 所示：离子束以扫掠的角度入射到样品上，产生反冲，并朝前喷射。当反冲穿透 3～5μg cm^{-2} 的薄碳箔时，碳箔时间探测器产生脉冲。这些箔很薄，当反冲通过时，它们只会产生很小的能量损失，这通常可以忽略不计。飞行时间由第一个时间探测器启动时钟、第二个时间探测器停止时钟来确定。然后使用硅带电粒子探测器（可以是表面势垒或 p-i-n 探测器）测量能量。

通过测量距离为 L 的两个时间探测器之间的飞行时间 T 和动能 E，可以得到每个反冲的质量 M。M=$kE(T-T_0)$，其中 k 是校准常数，T_0 是另一个与电子延迟相关的常数。通过同时记录每个反冲原子的时间和能量数据，可以在 T 对 E 的二维直方图上分离不同的质量。惠特洛在早期的一篇文章中概述了时间探测器[39]。虽然 ToF-E ERDA 最初是在 20 世纪 70 年代由两个小组开发的，但是直到惠特洛等研究者在 1987 年[40,41]开发出多色散测量，该方法的全部潜力才得以实现。目前 ToF-E-ERDA 的多分散形式已在世界各地的实验室得到应用[a]。

---

[a] 惠特洛等研究者最初将这种方法称为反冲光谱法。几年之后，人们普遍接受的名称是弹性反冲检测分析（ToF-E ERDA）。

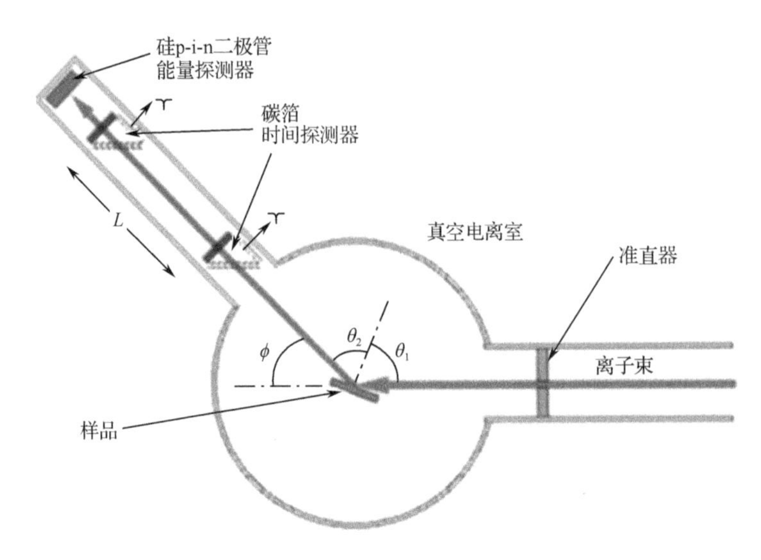

图 5-20　ToF-E ERDA 测量系统示意图

图 5-21 显示了用于工业咨询工作的 ToF-E ERDA 的测量终端站。该系统配备了 10 个大样品或 20 个小样品的样品转换机制，从而有助于无人值守的数据采集。

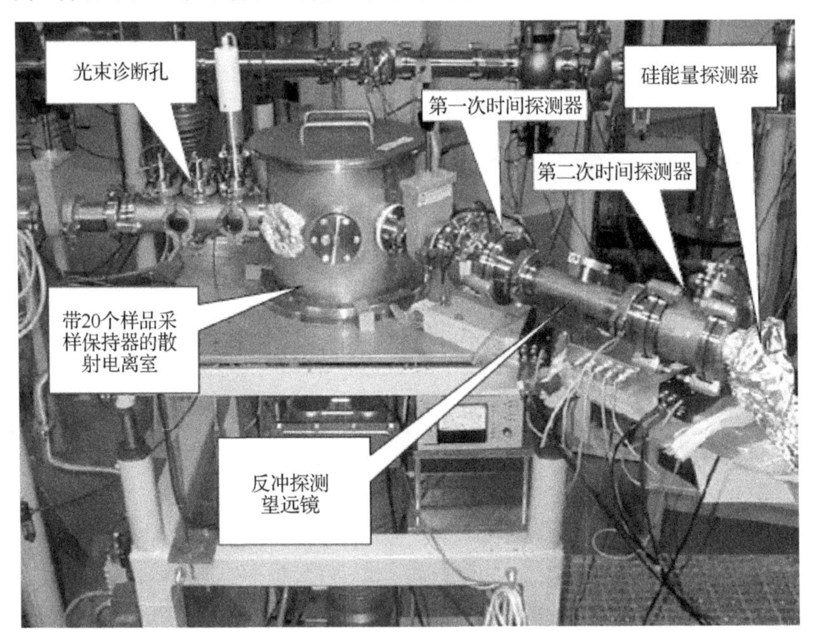

图 5-21　ToF-E ERDA 测量终点站。离子束从左侧进入束诊断和孔径系统。反冲探测器有可互换的部分，以允许使用不同的飞行长度

图 5-22 显示了用作培养骨细胞基质的硼硅酸盐玻璃上类似羟基磷灰石的薄

膜的 ToF-E ERDA 测量数据[42]。图 5-22（a）表示二维飞行时间与能量直方图。数据聚集成“香蕉”形，每个“香蕉”对应样品材料中不同的质量同位素。可以看出，对应不同质量同位素的“香蕉”可以清楚地分离出来。因此，从图 5-22（a）中可以清楚地看到，ToF-E ERDA 甚至允许分离弱信号，如 Na。这种信号在 RBS 测量中是不可见的，因为它将被频谱中的背景统计噪声完全掩盖。正是这种分离不同元素信号的能力使得 ToF-E ERDA 特别有用，因为它完全克服了上述 RBS 中遇到的叠加问题。在图 5-22（a）中，可以清楚地看到氢发出的信号，这一点特别重要，因为氢是许多工业薄膜工艺技术中的一种重要污染物。考虑到自然界中没有大量同位素与另一种元素重叠的元素，其重叠程度不超过 Z=18，因此，这可以用来唯一和定量确定图 5-22（b）中所示的元素深度分布，其所示的良好的分离深度分布使得 Ca/P 比的确定具有很高的准确性，这对于薄膜作为细胞生长基质的性能非常重要[42]。很明显，薄膜中有相当数量的氢。图中的深度标度用 at.cm^{-2} 表示，如上所述，它以材料数量表示膜的厚度，而不引用不确定的密度。羟基磷灰石密度为 3.08×10^{3}kg m^{-3}，成分为 $Ca_5(PO_4)_3(OH)$，1nm 相当于 8.13×10^{15}at.cm^{-2}。

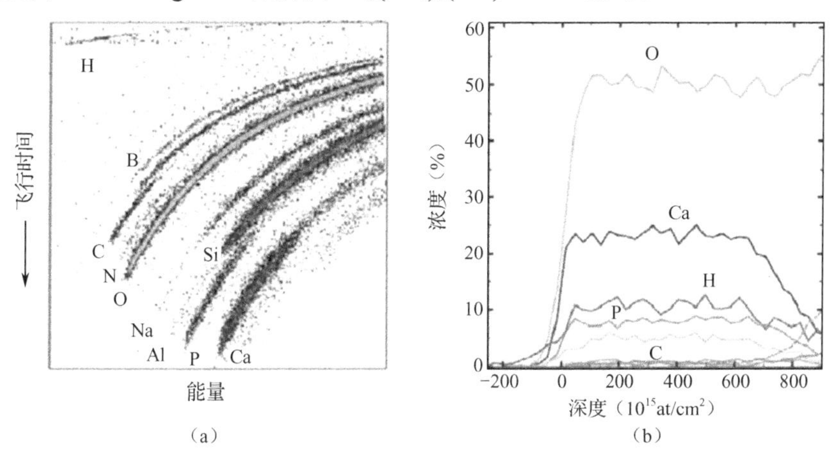

图 5-22 ToF-E ERDA 数据来源于硼硅酸盐玻璃基底上的 100nm 厚 Ca-P 氧化膜

在 ΔE-E ERDA 中，每个反冲的原子序数由测量 ΔE 探测器中的阻止力确定。在这种情况下，探测器由一个薄的 ΔE 探测器组成，该探测器太薄以至于反冲力可以直通，然后再由一个厚的探测器测量离子的剩余能量 E_r。根据 $dE/dx \propto Z_2^2/E$，阻止力 dE/dx 很大程度上取决于反冲原子序数 Z_2。来自厚度为 t_{det}ΔE 探测器的信号为 $\Delta E=(dE/dx)t$。因此，可以通过绘制 ΔE 对 E_r 来识别不同的反冲元素。在这些图中，具有不同 Z_2 的反冲力沿着不同的香蕉形区域分布。通常使用气体 ΔE 探测器，是因为与 Si ΔE 探测器不同，它们对由于剧烈反冲轰击而引入晶体损伤中心而引起的辐射损伤不敏感。通常，ΔE-E ERDA 使用高能量探测离子，如 70MeV 的 ^{127}I，以使反冲具有足够的能量来穿过气体 ΔE 探测器。这意味着该技术仅适用于世界上相对较少的中心，在这些中心可以获得这种高能量射束，因此仅适用于大学的开发咨询工作。

表 5-11 比较了不同类型的 ERDA 分析。最广泛采用的是阻止箔 ERDA 和 ToF-E ERDA。阻止箔 ERDA 可与 RBS 加速器配套使用，并且数据收集为易于解释的一维光谱。因此它适合用于质量控制应用。ToF-E ERDA 需要不同的高能重离子束，如 20MeV 的 $^{63}Cu^{10+}$。这些光束可以由位于工业研究中心的小型（1～3MV）串列加速器产生。来自 ToF-E ERDA 测量的数据通常采用二维光谱的形式，需要额外的分析步骤。在工业应用分析中，通过模拟程序（如 SIMNRA[29]）分析数据的能力大大提高了这种方法的可能性和适用性。尽管 ToF-E ERDA 方法比 RBS 强大得多，但由于需要分析多维数据，它最适合工业研究中心的开发工作。比利时的 IMEC（校际微电子中心）就是这种中心的一个例子。

表 5-11　弹性反冲检测分析（ERDA）方法及其应用

方　法	离子束和探测器	深度分辨半高全宽（FWHM）	最小可探测浓度（%）	应　用	评　价
RBS	1～2.5MeV ^{4}He Si 带电粒子探测器	20～30nm（正常入射） 3～10nm（掠射角）	0.1 0.03	见表 5-5	H 未分析
阻止箔 ERDA	1～2.5MeV ^{4}He Si 带电粒子探测器	5～20nm	0.1	腐蚀研究 非晶硅光伏电池	只对 H 和 D 敏感 表面粗糙度敏感
ToF-E ERDA	10～120MeV ^{35}He、^{63}Cu、 ^{81}Br、^{127}I 等 飞行时间探测器	<1～50nm	0.03	腐蚀研究 金属/III-V 半导体触点 光磁信息存储膜 生物界面薄膜	表面粗糙度敏感 对所有元素敏感
ΔE-E ERDA	50～120MeV ^{35}He、^{63}Cu、 ^{81}Br、^{127}I 等 ΔE-E 探测器	<1～50nm	0.1	MOCVD 结构 金属/半导体触点 光学和磁性薄膜	表面粗糙度敏感 最适合轻元素 （Z<8）

5.4.6　核反应分析

核反应分析法（NRA）包括基于特定核反应的离子束分析方法。PIGE 就是这样一种技术。但是，它不能直接获得同位素的深度分布，而且由于它经常与前文中讨论过的 PIXE 结合使用，因此所有 NRA 方法的基础都是由入射离子 a 引发的，与靶核 X 发生的特征性核反应，后者产生反应产物 b 和一个可以检测到的残留物 Y。反应 $\alpha \rightarrow X \Rightarrow$ “$Y+b$” 可以写成 X（α,b）Y。

通常，正反应 X（α,b）Y 与 α 一起使用，α 是一个轻离子，像 ^{1}H、^{3}He 或 ^{4}He 一样。在一些材料研究中，^{2}H 和 ^{3}H 被用作探针光束。然而，考虑到与这些离子产生大量中子有关的辐射安全问题，这种使用受到很大的限制。在特征核反应中，一定量的能量被吸收或释放（称为 Q 值）。与散射的情况不同，能量［如式（4）］是不守恒的，因此，描述散射和能量转移的形式就不太直接。它以许多文本形式详细列出（如迈耶和里米尼[36]或坎特莱[43]的手册）。至于弹性散射的情况，可以通过微分截面描述发生反应的可能性。与卢瑟福散射的散射截面具有平滑的 $1/E^2$ 形式不同，在 NRA 中，反应可以具有平稳变化、共振或 S 形（阈值）的能量依赖性[44]。

在带电粒子反应分析中，被检测到的粒子是带电粒子或带电残留物，能量沿着离子的内向路径和被探测粒子的外路径损失。反应的 Q 值意味着，与入射离子和出射粒子能量有关的方程比在 RBS 和 ERDA 情况下的方程要简单一些。这些方程式已经由迈耶和里米尼手册列出[36]，并且里基[45]和坎特莱[43]给出了有关散射形式的有用描述。该方法的主要用途是测量原子序数低于 20 的轻元素的深度分布。该方法的优点在于它是同位素特异性的，因此可以与示踪剂一起使用。例如，2D 原子示踪剂可用于研究在含有 1H 原子的水或烃层存在下掺入样品中的氢。尽管该方法是敏感的（在某些情况下为 ppm 水平），但它已经在很大程度上被 ToF-E ERDA 取代。

在核共振剖面（也称核共振展宽）中，强烈的共振用于从样品表面以下的深度区域浓度取样[44]。在每个取样步骤中，离子撞击的能量超过共振能量。当离子减速时，它们达到共振能，并能发生核反应。在共振宽度所跨越的深度窗口内发生的反应数量由微分截面和所讨论同位素的原子数量决定，然后通过加速能量的步进，可以确定不同深度窗口的同位素浓度。检测到的粒子可以是带电粒子或 γ 射线。逐步改变加速器能量通常是一个乏味的过程。因此，该方法不适用于工业应用，除非在开发工作中只需要测量少量样品[44]。

该方法适用于氢原子在 ^{1}H（^{15}N,$\alpha\gamma$）^{12}C 反应中的 402keV（质心能量）共振测量。在这种情况下，利用 ^{15}N（^{1}H,$\alpha\gamma$）^{12}C 的反作用，使入射为 ^{15}N，靶为 ^{1}H，共振能量对应于 ^{15}N 的能量为 6.385MeV，可以用一个小型串联加速器产生 2+或 3+电荷态离子。

阈值反应，如为发展基本聚变反应堆技术而对 ^{3}T 进行剖面分析，很少用于工业用途。因此，将不再考虑这些问题。

5.4.7 带电粒子活化分析

带电粒子活化分析（CPAA）是指将放射性原子引入材料表层的方法。在通常情况下，使用的离子束具有足够高的能量来激活表面层。一种非常类似的方法是将放射性离子束注入表层。在这两种方法中，放射性都是随着样品被侵蚀而逐步测量的。侵蚀过程可以通过不同的方式进行，从而提供不同类型的信息（见表 5-12）。该方法一般用于 C、N 和 O 的测量，但是，如果有合适的光束可用，其他元素也可以分析。基质可以是固体材料，如半导体、黑色金属、玻璃或粉煤灰等环保材料。布朗迪奥克斯、德布伦、马格吉奥雷[46]及斯特里克曼[47]都给出了详细的概述。这种方法的一个明显缺点是在照射后，样品具有放射性，因此须遵守其相关的处理、储存和处置的法律法规。为了诱发放射性，光束必须有足够的能量来克服库仑势垒。这意味着对于大多数元素，必须使用能量在 5～40MeV 范围内的质子或氘束。这需要中型（5～20MeV）静电加速器或小型回旋加速器。布朗迪奥克斯、德布伦、马格吉奥雷列出了一系列反应[48]。总的来说，尽管该方法非常适合工业应用，但由于合适的加速器的稀缺性和高成本，它还没有像 RBS 和 ERDA 那样广泛使用。测量可以基于监测样品中保留的残余活性或侵蚀材料的活性（差异测量）。例如，一个工业应用是研究轴承表面的磨损率。使用放射性同位素的优点是灵敏度很高，如果测量侵蚀材料的活性并且激发活性是半衰期短的同位素，则尤其如此。这已被用于溅射腐蚀，以测量深度分布，其中峰值浓度低至 10^9 原子/cm^3，用于确定 ^{209}Pb 在钠钙玻璃中的扩散[49]。最佳竞争技术是动态二次离子质谱（动态-SIMS），其灵敏度为 $10^{12}/cm^3$。这种 ^{209}Pb 扩散测量对于建立可追溯的居住场所氡照射方法具有重要意义。另一个工业应用是在测试润滑油添加剂时测量发动机轴承表面的磨损。在通常情况下，这种测量要求每一步都要拆卸发动机轴承。相反，可以按顺序取油样，这更符合正常的运行条件。放射性离子注入是一种重要的工业材料改性技术，在离子注入过程中，放射性离子注入在建立离子能量范围分布关系方面发挥了重要作用。

表 5-12　带电粒子活化分析方法

活 化 方 法	误 差 法	信 息 类 型
$1H^+$，$1D^+$直光束	化学侵蚀	误差率
$1H^+$，$1D^+$直光束	机械磨损	磨损率
$1H^+$，$1D^+$直光束	电化学腐蚀	抗腐蚀性
放射性束离子注入	溅射腐蚀	深度剖面 扩散速率

5.5　离子束分析工业装置

随着纳米技术向工业生产的转移，对能够在纳米尺度上进行可追溯性质量保证的定量表征方法的需求正在增加。尺寸的缩小意味着现有的传统工业方法变得越来越困难和昂贵，如辉光放电发射光谱法（GDOES）和 SIMS 的校准。尽管需要额外的复杂的加速器，MeV 离子束分析方法正越来越多地应用于工业应用，特别是在日本的高科技公司，在美国的应用程度低一些。

离子束分析在工业中的要求可大致分为两个类别：质量控制和工业开发/咨询工作。工业应用的要求与传统的工业应用有很大的不同，在这种环境中，加速器主要用于基础研究的学术环境，最初用于核物理，后来用于材料开发。在学术或研究中心环境中的加速器通常是高度灵活的机器，能够为许多不同的应用提供多种元素和能量的离子束，如医用同位素生产、离子注入、^{14}C AMS 和基础核物理。这种高度的灵活性意味着这些机器既昂贵又复杂，需要专业的操作人员，而且通常服务于范围广泛、训练有素的不同研究人员。通常，这些加速器上的离子束分析设备都是针对复杂的测量而设计的，其中的角度计采样器每次加载只能处理一个或少量样品。这就意味着由于分时系统的存在，系统的可用性和可靠性往往较低，并且由于运行参数的频繁变化，导致了频繁的启停和随之而来的部件受力而导致的故障。然而，这些研究中心中有许多是为工业客户服务的，这些客户正在进行对其业务感兴趣的新分析技术的研发，或者正在寻求帮助解决他们在生产过程中遇到的问题。

质量保证（QA）和工业研发的需求是完全不同的。质量保证涉及质量控制以及用于诊断目的的可追溯性。离子束分析非常适用于要测试的工件数量较少的应用或用于大批量测试的二次测量工具的校准。许多高科技生产过程是批量生产而不是连续生产。实例是光伏电池的薄膜金属化、微芯片、光学涂层的溅射沉积，以及传感器上催化膜的电化学涂覆。根据应用，可能需要测量每个单独的组件或样品，或者在分析的批次中包含测试样品。

工业离子束分析应用与学术研究环境有着截然不同的需求：

- 在工业质量保证中，样品可以是制造的组件，也可以是在与组件相同的条件下同时处理的特殊测试样品。在批处理和连续处理中，涉及大量完全相同的样品以完全相同的方式进行分析。这就要求样品处理系统能够处理大量相同的样品，测量它们并以标准方式进行分析。这些还可以包括用于离子束分析测量的 QC 的测试样品。即使在工业研究和开发环境中，也经常需要大量样品。流程参数优化的一个例子是矩阵法，例如，对每个参数使用十个不同样品来优化三个参数，必须测量和分析 1000 个不同的样品。

- 可靠性非常重要，尤其是对于 QA 应用程序而言，因为加速器是生产过程的一部分。因此，故障意味着整个生产过程必须停止，一般这样会造成重大经济损失。即使只使用加速器用于过程诊断，重要的是能够快速地进行分析，以使由于停机造成的经济损失最小化。
- 操作员技能。在微技术和纳米技术制造中，实际的 QA 工作通常由未经过高度训练的操作员执行。因此，离子束分析系统的启停、样品处理和操作程序必须简单明了，并且数据分析足够简单，以允许不熟练的操作员对单个定义的系统进行合格/不合格判断。监督人员通常是经过培训的工程师，他们需要经过充分的培训，根据离子束分析数据诊断问题，并决定对超差测量的纠正措施。在工业开发装置中，工作人员通常是训练有素的科学家和工程师。这项工作通常比生产所需的时间要短，一般由一名专家负责和操作系统，并向用户提供服务。
- 可追溯性是工业分析的一个重要问题，特别是对于质量保证应用。必须考虑建立可靠的样品鉴定程序，以便正确的分析结果与正确的样品相关联。一般来说，原始数据光谱和分析报告作为计算机文件生成，并且可以作为分析协议轻松存档。
- 交钥匙安装很重要，因为工业组织通常不具备从零部件构建离子束分析装置所需的内部能力。此外，安装可能需要关闭昂贵的生产设备。
- 占地面积小。在工业环境中，占地面积是一种昂贵的商品。如果离子束分析装置必须位于所谓的洁净室中，情况尤其如此，因为此类装置的单位面积成本极高。此外，加速器确实需要不时地提供服务，并且打开压力容器可能导致由于不可避免的气体排放而在容器内壁和部件上形成的灰尘颗粒的释放。因此，将加速器放置在相邻的服务区域中可能是有利的，其中的传输线将离子束引导到洁净室区域内的分析站。通常，测量只需要在生产 QA 应用的洁净室中进行。对于工业研究和开发以及过程诊断应用，通常在清洁生产区域外的半清洁环境中进行分析就足够了。

对于工业开发和 QA 应用程序，处理的样品数量都是一个重要的考虑因素。在这两种情况下，样品的大小和形状通常非常相似。测量吞吐量的主要限制是将样品装入真空系统并抽真空，以获得合适的低压进行分析所需的时间（$<10^{-3}$Pa）。当需要测量大量的样品时，样品识别是至关重要的。可能需要用带条形码的激光标记每个样品，并使用机器视觉技术记录每个样品，以便与正确的测量数据集相

关联。还应考虑到系统的测量鉴定，因为许多光谱可以从同一样品中测量。

图 5-23 显示了一个为工业研究中心工作的样品处理系统。这种样品处理系统（称为测角仪）可以装载 20 个样品（见图 5-24）。测角仪可以由 LabView™ 程序控制，该程序允许从 RBS 收集无人值守的数据和轴向通道测量损伤分布。离子束分析系统的控制在相关文献中讨论过[50]。

图 5-23 为工业研究中心自动 RBS 和 ERDA 测量开发的测角仪系统

图 5-24 测角仪中样品轮的前（右）面和后（左）面

图 5-25 和图 5-26 显示了用于薄膜分析的现代系统。该系统基于一个低能 500kV 单端加速器和现代固态高压电源，利用双聚焦磁偶极子谱仪和多通道平板探测器测量了散射粒子的能量。低能离子与磁谱仪结合，使其表面具有亚纳米分辨率的能力。作为一个交钥匙系统，它占地面积小、可用性强，适合工业研发环境。该系统仪器及其前身已安装在日本的一些工业装置中。这些系统非常灵活，可用于薄膜晶格应变的 ERDA 和沟道分析。在质量保证（QA）应用中，可能需要晶格应变测量来补充和标准化传统的 X 射线振动曲线测量（如分子束外延产生 III-V 外延层，需要熟练的设置来校准样品）。尽管这个过程已经自动化，如使用 LabView™ 环境，但是对于 QA 应用程序来说，它可能太慢并且难以解释。然而，这种测量当然属于工业研发装置的范围。该分析工具占地面积为 2m×1.5m，与

SIMS 仪器相当甚至更小、价格相近。NEC 也在销售一种类似的能够实现纳米深度分辨率的自动 RBS 终端站。

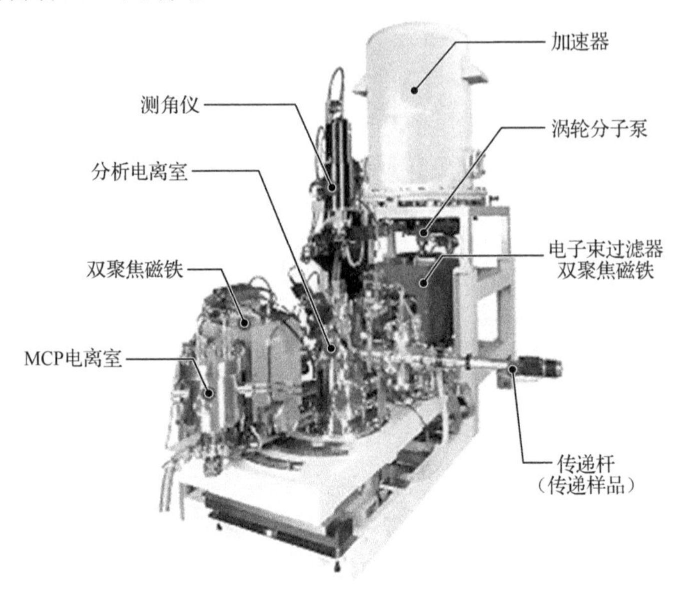

图 5-25　完整的桌面 RBS 薄膜分析系统，适用于工业开发装置

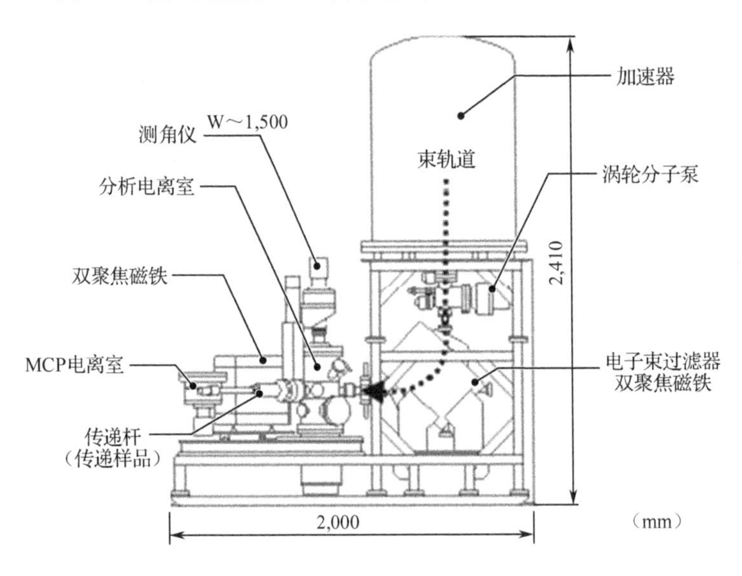

图 5-26　桌面 RBS 薄膜分析系统示意图

危险品和环境管理在工业中变得越来越重要。除了可能对环境造成危害的样品本身之外，加速器还经常使用有害物质。例如，用于离子源的碱性金属（Li、Na、Cs、Rb）和施压气体（He、H_2、O_2 等）及压力容器中广泛使用的 SF_6 介电气

体。欧盟将 SF_6 列为与氟利昂并列的温室气体，须遵守特殊处理法规。然而，这并不代表是一个重要的问题，因为现代加速器系统可以提供一个再循环系统，使气体几乎 100%重复使用。

加速器产生电离辐射。这是由于电子沿加速管逆向流动，以及由束流中的高能离子撞击诸如准直孔等组件而引起的核反应。现代的加速器具有特殊的电极设计，或加入了磁抑制装置，以减轻高能回流电子撞击加速电极或其他加速器部件时形成的电离 X 射线。可以通过安装铅屏蔽以衰减 X 射线，如 ERDA 中使用的重离子，由于能量太低而不会引起显著的核反应。对于离子束分析中使用的中等能量（0.5～2MeV）质子和 ^{4}He 离子。使用铅板可以有效地将孔径周围的辐射水平降低到亚背景水平。更详细的讨论可以在一本手册中找到[51]。

在过去的 30 年中，离子束分析设备在工业领域的总销售额约 2,300 万美元，占总销售额的 25%～30%，其余的则流向大学实验室（通常用于工业研究）。有证据表明，美国和欧洲的工业市场已经成熟。值得注意的是，交钥匙工业离子束分析系统的成本约为 70 万美元，可与良好的透射电子显微镜或先进的扫描电子显微镜/电子束光刻系统相媲美。

致谢

芬兰捷瓦斯基拉大学的蒂莫萨贾瓦拉提供了 RBS 光谱并进行了计算机模拟。这些数据的样品由拉皮兰塔理工大学的戈马西·纳塔拉扬和戴维·卡梅伦教授慷慨提供。隆德大学工程学院的麦克斯·斯特拉德伯格先生精心准备了文中多图。I.缪尔、G.诺顿和 E.吉田先生以不同的方式向作者提供了具体的帮助。

本文是哈里·J.惠特洛在芬兰捷瓦斯基拉大学物理系时编写的，并得到了芬兰科学院核和加速器物理学卓越中心的支持。

5.6 参考文献

[1] R. Hellborg, H. J. Whitlow and Y. Zhang, Eds., *Ion Beams in Nanoscience and Technology* (Springer, Heidelberg, 2009), doi: 10.1007/978-3-642-00623-4.

[2] D. Brune, R. Hellborg, H. J. Whitlow and O. Hunderi, Eds., *Surface Characterisation* (Wiley-VCH Weinheim, 1997).

[3] M. B. H. Breese, in *Handbook of Modern Ion Beam Analysis*, Eds. Y. Wang and M. Nastasi (Materials Research Society, Pittsburg, 2009), pp. 285-303.

[4] J. Castaing and M. Menu, *Nucl. Phys. News* **16**(4), 4-10 (2006).

[5] T. Calligaro *et al., Nucl. Instr. Meth.* **B161-163**, 328-333 (2000).

[6] *Proc. 19th Int. Conf. on Ion Beam Analysis, Nucl. Instr. Meth. B*, to be published.

[7] R. Hellborg, in *Electrostatic Accelerators: Fundamentals and Applications*, Ed. R. Hellborg (Springer Verlag, Heidelberg, 2005), pp. 4-23.

[8] J. D. Cockcroft and E. T. S. Walton, *Proc. Roy. Soc. A* **136**, 619 (1932) and **137**, 229 (1932).

[9] R. Hellborg, in *Electrostatic Accelerators: Fundamentals and Applications*,Ed. R. Hellborg (Springer Verlag, Heidelberg, 2005), pp. 104-109.

[10] D. J. W. Mous, J. Visser, A. Gottdang and R. G. Haitsma, *Nucl. Instr. Meth.* **219/220**, 480-484 (2004).

[11] R. J. Van de Graaff: *Phys. Rev.* **37**, 1919-1920 (1931).

[12] R. Hellborg, Ed., *Electrostatic Accelerators — Fundamentals and Applications*(Springer Verlag, Heidelberg, 2005).

[13] *Proc. 11th Int. Conf. on Heavy Ion Accelerator Technology (HIAT 09)*, online publication at http://epaper.kek.jp/HIAT2009/.

[14] S. A. E. Johansson, J. L. Campbell and K. G. Malmqvist, Eds., *Particle Induced X-ray Emission Spectrometry (PIXE)* (Wiley & Sons, New York, 1995).

[15] Th. B. Johansson, R. Akselsson and S. A. E. Johansson, *Nucl. Instr. Meth.* **84**,141-143 (1970).

[16] W. Maenhaut and K. G. Malmqvist, in *Handbook of X-ray Spectrometry: Methods and Techniques*, Eds. R. E. van Grieken and A. A. Marcowicz (M. Dekker, New York, 1992), pp. 517-582.

[17] G. Calzolai *et al., Nucl. Instr. Meth.* **B249**, 928 (2006).

[18] J. L. Campbell, in *Handbook of Modern Ion Beam Analysis*, Eds. Y. Wang and M. Nastasi (Materials Research Society, Pittsburg, 2009), pp. 231-245.

[19] A. Anttila, R. Hänninen, J. Räisänen, *J. Radioanal. Chem.* **62**, 441 (1981).

[20] P. A. Mando, *Nucl. Phys. News Int.* **19**(1), 5-12 (2009).

[21] I. Giles and M. Peisach, *J. Radioanal. Chem.* **50**, 307 (1979).

[22] R. Mateus, A. P. Jesus and J. P. Ribeiro, *Nucl. Instr. Meth.* **B219/220**,519-523 (2004).

[23] J. Räisänen, in *Handbook of Modern Ion Beam Analysis*, Eds. Y. Wang and M. Nastasi (Materials Research Society, Pittsburg, 2009), pp. 147-173.

[24] R. Hellborg and G. Skog, *Mass Spec. Rev.* **27**(5), 398-427 (2008).

[25] *Proc. 12th Int. AMS Conference*, to be published in *Nucl. Instr. Meth. B*.

[26] J. F. Ziegler, J. P. Biersack and U. Littmark, *The Stopping and Range of Ions in Solids* (Pergamon Press, New York, 1985).

[27] J. F. Ziegler, http://www.srim.org/no.SRIM.

[28] M. O. Thompson, http://www.genplot.com/doc/index.htm.

[29] M. Mayer, in *Proc. 15th Int. Conf. on the Application of Accelerators in Research and Industry*, AIP Conf. Proc. Vol. 475 (American Institute of Physics, New York, 1999), p. 541.

[30] C. Jeynes *et al., J. Phys. D: Appl. Phys.* **36**, R97-R126, doi: 10.1088/00223727/36/7/201.

[31] J. A. Leavitt, L. C. McIntyre and M. R. Weller, in *Handbook of Modern Ion Beam Analysis*, Eds. J. R. Tesmer *et al.* (Materials Research Society,Pittsburgh, 1995), pp. 37-81.

[32] W.-K. Chu, J. W. Mayer and M.-A. Nicolet, *Backscattering Spectrometry* (Academic Press, New York, 1978).

[33] G. Götz and K. Gärtner, *High Energy Ion Beam Analysis of Solids* (Akademie-Verlag, Berlin, 1988).

[34] Y. Wang and M. Nastasi, Eds., *Handbook of Modern Ion Beam Analysis* (Materials Research Society, Pittsburg, 2009), Part 1.

[35] M. L. Swanson, in *Handbook of Modern Ion Beam Analysis*, Eds. J. R. Tesmer *et al.* (Materials Research Society, Pittsburgh, 1995), pp. 231-300.

[36] J. W. Mayer and E. Rimini, Eds., *Ion Beam Handbook for Materials Analysis*(Academic Press, New York, 1977).

[37] Y. Wang and M. Nastasi, Eds., *Handbook of Modern Ion Beam Analysis* (Materials Research Society, Pittsburg, 2009), Part 2.

[38] J. C. Barbour and B. L. Doyle, in *Handbook of Modern Ion Beam Analysis*, Eds. J. R. Tesmer *et al.* (Materials Research Society, Pittsburgh, 1995), pp. 83-138.

[39] H. J. Whitlow, in *Proc. High Energy and Heavy Ion Beams in Materials Analysis Workshop* (Materials Research Society, Pittsburgh, 1990), pp. 243-256.

[40] H. J. Whitlow, G. Possnert and C. S. Petersson, *Nucl. Instr. and Meth.* **B27**,448-457 (1987).

[41] H. J. Whitlow, in *Proc. High Energy and Heavy Ion Beams in Materials*

Analysis Workshop (Materials Research Society, Pittsburgh, 1990), pp. 73-87.

[42] A. Sagari *et al., Nucl. Instr. Meth.* **B216**, 719-722 (2007).

[43] J. Kantele, *Handbook of Nuclear Spectroscopy* (Academic Press, London, 1995),p. 235.

[44] H. J. Whitlow and R. Hellborg, in *Surface Characterisation*, Eds. D. Brune,R. Hellborg, H. J. Whitlow and O. Hunderi (Wiley-VCH, Weinheim, 1997),pp. 244-253.

[45] F. A. Rickey, in *Handbook of Modern Ion Beam Analysis*, Eds. J. R. Tesmer *et al.* (Materials Research Society, Pittsburgh, 1995), pp. 21-44.

[46] G. Blondiaux, J.-L. Debrun and C. J. Maggiore, in *Handbook of Modern Ion Beam Analysis*, Eds. J. R. Tesmer *et al.* (Materials Research Society,Pittsburgh, 1995), pp. 205-230.

[47] K. Strijckmans, in *Surface Characterisation*, Eds. D. Brune, R. Hellborg, H. J. Whitlow and O. Hunderi (Wiley-VCH Weinheim, 1997), pp. 169-175.

[48] G. Blondiaux, J.-L. Debrun and C. J. Maggiore, in *Handbook of Modern Ion Beam Analysis*, Eds. J. R. Tesmer *et al.* (Materials Research Society,Pittsburgh, 1995), pp. 619-641.

[49] M. Laitinen *et al., Radiation Protection Dosimetry* **131**, 212 (2008), doi:10.1093/rpd/ncn162.

[50] H. J. Whitlow, in *Ion Beams in Nanoscience and Technology*, Eds. R. Hellborg, H. J. Whitlow and Y. Zhang (Springer, Berlin, Heidelberg, 2009), pp. 431-439, doi: 10.1007/978-3-642-00623-4.

[51] P. M. DeLuca Jr, J. R. Tesmer and P. Rossi, in *Handbook of Modern Ion Beam Materials Analysis, Second Edition*, Eds. Y. Wang and M. Nastasi (Materials Research Society, Pittsburgh, 2009), pp. 425-434.

第 6 章　利用粒子加速器生产中子和中子应用

大卫 • L. 奇切斯特
爱达荷国家实验室
美国，爱达荷瀑布弗里蒙特大道 2525 号，ID83415
david.chichester@inl.gov

中子科学的进步与粒子加速器的发展，这两个领域从一开始就是并驾齐驱的。早期的加速器系统仅仅是为了生产中子而研发的，科学家可以通过它研究中子的性质及中子与物质的相互作用，但是人们很快意识到它们有更多的实际用途。如今，这些系统被广泛应用于矿物分析、油井测井、射线照相和爆炸物探测等领域。本章介绍了粒子加速器生产中子的不同方法，对该加速器的发展历史进行了概述，叙述了工业领域使用的生产中子的粒子加速器及其发展趋势。

6.1　引言

科克罗夫特和沃尔顿在粒子加速和嬗变方面的开创性工作，以及查德威克在 1932 年发现中子的几年内，人们认识到可以利用加速器经氘-氘（DD）分解（$^{2}H + {}^{2}H \rightarrow {}^{3}H + n$）产生中子反应[1-5]。这些发现，连同剑桥大学卡文迪什实验室的其他相关工作，改变了实验核物理研究的方式，并认识到粒子加速器在核物理实验中的作用，更多的研究人员很快就走上了这条道路[6-8]。随着基本构造块的到位，这些早期的研究人员很快就发现了“电子”中子源在学术、医学和工业领域的潜在商业价值[9-13]。

从那时起，基于粒子加速器的中子源（在本章中也称为电子中子发生器或 ENG）被广泛应用，大多数应用规模较小，但是，在石油工业的地球物理勘探中，小型真空密封（也称为“紧凑型”或“密封管”）ENG 的应用是最突出的。除了这种广泛的应用之外，其他有趣但使用频率较低的用途还有射线照相、材料特性研究、在线散装材料分析、核材料分析、人体和动物身体成分研究及辐射效应测试。

首先，在许多中子应用中，ENG 具有优于放射性同位素中子源的几个特点，如自发裂变同位素锎252（^{252}Cf）或 α 发射放射性同位素与低 Z 元素（如锂或铍）的混合物，它们通过（α,n）反应产生中子。或许最重要的优势是加速器可以关闭，极大地简化了安全、运输和储存方面的问题。其次，在大多数情况下，加速器源可以产生中子脉冲。脉冲源开启了稳态源无法轻易完成的额外测量方法，包括中子衰减时间分析。脉冲源还允许在没有产生中子的时间段收集数据，这可以产生更强的信噪比。再次，在 ENG 中使用的几种反应产生单能中子束，这在许多应用中也是一个有用的特性。最后，通过使用非常短的脉冲或相关的粒子时间标记技术，一些 ENG 使飞行时间（ToF）测量成为可能。

当然，与放射性同位素源相比，ENG 有几个局限性。例如，放射性同位素的操作可靠性本质上是完美的，它们不会停止产生中子。相比之下，加速器是一种复杂的设备，容易受到外部原因（如功率损失、冲击和振动、极端高温）和内部原因（如部件故障、真空泄漏和离子束靶劣化）的多种故障模式的影响。此外，对于小于 10^9n/s 的中子强度，放射性同位素源比基于加速器的系统便宜，尽管源强度越高，与放射性同位素相关的存储、包装和处理也变得非常重要。

同样重要的是 ENG 比任何放射性同位素源都大得多。通过图 6-1 可以立即看出这一点，图中显示了典型的多功能便携式 ENG。相比之下，产生相同中子强度所需的 ^{252}Cf 源的体积小于 2cm^3。中子源的尺寸大小在石油工业中具有特别重要的意义，因为在石油工业中，仪器仪表的设计必须符合小直径钻孔的要求。它在其他应用中也很重要，特别是当需要中子慢化材料或为定制发射中子能谱而设计更复杂的组件时，因为这些组件的尺寸和重量可以迅速增加，这取决于必须容纳的加速器的外部尺寸。

图 6-1　用于有源中子探测的原型设置中的紧凑型 ENG（左）正在检测一个立方体胶合板

关于放射性同位素源的拥有成本，基于入门成本（每个初始中子发射率的成本）或所有权总值（每个总发射中子的成本），多年来一直是放射性同位素优于 ENG。无论是 ^{252}Cf 的这样的短半衰期源和还是 ^{241}AmBe 这样的较长半衰期源都是如此。紧凑型 ENG 的使用寿命目前仅为几千小时（随着时间的推移而产生衰减），之后需要翻新和更换部件，而更大、更高产额的系统通常需要定期的维护。相比之下，放射性同位素中子源在需要更换之前，可以保持几年或几十年的基本稳定输出。

尽管存在这些缺点，但 ENG 已经在许多细分领域中得到了应用。将来，与放射性同位素源相比，这些设备的使用可能在绝对值和相对值方面都有所增长。辐射检测和测量技术的进步正在稳步推进，主要得益于基础物理、医学和生命科学的应用。这些领域开发的新技术正在被工业部门所采用，并将会扩大中子应用的广度和深度。此外，政府对放射性同位素源生产的历史补贴正在减少，导致价格上涨、可预测的可用性降低，从而使其在经济上处于不利地位。同时，基于商用加速器的解决方案继续变得更加高效和具有成本效益。最后，政府和公众对使用工业放射性同位素的接受程度正在下降，人们担心安全性差，以及盗窃、滥用和可能用于放射性武器（放射性扩散装置）的可能性。美国国家研究委员会（USNRC）和北大西洋公约组织（NATO）的报告强调了这些担忧，许多组织努力为所有现有放射性同位素源开发基于加速器的替代品[14,15]。

本章的主要目的是介绍加速器中子源所使用的技术，并描述其工业应用。这包括对各种核反应和可用于生产中子的加速器类型的相当详细的讨论，以及它们在工业中使用的一些例子。虽然有几种不同类型的加速器已被用于在工业环境中生产中子，但密封管 ENG 系统是最广泛的，因此特别受重视。大型加速器中子系统如阿贡国家实验室的强脉冲中子源（IPNS）、洛斯阿拉莫斯国家实验室的洛斯阿拉莫斯中子科学中心和橡树岭国家实验室的散裂中子源（SNS），不在本章的讨论范围内。规模和复杂性使它们成为独特的研究工具，与这里所涉及的更广泛的商业系统和工业应用相去甚远。而且，尽管如此，中子科学装置确实在支持工业研究，它们的主要任务仍然是基础科学研究。虽然本书提供了一些基于加速器中子源设计和操作的基本知识，但对更多细节感兴趣的读者，可以参考几本关于基础技术的优秀书籍[16-19]。

6.2　中子产额

中子不同于工业应用中使用的其他形式的辐射，它是中性的，不会因为电磁相互作用而产生反应，这使它与电子、正电子、离子和光子之间的相互作用不敏感。因此，中子的主要作用对象是原子核而不是原子核周围的电子云。因此它们对同一元素的不同同位素特别敏感，从而成为研究物质核结构的理想探针。在这些相互作用中，中子的动能决定了发生相互作用的概率和类型。在高能（MeV）下，中子的相互作用主要是非弹性散射，而在热能（eV）下，中子俘获占主导地位。

一个有趣的事实是，在自由状态下（即不束缚在原子核中），中子是不稳定的，会发生放射性衰变，变成质子，如式（1）所示，寿命为886s：

$$n^0 \rightarrow p^+ + e^- + \overline{\nu}_e \tag{1}$$

中子质量（1.0087u）与质子质量（1.0073u）几乎相同，这一重要而有用的特性对中子与物质的相互作用有很大的影响。这意味着，中子在含氢材料中的一次弹性散射可以将能量几乎完全转移，从而它能把快中子密度快速降至热能范围。

6.2.1 离子反应

轻核聚变是用加速器生产中子的最常用方法，表6-1列出了这些反应中最常见的反应。虽然存在其他反应，但这些反应是最有效和最容易使用的。

表6-1 常用的中子生成反应

反应	速记	Q值（MeV）	阈值（MeV）	最小生成能量（MeV）
$^2H+^2H \rightarrow ^3He+n$	^2H（d,n）^3He	+ 3.269	NA	^3He:0.82,n:2.45*
$^2H+^3H \rightarrow ^4He+n$	^3H（d,n）^4He	+ 17.589	NA	^4He:3.54,n:14.5
$^1H+^7Li \rightarrow ^7Be+n$	^7Li（p,n）$^7Be^†$	−1.644	1.880	^7Be:0.21,n:0.03
$^2H+^7Li \rightarrow ^8Be+n$	^1H（7Li,n）$^7Be^†$	−1.644	13.094	^7Be:10.0,n:1.44
$^2H+^7Li \rightarrow ^8Be+n$	^7Li（d,n）^8Be	15.031	NA	^8Be:1.68,n:13.35
$^1H+^9Be \rightarrow ^9B+n$	^9Be（p,n）^9B	−1.850	2.057	^9B:0.18,n:0.023
$^2H+^9Be \rightarrow ^{10}Be+n$	^9Be（d,n）^{10}B	+4.361	NA	^{10}B:0.40,n:3.96

* ^2H +^2H（DD）生成中子的概率与生成 ^3H+p 的概率大致相同。

† 这种反应有竞争性的最终产品。

原则上，这类核反应的最终产物的方向和动能由初始核的能量和动量决定。特别是，理论上中子能量可以根据公式（2）确定为入射粒子能量的函数[20]：

$$E_3^{1/2} = \frac{(M_1M_3E_1)^{1/2}\cos\theta \pm \{M_1M_3E_1\cos^2\theta + (M_3+M_4)[M_4Q+(M_4-M_1)E_1]\}^{1/2}}{M_3+M_4} \tag{2}$$

用速记法把这种反应称为“2（1,3）4”。其中入射粒子1与固定靶核2反应生成子产物 3（一个中子）和 4，E1 为入射粒子能量，E3 为中子能量，M1 为入射粒子质量，M3 为中子质量，M4 是关联子核质量，Q 为反应能（放热反应为正，吸热反应为负）。1 向 2 的方向定义了反应发生后的中子发射角 θ。对于表 6-1 中所列的六个正向（θ=0°）和反向（θ=180°）的发射中子的反应，如图 6-2 所示。注意，该图没有显示反应发生的概率，只有反应发生时产生的中子。此外，这些中子能量是非常薄的靶的理论估计。对于厚靶，在每种情况下都会生产中子，从最大能量到最小能量都是连续的。

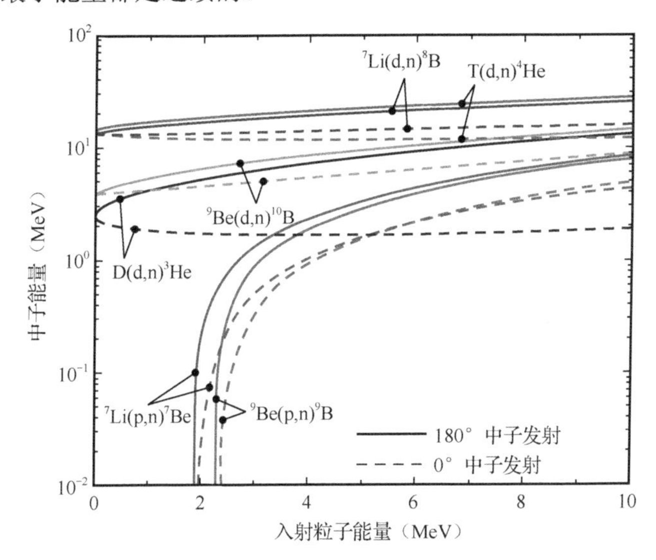

图 6-2　相对于输入光束方向在 0° 和 180° 时，反应 X（p/d,n）Y 与束（p 或 d）入射的能量产生的中子能量曲线

对于放热反应，对于给定的入射粒子能量，在每个观察角上只可能产生一个中子能量，而对于所有入射能量，都可能生产中子。然而，中子产生反应发生的概率并不等于所有入射能量，库仑斥力通常使低离子束能量的概率消失得很小。在吸热反应中，要使反应成功进行，束流能量必须超过式（3）中定义的阈值 E_1^{th}。如果入射光束能量超过 E_1^{th}，但小于式（4）中给出的第二临界值 E_1'，则每个发射角可能有两个中子能量，即式（2）中“±”的含义。这种双值中子能量现象仅存在于吸热反应中，它反映了这样一个事实，即直到质心坐标系中的中子速度达到或超过坐标系本身的速度，中心的正向中子才会出现。在实验室系统中，可以由相反的方向观察到质心系统中的正向中子[16]。对于 ^{7}Li（p,n）^{7}Be 反应，这种效应如图 6-3 所示。

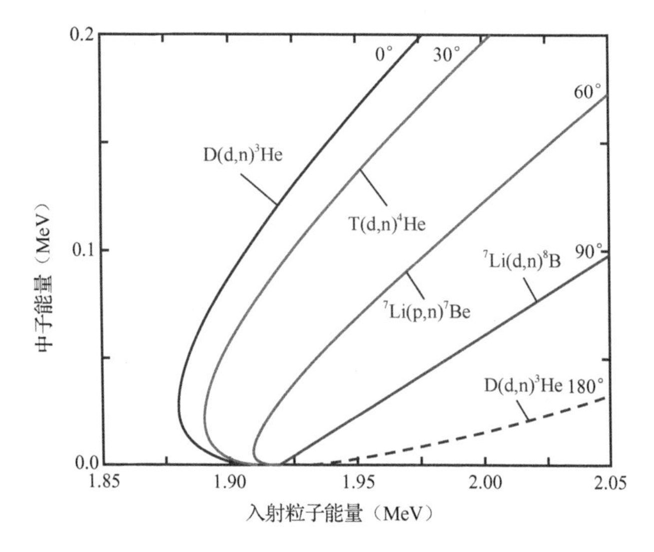

图 6-3 ^{7}Li（p,n）^{7}Be 反应的低能区，显示出正向角发射的中子能量的双值性质

$$E_1^{th} = \frac{-Q(M_3 + M_4)}{M_3 + M_4 - M_1} \tag{3}$$

$$E_1' = \frac{-QM_4}{M_4 - M_1} \tag{4}$$

这些反应的中子产额基于其能量依赖性反应概率，如在它们的反应截面中表示的那样。图 6-4 显示了几个反应的截面。但是，实际上，其他几个因素会影响加速器产生的中子产额。当加速离子束撞击靶时，与核捕获相比，更有可能发生弹性散射。这会导致离子在穿过一个相当厚的靶时失去能量，从而产生一个连续的能量，在该能量范围内，从非常低的能量到入射束能量都可以发生聚变。这被称为厚靶效应，它对观测到的中子产额与束流能量有着重要的影响。

另一个影响中子产额与束流能量的因素是加速束由原子、分子或它们的某些组合构成。例如，利用离子源中的氢气可以同时加速氢（H）和氢离子（H_2）。在几乎所有的情况下，这两种离子都有一部分存在，当使用更热的等离子体源（如射频离子源）和更多的分子离子时，原子种类会更多；当使用较冷的温度离子源（如冷阴极源）时，分子离子种类较多。对于分子离子，可以通过假设离子分裂成其组成部分，每个原子拥有加速能量的重量分数来近似地描述与靶的相互作用。因此，如果是 H_2 分子被加速到 100keV 并击中靶，中子的产生可以近似为两个单独的 H 原子击中靶，每个 H 原子的动能为 50keV。从图 6-2 可以看出，在每个发射角都有两种不同的中子能量，其强度取决于离子束的原子/分子比。影响中子产额的第三个因素是靶的材质和结构[22]。例如，在紧凑的 ENG 中发生氘和氚反应时，通常使用一种氢化物金属截留剂，如钛、锆或铒，它可以在晶格结构中储存氢。这些靶的产额可能会有很大的不同，它们的密度可能不同，因此它们保留不同浓度的氢同位素取决于几个因素，包括制备步骤和靶温度。

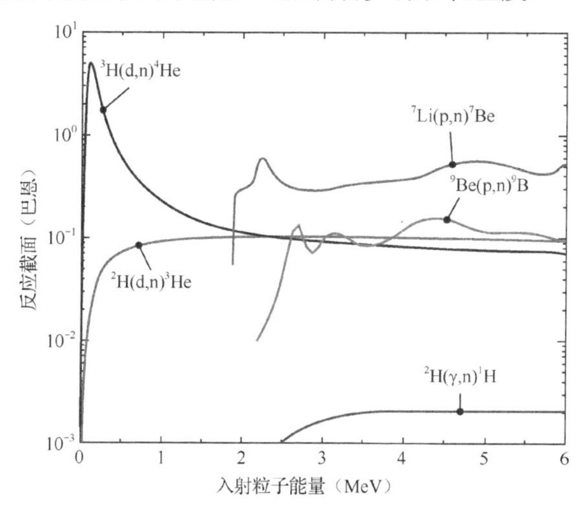

图 6-4　几种基于加速器的中子产生反应的反应截面[21]

表 6-1 中列出的反应与 ^{9}Be 光中子反应的厚靶中子产额与入射能量的关系如图 6-5 所示。DD 和 DT 数据来自绍普 [22]，指的是完全负载的钛靶，氘打在 TiD_2 上产生 ^{2}H(d,n)^{3}He 反应，打在 TiT_2 上产生 ^{3}H(d,n)^{4}He 反应。其他数据来自霍克斯沃思[23]。

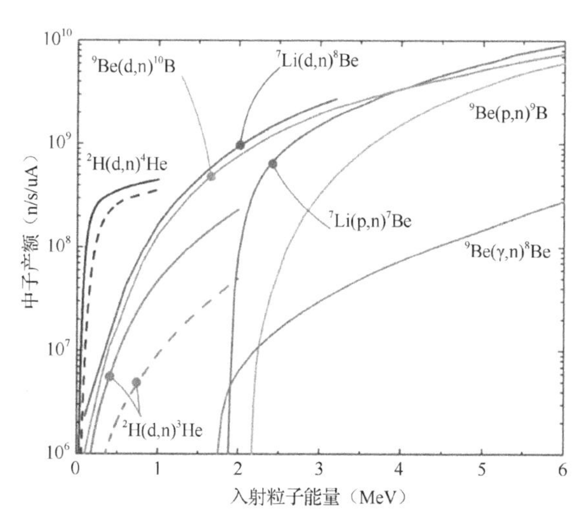

图 6-5　几种反应的中子总产额随束流能量的变化

1）$^{2}H+^{2}H \rightarrow ^{3}He+n$

DD 聚变反应是一种简单易行的中子产生技术。这个反应是放热的，在束能量约 100keV、束流为 100μA 时它的截面产生一个有用的中子产额。这个反应从 2.5MeV 开始产生中子。如图 6-6 所示，它们在低能量下大多是单能的，但在高能情况下则不一定。在较高能量下，当氘的能量超过 4.45MeV 时，将会发生 ^{2}H(d,np)^{2}H 裂变反应，并且在中子能谱中引入第二能组。另一个更复杂的情况来自在竞争反应 ^{2}H(d,p)^{3}H 中产生的氚，其反应截面近似与 ^{2}H(d,n)^{3}He 相同。这在一些高产额、密封的 ENG 中一直是个问题，因为氚的积累最终将导致 DT 反应引入更高能量的中子污染[24]。

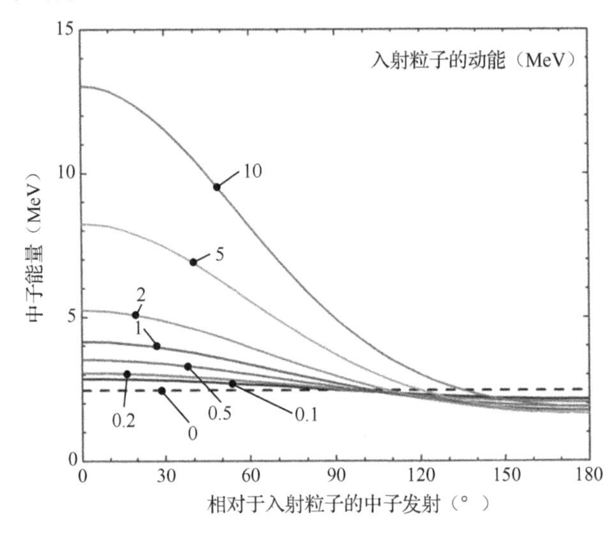

图 6-6　^{2}H(d,n)^{3}He 聚变反应的理论中子能谱与不同入射光束能量的发射角关系

^{2}H(d,n)^{3}He 反应的 Q 值较低，导致低束能量下正向各向异性中子产额，相对产量下降 4 倍，从 0° 到 90° 的氘束能量为 0.5MeV[19]。与 DT 聚变相比，这种反应的低产额限制了它在许多应用中的使用，但它有时会被 DD 中子的低能量所补偿。这对于需要热中子或超热中子的应用可能是一个大的优势。

2）$^{2}H+^{3}H \rightarrow ^{4}He+n$

DT 聚变反应是紧凑型 ENG 中最常用的中子产生反应。对于低输入束能量（<1MeV），它的中子产额是最高的。如图 6-7 所示，它产生束能量约 100keV（这是密封管 ENG 的典型值）的单能中子。这个高 Q 值使得 DT 中子源在近低束能量下与同位素源非常接近[19]。然而，在 DT 密封管系统中，氘和氚的存在让中子

能谱变得复杂，而分子束离子源的使用会使中子谱加深了这一点。与 DD 反应一样，裂变反应在氘能超过 3.71MeV 的输出光谱中增加了第二个中子能组。

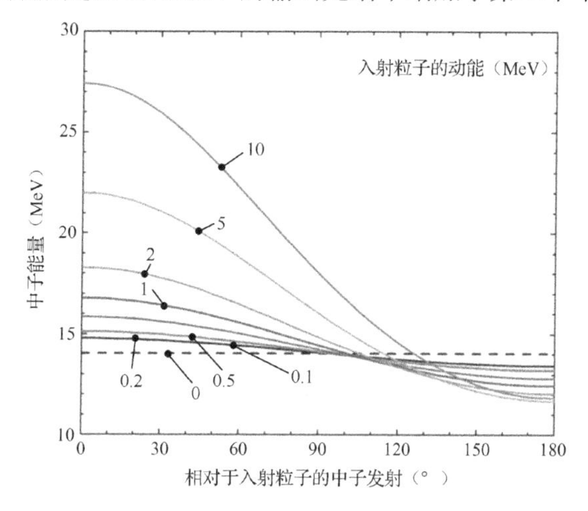

图 6-7 ^{3}H（d,n）^{4}He 聚变反应的理论中子能谱与不同入射光束能量的发射角关系

从历史角度来看，由于氚泄漏的可能性，其在加速器系统中的存在确实带来了一些辐射安全与污染控制相关的挑战。虽然密封管系统中可能会发生气体泄漏，但这并不能成为这些系统商业化的障碍，并且在现代商用密封管 ENG 中也不再是问题。然而，开放式真空 ENG 的情况却并非如此，我们将在后文中进行讨论。

3）^{1}H+^{7}Li→^{7}Be+n

由 ^{7}Li（p,n）^{7}Be 反应产生的前向聚焦、相对低能的中子光谱，推动了其在某些领域的应用。如图 6-8 所示，当入射质子能量仅略高于反应阈值能量（1.88MeV）时，在正向 60° 发射锥中产生中子，能量大于 0.1MeV。在探测应用中，这使得更多的中子被导向目标，从而提高了对各向同性源的效率。前向中子束也限制了后角辐射，从而降低了屏蔽要求。该反应以小角度产生两种能量的中子，如前所述，在较厚的靶中，由于靶中的离子束能量损失，出现连续的低能中子现象。在李 • C.L 的博士论文中，很好地介绍了该反应的预期中子谱[25]。

当入射质子能量超过 2.37MeV 时，能谱将变得更加复杂。在这个能量下，剩余的 ^{7}Be 原子核将停留在它的第一激发态（0.429MeV），这会导致另一个更低的中子能组，就像入射质子束能量小于 0.429MeV 一样。由于引入了 ^{7}Li(p,n^{3}He)^{4}He 反应通道，当能量增加到 3.69MeV 以上时，就会出现额外的复杂性，而在 7.11MeV 以上则会打开通道，以激发 4.57MeV 水平的 ^{7}Be。该反应将带来一项工程上的挑战，设计一个冷却足够好的锂靶，以防止高功率质子束带来的损害[26]。

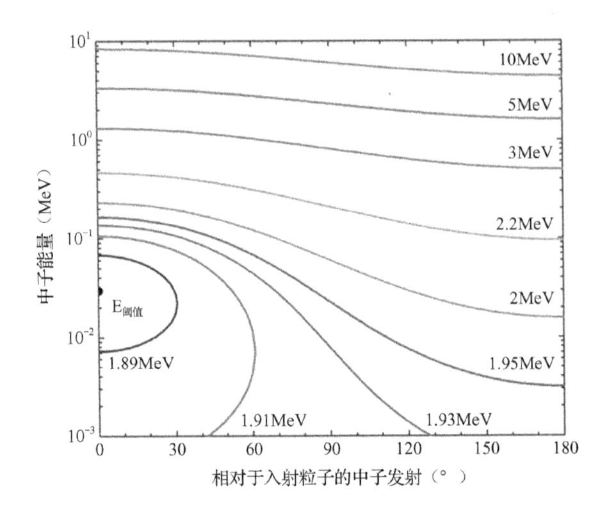

图 6-8　$^7Li(p,n)^7Be$ 聚变反应的理论中子能谱与不同入射光束能量的发射角关系

4）$^2H+^7Li \rightarrow ^8Be+n$

使用 ^7Li 靶来产生中子的另一种方法是通过 $^7Li(d,n)^8Be$ 反应。这是一种与 DT 反应类似的具有高 Q 值的放热反应。在较低的氘核束能量下，它在所有发射角产生一般单能（±0.5MeV）的高能中子能谱，如图 6-9 所示。然而，与 DT 反应相比，反应截面随能量增加而增加的强度较小，氘的能量需要达到 1MeV 才能达到相当的中子产额（见图 6-5）。尽管如此，当需要高能中子时，这种反应仍是 DT 聚变的一个有吸引力的替代方案，因为它避免了氚的使用。不过锂靶的冷却问题仍然是一个缺点。

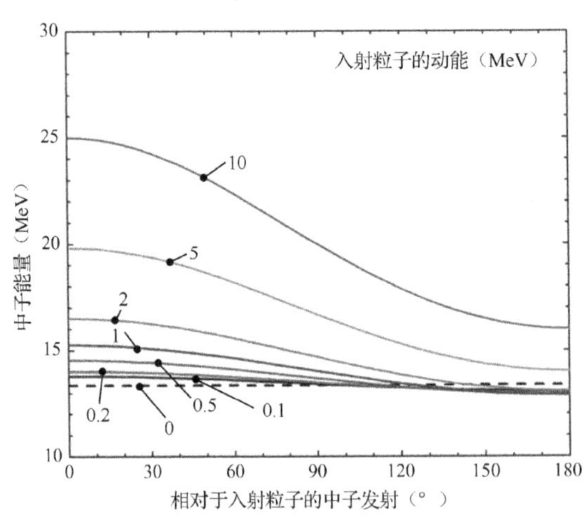

图 6-9　$^7Li(d,n)^8Be$ 聚变反应的理论中子能谱与不同入射光束能量的发射角关系

5）$^{1}H+^{9}Be \rightarrow ^{9}B+n$

$^{9}Be(p,n)^{9}B$ 是一种临界能量为 2.057MeV 的吸热反应，其中子产额与 $^{7}Li(p,n)^{7}Be$ 相似。当质子束能量刚好高于这个阈值时，将发生双值反应并向前发射中子，如图 6-10 所示。尽管需要稍高的质子能量或更大的束流才能获得相当的中子产额（见图 6-5），但铍卓越的机械性能和较高的熔点使其能够承受更高的束流密度。由铍制造靶材并根据需要进行强制冷却比较容易，这使其更适合常规的工业应用。与锂一样，铍靶中的束流分散现象（即能量损失）也会在峰值之下产生连续的中子能。

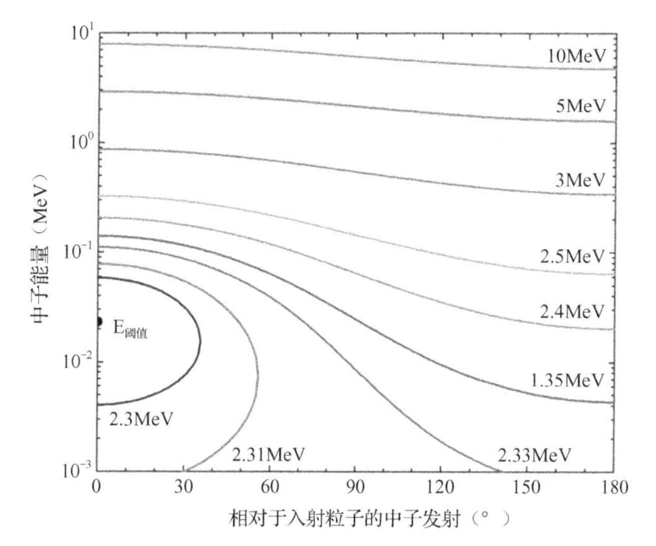

图 6-10 $^{9}Be(p,n)^{9}B$ 聚变反应的理论中子能谱与不同入射光束能量的发射角关系

6）$^{2}H+^{9}Be \rightarrow ^{10}B+n$

最常用的中子产生反应是 $^{9}Be(d,n)^{10}B$，与锂和铍与质子的反应相似，这种放热反应的中子产额的能量依赖性与 d+^{7}Li 反应相似。然而，在 Q 值为 4.361MeV 时（约为锂反应的三分之一），中子能谱从 4MeV 附近开始，如图 6-11 所示。在某些情况下，低能中子的输出与单能各向同性中子源的近似，对于需要热中子或超热中子的应用，是一种理想的特性。

7）其他两体离子反应

除了上面描述的轻离子反应外，还有许多其他的两体离子反应可用于加速器产生中子。表 6-2 列出了一些产生具有不同能量特性的单能中子，并且根据束靶选择，产生不同程度的前向聚焦的中子。第一个使用氚靶的反应，可能是这类反应中最通用的[27]。当使用气体薄靶时，$^1H+^3H$ 反应在较宽的能量范围内产生近单能中子。然而，负 Q 值使其在传统的低压密封管 ENG 中不再被考虑，并且在开放式真空系统中对氚处理基础设施的需求增加了额外的复杂程度，这在工业系统中通常是不可接受的。

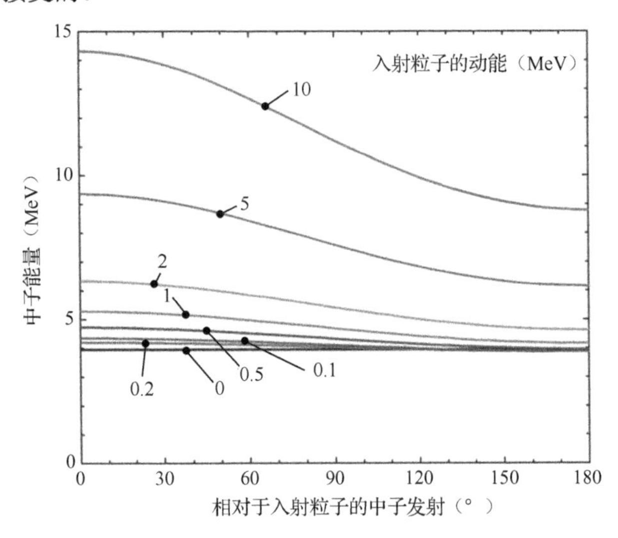

图 6-11 $^9Be(p,n)^{10}B$ 聚变反应的理论中子能谱与不同入射光束能量的发射角关系

表 6-2 可能对中子应用有用的其他反应[33,34]

反　　应	Q 值（MeV）	阈值能量（MeV）
$^1H+^3H→^3He+n$	−0.764	1.019
$^3H+^3H→^4He+2n$	11.332	NA
$^1H+^6Li→^6Be+n$	−5.071	5.920
$^2H+^6Li→^7Be+n$	3.381	NA
$^1H+^{10}B→^{10}C+n$	−4.430	4.876
$^2H+^{10}B→^{11}C+n$	6.465	NA
$^1H+^{11}B→^{11}C+n$	− 2.765	3.018
$^2H+^{11}B→^{12}C+n$	13.732	NA
$^1H+^{12}C→^{12}N+n$	−18.121	19.642
$^2H+^{12}C→^{13}N+n$	−0.281	0.328
$^1H+^{13}C→^{13}N+n$	−3.003	3.235
$^2H+^{13}C→^{14}N+n$	5.326	NA
$^1H+^{36}Cl→^{36}Ar+n$	−0.073	0.075
$^1H+^{51}V→^{51}Cr+n$	−1.535	1.565

本表中所列的反应，都能产生有用的中子谱[28,29]，特别是质子和氘核在硼上的反应。在任何情况下，特别是当母核的质量和复杂性增加时，必须额外地注意那些裂变反应之间的竞争关系，它们的存在和相互之间的影响会使单能谱变得更加复杂化[30]。同时，随着靶核质量的增加，高能 γ 射线也随之产生。一个典型的例子是 $^{2}H+^{11}B$ 反应产生了 15.09 MeV 光子。这些影响是好是坏，取决于应用的需要[31,32]。

6.2.2 使用光子的反应

作为离子束的替代，电子加速器产生的高能光子可与某些靶核一起通过光核（γ,xn）或光裂变（γ,f）反应产生中子。当入射光子有足够的能量克服靶核中的中子束缚时，就会发生这些反应。表 6-3 列出了常用的光中子靶及其中子发射阈能，其中铍和氘是最广泛使用的。

表 6-3 光子产生中子的常用靶材料

靶	阈值能量（MeV）
^{2}H	2.22
^{6}Li	5.39
^{7}Li	7.25
$^{9}Be^{*}$	1.66
^{210}Pb	5.18
^{235}U	5.31
^{238}U	5.08

* ^{9}Be 光核反应发生多个裂解反应。

光子束通常由直线加速器（Linear）或电子感应加速器（Betatron）产生。来自加速器的高能电子被导向一个转换靶（通常是钨或钽等高 Z 材料），随着电子在靶中散射并失去能量，韧致辐射 X 射线（或光子）在一个连续谱中产生，该连续谱一直延伸到电子束的最大能量。将一个合适的光中子靶放置在转换器靶的前面，产生具有连续能谱的中子，其最大能量等于最高光子能量减去该反应的阈值能量。

这些反应的实际中子产额取决于反应截面和系统的特定参数，即束能量、束流、X 射线转换靶材料和厚度，以及中子产生靶的材料和厚度。图 6-12 显示了三个反应的截面对比。在一个系统中，使用 5MeV 电子束、1.698g/cm^2 厚的钨转换靶、14cm 厚的铍氘（BeD_2）中子产生靶和一个精密中子反射器，产生的热中子

通量为 1.23×10^8n/cm^2/mA/s[35]，在另一种情况下，使用 10MeV 电子束（韧致辐射转换靶未明确）[36]，对于 LiD、Be、贫化铀和天然铅靶的中子产量报告为 5.2×10^7、5.7×10^7、4.7×10^7 和 8.0×10^6n/rad。请注意，由于产额受各种参数的影响，报告的光子中子产额通常归一化为光子束剂量而不是电子束电流。

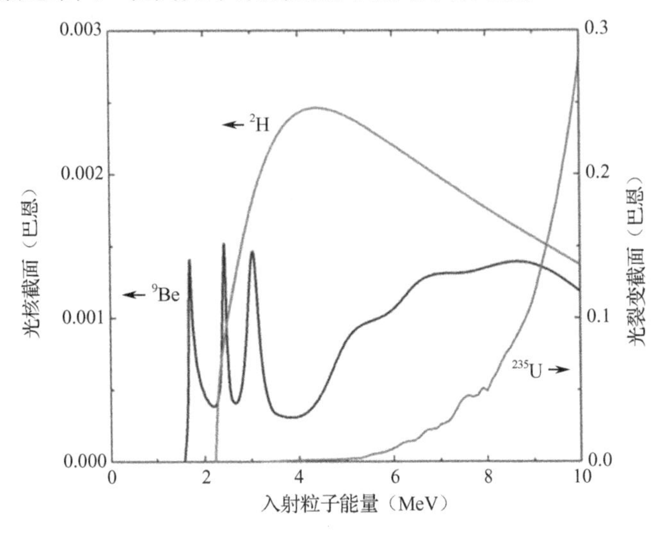

图 6-12　铍和氘的光中子产生截面和 ^{235}U 的光裂变截面[37]

脉冲光中子源的有用特性是其固有的宽能量，“白光谱”中子，可与 ToF 技术一起用于能量相关的测量[38-41]。为此目的设计的加速器系统必须能够产生宽度约 10ns 或更小的脉冲，并且通常包含长度约 5m 的光束线。在加速器脉冲期间，在中子产生靶（如铍或氘化水）中产生具有宽能谱的中子。根据不同的动能 E_n，高能中子以不同的速度 v 离开靶，如（5）式的前半部分所示（忽略相对论效应）。该等式中的速度项可以写为 L/t，其中 L 是从中子产生源到探测器的距离（即射束线的长度），t 是从源到探测器的传递时间。因此，在中子探测器中测量的中子能量可以通过记录使用加速器束脉冲的飞行时间来确定，如式（5）的后半部分所示：

$$E_n = \frac{1}{2}mv^2 = \alpha^2\left(\frac{L}{t}\right)^2 \quad (5)$$

对于具有非常短脉冲宽度的加速器系统，与时间测量相关的不确定性将是影响中子能量分辨率测量的主要因素。有限持续时间的脉冲进一步模糊了这种能量的分辨率。使中子静止质量 m 为 939.6MeV/c^2，c 为 2.998×108m/s，常数 α 等于 72.3（eV）$^{1/2}$（μs/m）。当以米为单位测量光束长度并以 μs 记录时间时，中子能量以 eV 进行计算。式（6）给出了在 ToF 测量中可实现的中子能量分辨率的表达式。除了最小化定时不确定性和减小脉冲宽度之外，更长的光束线有助于提高这些测量的精度。缺点是靶上的总中子强度减小，这会导致测量时间增加。

$$\sigma E_n = 2E_n\left(\frac{\sigma_L^2}{L^2}+\frac{\sigma_t^3}{t^2}\right)^{\frac{1}{2}} = 2E_n\left(\frac{\sigma_L^2}{L^2}+\frac{\sigma_t^3}{\alpha^2 L^2}E_n\right)^{\frac{1}{2}} \quad (6)$$

光中子源的一个可能的缺点是存在高能光子。在需要测量光子特征的情况下，可通过降低信噪比或消除一些中子响应特征来降低不利影响。此外，这些系统中存在的强脉冲辐射场可能会使测量设备暂时失灵（或关闭），如气体计数器、闪烁体计数器和光电倍增管。

6.3 生产工业中子的加速器

用于生产中子的加速器有许多不同的大小和形状。在实验室和研究环境中，这些系统通常是多用途的，能够产生中子和离子束（甚至 X 射线）以满足其他研究需求。然而在工业环境中，中子生产系统通常是为特定应用而设计和制造的。总的来说，这些系统通常分为三类：开放式真空离子系统、密封式真空（密封管）离子系统和 X 射线系统。本文简要回顾了三类系统中不同种类的加速器，并讨论了其他可以生产中子的电子系统，这些系统通常包括在中子源的讨论中。

6.3.1 开放式真空系统

生产中子的最熟悉的开放式真空系统是科克罗夫特-沃尔顿和范德格拉夫静电系统、射频直线加速器和表 6-1 所采用的轻离子回旋加速器。基于这些结构的几种加速器已经被开发和部署在工业中子生产系统中，并且已经有一些参考文献描述了这些设备背后的科学原理，以及它们的设计、施工和操作所涉及的工程挑战[42-44]。

虽然静电和回旋加速器系统已被用来生产中子，但基于射频四极（RFQ）结构的射频离子直线加速器是开放式真空类中最小和最通用的。近年来已经交付了几台商业化生产的 RFQ 中子发生器，用于工业中子照相和中子活化应用，从核材料和矿物分析到国土安全的货物/行李检查研究都有广泛的运用[45]。一个用于乏燃料的自动分析的系统已经在恶劣的工业环境中运行了 12 年以上[46]。

目前，每年只有少数开放式真空 ENG 在商业上销售，用于工业应用；然而，潜在却广泛的安全检查应用可能会使这一数字增加。根据具体应用所需的中子输出通量和束流特性，这些系统的价格从 50 万美元到几百万美元不等。

这些系统与在低能量物理实验室中常见的系统相似，包括产生带电粒子的离子源；提取和加速段，用于从源中去除离子，并将其加速到所选择的特定核反应所需的能量；中子产生靶。这三个部分是开放式真空和密封式真空中子发生器的关键部分。然而，正如它的名字所暗示的那样，开放式真空系统需要一个能自动向环境通风的主动真空系统。由于加速器的束流能量更高、体积更大，通常也需要一个主动冷却系统。真空系统的主要目的是保持离子的提取系统和加速系统保持在较低的背景压力下。离子束通常是通过向离子源注入氢或氘气体产生的，离子源通常在 1Pa（约 10mTorr）范围或更高的压力下工作[47]。加速器部分通过离子提取组件中的一个或多个小孔与离子源隔离，以限制气体泄漏到加速器中。任何从离子源逸出的气体都必须由真空系统泵走，以使电晕、直接放电（火花）和与气体分子碰撞产生的束流损失降到最低。

当需要 MeV 范围内的离子能量来提高中子产额或产生具有特定属性的中子光谱时，通常采用开放式真空系统。为了达到这个能量，通常使用长度为 1～4m 的 RFQ 加速器。范德格拉夫和粒子加速器也被使用。为了证明它们在大小和中子生产能力上的通用性，图 6-13 显示了两台 RFQ 中子发生器。后面的更大的系统是一个约 7m 长的 4MeV 质子直线加速器（带有慢化剂组件），设计用于在 2m 处产生 1×10^{6}n/s/cm^{2} 的热中子通量，中子照相的靶材是 ^{7}Be。前面较小的系统是一个约 1m 长的 1MeV 氘核直线加速器(图中显示的是一个短束线和 ^{7}Be 中子靶组件)，生产的总中子产额为 1×10^{10}n/s。

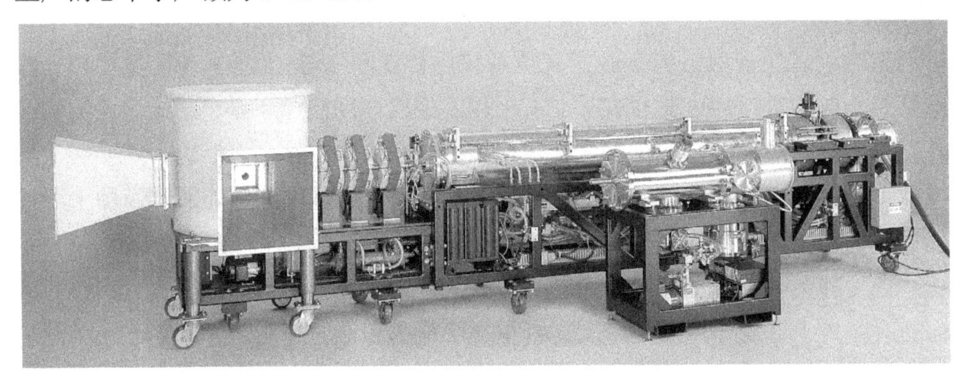

图 6-13　两台 RFQ linac 中子发生器系统的照片

开放式真空直线加速器的一个优点是其维修和维护的灵活性。它们还可以通过在不同的气体中使用不同的离子源或靶来重新配置以执行其他的任务。根据束流和靶组合，RFQ 直线加速器可产生高达 1mA 的离子束电流，并可生产 10^{8} 至 10^{13}n/s 的中子产额。地纳米型加速器（Dynamiton）可以加速稍高的束流，在最大的系统中可以产生高达 10^{14}n/s 的电流。大多数基于 RFQ 的系统使用水冷却 ^{7}Be

靶，这种靶非常坚固，可以在恶劣的环境中使用，并且比传统密封管 ENG 中使用的靶具有更长的使用寿命。由于氚气可能会意外地排放到环境中，因此氚气束或靶很少用于开放式真空系统。与氚气污染相关的健康和安全危害，为其在工业用开放式真空 ENG 中的广泛应用设置了较大的障碍。只有少数研究装置在使用这样的系统[48,49]。

在有便携性要求的应用中，开放式真空系统的主要缺点是它们的大小和辅助基础装置的大小。但是，一个小型的 1MeV 质子 RFQ 中子发生器样机已经投入包装运营，其外形尺寸仅为两个人就可搬动的行李箱大小的容器[50]。此外，7MeV 射频离子直线加速器可被安装和运行用于医疗放射性同位素生产的卡车上，这种加速器也可以用来生产中子[51]。

6.3.2　密封管系统

虽然开放式真空加速器在许多研究实验室和某些选定的工业环境中都有使用，但在当今的工业应用中，还是密封管系统的使用较多。这些系统通常不像大型的开放式真空系统那么复杂，而且在它们最简化的形式下的许多技术都是相似的，如灯泡、真空管和转化管[52-54]。密封管 ENG 一般仅限于加速电压低于 300kV 的情况，因此必须通过 DD 或 DT 聚变反应产生中子。但是对于大多数工业应用来说中子产额已经足够了，对于运行在 100kV 范围内的系统，由于小尺寸和低功率要求，使它们的现场应用十分理想。

密封管 ENG 有四个主要子系统：真空密封加速器系统（“中子管”）、产生管内加速电位的高压电源、高压加速器外壳和操作控制台。有时，中子管和高压电源并置在加速器壳体内；有时只有中子管在加速器外壳中，而高压电源通过专用高压电缆连接外壳和管子的外部组件[55]。加速器外壳有助于保护电子管免受外部物理、电气和磁干扰。外壳通常还包含高压绝缘介质如油、液态碳氟化合物或六氟化硫气体，使其工作电压高于在露天环境中维持的电压。

典型的商业中子管 Zetatron 如图 6-14 所示。所有中子管都包括示意图中所示的主要组件：真空外壳（由金属、陶瓷和/或玻璃组件密封在一起构成）、离子源、离子加速段和靶，还包括电子抑制装置或法拉第杯（通常是相对于靶保持几千伏负偏压的金属环）。它的目的是使离子轰击产生电子偏转，防止它们到达正极或真空外壳。

另一种常用的成分是气体储存器或吸气剂，由锆等氢化金属与细线加热元件相连，氘和/或氚在不使用时以固体形式储存在储存器中，并在运行期间通过加热释放到管中。这个加热储存器的电流通常用在反馈回路中，该回路监测靶上的离子束电流，并对其进行调整以保持束流恒定。

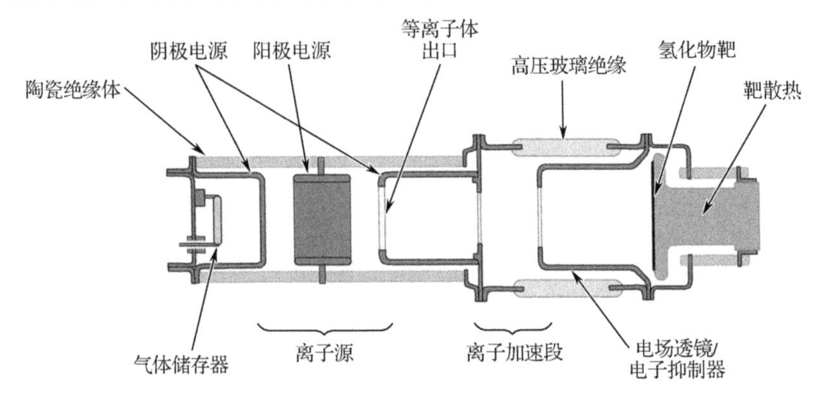

（a）带有冷阴极离子源的 Zetatron 密封中子管的剖面

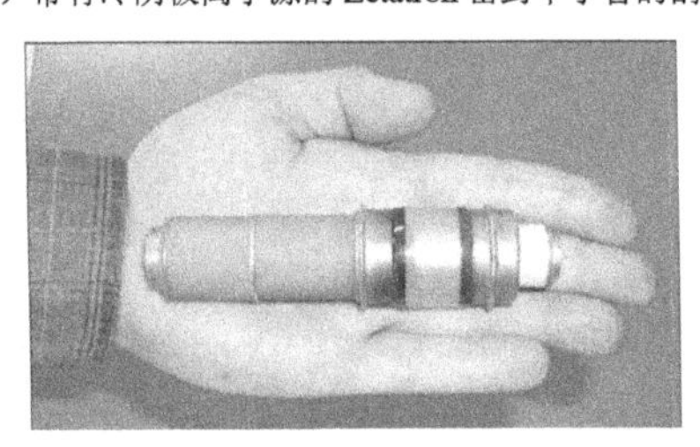

（b）带有冷阴极离子源的 Zetatron 密封中子管

图 6-14　带有冷阴极离子源的 Zetatron 密封中子管的剖面示意图与实物图[56]

1）历史

回顾早期的设计理念，不难看出“形式服从功能”，有趣的是，最早一代的密封管 ENG 包括玻璃真空外壳、靶、电子抑制器和支撑组件，具有相同的尺寸、形状和布局，在今天的许多商业冷阴极离子源中子管中仍然可以发现这一点[57-61]。半密封管 ENG 概念的第一项专利于 1938 年由彭宁提出（见参考文献[9]）。1947 年，柯林斯无线电公司的 W.W.索尔兹伯里紧随而至[62]。但是，尚不清楚这些设计是否曾用于商业销售。密封管 ENG 的第一项专利是由 R.E.费伦和油井调查公司的 J.M.塞耶于 1949 年提出的；然而，这种设计不包括用气压调节器来控制系统的运行[63]。斯伦贝谢、德莱赛工业公司（现为贝克阿特拉斯公司）、油井调查公司（后隶属于吉尔哈特工业公司，现为哈里伯顿公司的一部分）和美孚石油公司的后续专利进一步提出了测井 ENG 的概念[64-68]。

20 世纪 60 年代早期，劳伦斯辐射实验室、通用电气研究实验室、飞利浦研究实验室、服务电子研究实验室（SERL）和卡曼公司[69-73]就报告了其他早期密封真空 ENG 设计使用氘光束与氘化或氚化靶，但并没有专门用于油田工业。飞利浦将这项技术商业化并在实验室使用，很快开发出实验室规模的仪器用于研究[74,75]。从那以后公众对该技术的兴趣迅速增长，通用电气公司很快开发了一个 ENG，来支持对月球空间任务的科学测量工作[76]。

在随后的几十年里，许多项目被投入到油田工业和其他领域的商业工程制造中，包括埃弗里莫夫研究所、卡曼公司（后为美国赛默飞世尔科技公司）、马可尼阿维奥尼公司的产品开发。诺尔科飞利浦（后为法国索德恩）、塞尔（SERL）、得州核仪器和 VNIIA（俄罗斯自动化研究所）。国际原子能机构的一份技术文件对许多工程项目进行了说明[77]。在大多数情况下，这些制造商专门服务于油田市场或“油田以外”的市场。图 6-15 给出了密封管中子发生器发展历程的时间线。

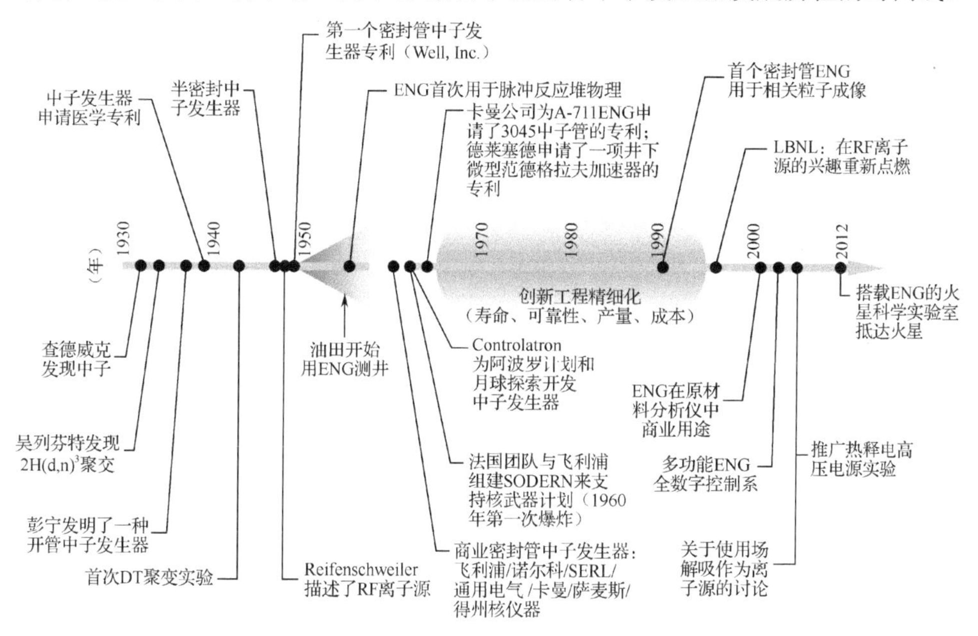

图 6-15　密封管中子发生器的发展时间线

截至写作此文时，50 多年的市场力量通过整合、旧市场消亡、新市场开发以及前军用 ENG 制造装置向国际民用市场销售的扩张，改变了商用密封管 ENG 市场。据估计，包括石油服务公司在内的商业制造商每年新生产 200 多台设备。根据中子输出通量和系统类型的不同，价格从 10 万美元到 50 万美元以上不等。在大多数情况下，选择 DT 聚变反应而不是 DD，因为通过 DT 聚变产生高能中子（DT 聚变产生 14.1MeV，DD 聚变产生 2.5MeV），并且 DT 聚变反应的最大中子产额是 DD 反应的 50～100 倍。

2）商用密封管中子发生器

商用密封管中子发生器可分为六类，如表 6-4 所示。随钻测井 ENG（LWD-ENG）是截至写作此文时最新的一类，也是技术上最先进的。它们被设计成在定向油田钻机的机构内运行，以提供关于钻头附近地质构造的实时或接近实时的数据。这些信息有助于指导钻井过程，并记录钻孔周围岩层的地质特征。因为这项技术的最新发展和油田服务行业的竞争性质，公众对这些设备的了解很少，但可以从斯伦贝谢、哈里伯顿和贝克阿特拉斯的网站上找到一些信息。有关有线 ENG（W-ENG）技术的一般描述可以在核科学期刊和处理有线数据分析的期刊中找到，但由于与 LWD-ENG 相同的原因，详细描述仍然难以找到[78-80]。这些仪器是高度工程化的设备，能够在极端的冲击和振动条件下以及通常超过 250℃的温度下以脉冲模式运行。最大中子产量为 1～3×10^8n/s（对于 DT），典型的工作寿命为 500 至 1,500 小时。在过去的 10 年中，这两个参数都提高了 3 到 5 倍。

表 6-4 商用密封管中子发生器的一般类型

类　别	主 要 应 用	性 能 特 征
随钻测井（LWD）	油钻井测量	非常坚固耐用且直径小
有线（W）	油井调查	非常坚固耐用且直径小
便携式（P）	安全，科学	重量轻（10～15kg），整体尺寸小，而且操作灵活
通用（GP）	散装材料分析、安全、医学、一般科学	操作灵活性，无主动降温
主动冷却（AC）	散装和示踪材料分析、安全、辐射效应测试，一般科学	更高的中子产额
关联粒子（AP）	安全	AP 探测器性能，束斑尺寸（成像）

便携式 ENG（P-ENG）是密封管系列的另一个新成员。控制系统和高压系统的技术进步通过使用数字电子技术得以实现，与过去使用模拟电子技术的几代相比，数字电子技术大大缩小了尺寸[81]。P-ENG 经过优化，以平衡中性电子性能和便携性，目前可用的重量为 11～12kg，使用高性能的锂离子电池和微型计算机，只需要增加 5kg 左右的边际重量便可将它们集成到电池供电系统中[55]。对于需要脉冲工作的应用，它们能够在宽范围的参数下工作，连续脉冲率高达 20,000Hz，脉冲占空比从 0～100%，中子产额从 0.1×10^8 到 2×10^8 n/s（DT）。虽然这些系统的开发是由安全领域的客户推动的，但它们尺寸紧凑、使用方便、操作的多功能性和较低的成本已经使它们扩展到教育教学和材料分析的应用当中。

通用型 ENG（GP-ENG）不仅使用范围广，可用于工业散装物料分析、药物、安全和一般科学研究，而且用户范围也广，包括私营公司、医院、大学和国家实验室。GP-ENG 与 P-ENG 具有相同的操作灵活性，但通常设计用于优化中性电子性能，而不是降低重量[81-84]。在实际应用中，这种优化得到的系统具有类似于便携式系统的脉冲能力，但最大中子产额要高 3 至 5 倍，接近于使用 DT 聚变的 1×10^9n/s。这个值很重要，因为在这个水平上，ENG 设计从被动冷却转换到需要主动冷却（针对靶，通常是离子源）。由于主动冷却需要泵、热交换器和额外的控制系统，更高产额的 AC-ENG 也更加复杂、更贵，通常是 GP-ENG 的两倍。

主动冷却 ENG（AC-ENG）是使用各种大电流离子源开发的，包括冷阴极、热阴极、电弧开关和射频激励类型。除了需要主动冷却之外，它们还需要更大、更高性能的电源以适应更高的束流和电压。虽然其他类型的 ENG 利用低电流版本的冷阴极和热阴极源，但几乎所有使用射频离子源的 ENG 由于其固有的较高的束流而归类于交流类。虽然 GP-ENG 中子范围一般局限于 1×10^9 量级（DT），但大多数 AC-ENG 起始位置在 1×10^{10} 量级（DT），这可能是由于市场驱动的需求，即性能显著提高时，与主动冷却相关的成本和复杂性也在增加。AC-ENG 主要用于辐射效应测试和活化分析，通常不用于脉冲操作。已经研制出一些非常高产的 AC-ENG，某些仪器的中子产额短时间内超过 1×10^{13}n/s。在过去，这些非常高的中子产额 AC-ENG 在运行过程中向局部环境释放氚是很常见的[85,86]。然而，有关辐射释放的环境标准要严格得多，目前的 AC-ENG 在 1×10^{10}n/s 范围内工作不会出现这种情况。

中子发生器中最先进的是利用探测器来测量与核聚变过程相关的反冲氦原子，这并不是最新的技术，但在过去的 10 年里，主要是与安全计划有关[87-90]的增长。在这些 AP-ENG 中，关联粒子（AP）探测器无论是闪烁体探测器还是固体探测器，都能提供计时（纳秒时间分辨率）和定向信息，以确定中子何时产生及中子从靶出发的路径。在某些情况下，定向信息被用来提供中子飞行轨迹的一般指示或锥形束解释[91-95]。在其他情况下，高空间分辨率的 AP 探测器（在小离子束光斑尺寸的系统中）用于计算高分辨率中子轨迹[96,97]。在低分辨率操作中，AP-ENG 可用于提高测量信号的信噪比；例如，来自关注区域的瞬发 γ 射线可与 ENG 后面的其他 γ 射线区分开来。在高分辨率操作中，AP-ENG 可用于使用来自物体和地形数据重建工具的 γ 射线或中子特征来产生 2D 和 3D 图像。即使一些设备已经建成在脉冲模式下操作，AP-ENG 通常在 AP 数据采集期间以连续模式操作。典型的中子产额在 10^7～10^8n/s 的范围内（使用 DT 反应）。在低分辨率系统中，光束斑点可能为 1cm^2 的量级，但在高分辨率系统中，光束斑点必须为 1～3mm^2。

3）长寿命 DD 中子发生器的设计考虑

有时，在开放式真空加速器系统中进行 DD 聚变反应的实验室规模试验，用于推断密封管系统中 DD 和 DT 反应的性能预期，这种做法可能会产生误导。首先，虽然开放式真空和密封管系统之间的工程差异表面上看起来很明显，但密封管系统在长期使用和储存的方面存在许多实际挑战。在开发长寿命真空系统时，必须考虑精细的设计因素，包括避免缓慢放气的特殊部件的制备和清洗方法、避免虚漏的技术，以及能够承受高加工温度和恶劣的冲击和振动条件的焊接方法[52]。其次，如前所述，除了产生中子之外，高产额的 DD-ENG 也产生氚。实际上，100kV 下 $^2H(d,p)^3H$ 的反应截面是 $^2H(d,n)^4He$ 的 94%，如图 6-16 所示。

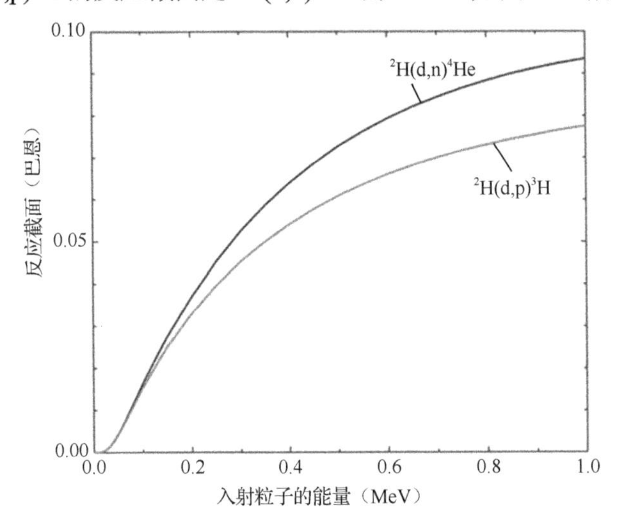

图 6-16　$^2H(d,p)^3H$ 和 $^2H(d,n)^4He$ 反应截面的比较

氚污染相对于初始氘负载是稀薄的，但随着时间的推移可能达到非平常水平。例如，在产生 1×10^9n/s 的 DD 系统中，在操作 1000h 后在靶中将产生大约 3.4×10^{14} 个氚原子（0.16mCi）。尽管不同的中子管存在截然不同的靶条件，但考虑到 DT 与 DD 聚变的较高产额，这种相当于 0.1%的氚污染，可能对 ENG 的产额做出高达 10%的额外贡献[24]。除了改变预期的产额，氚污染也会改变发射的中子能谱，使其比预期的“更硬”（能量更高）。因此，在设计用于长寿命的密封管 DD ENG 时必须考虑氚的积累。

6.3.3　光中子系统

基于加速器的光中子源尚未实现大规模的工业应用[35,98-100]。中等能量（5～

10MeV）的电子直线加速器和小型电子加速器是这些应用中最常见的，但也可以使用高能电子加速器。高能系统中伴随中子产生的强光子辐射，使辐射屏蔽成为一项挑战，同时也限制了它们在必须进行辐射测量时的适用性。在辐射效应测试中，这些高能光中子源起着重要作用，但必须注意正确评估剂量[101]。基于加速器的光中子源也被提议用于工业规模的核 ToF 分析系统[102,103]。然而，除了这些少数的应用之外，很少有工业规模的加速器光中子系统的具体描述。

6.3.4　其他电子中子源

另外两种生产中子的电子仪器——稠密等离子体聚焦（DPF）中子源和惯性静电约束（IEC）中子源，严格地说，二者都不是粒子加速器。然而，它们经常在 ENG 讨论中被描述，因此在这里值得一提。虽然这两项技术还没有在工业上得到实际应用，但它们都具有独特的操作特性，有一天可能会在当今的加速器中子源的领域得到常规使用。

DPF 中子源是一种脉冲功率仪器，它通过释放强电流产生气态等离子体[104-106]。氘是最常用的气体，中子由等离子体中的 DD 聚变产生。通过放电形成等离子体是一个高能量的过程，历史上曾导致对等离子体产生电极的重大损害。重复的脉冲损伤累积导致电极的腐蚀，需要维护和更换。在早期的系统中，工作寿命很低（只有几个到几百个脉冲）；不过最近的进步是可以让系统在无须维护的情况下完成约 10^8 次发射。DPF DD 聚变源的中子产额在 10^8～10^{11}n/s 范围的已有报道，但高产额系统的工作寿命显著缩短。这些固有脉冲源的脉冲频率从小于 1Hz 到数百赫兹不等。DPF 中子源需要大量的设备投资，包括大型电容器、大功率开关系统，有的还需要水冷却。这些系统的一个独特特性是它们能产生非常短的中子脉冲，大约是 10ns。对于几纳秒的短脉冲，也许可以用这些光源进行一些 ToF 测量。

IEC 源将空心（通常是球形）电极栅放置在充满氘气体的真空室中心，通过静电放电来产生低密度氘等离子体。当氘离子加速到中心区域并在多次穿越等离子体时发生碰撞，就会发生聚变反应[107-109]。这种光离子聚变与发生在基于加速器的源中的反应机制是相同的。相对于密封管式 ENG，IEC 中子源一个经常被引用的优点是它不需要金属氢化物靶。由于它们不使用会因离子轰击而腐蚀的固体靶，IEC 源的工作寿命大约为 10^4 小时左右。来自 IEC DD 聚变源的中子产额范围为 10^5～10^{10}n/s。IEC 源通常在连续模式下工作，但也有人提出了脉冲模式[110,111]。虽然大多数 IEC 源使用球形电极和腔体，但圆柱形设计在某些应用中提供了新的可能性，如煤或其他矿物的在线传送带分析。对于相似的中子产额，IEC 中子源与密封管式ENG相比具有更高的输入功率要求（DT当量产额为10^9n/s时，约为1,000W与100W的区别）。目前的DPF源仅是实验室设备，而IEC源可在商业市场上获得。

6.4 工业应用

在中子发现后的10年内，基于加速器的中子源申请了专利，硬件也被开发用于医疗应用。在第二次世界大战期间对其研究几乎完全停顿，到了20世纪50年代和60年代，对该技术的多样化科学和商业兴趣迅速恢复。在此期间，工业级密封管加速器配套技术也得到了完善，开发了高产额的通用商用系统和小型油田应用系统。

从20世纪70年代到90年代，随着制造技术的缓慢而稳定的改进，以及性能和可靠性的缓慢而稳定的提高，进化式的发展持续进行着。在此期间，高产额中子发生器系统的用户总数实际上减少了，但在油田应用中，ENG的工业应用增加了。进入21世纪，随着数字系统和计算机控制的结合，数十年来数字电子技术的进步最终开始影响开放式真空ENG和密封管ENG机。与此同时，更复杂的科学建模和仿真软件使人们更好地理解粒子加速器和中子生成的物理学。这些进步导致了性能更高、效率更高的加速器系统的发展，这些系统现在普遍用于工业应用。地下物探的应用仍然是ENG最大的单一工业用途，医疗和安全领域也值得注意。

6.4.1 中子相互作用

中子对低Z材料的高灵敏度，在中Z和高Z材料中的良好穿透性，以及对同位素种类的特殊敏感性，使其成为分析材料的多用途和强大的探针[16-19]。其在商业应用中的原因是要利用其中一种或多种特性。在某些情况下，目的仅仅是建立一种相互作用，以便观察其影响，如电子的辐射硬度和效应测试。然而，在大多数情况下，目的是在测试材料或样品中引发反应，然后观察反应特征以推断一种或多种主题材料的物理特性。这些特性包括但不限于同位素组成、材料质量、材料厚度、材料密度、材料几何形状和温度。

中子与物质的基本相互作用：弹性散射、非弹性散射、吸收及其可测量的特征已广为人知。表6-5说明了使用这些相互作用和特征来识别材料及其特性。在许多应用中，测量由非弹性散射或吸收（捕获）产生的γ射线，以推断出有关被检测材料的化学组成的信息。这些γ射线不仅携带有关它们起源同位素的有用信息，而且在考虑反应阈值和共振时，它们还可以提供有关入射中子能量的信息。在使用脉冲中子发生器进行测量时，源脉冲和反应产物 γ 射线之间的时间相关性可以提供关于周围介质的体积性质的信息，包括附近材料的密度和平均 Z。二次中子探测在许多应用中也起着重要作用，特别是在可裂变材料的探测、鉴定或表征方面。源和反应产物中子之间的时间相关性为这些材料提供了一个高度敏感的特征。诱导裂变中子（瞬发和延迟）之间的时间相关性也为识别裂变材料提供高灵敏度的特征。

表 6-5　中子与物质相互作用的特征及其在材料识别中的应用

交互作用	识别材料及其特性的特征
弹性散射	测量反冲粒子的能量和方向（如在探测器内部）给出了源中子的初始能量和方向，并且在中子源具有良好特征的情况下，给出了样品内的同位素组成和分布
	从一个或多个角度测量散射中子（在一个 ToF 系统中）的能量，给出了样品的同位素组成、散射环境的一般物理参数，以及散射同位素在样品中可能的物理分布
	测量中子的透射强度（衰减）或 2D 透射分布（射线照相）可以推断出样品中核的密度和分布；计算机层析成像（CT）技术，包括多个角度的旋转或照射，可以生成 3D 分布数据（注意：此分布受到所有三种相互作用的影响）
非弹性散射	进行与弹性散射相同类型的测量可提供有关样品材料的类似信息
	测量中子与能量有关的传输，可以通过与已知的原子核共振特征进行比较来识别和表征未知物质
	测量来自激发核衰变的 γ 射线，能与中子能量信息一起，可以推断出样品的同位素组成和散射环境的一般物理参数；使用准直和/或时间相关技术可以推断出 2D 和/或 3D 同位素分布
吸收	使用衰减、射线照相和 CT 技术可提供有关样品中细胞核分布的类似信息
	测量中子与能量有关的传输，可以通过与已知的原子核共振特征进行比较来识别和表征未知物质
	测量中子吸收后从原子核发射的 γ 射线或其他粒子，或使用寿命极短的复合核衰变的产物（即时发射）或放射性产物原子核衰变的产物，可以获得分析区域内同位素的化学计量学和绝对质量的信息
	测量核裂变的复杂即时产物（中子、光子、裂变产物或其他带电粒子），分析这些排放的角分布和时间相关性（包括巧合和高阶多重性），和/或测量 β-裂变产物的延迟中子和光子发射从而识别裂变材料

6.4.2　地球物理勘探

20 世纪 50 年代中期，油井调查公司（塔尔萨，俄克拉荷马州）创办的麦卡洛工具公司（洛杉矶，加利福尼亚州）和斯伦贝谢井测量公司（休斯敦，得克萨斯州和利奇菲尔德县）报告了油田测井早期使用中子发生器的情况[63,64,112]。自那时以来，已经有数十项专利申请，并发表了关于使用中子发生器的基础技术和油田应用进展的研究论文[79,113-117]。这些装置的共同特点是：体积小，以适应 5cm 至 20cm 的小直径油井；使用简单，功耗低，可在地表以下数千米处工作，远离外部控制系统和电源；具有极强的耐用性和持久性，可长期暴露在高温高压、冲击、振动和腐蚀性环境中。这些测井仪利用密封管 DT 聚变 ENG，在脉冲作业中可以产生约 10^8n/s，其频率范围为 1,000～20,000kHz，占空比约为 10%。图 6-17 为带有内部密封管发生器的典型电缆测井工具的照片，这种工具可长达 6.1m。据估计，全世界有 1,000 台（或者更多）这样的装置在使用中。在最简单的实施方式中，这些 ENG 可用来代替放射性同位素中子源，如 ^{239}PuBe、^{241}AmBe 或 ^{252}Cf，这些 ENG 中子源可在一个或多个探测器的连续模式下工作（在油田应用中，放射性同位素中子源通常被称为化学中子源）。

图 6-17　油田工人正在准备一种小直径的测井仪器，其中包含一个内部 ENG
（悬挂在卡车后面的起重机上）

测井测量的主要挑战是收集有关井筒附近岩层性质的信息，同时考虑中子发生器、井筒结构和井筒流体的影响。最常用的方法是在与中子发生器不同距离的位置使用多个探测器。这些探测器可监测井内中子源上下不同距离处的热中子通量。靠近发生器的探测器提供了与钻孔附近中子慢化特性有关的数据，而距离较远的探测器则提供了关于附近岩石整体特性的更多信息，一般在 30cm 左右。使用不同间距的探测器能够消除井筒套管的影响。热中子强度通常可以定性测量岩石的慢化特性，更具体地说，可以测量岩石中氢的含量（水或油）。这些测量值被认为是岩石孔隙度的量度。采用不同探测器数据的比值作为井深的函数，使分析更容易解释；这些类型的测量称为补偿中子孔隙度测井。斯伦贝谢加速孔隙度测井仪器的原理图如图 6-18 所示，它指示了 ENG 和五个探测器的方位。

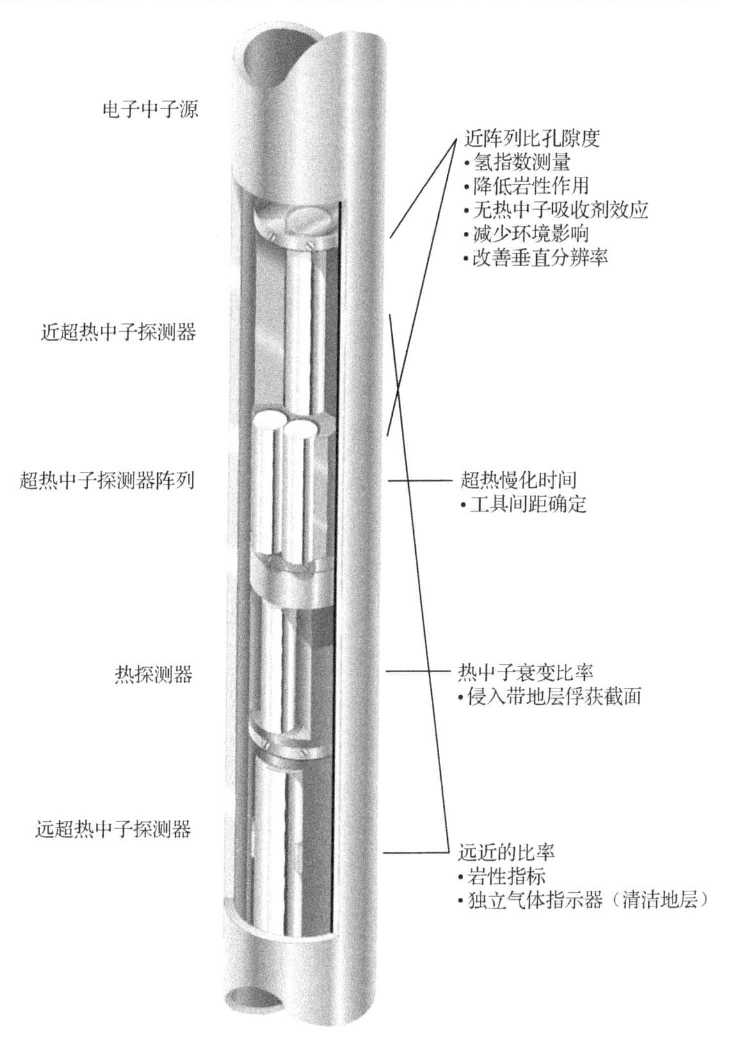

图 6-18 评估岩石孔隙度的五探测器测井仪器的原理图

中子测井中的一个重要测量是确定岩层的宏观中子俘获截面（Σ）。这是通过使用脉冲中子发生器测量脉冲之间的热通量特征的衰减率来完成的，通常使用光子探测器。这也可以用于结合其他数据确定高盐度环境中岩石的含水饱和度。使用脉冲中子的另一个重要测量是检测碳上非弹性中子散射（E_γ= 4.43MeV）和氧气的 γ 射线（E_γ= 6.13MeV）。这个测量称为 C/O 测井，它利用了这两个反应的强概率，以及水中碳和氧的原子密度的巨大差异（碳=0，氧=3.37×10^{22} 个原子/cm^3）与油（碳=3.67×10^{22} 个原子/cm^3，氧=0）。通过使用具有中等分辨率 γ 射线光谱仪的简单能量窗，碳和氧的峰相对强度可以确定。该比率与地层性质的其他测量值一起可以区分岩石中的油与水。陈等研究者[91]提出的一个新方法是在 C/O 工具中加入 AP-ENG，以提供更精确的比率。

脉冲 ENG 也可用于井内流动水的水活化试验。在这些仪器中，γ 射线探测器放置在离发生器较远的地方，以测量当来自发生器的高能 DT 中子在水中诱发 $^{16}O(n, p)^{16}N$ 反应时产生的 ^{16}N（7.13s 半衰期）的衰变。在怀疑水在地层和井筒管壁之间流动的情况下，这些信息是有意义的。另一个使用脉冲 ENG（但也使用放射性同位素中子源）的中子测井测量是使用瞬发 γ 射线中子活化分析（PGNAA）的全面 γ 射线光谱。在此测量中，收集完整的 γ 射线能谱，然后使用已知的响应函数库对地层中预期的每个主要岩石元素成分（如 H、Si、S、Cl、Ca、Ti、Fe 等）进行分析。通过将这些信息与其他测井资料相结合，可以对地层中的岩石矿物学进行估算。

除了石油和天然气勘探之外，ENG 的地质应用还包括勘探矿物和其他地下材料。一个简单的例子是使用 PGNAA 来确定钻孔中水的盐度[118]。法国的 EADS Sodern 公司已报告使用井下 PGNAA 分析来绘制钻孔测井中的铜。通过该技术进行勘探的其他材料包括煤和贵金属。地球物理勘探中一个值得注意的应用是利用裂变过程的铀测井[119,120]。脉冲 ENG 用于产生短而强烈的中子脉冲，然后检测裂变过程中的一个或多个特征，包括热中子和超热中子的衰变率，以及短寿命裂变产物衰变产生的 β 延迟中子和 γ 射线的强度。

6.4.3 计量和射线照相

计量和射线照相是快中子和热中子的早期应用，为此人们开发了各种 ENG[112-124]。计量是一种一维的衰减测量，通常用于石油工业以确定如材料密度、储罐液位等属性或水分含量（通过中子慢化）。直接测量和背散射测量检测中子衰减和捕获 γ 射线都已用于中子计量[125-127]。除了射线照相生成的二维图像与在计量中测量的一维中子透射率相比之外，射线照相技术与计量测量有许多相似之处。

虽然中子计量被广泛用于定量各种材料的水分含量，但由于目前可用的小型低成本放射性同位素源更适合于这种简单的测量，因此很少使用基于加速器的源来达到这一目的。

中子射线照相技术在原理上与 X 射线照相技术相似（见第 7 章），但是，与 X 射线照相相比，中子射线照相的图像对比度对体积密度（平均值 Z）的依赖性较小。相反，它依赖于透射区域照特定的同位素组成[128]。例如，用快中子比用 X 射线更容易测定氢的低 Z 夹杂物或污染。在热中子照相技术中，常见的热中子俘获剂硼、钆和镉，最容易成像和定量。对于快中子照相，加速器可以在没有太多靶基础装置的情况下使用，但是对于热中子照相，必须使用含氢组件来慢化快中子以形成热能量束[129-131]。

在射线照相成像中，中子通常是用二维闪烁屏与带有弯曲光学装置的电荷耦合器件(CCD)成像相机相耦合，以避免 CCD 相机直接暴露在辐照中子中[132]。在高 γ 射线背景的环境中，也会损害 CCD 相机的辐射灵敏度，为了保护相机可以增加屏蔽。但偶尔会采用另一种方法即中子灵敏箔和活化转移法[133,134]。在这种方法中，产生活化产物的中子吸收材料制成的活化片置于中子辐照物体的后面。根据被测物体的组成，中子要么被散射出入射中子束（如与氢相互作用的快中子），要么被物体吸收（如被硼吸收的慢中子），从而在活化片上留下物体内容的负像。在曝光结束时，活化片被放置在与射线照相胶片紧密接触的地方。当活化片中的中子核衰变时（例如，快中子用铜、热中子用镝），它们会在胶片上留下一幅图像，可用于分析[134]。与活化转移技术一起使用的结合转移介质（以提高其对快中子的敏感性）的储磷成像板（CR 用 IP 板）也已用于中子射线照相成像。

工业中子照相使用加速器的例子很多，涉及许多不同的领域。一般来说，这些应用寻找识别人造材料中的空隙，检测和量化结构复合材料中的损伤，或者检测 Z 材料中的低 Z 或高 Z 物体[135-139]。几个具体的例子包括使用快中子照相法检查复合直升机旋翼叶片、分析锂铝合金棒、分析铸件的空隙和检查航空货物以发现违禁品[140–143]。射线照相领域的一项新技术是使用 AP-ENG 为二维图像重建提供空间数据[144]。

值得注意的是，更为人们所熟悉的透射射线照相的变体是共振射线照相，其中图像数据在多个中子能量下收集，以利用共振吸收效应并提供对比度[145]。一种方法是利用一种光离子反应，以相对于离子束的特定角度产生单能中子，然后从不同角度扫描一个物体，反射出共振能和非共振能。另一种方法是使用带有时间门控探测器的飞行时间技术来生成开共振和关共振图像[146]。共振透射图像提供了与分析的能量范围内同位素的对比，而非共振图像提供了一种校正非同位素特异性中子散射和吸收的方法[147–149]。高能中子的工业测量主要集中在利用碳、氧和氮的共振来为国土安全探测违禁品，如爆炸物和麻醉品，以及在采矿工业中定位珍贵矿物。对于由光核中子源以 ToF 排列产生的慢中子，原型实验也证明了利用共振射线照相法测定乏燃料中超铀元素同位素组成的可行性[102,103]。

6.4.4 实验室活化分析

活化分析可用于对元素周期表中除 ^{4}He 之外的所有元素进行实际的分析测量。纳格尔瓦拉和普兹比洛维茨在参考文献[17]中对这些功能进行了全面的回顾。基于加速器的中子源曾被广泛应用于应用化学实验室，作为通用化学分析测量的精确工具[150-153]。随着逐步引入更简单（通常更准确）的实验室分析仪器，中子发生器在这些应用中的使用已经减少，但在一些选定区域仍在继续使用[154]。在那些其他竞争技术方法不能提供相同能力的领域，电子中子发生器继续被用作实验室分析的主要工具[155,156]。其中，金属基体中微量氧的测定仍然是最重要的[157,158]。

6.4.5 生物医学应用

密封管中子发生器已被一些研究人员用作通过 PGNAA 测定人体元素组成的工具。在某些情况下，测量是为了直接量化身体中多种元素的存在[159,160]。在其他情况下，测量是为了推断身体组成的其他方面，如身体脂肪、蛋白质和水的含量[161-164]。除了人体分析之外，中子发生器还被用来扫描牲畜以评估瘦体重，在某些情况下还会使用 AP-ENG[165-167]。对于人类来说，身体组成研究提供了新陈代谢和健康的一般信息，更具体地说，可以用来检查导致体重减轻或增加的疾病和其他状况。这一信息对年轻人和老年人的营养研究以及研究旨在应对不良体重减轻的饮食效果特别有用。

6.4.6 散装材料分析

散装材料分析（BMA）是一种快速发展的工业应用[168-173]。在这种应用中，通常是一个能产生 10^8n/s 量级脉冲的中子发生器，与一个特殊的工程慢化结构一起被用来产生混合能量的中子光谱。在大多数情况下，ENG 与慢化剂组件的一个或多个 γ 射线探测器一起安装在携带原材料的传送带周围，如矿石、煤、碎金属或水泥。对于高含氢率的材料，如煤，中子源通常位于传送带上方，而对于低含氢材料，如金属，中子源通常位于传送带下方，尽管其他选择也是可能的[171]。放置中子源的位置取决于能否充分调节中子位置，同时确保整个测量体积的中子通量均匀性尽可能高。γ 射线探测器通常放在 ENG 传送带的另一侧，以提供对高辐射场的保护，并保证干扰信号尽可能低。如图 6-19 所示为在某工厂安装的用于测定水泥的工业系统，屏蔽材料将 BMA 系统两侧的外部辐射场降低到可接受的水平，围栏用于防止人员过于接近输送带的入口和出口。

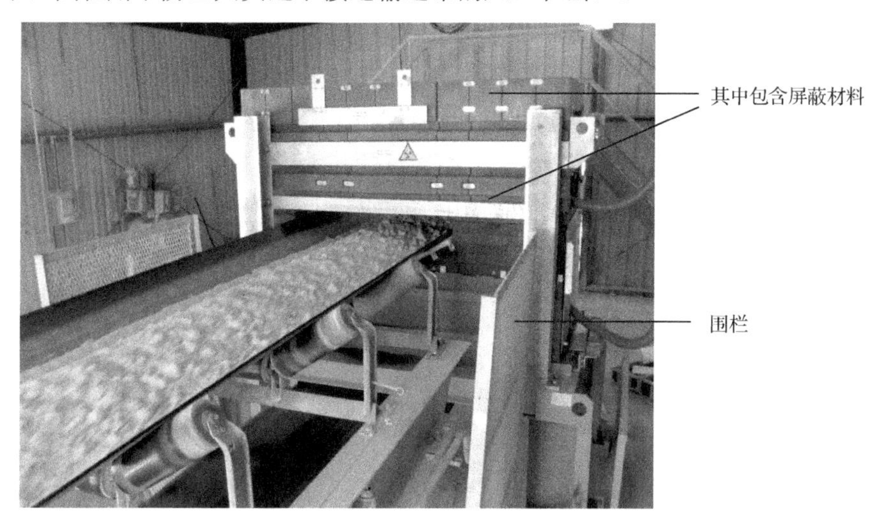

图 6-19 法国的埃德斯·索德恩公司生产的一种工业 BMA 系统，安装在输送散装原料的输送带的周围

利用中子发生器进行的 BMA 测量通常采用脉冲模式，在脉冲期间收集快中子非弹性散射数据，在脉冲之间收集热中子 PGNAA 数据。这些类型设备的测量精度通常被认为是专有信息，但它们通常能够确定皮带上的物料中十几种元素的组成，从而使几分钟或更短的滚动平均值的相对不确定度优于 1%。

一项值得注意的工业 BMA 应用是，使用快中子共振照相技术检测和定位金伯利岩矿石（kimberlite ore）中的碳（钻石）[147,148,174,175]。为了利用中子共振照相技术高速处理输送带上的材料，需要一个非常强的中子源及有力的成像和数据处理资源。南非为钻石探测建造了两个使用射频离子直线加速器的原型系统，虽然没有具体的性能数据，但我们知道这个概念已经成功地得到了证明。但是，关于这种方法在商业规模上的经济可行性和基本技术准备情况的问题仍然需要解决。这种应用需要非常高的中子产额（$>10^{12}$n/s），由于离子束的高功率，冷却传统的固体中子产生靶存在着极大的挑战。为了解决这个问题，已经开发了其他方法，包括使用高速旋转孔径和等离子体窗孔径的无窗气体靶[176,177]。

6.4.7 辐射效应测试

加速器辐射源经常被用来测试现代电子线路承受电离辐射和中子辐射场的能力。这些测试对在地球大气层以外使用的电子设备特别重要，因为在大气层外，高能的太阳和宇宙辐射有可能在现代集成电路的微观结构中沉积大量的能量。但是，对于易受中子影响的电路，在地球大气层内使用的设备时也必须小心，因为在大气层上层，宇宙辐射引起的散裂反应可以产生具有 GeV 级能量的中子。在集成电路中，由于电路中单个辐射量子的相互作用而产生的问题，统称为单粒子效应（SEE）[178-180]。在 SEE 类别中，有几个错误的子类别，包括单粒子翻转（SEU）、单粒子锁定（SEL）和单粒子烧毁（SEB）等。

有许多资源致力于研究 SEE，以了解其原因，并开发方法来避免、减轻或处理它们。这项工作的一个重要方面是使用 ENG 来测试电子线路，并研究处理 SEE 的原因和解决方案。一些不同的中子产生反应和许多不同类型的加速器已用于 SEE 测试[181-183]。这些试验所关心的中子能量从几 MeV 到几百 MeV 不等。与这些类型的研究相关的一个特殊挑战是，需要收集准确的剂量数据，以便全面了解 SEE 起始阈值。健康物理学中常用的剂量测量工具并不适合辐射效应测试，如组织等效传感器，取而代之的是硅等效传感器。

6.4.8 违禁品、烈性炸药和化学品的检测

20 世纪 90 年代初，已经做了大量的工作来探索中子探测方法，以检测和识别违禁品和危险材料，包括麻醉品、货币、酒精和酒、烈性炸药、未爆炸军火和化学武器等[184-194]。这些应用的设计通常包括一个探测器，用于测量中子散射和中子吸收产生的非弹性和 PGNAAγ 射线，先寻求检测，然后经常量化来自违禁品或危险材料有关的元素的特征 γ 射线。对于麻醉品、烈性炸药和化学武器制剂等材料，可以使用对少数元素相对密度的简单概括来将它们与良性材料区分开。在某些情况下，仅存在一个或两个关键元件就足以进行检测。对于麻醉品检测，该方法通常寻求量化检测体积中碳、氧和氢的相对强度，并将这些元素的特定比率与目标材料的已知比率相匹配[195-198]。对于爆炸物，高密度氮的存在被用作一个关键指标，而对氮、碳、氧和氢的全面分析被用来确认检测结果，在某些情况下用来确定实际的物质[188,189]。表 6-6 列出了可用于确定某些重要爆炸材料的关键化学计量和元素数据[199]。

表 6-6　常见爆炸性化合物的密度和元素化学计量

爆炸物名称	分子重量	化学计量				密度[g/cm³]	元素比率			
		C	H	N	O		C/O	H/N	C/N	O/N
三硝基甲苯	227.13	7	5	3	6	1.65	1.17	1.67	2.33	2
环三次甲基三硝胺	222.26	3	6	6	6	1.83	0.5	1	0.5	1
奥克托今	296.16	4	8	8	8	1.96	0.5	1	0.5	1
硝基胺	287.15	7	5	5	8	1.73	0.88	1	0.88	1.6
季戊四醇四硝酸酯	316.20	5	8	4	12	1.78	0.42	2	1.25	3
硝化甘油	227.09	3	5	3	9	1.59	0.33	1.67	1	3
二硝基乙烯乙二醇	152.10	2	4	2	6	1.49	0.33	2	1	13
硝酸铵	80.05	—	4	2	3	1.5	0	2	0	1.5
甘油三酸酯过氧化物	222.23	9	8	—	6	1.2	1.5	NA	NA	NA
二硝基苯	168.11	6	4	2	4	1.58	1.5	2	3	2
苦味酸	229.12	6	3	3	7	1.76	2	1	2	2.33

为了演示便携式系统可以实现的小型化，如图 6-20 所示为爱达荷州国家实验室开发的基于 ENG 的装置，用于检测和识别化学武器制剂和烈性炸药。它由一个密封管 DT-ENG（中间是垂直铝筒）、一个高纯锗 γ 射线谱仪（水平，在 ENG 前面）和一个电池和控制系统（前景）组成。唯一没有显示的组件是用于数据分析的笔记本电脑。ENG 左中部的垂直圆筒是一个装有一战时期光气（$COCL_2$）化学武器的安全圆筒。化学武器分析采用与烈性炸药相似的方法，但要筛选其他元素，包括砷、氯、氟、磷和硫[200,201]。

当在现场进行中子非弹性散射 γ 射线光谱和 PGNAA 时，一个始终存在的挑战是本底干扰的存在。用于检测违禁品的关键要素 C、O 和 H，在自然环境和合法商业货物中普遍存在。处理这些合法信号的一种标准方法是测量要筛选的区域或物体附近的本底。这并不总是成功的，因为可能不存在具有代表性的本底环境。此外，在一些情况下，如货物检查，附近杂乱的合法货物可能不容易与检测区域分开。为了提高这些测量的灵敏度，一些探测方法使用相关联的粒子技术来“电子”准直检查中子通量到感兴趣的已知区域[202-206]。其目的是利用 AP 方法提供的空间信息来提高信噪比，为在较小的检测体积区域内识别违禁品提供更高的可信度。

图 6-20　作者用于测试化学武器制剂和烈性炸药的紧凑型便携式 DT 中子发生器系统

除了非弹性中子散射和中子吸收 γ 射线光谱学，还有其他几种基于中子的违禁品检测方法，包括弹性和非弹性中子散射、双模光子和中子射线照相，以及共振中子透射射线照相[147,149,207-213]。双模射线照相技术为分析航空运输货物走私和海关检查提供了一种快速、信息丰富的方法。核共振成像已被证明是一种非常有前途的技术，用于筛选航空行李和货物，以检测烈性爆炸物。

虽然航空安全的烈性爆炸物筛查是这一类别中最大的一项应用，但正在开发基于核技术用于其他领域的爆炸物检测，包括用于车载炸药的大规模爆炸物检测和简易爆炸装置的隔爆检测[193,199,214-215]。利用 ENG 探测埋在地下的地雷也引起了人们的兴趣。在世界许多地区[216-218]，小型杀伤地雷和较大的反车辆地雷是一种潜在的危险，在埋设几十年后还会造成伤害和死亡。虽然对这些传感器的实际接受程度目前还没有定论，但持续的工作有朝一日天会引导基于中子的检测系统的发展，从而有助于解决这一严重的问题。

6.4.9　保障措施用裂变材料分析

在核安全保障分析领域，有源中子探测技术被用于测量和解释核燃料循环中的裂变物质已有几十年的历史[219,221]。在这些应用中，大多数技术都是基于在检测容积中诱导裂变，然后测量它的一个或多个特征，即瞬发或延迟中子和γ射线。一种测量方法是在燃料循环的废物流中寻找可裂变物质，主要是在燃料后处理装置中[222-235]，包括在处理线中的液体流、回收过程中不同阶段的液体和固体废物副产品，以及核材料处理产生的残余废物。在这些系统中最常用的是密封管ENG，但是，开放式真空加速器如RFQ直线加速器和电子感应加速器也被使用[226-227]。特别是大量的项目寻求开发大型扫描系统来分析废物桶和废物箱[228-231]。在这些系统明确的几何形状和限制条件下，裂变材料分析检测限低至1mg[232]。除了物质总量的量化之外，还开发了基于中子的安全保障技术，以产生用于安全、控制和核算的裂变物质的层析图像[233]。

脉冲加速器，通常是密封管ENG，也被用于对新燃料和辐照后的燃料进行中子探测，以进行保障措施的测量[234-236]。这项工作采用了各种各样的技术。传统的裂变特征分析是这项工作的重要组成部分，但也尝试了其他方法，最显著的是核共振技术。在共振反应领域，人们对“铅慢化分光计”（LSDS）技术的使用越来越感兴趣。LSDS利用锕系元素中子裂变截面的共振结构来分析乏燃料中的钚[237-240]。同样，中子共振透射分析（NRTA）被认为是测定乏燃料中钚的一种有用的方法[102,103]。

6.4.10　裂变材料的筛选与安全检测

正如研究所表明的那样，中子探测技术在为安全目的探测可裂变材料方面有着明显的作用[241-245]。不过，开发人员已经开始接触这个领域，就好像他们是在“针对特定测量挑战的核技术菜单”上点菜一样，已经选择了不同类型的加速器，包括开放真空式和RFQ直线加速器，还有许多不同类型的密封管ENG（一些与粒子成像相关联）和光中子系统。最常用的探测器是基于^{3}He的正比计数器，通常使用聚乙烯来慢化，并常常包裹在镉和/或硼中，以消除对室内散射的热中子的敏感性。液体闪烁体和掺杂有硼、锂或钆的捕获门控液体闪烁体已用于检测源自诱发裂变的中子和γ射线。各种γ射线光谱仪，包括固态传感器和无机闪烁体也已用于这项工作。

一种简洁的探测方法是使用AmLi中子源的放射性同位素技术，即使用加速器来产生低动能（平均60keV）中子，作为在探测容器中诱发裂变的手段[246]。在这种方法中，液体闪烁体利用其在探测源能量下的中子的固有的灵敏度，被用来探测辐照过程中的瞬发裂变中子。另一种常用的方法是通过中子衰变技术来测量瞬发裂变中子[247-250]。在这种情况下，脉冲中子源，通常是密封管 DT ENG，用于照射物体，而探测器用于测量 ENG 脉冲之间的中子。前提是，进入系统的快中子在每次脉冲后会失去能量并长时间停留在其中，特别是在含氢基质中，如果存在可裂变物质，在此期间会发生裂变，以产生快裂变中子，其时间周期远长于中子从原始脉冲散射到低能所需的时间。这种方法的关键是使用对热中子不敏感的中子传感器，如屏蔽的 ^{3}He 探测器或液体闪烁体。图 6-21 显示了从这些度量中生成的数据类型的示例。累积中子计数数据显示在每个脉冲后的前 3000μs 的时间谱中，每个脉冲的数据加在一起进行 600s 的采集。在 ENG 脉冲期间，当 ENG 输出主要为中子源时，可以观察到一个平台。每次脉冲后，计数值迅速下降，直到瞬发裂变衰变信号成为主导特征。衰变信号以伪指数依赖性衰减，直到背景中子和 β 缓发中子发射裂变产物衰变产生的中子成为仅存的源项。

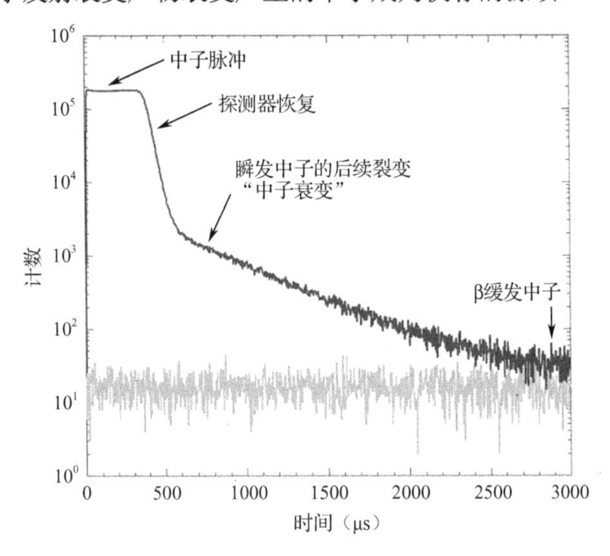

图 6-21　用 60cm^3 胶合板立方体屏蔽的 9.4kg 高浓缩铀的中子衰变数据[251]

有源中子探测系统中通常采用的另一种方法不是上面所介绍的测量中子裂变衰变特征，而是测量在被探测的体积内产生的短寿命裂变产物衰变产生的中子和 γ 射线。由于几乎所有这些裂变产物都是通过 β 粒子发射衰减的，因此它们有时被称为 β 缓发发射。测量 β 缓发中子是有利的，由于可以产生较强的信号和较低的天然本底[252-256]。对随中子发射而衰变的 200+裂变产物进行时间依赖分析，得到一个六分量指数衰减剖面，铀的半衰期不超过 2.23s 的总发射概率的一半[257]。在一个平行的方法中，已经研究了从短寿命裂变产物中测量 β-缓发 γ 射线的方法，以便以此作为检测屏蔽裂变材料的标志[258-260]。在裂变后的很长一段时间内，γ 射线继续从裂变产物中发射，但在短时间内可观察到类似于 β 缓发中子的时间依赖性。这种方法的一个优点是 β 缓发 γ 射线信号的强度比 β 缓发中子强。然而，由于热中子的存在，在中子脉冲之后的很短时间内，数据收集可能会变得复杂。它们被捕获并产生多 MeV 捕获 γ 射线。当使用 DT 中子时，这两种方法都会受到良性干扰的影响，或者是 $^{17}O(n,p)^{17}N$ 反应的结果，其中 ^{17}N 以 4.2s 半衰期衰变并发射中子，或者是 $^{16}O(n,p)^{16}N$ 反应，其中 ^{16}N 以 7.1s 半衰期衰变并发射高能 γ 射线[261]。

在测量和探测屏蔽裂变材料方面更具挑战性的有源中子探测的其他特征包括高能中子脉冲期间的瞬发、非弹性散射产生的中子和相关 γ 射线以及中子俘获 γ 射线。被动屏蔽的一个重要特征是通过测量中子重合度和分析中子多重性来检测相关中子发射。这项技术已被证明对探测和表征可裂变材料是有效的[262-264]。然而，在某些几何结构中，分析时间可能很长[265]。

6.4.11　其他应用

除了上面讨论的应用，ENG 还被用于其他几个领域的分析，表明基于中子的分析技术可以在解决工业测量、计量和质量保证领域的许多挑战中发挥重要作用。由于许多原因，密封式电子管 ENG 是最常用的工具，包括与较大的开放式真空系统相比，密封式电子管体积更小、使用容易、携带方便、成本更低。这些应用程序包括：

- 环境分析。在中子非弹性散射活化分析和 PGNAA 的非破坏性测量中，ENG 已被用于许多污染地区土壤中有害元素的检测和定量[266-268]。在美国，《资源保护与回收法》为处理危险废品物制定了一份重要的危险元素清单。重金属元素包括钡、镉、铬、铅、汞、硒和银。此外，开发了基于中子的技术，利用 PGNAA 方法测定废料桶中的 RCRA 元素[269-271]。
- 土壤分析。便携式 ENG 已被用于现场测量，以测定土壤中的碳含量。这项工作的目的是发展一种计算土壤中碳含量的方法[272,273]，以评估全球气候变化的长期趋势，了解自然碳土壤中碳浓度的变化，并评价人工固碳方法。
- 管内流体分析。已经开发了使用脉冲 ENG 分析管道中流体流动的技术，包括使用 $^{16}O(n,p)^{16}N$ 反应进行水活化。除了前面提到的石油工业中的泥浆和水流分析之外，还考虑了其他工业过程的分析技术，以便了解流速、停留时间和混合情况。佩雷斯-格里福等研究者[274]对这些技术进行了全面的概述。

- 外太空探索。从阿波罗计划和研制用于月球土壤分析的中子发生器（Controlatron）开始，人们一直对在前往月球和火星的空间探测器上放置小型 ENG 保持着兴趣[76,275-278]。尽管截至写作此文时还没有一个工程项目能将 ENG 全面部署在月球上，但美国国家航空航天局（NASA）的火星科学实验室（MS Lab）计划正在进行中，计划在 2012 年将一个小型 ENG 送上火星。在这项任务中使用 ENG 是中子动态反射率（DAN）实验的一部分，该实验旨在检测和量化火星土壤中的氢。

6.5 总结和未来趋势

加速器中子源在工业应用中有着悠久的历史。密封管电子中子发生器是最常用的类型，但其他的特别是 RFQ 加速器产品也有着商业利益。据大家所知，这些装置最普遍的用途是石油工业的地球物理勘探，但中子产生加速器也在其他各种领域中被应用。在测量应用中，中子的独特性质以及它如何与物质相互作用，使它成为了解物理世界的一个宝贵工具，而在辐射效应测试中，加速器中子源为测试电子学对宇宙辐射和大气散裂中子的脆弱性提供了一种现实的方法。鉴于目前以加速器为基础的中子发生器技术的最先进水平，以及从公共领域的信息了解正在进行和拟议的研究活动，有可能对未来 5～10 年的技术发展做出合理预测。然而，由于油田服务行业的特殊性，这种预测必然是有限的。在这段时间内，不包括油田部门，商业工程发展的一些合理预期如下，没有特别区分先后顺序。

- 扩展 ENG 用于替换放射性同位素中子源。根据美国和国外近期观察到的与安全有关的趋势，可以合理地预计放射性同位素中子源用户将转向 ENG。在这些情况下，氚的使用可能不是一个问题：放射性扩散装置中使用的氚与镅或钚的比较风险很小[279]。
- 使用射频离子源的超高产额 ENG。美国和韩国进行的研究正朝着利用现代射频离子源技术开发实用高产额 ENG 的方向发展。这种类型的高产额密封管 DT ENG 由塞尔（英国）在 20 世纪 60 年代制造，但该技术并未从早期的努力中取得进展。可以合理地预期，通过这项新的研究，将重新引入商业 ENG，达到约 10^{12}n/s（DT）的产额，并具有在脉冲模式下工作的能力。这些下一代系统很可能使用主动冷却，其寿命可能接近 10^4 h。这种发展的动机将包括对基础研究和教育的中子源的需求（关闭更多大学研究反应堆之后），电子辐射硬度测试（微电子电路的进一步小型化）以及安全检查[280,281]。

- 使用先进离子源的高效 ENG。目前对微电子机械系统（MEMS）纳米发射极阵列的研究表明，量子场电离和解吸可以比目前使用的等离子体离子源更有效地生成离子。如果在这一领域取得进一步的成功实验和研究成果，我们就可以期望它能发展出 5kg 范围内更小的 P-ENG，中子产额接近 10^9n/s（DT），而不需要主动冷却。此外，这些系统的电力效率应该比目前的供电系统好得多，因此，当使用电池供电时，运行时间要长得多。这一领域的研究将主要受到安全应用的推动[282，283]。
- 性能更好的 AP-ENG 探测器。目前正在进行研究，以提高用于 AP-ENG 的高分辨率闪烁体粒子探测器和固体探测器的性能。此外，正在为这些系统开发更好的数据读出电子设备。持续的研究将有助于开发下一代 AP-ENG 仪器，其性能（寿命、坚固性和光束光斑大小）将优于现有一代设备。这一领域的发展将受到核保障研究、安全应用和医学研究的推动[284，285]。
- 改善用户界面。与基础工程技术的发展相呼应，控制系统技术的进步很可能通过建立在过程仪表的“智能传感器”概念上，提高易用性，并纳入更复杂的自诊断功能。例如，用户只需要设置一个“中子产额”参数，让仪器决定电压和电流的最佳组合，而不需要设置诸如高压或束流之类的操作参数。此外，技术应该允许 ENG 自动指示组件何时需要服务，如更换中子管，以便在连续工作过程监测应用中简化使用。
- 新型 ENG 电源开发。压电晶体（利用热释电和/或铁电特性）可用于 ENG 电源的事实已经存在了几十年了。然而，目前在这一领域和其他领域的小规模研究工作可能会产生有趣的 ENG 设计概念，也许是为了满足对放射性同位素中子源的低成本长寿命电子替代品的需要。固态微电子技术的经常性和持续性进展有望在当前最先进的紧凑型电力系统上产生值得注意的性能改进[286, 287]。
- 寿命更长的 ENG 中子管。目前商用 ENG 的工作寿命主要受到密封中子管内氢化物靶降解的限制，这导致总中子产额降低，需要更换中子管。可以进行研究以提高氢化物靶对这种损伤机制的抵抗能力。在 10^9 n/s（DT）范围内，通过改进的靶设计和自动控制系统，可以合理地预期使用寿命超过 10^4 h、中子产额相对稳定（产额减少小于初始产额的 50%）。
- 先进的开放式真空加速器概念。从加速器中子源的更广阔前景来看，目前正在为创新的开放真空系统进行若干研究和设计工作，这些工作可能对未来的工业中子应用产生重大影响。其中一些技术进步包括发展高效超导回旋加速器、先进的直线加速器和加速器储存环技术、高梯度加速结构等。

致谢

本章改编自爱达荷州国家实验室报告 INL/EXT-09-17312。我要感谢玛丽安和鲍勃·哈姆对编辑本文的耐心和毅力。美国能源部、国家核安全管理局、防扩散与核查研究与发展办公室根据美国能源部爱达荷行动办公室合同 DE-AC07-05ID14517 提供了支持。

免责声明

这份资料是由美国政府的一个机构赞助的一份工作报告。其中所披露的任何信息、设备、产品或过程的准确性、完整性或实用性，美国政府或其任何代理机构或其任何雇员均不做任何明示或暗示的担保，也不承担任何法律责任或责任，或表示其使用不会侵犯私人权利。本章中提及的任何特定商业产品、工艺或服务的商品名、商标、制造商或其他，并不一定构成或暗示美国政府或其任何机构对其的认可、推荐或支持。作者在此所表达的观点和意见并不一定代表或反映美国政府或其任何机构的观点和意见。

6.6 参考文献

[1] J. Chadwick, *Proc. R. Soc. Lond.* A **136**, 692 (1932).

[2] J. D. Cockcroft and E. T. S. Walton, *Proc. R. Soc. Lond.* A **137**, 229 (1932).

[3] J. Chadwick, *Proc. R. Soc. Lond.* A **142**, 1 (1933).

[4] M. L. E. Oliphant, P. Harteck and E. Rutherford, *Proc. R. Soc. Lond.* A **144**,692 (1934).

[5] B. Cathcart, *The Fly in the Cathedral* (Penguin Books Ltd., London, 2004).

[6] M. L. E. Oliphant and E. Rutherford, *Proc. R. Soc. Lond.* A **141**, 259 (1933).

[7] M. L. E. Oliphant, B. B. Kinsey and E. Rutherford, *Proc. R. Soc. Lond.* A**141**, 722(1933).

[8] W. H. Zinn and S. Seeley, *Phys. Rev.* **50**, 1101 (1936).

[9] F. M. Penning, US Patent 2, 211, 668 (1940) (The Netherlands, 1937).

[10] W. Schutze, US Patent 2, 240, 914 (1941) (Germany, 1938).

[11] H. I. Kallmann, US Patent 2, 251, 190 (1941) (Germany, 1938).

[12] H. I. Kallmann, US Patent 2, 287, 619 (1942) (Germany, 1939).

[13] H. I. Kallmann, US Patent 2, 287, 620 (1942) (Germany, 1939).

[14] *Radiation Source Use and Replacement, Abbreviated Version*, National Research Council of the National Academies (The National Academies Press, Washington, DC, 2008).

[15] *International Approaches to Securing Radioactive Sources Against Terrorism*, NATO Science for Peace and Security Series, Eds. W. D. Wood and D. M. Robinson (Springer, Dordrecht, 2009).

[16] J. B. Marion and J. L. Fowler, *Fast Neutron Physics, Part I: Techniques &Part II: Experiments and Theory* (Wiley and Sons, New York, 1963).

[17] S. S. Nargolwalla and E. P. Przyblowicz, *Activation Analysis with Neutron Generators* (Wiley and Sons, New York, 1973).

[18] S. Cierjacks, Ed., *Neutron Sources for Basic Physics and Applications* (Pergamon Press Ltd., Oxford, 1983).

[19] J. Csikai, *CRC Handbook of Fast Neutron Generators*, Vols. I and II (CRC Press, Boca Raton, 1987).

[20] K. S. Krane, *Introductory Nuclear Physics* (Wiley and Sons, New York, 1988).

[21] *Evaluated Nuclear Data File (ENDF) ENDF/B-VI.8*, US National Nuclear Data Center (Brookhaven National Laboratory, 2009), www.nndc.bnl.gov.

[22] L. A. Shope, *Report SC-TM-66-247* (Sandia National Laboratories, NM, 1966).

[23] M. R. Hawkesworth, *Atomic Energy Rev.* **15**, 169-220 (1977).

[24] F. E. Cecil and E. B. Nieschmidt, *Nucl. Instr. Meth. Phys. Res.* **B16**, 88 (1968).

[25] C. L. Lee, Ph.D. Thesis, Massachusetts Institute of Technology (1998).

[26] B. Blackburn, Ph.D. Thesis, Massachusetts Institute of Technology (2002).

[27] M. Drosg, in *SPIE Conf. Proc.* **2339**, 145 (1995).

[28] S. Takayanagi, N. H. Gale, J. B. Garg and J. M. Calvert, *Nucl. Phys.* **28**, 494(1961).

[29] G. U. Din, M. A. Nagarajan and R. Pollard, *Nucl. Phys.* **A93**, 190 (1967).

[30] M. Drosg, *Contribution to Int. Workshop on Fast Neutron Phys.* (2002), http:// homepage.univie.ac.at/manfred.drosg/dresdenb.htm.

[31] A. Antolak, B. Doyle, D. Morse and P. Provencio, *Report SAND2006-0995* (Sandia National Laboratories, Albuquerque NM, 2006).

[32] M. Goldberg, United States Patent 7,381,962 (see Table I) (2008).

[33] *U.S. National Nuclear Data Center* (2009), http://www.nndc.bnl.gov/qcalc.

[34] M. Drosg, *DROSG-2000: Neutron Source Reactions, Data Files with Computer Codes for 59 Monoenergetic Neutron Source Reactions*, Report IAEANDS-87 (International Atomic Energy Agency, Austria, 2005).

[35] L. Auditore *et al.*, in *Proc. EPAC 2004*, 2347 (2004).

[36] Z. W. Bell, V. L. Chaklov and V. M. Golovkov, *Report Y/DW/1730 R1*, (Oak Ridge Y-12 Plant, Oak Ridge, TN 1998).

[37] *Handbook on Photonuclear Data for Applications, Cross Sections and Spectra*, Report IAEA-TECDOC-Draft No 3 (International Atomic Energy Agency,V ienna, Austria, 2000), www.nds.iaea.org/photonuclear.

[38] R. L. Macklin, R. B. Perez, G. de Saussure and R. W. Ingle, Report ORNL/TM-10666 (Oak Ridge National Laboratory, Oak Ridge, TN, 1988).

[39] L. C. Leal, Report ORNL/TM-11547 (Oak Ridge National Laboratory, Oak Ridge, TN, 1990).

[40] M. E. Overberg, B. E. Moretti, R. E. Slovacek and R. C. Block, *Nucl. Instr.Meth. Phys. Res.* **A438**, 253 (1999).

[41] M. Flaska, Ph.D. Thesis, Technical University of Delft, Delft, The Netherlands (2006).

[42] W. Scharf, *Particle Accelerators and Their Use, Parts 1 and 2* (Harwood Academic Publishers GmbH, Switzerland, 1991).

[43] S. Humphries, *Principles of Charged Particle Acceleration* (Wiley and Sons, Hoboken, 1999).

[44] *Electrostatic Accelerators: Fundamentals and Applications*, Ed. R. Hellborg (Springer-Verlag, Berlin, 2005).

[45] R. W. Hamm, in *SPIE Conf. Proc.* **4142**, 6 (2000).

[46] M. J. Wakem and M. Brownridge, in *Proc. Adv. for Future Nucl. Fuel Cycles (ATALANTE 2004)*, 01-01 (2004).

[47] B. Wolf, Ed., *Handbook of Ion Sources* (CRC Press, Boca Raton, 1995).

[48] J. Koll´ar, M. Tatara and D. Chorv´at, *Int. J. Appl. Rad. Iso.* **26**, 635 (1975).

[49] *Radiation Protection and Measurement for Low-Voltage Neutron Generators*, NCRP Report No. 72 (National Council on Radiation Protection and Measurements, Bethesda MD, 1983).

[50] D. Dietrich *et al.*, *Nucl. Instr. Meth. Phys. Res.* **B241**, 826 (2005).

[51] E. Gimshi, A. Tsechanski and E. Shalom, in *Proc. 12th Int. Workshop on Targetry and Target Chemistry*, 63 (2008).

[52] C. Faure, *Acta Electronica* **13**, 317-364 (1970).

[53] G. Lindin and J. Massieux, *Sealed Neutron Tubes*, Report SAND83-6003 (Sandia National Laboratories, Albuquerque NM, 1985).

[54] W. H. Kohl, *Handbook of Materials and Techniques for Vacuum Devices* (American Institute of Physics, New York, 1995).

[55] D. L. Chichester, J. D. Simpson and M. Lemchak, *J. Radioanal. Nucl. Chem.* **271**, 629 (2007).

[56] L. A. Shope *et al.*, *Int. J. Appl. Rad. Iso.* **34**, 269 (1983).

[57] D. A. Von Kessar, *Helv. Phys. Acta* **8**, 601 (1935).

[58] F. M. Penning and J. H. A. Moubis, *Physica* **4**, 1190 (1937).

[59] A. Bouwers, F. A. Heyn and A. Kuntke, *Physica* **4**, 153 (1937).

[60] O. Reifenschweiler, *Electrotechink und Maschinenbaus* **74**, 96 (1957).

[61] J. D. Gow and L. Ruby, *Rev. Sci. Instr.* **30**, 315 (1959).

[62] W. W. Salisbury, US Patent 2,489,436 (1949) (filed 1947).

[63] R. E. Fearon and J. M. Thayer, US Patent 2,712,081 (1955) (filed 1949).

[64] H. B. Frey, US Patent 2,769,096 (1956) (filed 1952).

[65] C. Goodman, US Patent 2,943,239 (1960) (filed 1954).

[66] C. Goodman, US Patent 2,991,364 (1961) (filed 1954).

[67] C. Goodman, US Patent 2,996,618 (1961) (filed 1954).

[68] A. H. Frentrop, US Patent 3,246,191 (1966) (filed 1961).

[69] O. Reifenschweiler, US Patent 3,124,711 (1964) (filed 1959).

[70] J. D. Gow and H. C. Pollock, *Rev. Sci. Instr.* **31**, 235 (1960).

[71] O. Reifenschweiler, *Nucleonic* **18**, 69 (1960).

[72] P. O. Hawkins and R. Sutton, *Rev. Sci. Instr.* **31**, 241 (1960).

[73] B. J. Carr, US Patent 3,393,316 (1966) (filed 1964).

[74] J. S. Buhler, *The Norelco Reporter* **8**, 87 (1961).

[75] O. Reifenschweiler, *Philips Res. Repts.* **16**, 401 (1961).

[76] *Development of the Controlatron Neutron Source Tube for Lunar Surface Analysis*, Report GEX-332 (General Electric Company, Milwaukee, 1962).

[77] *Manual for Troubleshooting and Upgrading of Neutron Generator*, Report

IAEA-TECDOC-913 (International Atomic Energy Agency, Vienna, 1996).

[78] C. Goodman, US Patent 2,943,239 (1960) (filed (1954).

[79] R. C. Smith, C. H. Bush and J. W. Reichardt, *IEEE Trans. Nucl. Sci.* **35**,859 (1988).

[80] H. G. Pfutzner and M. Mahdavi, *SPIE Conf. Proc* **2339**, 201 (1995).

[81] H. G. Pfutzner, J. L. Groves and M. Mahdavi, in *IEEE Nucl. Sci. Symp. & Med. Imaging Conf., 1994* (IEEE, New York, 1994), p. 812, doi: 10.1109/ NSSMIC. 1994. 474489.

[82] O. Reifenschweiler, *Philips Res. Repts.* **16**, 401 (1961).

[83] P. Bach, *et al.*, *J. Radioanal. Nucl. Chem.* **168**, 393 (1993).

[84] V. D. Aleksandrov, *et al.*, *Appl. Rad. Iso.* **63**, 537 (2005).

[85] B. E. Leonard, in *Proc. Workshop on High Intensity Neutron Generators*, 44(1972).

[86] J. E. Jobst, Z. G. Burson and F. F. Haywood, in *Proc. Workshop on High Intensity Neutron Generators*, US Atomic Energy Commission, Eds. H. A. Lamonds, B. E. Leonard and E. J. Story (EG&G, 1972), p.159.

[87] J. D. L. H. Wood, *Nucl. Instr. Meth. Phys. Res.* **21**, 49 (1963).

[88] R. McFadden, P. W. Martic and B. L. White, *Nucl. Instr. Meth.* **92**, 563(1971).

[89] C. M. Gordon and C. W. Peters, *Appl. Rad. Iso.* **41**, 1111 (1990).

[90] *Associated Particle Imaging (API)*, Report DOE/NV/11718-223 (Special Technologies Laboratory, Santa Barbara, 1998).

[91] Z. Chen *et al.*, US Patent 6,297,507 (2001).

[92] A. V. Kuznetsov *et al.*, *Appl. Rad. Iso.* **61**, 51 (2004).

[93] B. Perot *et al.*, in *Proc. Int. Topical Mtg. Nucl. Res. Appl. and Utilization of Accelera-tors*, Paper SM/EN-07 (International Atomic Energy Agency, Vienna,2009).

[94] D. N. Vakhtin *et al.*, in *Proc. Int. Topical Mtg. Nucl. Res. Appl. and Utilization of Accelerators*, SM/EN-11 (International Atomic Energy Agency, Vienna, 2009).

[95] P. Le Tourneur, in *Proc. Int. Topical Mtg. Nucl. Res. Appl. and Utilization of Accelerators*, Paper SM/EN-17 (International Atomic Energy Agency, Vienna,2009).

[96] D. L. Chichester, M. Lemchak and J. D. Simpson, *Nucl. Instr. Meth. Phys. Res.* **B241**, 753 (2005).

[97] P. A. Hausladen, J. S. Neal and J. T. Mihalczo, *Nucl. Instr. Meth. Phys. Res.***B241**, 835 (2005).

[98] J. A. Deye and F. C. Young, *Phys. Med. Biol.* **22**, 90 (1977).

[99] R. E. Morgado, *Report LA-11393-C*, 10-33 (Los Alamos National Laboratory, Los Alamos, 1987).

[100] Z. W. Bell, V. L. Chaklov and V. M. Golovkov, *Report Y/DW-1730 R1* (Oak Ridge Y-12 Plant, Oak Ridge, 1998).

[101] B. Mukherjee, D. Makowski and S. Simrock, *Nucl. Instr. Meth. Phys. Res.***A545**, 830 (2005).

[102] R. A. Schrack, J. W. Behrens, R. G. Johnson and C. D. Bowman, in *Neutron Radiography, Proceedings of the First World Conference*, Eds. J. P. Barton and P. Von Der Hardt (D. Reidel Publishing, Dordrecht, 1983), p. 495.

[103] R. A. Schrack, *Radiation Effects* **95**, 1309 (1986).

[104] M. J. Bernstein, *Rev. Sci. Instr.* **40**, 1415 (1969).

[105] V. Nardi and J. Brzosko, *Report LA-11393-C Supplemental* (Los Alamos National Laboratory, Los Alamos, 1987).

[106] R. A. Krakowski, J. D. Sethian and R. L. Hagenson, *J. Fusion Energy* **8**, 269(1989).

[107] R. L. Hirsch, *J. Appl. Phys.* **38**, 4522 (1967).

[108] T. H. Rider, S. M. Thesis, Massachusetts Institute of Technology (1991).

[109] G. H. Miley *et al.*, *IEEE Trans. Plasma Sci.* **25**, 733 (1997).

[110] Y. Gu, G. Miley and S. DelMedico, in *Digest of Tech. Papers, Tenth IEEE Int. Pulsed Power Conf.*, Vol. 2 (IEEE, New York, 1995), p. 1500.

[111] J. H. Sorebo, G. L. Kulcinski, R. F. Radel and J. F. Santarius, *Fusion Sci. Tech.* **56**, 540 (2009).

[112] J. A. Clark, *The Chronological History of the Petroleum and Natural Gas Industries* (Clark Book Co, Houston, 1963).

[113] A. H. Youmans, C.W. Millis, E. C. Hopkinson andW. D. Bishop, *Proc. Symp. Soc. Prof. Well Log Analysts*, J. Petroleum Technology **16**(3), 319 (1964).

[114] R. Ethridge, J. Valentine and E. Stokes, in *Conf. Record IEEE Nucl.Sci. Symp. 1990*, (IEEE, New York, 1990), p. 820, doi: 10.1109/NSSMIC.1990693467.

[115] R. C. Odom, *et al.*, in *Proc. Symp. Soc. Prof. Well Log Analysts, 49th Annual Logging Symp.* (Society of Petrophysicists &Well Log Analysts, 2008),

2008-O.

[116] D. E. Johnson and K. E. Pile, *Well Logging in Nontechnical Language, 2nd Edition* (Penn Well Publishing Co., Tulsa, 2002).

[117] D. V. Ellis and J. M. Singer, *Well Logging for Earth Scientists, 2nd Edition* (Springer, Dordrecht, 2007).

[118] M. Borsaru *et al.*, *Appl. Rad. Iso.* **64**, 630 (2006).

[119] W. W. Givens, W. R. Mills, C. L. Dennis and R. L. Caldwell, *Geophysics* **41**, 468 (1976), doi: 10.1190/1.440627.

[120] F. D. Thibideau, *The Log Analyst* **18**(6) (1977), document id:1977-vXVIIIn6a2.

[121] H. I. Kallmann and E. Kuhn, Reichspatentamt Patentschrift Nt. 726,278, Deutsches Reich (1942).

[122] L. Holland and M. R. Hawkesworth, *Nondestructive Testing* **4**, 330 (1971).

[123] H. Berger, *Appl. Rad. Iso.* **61**, 437 (2004).

[124] I. A. Anderson, R. L. McGreevy and H. Z. Bilheux, Eds., *Neutron Imaging and Applications: A Reference for the Imaging Community*, (Springer Science+ Business Media, New York, 2009).

[125] B. D. Sowerby, US Patent 4, 884, 288 (filed 1989) (Australia, 1985).

[126] G. Xiang *et al.*, *J. Isotopes* **18**, 26 (2005).

[127] J. S. Schweitzer and R. C. Lanza, in *AIP Conf. Proc.* Vol. 475 (American Institute of Physics, Melville, 1999), p. 675.

[128] E. Lehmann, G. Frei, A. Nordlund and B. Dahl, *IEEE Trans. Nucl. Sci.* **52**,389 (2005).

[129] A. J. Cox and P. E. Francois, *Nucl. Instr. Meth.* **92**, 585 (1971).

[130] A. R. Spowart, *Nucl. Instr. Meth.* **92**, 613 (1971).

[131] D. G. Vasilik, R. L. Murri and G. P. Fisher, *Nucl. Tech.* **14**, 279 (1972).

[132] E. Bogolubov *et al.*, *Nucl. Instr. Meth. Phys. Res.* **A542**, 187 (2005).

[133] J. P. Barton, *Trans. Amer. Nucl. Soc.* **10**, 443 (1967).

[134] V. Mikerov, V. Samosyuk and S. Verushkin, *Nucl. Instr. Meth. Phys. Res.***A542**, 192 (2005).

[135] D. E. Wood, *Trans. Amer. Nucl. Soc.* **10**, 443 (1967).

[136] W. E. Dance, S. Cluzeau and H.-U. Mast, *Nucl. Instr. Meth. Phys. Res.***B59/57**, 907 (1991).

[137] S. Cluzeau and P. Le Tourneur, in *Proc. Regional Meeting: Nuclear Energy in Central Europe Present and Perspectives* (Nuclear Society of Slovenia, 1993),p. 576, ISBN 96-90004-1-2.

[138] K. H. Kim, R. T. Klann and B. B. Raju, *Nucl. Instr. Meth. Phys. Res.* **A422**,929 (1999).

[139] C. L. Hollas and L. E. Ussery, *Report LA-UR-04-0989* (Los Alamos National Laboratory, Los Alamos, 2004).

[140] J. J. Antal *et al.*, *Report MTL TR 89-52* (US Army Materials Technology Laboratory, Watertown, 1989).

[141] J. J. Antal *et al.*, *Report MTL TR 90-18* (US Army Materials Technology Laboratory, Watertown, 1990).

[142] D. A. Allen *et al.*, *Nucl. Instr. Meth. Phys. Res.* **A353**, 128 (1994).

[143] J. E. Eberhardt *et al.*, *Appl. Rad. Iso.* **63**, 179 (2005).

[144] C. J. Evans and Q. B. Mutamba, *Appl. Rad. Iso.* **56**, 711 (2002).

[145] J. I. W. Watterson and R. M. Ambrosi, *Nucl. Instr. Meth. Phys. Res.* **A513**,367 (2003).

[146] V. Dangendorf *et al.*, in *Proc. Seventh World Conf. Neutron Radiography* (2002), available at http://arxiv.org/ftp/nucl-ex/papers/0301/0301001.pdf.

[147] G. Chen, Ph.D. Thesis, Massachusetts Institute of Technology (2001).

[148] D. Vartsky, in *Int. Workshop on Fast Neutron Detectors and Applications*, Proceedings of Science, FNDA2006-084 (2006).

[149] B. W. Blackburn *et al.*, *IEEE Nucl. Sci. Symp. Conference Record*, NSS '07 (IEEE, New York, 2007), p. 1016, doi :10.1109/NSSMIC.2007.4437185.

[150] R. Gijbels, A. Speecke and J. Hoste, *Anal. Chim. Acta* **43**, 183 (1968).

[151] G. Breynat, J. P. Bocquet and J. P. Garrec,*Nucl. Instr. Meth.* **92**, 499 (1971).

[152] R. E. Wainerdi, R. Zeisler and W. A. Schweikert, *J. Radioanal. Nucl. Chem.***37**, 307 (1977).

[153] J. W. Mitchell, S. Yegnasubramanian and L. Shepherd, *J. Radioanal. Nucl.Chem.* **112**, 425 (1987).

[154] R. Lupu, A. Nat and A. Ene, *Nucl. Instr. Meth. Phys. Res.* **B217**, 123 (2004).

[155] D. L. Perry *et al.*, *Nucl. Instr. Meth. Phys. Res.* **B213**, 527 (2004).

[156] P. R. Renne *et al.*, *Appl. Rad. Iso.* **62**, 25 (2005).

[157] W. D. James, *J. Radioanal. Nucl. Chem.* **219**, 187 (1997).

[158] W. D. James and C. D. Fuers, *J. Radioanal. Nucl. Chem.* **244**, 429 (2000).

[159] K. Boddy, I. Holloway and A. Elliott, *Phys. Med. Biol.* **19**, 379 (1974).

[160] E. D. Williams, K. Boddy and J. K. Haywood, *Phys. Med. Biol.* **22**, 1003(1977).

[161] J. J. Kehayias *et al.*, *Amer. J. Clin. Nutr.* **53**, 1339 (1991).

[162] I. E. Stamatelatos *et al.*, in *Proc. Int. Conf. Appl. Nucl. Tech.: Neutrons in Research and Industry*, Proc. SPIE 2867, Eds. G. Vourvopoulos and T. Paradellis (Society of Photo-optical Instrumentation Engineers, 1996), p. 379, doi: 10.1117/12.267937.

[163] J. J. Kehayias *et al.*, in *SPIE Conf. Proc.* **3769**, 224 (1999).

[164] K. J. Ellis, in *Human Body Composition*, Eds. S. B. Heymsfield *et al.* (Human Kinetics, Champaign, 2005).

[165] C. Chung and Y.-Y. Chen, *J. Radioanal. Nucl. Chem.* **169**(2), 333 (1993).

[166] S. Mitra *et al.*, *Asia Pacific J. Clin. Nutr.* **4**, 187 (1995).

[167] J. E. Wolff *et al.*, in *Proc. New Zealand Soc. Animal Prod.* **56**, 1 (1996).

[168] P. Bach *et al.*, *J. Radioanal. Nucl. Chem.* **168**, 393 (1993).

[169] G. Beurton, B. Ledru and P. LeTourneur, *SPIE Conf. Proc.* **2339**, 424 (1995).

[170] P. Lebrun *et al.*, in *AIP Conf. Proc.* Vol. 475 (American Institute of Physics, Melville, 1999), p. 695.

[171] C. S. Lim, *J. Radioanal. Nucl. Chem.* **262**, 525 (2004).

[172] C. S. Lim and D. A. Abernethy, *Appl. Rad. Iso.* **63**, 697 (2005).

[173] B. D. Sowerby, *Appl. Rad. Iso.* **67**, 1638 (2009).

[174] R. M. Ambrosi, Ph.D. Thesis, University of Witwatersrand, Johannesburg (1999).

[175] R. M. Ambrosi *et al.*, in *SPIE Conf. Proc.* **4142**, 331 (2000).

[176] E. B. Iverson, Ph.D. Thesis, Massachusetts Institute of Technology (1998).

[177] A. de Beer *et al.*, *Nucl. Instr. Meth. Phys. Res.* **B170**, 259 (2000).

[178] E. Normand, *IEEE Trans. Nucl. Sci.* **43**, 461 (1996).

[179] E. Normand, *IEEE Trans. Nucl. Sci.* **43**, 2742 (1996).

[180] R. D. Schrimpf and D. M. Fleetwood, Eds., *Radiation Effects and Soft Errors in Integrated Circuits and Electronic Devices* (World Scientific Publishing,

Singapore, 2004).

[181] A. H. Taber and E. Normand, *Report DNA-TR-94-123* (Defense Nuclear Agency, Alexandria, 1995).

[182] D. L. Oberg *et al.*, *IEEE Trans. Nucl. Sci.* **43**, 2913 (1996).

[183] P. J. McMarrr *et al.*, *IEEE Trans. Nucl. Sci.* **50**, 2030 (2003).

[184] E. M. A. Hussein, in *Proc. Int. Soc. Opt. Eng.* **1736**, 130 (1992).

[185] J. C. Overley *et al.*, *Nucl. Instr. Meth. Phys. Res.* **B99**, 728 (1995).

[186] T. Gozani, *Nucl. Instr. Meth. Phys. Res.* **A353**, 635 (1994).

[187] A. Buffler, *Rad. Phys. Chem.* **71**, 853 (2004).

[188] S. Steward and D. Forsht, *Appl. Rad. Iso.* **63**, 795 (2005).

[189] D. Strellis and T. Gozani, *Appl. Rad. Iso.* **63**, 799 (2005).

[190] K. Wilhelmsen *et al.*, *J. Radioanal. Nucl. Chem.* **271**, 725 (2007).

[191] D. Koltick *et al.*, *Nucl. Instr. Meth. Phys. Res.* **B261**, 277 (2007).

[192] T. Gozani and D. Strellis, *Nucl. Instr. Meth. Phys. Res.* **B261**, 311 (2007).

[193] S. M. McConchie, Ph.D. Thesis, Purdue University (2007).

[194] E. H. Seabury *et al.*, in *AIP Conf. Proc.* **1099** (American Institute of Physics, Melville, 2009), p. 928.

[195] T. G. Miller *et al.*, in *SPIE Conf. Proc.* **2867**, 215 (1996).

[196] L. Zhang and R. C. Lanza, in *IEEE Nucl. Sci. Symp. Conf. Record, 1998*, Vol. 3 (IEEE, New York, 1998), p. 1532.

[197] P. C. Womble *et al.*, in *AIP Conf. Proc.* **475** (American Institute of Physics, Melville, 1999), p.691.

[198] P. A. Dokhale *et al.*, in *AIP Conf. Proc.* **576** (American Institute of Physics, Melville, 2001), p.1061.

[199] C. Bruschini, *Subsurface Sensing Tech. Appl.* **2**, 299 (2001).

[200] A. J. Caffrey *et al.*, *IEEE Trans. Nucl. Sci.* **39**, 1422 (1992).

[201] E. H. Seabury *et al.*, in *AIP Conf. Proc.* **1099** (American Institute of Physics, Melville, 2009), p.928.

[202] E. Rhodes *et al.*, *IEEE Trans. Nucl. Sci.* **39**, 1041 (1992).

[203] G. Nebbia *et al.*, *Nucl. Instr. Meth. Phys. Res.* **A533**, 475 (2004).

[204] S. Blagus, D. Sudac and V. Valkovi´c, *Nucl. Instr. Meth. Phys. Res.* **B213**,434 (2004).

[205] M. Lunardon *et al.*, *Nucl. Instr. Meth. Phys. Res.* **B213**, 544 (2004).

[206] B. Perot *et. al.*, in *Proc. IAEA-TM-29225*, (International Atomic Energy Agency, Vienna, 2006), A-05.

[207] E. M. A. Hussein, P. M. Lord and D. L. Bot, *Nucl. Instr. Meth. Phys. Res.***A299**, 453 (1990).

[208] B. D. Sowerby *et al.*, in *Proc. Int. Topical Meeting on Nuclear Research Applications and Utilization of Accelerators* (International Atomic Energy Agency, Vienna, 2009), SM/EN-01.

[209] C. B. Franklyn, in Ref. 208, SM/EN-12.

[210] *The Practicality of Pulsed Fast Neutron Analysis for Aviation Security* (National Research Council, Washington DC, 2002).

[211] D. Strellis, T. Gozani and J. Stevenson, in Ref. 208, SM/EN-05.

[212] R. C. Lanza, in *Proc. IAEA-TM-29225* (International Atomic Energy Agency, Vienna, 2006), A-02.

[213] M. B. Goldberg *et al.*, in Ref. 208, SM/EN-13.

[214] *Existing and Potential Standoff Explosives Detection Techniques* (The National Academies Press, Washington DC, 2004).

[215] E. L. Reber *et al.*, *Nucl. Instr. Meth. Phys. Res.* **B241**, 738 (2005).

[216] A. V. Kuznetsov *et al.*, *Appl. Rad. Iso.* **61**, 51 (2004).

[217] M. Lunardon *et al.*, *Appl. Rad. Iso.* **61**, 43 (2004).

[218] P. Le Tourneur, in *Proc. IAEA-TM-29225* (International Atomic Energy Agency, Vienna, 2006), B-03.

[219] T. Gozani, *Nucl. Tech.* **13**, 8 (1972).

[220] T. Gozani, *Report NUREG/CR-0602* (US Nuclear Regulatory Commission, Washington DC, 1981).

[221] M. Clapham *et al.*, in *Proc. 19th ESARDA Symp. Safeguards and Nuclear Material Management*, ESARDA 28, Eds. C. Foggi and F. Genoi (1997),p.359.

[222] P. Jover, *IEEE Trans. Nucl. Sci.* **17**, 517 (1970).

[223] B. J. McDonald, G. H. Fox and W. B. Bremner, *Report IAEA-SM-201/61* (International Atomic Energy Agency, Vienna, 1976), p.589.

[224] J. Romeyer-Dherbey, C. Passard and J. Cloue, in *Proc. 15th ESARDA Annual Symposium*, Rome, Italy (1993), p.543.

[225] A.-C. Raoux *et al.*, in *Proc. Int. Conf. Nuclear Waste, Safewaste-2000*, (Société Francais d'Energie Nucléaire, 2000), p.420.

[226] M. J. Waken and M. Brownridge, in *Proc. ATALANTE 2004*, Nîmes, France (2004), 01-01, available at http://www-atalante2004.cea.fr/home/liblocal/ docs/ atalante 2000/01-01.pdf.

[227] V. M. Golovkov, V. L. Chakhlov and M. M. Shtein, *Atomic Energy* **96**, 127(2004).

[228] B. D. Rooney *et al.*, in *IEEE Nucl. Sci. Symp. Conf. Record, 1998*, Vol. 2 (IEEE, New York, 1998), p.1027.

[229] S. G. Melton, R. J. Estep and E. H. Paterson, *Report LA-UR-00-2468* (Los Alamos National Laboratory, Los Alamos, 2000).

[230] A.-C. Raoux, *Nucl. Instr. Meth. Phys. Res.* **B207**, 186 (2003).

[231] W. Hage, *Nucl. Instr. Meth. Phys. Res.* **A551**, 396 (2005).

[232] W. E. Kunz *et al.*, in *Proc. 3rd Annual ESARDA Symp. Safeguards and Nuclear Materials Management*, Karlsruhe, Germany (1981), p. 119.

[233] P. A. Hausladen, *Nucl. Instr. Meth. Phys. Res.* **B261**, 387 (2007).

[234] S. J. Tobin *et al.*, *Report LA-UR-08-03763* (Los Alamos National Laboratory, Los Alamos, 2008).

[235] S. McConchie *et al.*, in *AIP Conf. Proc.* Vol. 1099 (American Institute of Physics, Melville, 2009), p. 643.

[236] D. L. Chichester and E. H. Seabury, in Ref. 235, p. 851.

[237] H. Krinninger, S. Wiesner and C. Faber, *Nucl. Instr. Meth.* **73**, 13 (1969).

[238] H. Krinninger, E. Ruppert and H. Siefkes, *Nucl. Instr. Meth.* **117**, 61 (1974).

[239] Y. D. Lee *et al.*, *Nucl. Instr. Meth. Phys. Res.* **A459**, 365 (2001).

[240] A. Gavron, L. E. Smith and J. J. Ressler, *Nucl. Instr. Meth. Phys. Res.* **A602**,581 (2009).

[241] S. Fetter *et al.*, *Sci. Global Security* **1**, 225 (1990).

[242] S. Koonin *et al.*, *Report JSR-03-130*, JASON Study Group (The MITRE Corporation, McLean, 2003).

[243] C. E. Moss *et al.*, *IEEE Trans. Nucl. Sci.* **53**, 2242 (2006).

[244] *Detecting Nuclear and Radiological Materials*, Royal Society Policy Document 07/08 (The Royal Society, London, 2008).

[245] *American National Standard Minimum Performance Criteria for Actvie Interrogation Systems Used for Homeland Security*, Standard ANSI N42.41-2007 (IEEE, New York, 2008).

[246] P. Kerr *et al.*, *Nucl. Instr. Meth. Phys. Res.* **B261**, 347 (2007).

[247] Y. P. Bogolubov *et al.*, *Nucl. Instr. Meth. Phys. Res.* **B213**, 439 (2004).

[248] K. A. Jordan, Ph.D. Thesis, University of California, Berkley, (2006).

[249] D. L. Chichester and E. H. Seabury, *IEEE Trans. Nucl. Sci.* **56**, 441 (2009).

[250] K. A. Jordan, T. Gozani and J. Vujic, *Nucl. Instr. Meth. Phys. Res.* **A589**, 436 (2008).

[251] D. L. Chichester and E. H. Seabury, in *Proc. Int. Topical Meeting on Nuclear Research Applications and Utilization of Accelerators* (International Atomic Energy Agency, Vienna, 2009), SM/EN-0.

[252] W. Rosenstock and T. Köble, in *Proc. Joint ESARDA/INMM Workshop on Science and Modern Technology for Safeguards*, Arona, Italy (1996), p. 29.

[253] W. Rosenstock, T. Köble and P. Hilger, in *Proc. 21st ESARDA Symp. On Safeguards and Nuclear Material Management*, Seville, Spain (1999), p. 321.

[254] C. E. Moss *et al.*, *IEEE Trans. Nucl. Sci.* **51**, 1677 (2004).

[255] C. E. Moss *et al.*, *Nucl. Instr. Meth. Phys. Res.* **B241**, 793 (2005).

[256] W. Myers, C. A. Goulding and C. L. Hollas, *Report LA-UR-06-3984* (Los Alamos National Laboratory, Los Alamos, 2006).

[257] G. R. Keepin, T. F. Wimett and R. K. Zeigler, *Phys. Rev.* **107**, 1044 (1957).

[258] E. B. Norman *et al.*, *Nucl. Instr. Meth. Phys. Res.* **A51**, 608 (2004).

[259] D. R. Slaughter *et al.*, *Nucl. Instr. Meth. Phys. Res.* **A579**, 349 (2007).

[260] J. M. Hall *et al.*, *Nucl. Instr. Meth. Phys. Res.* **B261**, 337 (2007).

[261] A. Dougan *et al.*, *Report UCRL-TR-202775* (Lawrence Livermore National Laboratory, Livermore, 2004).

[262] C. L. Hollas, C. Goulding and B. Myers, *Report IAEA-SM-367/17/06* (International Atomic Energy Agency, Vienna, 2001).

[263] J. T. Mihalczo *et al.*, *Nucl. Instr. Meth. Phys. Res.* **B213**, 378 (2004).

[264] J. A. Mullens *et al.*, *Nucl. Instr. Meth. Phys. Res.* **B241**, 804 (2005).

[265] J. M. Verbeke *et al.*, *Report UCRL-PROC-231582* (Lawrence Livermore National Laboratory, Livermore, 2007).

[266] D. V. Ellis *et al.*, in *Trans. SPWLA 36th Annual Logging Symposium* (Society of Petrophysicists and Well Log Analysts, 1995), available at http://www.onepetro.org /mslib/ servlet/onepetropreview?id=SPWLA-1995-C&soc=SPWLA.

[267] J. B. Shapiro, W. D. James and E. A. Schweikert, *J. Radioanal. Nucl. Chem.***192**, 275 (1995).

[268] J. K. Shultis *et al.*, *Appl. Rad. Iso.* **54**, 565 (2001).

[269] R. J. Gehrke and G. G. Streier, *Report INEL/EXT-97-00141* (Idaho National Engineering and Environmental Laboratory, Idaho Falls, 1997).

[270] A. R. Dulloo *et al.*, in *Proc. 1999 Industry Partnerships to Deploy Environmental Technology Conference* (National Energy Technology Laboratory, Morgantown, 1999), paper 1.2.

[271] A. R. Dulloo *et al.*, *Nucl. Instr. Meth. Phys. Res.* **B213**, 400 (2004).

[272] L. Wielopolski *et al.*, *IEEE Trans. Nucl. Sci.* **47**, 914 (2000).

[273] S. Mitra *et al.*, *IEEE Trans. Nucl. Sci.* **54**, 192 (2007).

[274] M. L. Perez-Griffo, R. C. Block and R. T. Lahey, *Nucl. Sci. Eng.* **82**, 19 (1982).

[275] R. L. Caldwell *et al.*, *Science* **152**, 457 (1966).

[276] R. G. Johnson, L. G. Evans and J. I. Trombka, *IEEE Trans. Nucl. Sci.* **26**,1574 (1979).

[277] M. W. Busch and O. Aharonson, *Nucl. Instr. Meth. Phys. Res.* **A592**, 393(2008).

[278] M. L. Litvak *et al.*, *Astrobiology* **8**, 605 (2008).

[279] *Radiation Source Use and Replacement* (National Academies Press, Washington DC, 2008).

[280] J. Reijonen, K. N. Leung and G. Jones, *Rev. Sci. Instr.* **73**, 934 (2002).

[281] I. J. Kim and H. D. Choi, *Nucl. Instr. Meth. Phys. Res.* **B241**, 917 (2005).

[282] D. L. Chichester *et al.*, *Nucl. Instr. Meth. Phys. Res.* **B261**, 835 (2007).

[283] I. Solano *et al.*, *Nucl. Instr. Meth. Phys. Res.* **A587**, 76 (2008).

[284] P. A. Hausladen, J. S. Neal and J. T. Mihalczo, *Nucl. Instr. Meth. Phys. Res.***B241**, 835 (2005).

[285] J. S. Neal *et al.*, *IEEE Trans. Nucl. Sci.* **55**, 1397 (2008).

[286] B. Naranjo, J. K. Gimzewski and S. Putterman, *Nature* **434**, 1115 (2005).

[287] J. A. Geuther and Y. Danon, *J. Appl. Phys.* **97**, 074109 (2005).

第7章　电子直线加速器在无损检测中的应用

威廉·A.里德
瓦里安医疗系统安检产品
美国内华达州，拉斯维加斯斯宾塞街6811号，NV 89119
williamreedphd@gmail.com

本章主要讲述产生X射线的电子直线加速器在无损检测领域中的应用，并着重介绍使用无损检测加速器产品的人员感兴趣的主题。此外，本章讨论了数字探测器技术的发展，随着安检市场应用的兴起，此技术已成为更复杂的数字射线照相和计算机层析成像技术的先导。由于对货物检查用加速器的需求已经远远超过了其他所有工业无损检测加速器，因此对这一细分市场的特殊需求和未来趋势进行了综合论述。专门设计用来生产中子的加速器系统也可用于某些类似的应用领域。

7.1　引言

无损检测和检查（NDT）是指采用不会改变、破坏或以其他方式干扰被测物体的技术对材料和设备进行的检测。虽然许多技术都是为此目的而发展的，但射线照相技术是最早的相关技术之一，在工业中无处不在。由于射线照相提供了揭示致密材料内部结构的独特能力，因此这种检测方法已越来越多地被采用，并针对各种新应用进行定制。NDT拍摄的第一张X射线胶片，是使用X射线管射线源在感兴趣的物体后面曝光胶片。然而，来自这些装置的相对低能量的X射线几乎不能穿透许多感兴趣的材料。随着20世纪50年代后期工业用电子直线加速器（通常被称为“直线加速器”）的出现，射线检测人员开始使用这些能量更高、剂量更大的光源拍摄清晰的X射线胶片，来显示更厚和密度更高的物体，帮助制造商更好地控制大型制造产品和复杂组件的质量。与此同时，有组织的射线照相行业正式建立，培养了更多受过专业训练的从业人员。直线加速器这种对较大物体的检测能力以及复杂检查方法的实用性，导致了对工业加速器的巨大需求。在随后的几十年中，新应用的推广和新技术的改进将会延续这一趋势。

美国无损检测学会（ASNT），即美国工业镭和 X 射线学会，自 1941 年成立以来，在成员培养、信息共享和技术改进方面引领了整个行业。ASNT 出版的《射线检测手册》（博西等研究者）[1]，提供了几乎所有有关射线照相检测主题的权威信息。除了协会的会议和培训工作之外，该手册还用于射线照相行业实践的标准化。该手册详细介绍了射线照相检测应用的理论知识和实际操作，因此被读者普遍认可为优秀的指导书。

7.1.1　X 射线用于无损检测的历史

早在 1896 年，也就是 1895 年威廉 • 康拉德 • 伦琴发现 X 射线后不久，就有了第一例 X 射线照相的报道。然而，在 1912 年以前，X 射线照相主要用于医学上的对骨折成像[2]。在最初的几年里，改进的 X 射线管产生更强更可靠的输出，这些 X 射线管的创新包括金属靶、曲面阴极和更大压力的气体系统。此后，研究人员开始研究射线透视技术在工业领域的实际应用，制造设备来检查准备在第一次世界大战中部署的武器装备。这项技术也发展成为利用透视法来探测违禁品的检查系统，其目的与机场行李检查设备类似 [3]。

20 世纪 20 年代，X 射线技术的发展主要集中在医学应用上。然而，德国和英国的科学家继续探索工业领域射线照相技术的应用，从而引起了实验室和现场射线照相检测设备的发展。在美国，霍勒斯 • 莱斯特通过记录铸件和焊缝的缺陷，并将这些不连续性缺陷与工件过早失效联系起来，为工业射线照相技术奠定了基础并广为人知[4]。作为一位著名的冶金学家，他在沃特敦军械库的工作证明了工业射线照相技术的价值。并最终促成了美国无损检测学会（ASNT）的成立[2]。

虽然 X 射线是由日趋复杂的 X 射线管产生的，但其物理特性限制了它们在低于约 500 keV 的能量下的使用。研究人员还试验了其他设备，如谐振变压器型加速器（Resotron）、电子感应加速器（Betatron）和范德格拉夫加速器（Van de Graaff generator），这些设备可以产生更高的能量。它们采用不同的技术将电子加速到非常高的能量，有些超过 25MeV。然而，它们的缺点包括相对低的剂量输出和不希望的大（有效）焦点尺寸。小的焦点尺寸对于成像是理想的，因为它更接近 X 射线点源，可以减少图像中的阴影效应（或半影）。

对于剂量要求较低的应用，常使用放射性同位素作为高能 X 射线源。钴 60 和铱 192 等同位素产生超过 1MeV 的 γ 射线，并且在相对较小的体积下具有有用的剂量率。例如，钴 60 具有稳定的剂量输出，输出能量分别为 1.17MeV 和 1.33MeV。通常，制造商制造的源球团尺寸在 1mm 范围内，在满足剂量要求的同时实现小焦点尺寸。当需要较大的剂量时，常常将多个球团组合在同一个源容器中。

通用电气公司被认为开发了第一个能量超过1MeV的商业化非同位素X射线源。1939年推出的谐振变压器型加速器，设计能量为1MeV和2MeV。基于范德格拉夫加速器和电子感应加速器的高能 X 射线输出能量为 15～25MeV。然而，这些设备的有限剂量促进研究人员去研究其他技术，最终促使射频电子直线加速器（RF Linac）的发展。

电子直线加速器是20世纪50年代开始进行制造的，用于满足军事上对能量和剂量组合明显高于同位素源或其他类型X射线发生器射线源的特殊需求。例如，1959年，瓦里安半导体设备联合公司（后为瓦里安医疗系统公司，以下简称瓦里安）向美国海军交付了一台 10MeV 加速器，用于检查北极星导弹和其他弹药。从那时起，一个适度增长的高能X射线系统商业和军事市场推动了一系列商业加速器的发展和产品化。瓦里安率先于 1968 年生产了能量范围为 1～15MeV 的Linatron®系列加速器。Linatron 加速器仍然是由瓦里安通过其被称为安全和检查产品著称的工业集团生产的。虽然一些早期型号加速器仍在该领域运行，但瓦里安和世界各地的其他制造商已提供具有现代电子设备和更先进功能的新型加速器。新型加速器具有更多的自动化功能，许多系统都有交互式触摸屏显示器，允许操作员监视和控制与操作相关的参数。例如，瓦里安 Linatron K-15 有一个人机界面（HMI），可以显示子系统的示意图，允许操作员通过触摸适当的区域来获取更多的信息。系统状态用颜色来指示，正常范围内的参数显示为绿色，故障显示为红色。计算机还保存了每个事件的数字日志，以备将来查看。

7.1.2 X射线机与电子直线加速器

传统的X射线（管）机通常被用来对小物体成像，它们为许多无损检测应用提供了出色的解决方案。X射线机的能量介于 80keV 和 450keV 之间，并且以适中的剂量率运行，因此体积相对较小且具有成本效益，并有足够的耐用性，可用于工业用途。然而，大多数 X 射线机的物理特性将它们的能量限制在 450keV，在1m处的连续剂量率为15～30rad/min（0.15～0.30Gy/min）。在这些最大keV能量和剂量条件下，有效穿透钢的厚度远低于 4 英寸（100mm）。例如，一台标称能量为250keV的X射线机，其钢的半值层（HVL，定义为入射剂量衰减到一半的材料厚度）厚度为0.25英寸（6.35mm），允许最大有效穿透钢的成像厚度为2.5英寸（63.5mm）[5]。此估计值是基于此能量下最大穿透约10个HVL 钢厚度的经验法则得出的。

对于工业应用，特别是在生产环境中，穿透能力和剂量率对获得高质量图像的要求而言至关重要。在一定范围内，更大的穿透能力和更大的剂量可以减少曝光时间并加快成像速度。在估算使用加速器技术检测涡轮叶片或重型铸件等较厚或密度较高的材料生产成本时，这一点尤为重要。此外，加速器通常被认为是同位素源的更安全的替代品[6]（见参考文献[6]第 52 页），因为它们只在通电时才产生 X 射线。

用于产生 X 射线的电子直线加速器（有时也称为“X 射线直线加速器”）的独特之处在于，它们能够产生高剂量率的 X 射线，并在 MeV 范围内输出能量。这使得它们的工作能力大大超过 X 射线机或同位素源的能力，能够有效地穿透钢和其他致密材料，并在短时间内产生图像。表 7-1 给出了 X 射线机与直线加速器在钢中的最大穿透厚度能力。ASTM 标准 E94-04 给出了其他材料的等效穿透厚度[5]。表 7-1 所示的穿透厚度是基于最大 10 个 HVL 钢的成像标准。在 MeV 级水平，根据成像条件，显示的穿透厚度值可以乘以 1.5 到 2.0 倍系数。这种额外的穿透能力主要是由于厚截面物体成像的射线束硬化效应，但也包括使用低散射技术和敏感检测优化成像链。

表 7-1　钢的最大穿透厚度与能量关系

技　术	X 射线机			直线加速器		
能量	120keV	250 keV	400keV	3MeV	6MeV	9MeV
钢厚@ 10HVL	1.0 英寸（25.4mm）	2.5 英寸（63.5mm）	3.5 英寸（88.9mm）	9.1 英寸（231.1mm）	11 英寸（279.4mm）	12 英寸（304.8mm）

虽然 1～9MeV 加速器能满足大多数物体的检查要求，但对于非常厚和高密度的物体，如重型设备铸件、一些复合材料和大型焊接组件，可能需要更高的能量来成像。其他例子包括美国国家航空航天局（NASA）要求检测的固体火箭发动机，以及检查船舶和飞机部件等军事应用。对于这些应用，输出能量为 15MeV 或更高的加速器，以及在 1m 处剂量率超过 100Gy/min 的加速器可作为标准产品提供。这些加速器可以穿透 18 英寸（457.2mm）厚的钢或其他等效厚度材料。即使有如此巨大的能量和剂量输出，这些大型 X 射线设备也能连续工作数小时而不间断，有效使用寿命可能超过 10 年。

7.2　市场概况

20 世纪 50 年代开始，射频（RF）直线加速器成为军事和民用产品制造商的重要检测工具，用于检测武器、铸件、压力容器、涡轮叶片和其他关键部件的质量。早期的电子直线加速器制造商包括通用电气、三菱电机（简称“Melco”）和瓦里安等知名公司。当前用于安全检查和工业无损检测的电子直线加速器的主要制造商是瓦里安和中国的同方公司。全球还有其他几家工业加速器供应商，包括法国的欧洲兆伏、德国的西门子和 XScell（前身为舍恩伯格研究公司）、美国的 L &W Research 公司。其他直线加速器制造商如安科锐和螺旋层析放疗系统公司，主要为美国的医疗市场推广其加速器。Mevex、Iotron 和先进回旋加速器系统等许多公司也提供支持加速器技术的设备[7]。

亚洲也是一个重要的加速器市场。例如，在日本，住友、三菱和日立提供同步加速器和回旋加速器为放射性同位素医学服务。此外，俄罗斯、印度、韩国和中国等国也有公司和机构为工业、医疗和研究市场提供服务。有关亚洲加速器行业的完整回顾可参见 C.唐[8]的报告。还有越来越多的小型制造商专门改造旧的医用加速器用于工业应用，或购买及翻新旧的工业加速器用于新的应用。

全面评估工业应用行业市场是很难的，但从 20 世纪 50 年代到 2010 年，世界范围内用于无损检测和检查而生产的工业加速器总数已经超过 1,500 套。其中近一半的加速器用于迅速崛起的安全检查和货物检查市场。2010 年年底，全球用于工业检测和检查的 3～15MeV 电子加速器的市场每年新增 200～300 台，直接价值约 2.5 亿美元。体积更小的新型便携式 1～3MeV 加速器刚刚进入市场，有可能在几年内显著增加。

考虑到许多加速器配置了复杂的数字成像系统，包括大型探测器阵列、高性能计算机和复杂的软件，与加速器相关的产品总市场价值要大得多。它们通常被安装在专门设计的装置或定制的车辆中。此外，这些系统在其产品生命周期内必须由经过培训的人员操作和维护。

在过去的 30 年里，瓦里安 Linatron L-6000 和日本三菱电气公司的 MR-15R 已成为能量超过 9MeV 的工业 NDT 加速器行业的标准产品。这些早期的加速器已经在某些设备上运行了 30 多年，被证明是可靠的大型物体检测系统。现在，这两种早期产品都已过时，主要原因是无法再获得可替换的零部件。如今，有许多技术创新的更可靠和更具成本效益的系统来代替它们。此外，今天的高能加速器更容易操作，有更多的能量选择，有更高的剂量输出，并且可以购买到更多的厂商提供的配件。

虽然最近几十年来 NDT 市场的扩张相对稳定，但制造商同时进行业务整合的趋势，已致使该细分市场的整体净增长更为温和。因此，新业务和旧系统的更新换代将保持传统的无损检测和检验市场继续保持稳定有序的增长。然而，一些新的应用继续推动工业电子加速器市场需求的显著增长，并已成为行业的主导力量。

7.2.1　计算机层析成像

使用加速器对工业产品进行计算机层析成像，通常称为 CT 扫描，该技术已经从大量的医学应用发展到用来解决各种工业材料和部件设计问题。随着功能更强大的计算机和成本更低的控制电子设备的出现，工业 CT 机（通常使用 X 射线机）的使用有所增加。这导致了新软件工具的开发，利用 CT 扫描生成的三维数据可用于许多工业应用中。

虽然基于加速器的工业 CT 系统占据了重要的市场位置，但与基于 X 射线机的系统相比，它们的普及程度要低得多，这主要是由于它们的应用范围有限，而且对较大物体的成像需要大型机械设备。然而，有些物体密度很高且体积相对较小，这为使用加速器射线源进行 CT 检测创造了理想的场景。例如，现代涡轮机叶片是喷气发动机中的关键部件，需要 100%成像来确保质量。它们由致密合金和复合材料制成，需要使用加速器提供的高能量和高剂量率进行检测。这一点特别重要，因为这些零部件通常在生产线环境中制造，在该环境中，检测速度是总体成本的重要因素。在不久的将来，基于加速器的工业 CT 检测可能会成为一个更大的市场，随着体积更小巧的便携式加速器的出现，蓬勃发展的航空货物 CT 检测的新兴市场正在兴起。本章稍后将提供有关此方面的更多信息。

7.2.2　计量学与逆向工程

CT 的三维检测能力为先进的软件提供了发展机会，CT 不仅可以检测零部件或组体内部结构，而且可以量化它们的内部特征和尺寸。通过从 CT 系统接收完整的三维数据，计量软件可以重建图像并计算内部结构的实际尺寸。德国的卡尔·蔡司等公司的 Metrotom 系列产品，已采用基于 X 射线机的 CT 实现了这一目标。作为定制产品购买时，较大的版本可以配置使用直线加速器的射线源。它们的功能与较小的基于射线管射线源的系统相同，但是要格外注意，需要保证较大尺寸的公差，并控制辐射泄漏及其相关的散射。此外，随着被检测物体体积增长，三维数据文件会变得大得多。因此，这些定制的基于加速器的计量系统往往更大、更复杂，并具有更强大的计算机处理能力。

7.2.3　危险废品识别

由于打开内容物未知或未经验证的密闭容器［通常为 55 加仑（约 208 升）或更大的桶］会带来危险，因此危险废品的识别可能成为问题。这些装有液体或固体的钢桶和较大的容器可能密度太高，以至于 X 射线机射线源无法穿透，从而为使用加速器源进行 X 射线检查创造了市场机会。因此，已经部署的一些 X 射线危险废品检查系统，通常由 3～6MeV 的电子加速器和高能数字探测器阵列组成，用于快速成像和分析。

新兴的危险废品检查市场开始利用交替的双能加速器，它可以提供额外的材料鉴别能力，作为识别的辅助手段。高能材料鉴别是硬件和软件特征的组合，于 2007 年首次正式进入工业市场，基于在两个不同能量下的 X 射线吸收率的比率来识别特定材料。该技术是为货物检查市场开发的，本章稍后将进行详细的讨论。

7.2.4 便携式检查应用

传统的工业加速器体积太大，无法满足桥梁或管道等现场检测便携式应用的需要。但是，当美国国土安全部的客户对车载式的检查系统提出需求，并为必要的开发提供部分资金时，生产更小、更轻、更模块化的 X 射线加速器成为趋势。这一趋势使开发更小、更便携的检测系统成为可能，为高能射线照相的新领域应用铺平了道路。这些新系统的解决方案包括独立的便携式平板探测器、配置有成像软件的笔记本电脑，以及比大型同类产品更小、更轻的新型加速器设计。

军方对许多战术领域应用的轻型 X 射线成像系统特别感兴趣，如简易爆炸装置（IED）的识别和炸弹处置。尽管一些制造商提供了基于电池供电的 X 射线机的可部署系统，但其性能受到 X 射线管较小的输出剂量和能量的限制。在 1～2MeV 能量范围内运行的小型化工业加速器将满足该市场的强烈需求。为此，制造商正在整合创新，如开发 X 波段射频加速结构、能量回收技术和固态调制器。

7.2.5 同位素替代

大量同位素源已获得工业许可，可为各种应用提供高能 γ 射线。截至 2008 年，约 5,000 个装置含有近 55,000 个高活度辐射源[9]。如前所述，两种同位素（钴 60 和铱 192）发射 MeV 级 γ 射线，并且在射线照相检测行业中广泛使用。出于对这些辐射源可能被用于放射性扩散装置（“脏弹”）的担忧，美国国会在 2005 年通过了一项能源政策法案[10]，其中包括一项审查民用放射源和确定替代品的条款。该法案授权的委员会在国家研究委员会的主持下工作。注意到同位素源的使用者不承担这些装置的总费用（如废源处置费用），并建议采取鼓励措施，转向替代源。例如，委员会估计，将使用过的钴 60 源退还给制造商的费用通常为数万美元。因此，同位素源的预计成本将会上升，随着监管机构鼓励使用替代源，同位素源的许可证发放将更加严格。

2005—2010 年，尽管确定了放射源的成本，但在将它们从公共领域移除方面几乎没有取得进展。根据美国能源部最近的一份报告[6]：“部署放射性同位素源意味着国家安全风险。放射性同位素在工业研发、基础研究、医疗示踪剂和安全应用等领域的供应、安全和运输问题日益受到关注。”因此，出于成本、安全和国土安全的考虑，用加速器取代同位素源已成为当务之急。

7.2.6　国土安全

1992 年，一个关于核物理学在打击恐怖主义方面的作用的研讨会报告说，粒子加速器在打击恐怖主义方面的应用可分为三类：①法医学鉴定；②原子核和物质特性数据的积累；③检测技术[11]。直到 2001 年 9 月 11 日在美国发生恐怖袭击之前，这些领域一直是科学界的主要兴趣所在。彼时刺激了市场对这些技术的需求，这三类技术都体现了不同的结果。

在第一类应用中，法医学鉴定的目的是识别包括放射性成分在内的可疑材料的成分。研讨会参与者推断，通过鉴定特定材料处理路径所特有的微量同位素比值，加速器可以在确定材料来源方面发挥重要作用。该应用对加速器的要求包括高能量和适合实验室环境的特殊设备，这将限制加速器在常规现场使用。虽然半便携的应用是可能的，但是需要解决诸如大功耗、冷却和屏蔽安全等一些设计问题。因此，这类系统的商业市场非常有限，主要由政府监管和安全部门推动。

在第二类应用中，加速器将有助于促进物质分类和建立供安全倡议使用的参考数据。该报告的作者指出，需要更准确的 γ 射线衰减系数来开发更好的 γ 射线照相技术。其他示例包括需要改进的光子衰减系数、截面、中子吸收散射截面等。这些应用程序也以实验室为基础，有在研究环境中运行的加速器的少量需求[8]。

第三类应用代表更传统的 X 射线检测。产生韧致辐射的加速器已经可用于铸件、焊接组件、火箭发动机和其他大型物体的工业检测。随着安检市场的发展，这种设备很快适用于货物集装箱和大型车辆的高分辨率成像。从概念上讲，这些是传统机场式行李检查系统的放大版本。然而，在设计时要求解决体积增大、速度更快和能量更高等与需求相关的许多挑战。

基于中子的检测被认为是加速器的另一个潜在应用，包括热中子分析（TNA）、快中子分析（FNA）和脉冲快中子分析（PFNA）等技术。在实践中，基于中子的检测系统将中子引导到一个特定的区域，然后寻找被检测物体发出的特有的 γ 射线信号。当存在足够数量的威胁物质且信号强度足够时，这些系统有望产生良好的物质识别结果。

制造商目前正在提供中子检测产品，主要是基于同位素的中子源，而不是加速器。据报道，商业化基于加速器的中子发生器最初面临的挑战包括高成本、低剂量率和有限的使用寿命。有关使用中子进行检测的更多信息，请参阅本书第 6 章。

自 1992 年的报告发布以来，安全检查应用已成为电子加速器的主要工业用途，在世界各地的货物检查中部署了 700 多套这样的 X 射线检测系统。美国海关发起的“货物安全倡议”（CSI），目的是防止掺假货物进入美国。随着 2006 年美国《安全口岸法案》的出台，这一市场势头进一步加快。根据该法案的要求，在 2012 年 12 月之前，运往美国的集装箱货柜的扫描率必须达到 100%[12]。外国口岸运营商有兴趣选择 X 射线检查系统，这些系统可以有效地预先检查运往美国口岸的货物。

由于美国这项法律的实施，其他国家也考虑对其入境货物进行类似的检查要求。此外，用于货物进口的大型集装箱的使用也在增加 [13]。作为参考，《商务在线杂志》报道说，2009 年，美国 10 个最大的港口共进口了 1,270 万个约 6 米等值的集装箱[14]，据估计，随着全球经济的好转，这一数量还将继续增长。

7.2.7　航空货物运输

航空货物运输安全也是美国运输安全管理局（TSA）和世界各地相关组织的高度优先重视事项。1988 年，泛美航空公司的一架 747 客机在苏格兰洛克比上空被炸毁时，航空货运安全首次被广泛认为是薄弱点。炸弹被藏在位于飞机前部货舱内的行李箱内。从那时起，机场的标准检查已经扩大到托运行李，但其他非客运航空货物仍然是一个重大威胁。

航空货运对检查系统来说是一个挑战，因为它的包装方式多样，而且可能包括很大比例的“散货”包装（单件物品和托盘物品，通常为捆扎包装或用收缩膜包装，以便装运）。在其他情况下，货物可以预先装入大型航空货物运输集装箱（简称为 ULD），这些集装箱的尺寸因飞机而异，但其截面可能会超过 100 英寸×200 英寸（2.54m×5.08m）。另一个挑战是，航空货物经常在航班起飞前到达收货点，并且必须迅速处理。因此，有效地检查航空货物需要设备高速运行，并能够完全穿透包装，帮助操作者快速识别内容物。这种系统的有效实施通常被设想为一个高速传送系统，可以接受单独的箱子和托盘货物。

这类系统获得市场接受的真正挑战是取得政府认证。2010 年 8 月，OSI 系统的 Rapi Scan 分部是第一家获得美国运输安全管理局批准的基于加速器的航空货物检查系统的公司。该公司的产品被称为快速扫描鹰 A1000，使用 1MeV X 射线加速器，用于检查航空货物托盘和集装箱。这种能量被认为足以穿透航空货物托盘，而不需要更高能量系统的相关屏蔽要求。虽然这是此类的第一个认证系统，但美国国土安全部（DHS）正在寻求通过更多的研究项目来推进这项技术。

为此，DHS 的科学和技术局在其航空货运系统研究招标书（2010 年 6 月 17 日发布）中提出了一些关于未来航空货物检查系统的需求指南。该招标书所列的主要要求为检查介质（0.3gm/cm^3）和高密度航空货物（>1gm/cm^3），托盘最大尺寸为 1m×1.2m×1.5m，最大重量为 1,588kg。目标是找到“用于各种商业、军事和临时起爆电路、电源、启动装置（雷管）和主要（爆炸物）装药制造的 IED”。在不同条件下检测 26 AWG（美国线规）电线所确定的分辨率，每小时有效成像至少 20 个托盘（或货盘）的系统，则认为系统符合要求。

因此，随着这个市场的成熟，基于加速器的系统有望在满足这些严格的行业和政府要求方面发挥主导作用，同时尽量减少对合法商业的干扰。

7.3　无损检测电子直线加速器技术

今天，用于无损检测（NDT）的电子直线加速器产生的输出能量为 1～15MeV。能量下限主要基于经济上的考虑，低于 1MeV，传统的 X 射线机（管）会提供更具成本效益的解决方案，它们具有更小的焦点选择和能适用于许多应用的足够剂量。在能量上限，只有少数工业应用需要超过 15MeV，这些系统一般是按订单生产的特殊产品。大多数工业应用为 3～9MeV，当距靶 1m 处测量时，剂量输出为 0.3～30Gy。通常，能量与剂量输出正相关，即较高能量的加速器的剂量率通常也较高。

传统的工业无损检测系统设计通常用在工厂环境中，免受极端环境的影响，并与其他设备隔离。它们安装在有足够辐射安全联锁装置的混凝土屏蔽室（也称为隔间或掩体）内，屏蔽室内配置的用来定位被检测物体的机械设备，并协助其移动进出屏蔽室。安全联锁装置通常直接连接到 X 射线设备的控制系统中，因此在所有测量点都处于安全状态时才能启动加速器发射 X 射线。此外，检测屏蔽室配备预先警告和紧急停止（E-stop）按钮，如果在 X 射线操作过程中，人员滞留或被困在屏蔽室内，可按下紧急停止按钮停止 X 射线输出。

现代无损检测加速器在穿透钨、铜等高原子序数（Z）材料制成的靶体时，高能电子快速减速，产生韧致辐射。高剂量和长时间在靶上产生的热量通常需要用液体冷却，钨因此组合了高密度（Z=74）和高熔点，通常被选做制作靶体的材料。

当韧致辐射光子的入射能量超过中子在靶原子核中的结合能时，靶材料也通过（γ, n）光核反应产生中子。中子在钨中产生的速率比在铜和钢等低 Z 材料中要高。由于在 X 射线产生过程中，中子是一个不希望出现的副产品，所以在材料选择上存在设计折中。换句话说，高 Z 材料对韧致辐射的产生是有利的，但对中子的产生是不利的。钨的光核效应发生在 6.18MeV 及更高的光子能量下。因此，对于输出能量不超过 6MeV 的加速器，这不是一个重要的问题。

虽然靶中韧致辐射 X 射线和中子的产生几乎是各向同性的，但在高度准直的屏蔽材料中也会产生中子，准直器通常用于减少 X 射线散射。因此，当可调节准直器处于闭合位置时，中子产额会增加。由于中子在高 Z 屏蔽材料中容易发生弹性碰撞，因此，这些材料并不是特别有效的中子屏蔽材料。6MeV 以上加速器的制造商可能包括专门为中子吸收选择其他屏蔽材料，并可能为操作这些系统规定额外的安全要求。

7.3.1 无损检测加速器基础知识

大多数现代工业电子加速器采用驻波耦合腔结构，利用微波场加速电子束。这种驻波结构于 1964 年首次研制使用，比许多仍在科学实验室中使用的行波系统更小、更轻、性价比更高。有关驻波结构加速器和其他直线加速器结构的更详细的技术描述和操作理论，参见旺勒的《射频直线加速器原理》[15]。用于工业无损检测的驻波电子加速器的原理如图 7-1 所示。

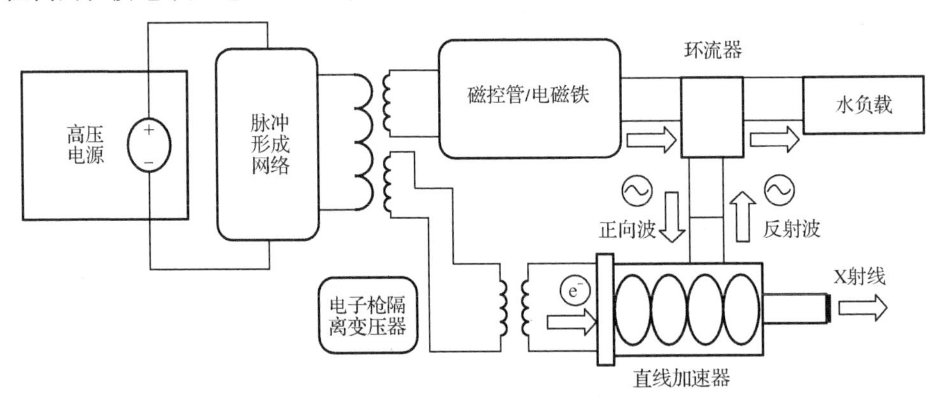

图 7-1　典型的驻波工业电子加速器的原理图

这些电子直线加速器以脉冲方式工作，使加速器腔中的微波场（S 波段约 3GHz、X 波段约 9.3GHz）和电子枪处的高电压脉冲宽度仅为几微秒（μs）。产生 X 射线需要非常高的电压和大电流，其脉冲方式比连续波方式更经济。这降低了许多系统组件的成本，在某些情况下，还允许使用更小的组件。在大多数无损检测加速器系统中，脉冲宽度通常为几微秒，脉冲重复率为 50～500Hz，产生的射线束占空比范围约 0.02%～0.2%。

大多数加速器依靠磁控管产生微波馈入加速管腔体。对于基于磁控管的加速器，X 射线输出稳定性通常取决于磁控管随着脉冲高压输入能否立即起振，并输出与脉冲高压相对应的微波功率。因为磁控管本质上是机械谐振振荡器，在整个工作范围内及在其各单元之间，磁控管起振脉冲存在微小的变化。此外，驱动磁控管振荡的输入脉冲也可能有一些正常的变化。因此，基于磁控管的加速器系统中两个脉冲输出现象值得注意。第一个现象是加速器的一些输出脉冲会出现抖动，这主要是由于磁控管的自激振荡在每个输出脉冲的起始部分有微小变化。直线加速器制造商通常提出 5%的脉冲稳定性规范来量化这种变化。第二个现象是磁控管输出脉冲丢失的概率。在现代磁控管设计中，即使输入在允许范围内，偶尔也会在输出端出现脉冲缺失。脉冲缺失率随所用磁控管的不同而不同，但在长时间间隔内平均出现的频率通常低于 0.1%。然而，在实践过程中，一种统计上的可能性是，当缺失的脉冲确实发生时，它们将以两组或三组的顺序出现，而不是随时间平均分布。

对于传统的胶片射线照相，这些现象很少有影响或没有不利后果，因为成百上千个脉冲累计来产生一副图像。然而，近期的计算机层析成像和数字射线照相应用要求使用更少的脉冲对被检测物体的单个“切片”进行成像。在某些应用中，制造商设计一个脉冲成像一个“切片”，因此单个丢失脉冲将在图像上产生黑色（未曝光）线。系统设计师可以通过使用多个脉冲成像一条扫描线或软件插值技术来解决这个问题。虽然偶然丢失脉冲是不被希望的，但它们不应被视为系统中的缺陷。

有些加速器系统采用速调管而不是磁控管来获得射频功率源。速调管通常比磁控管更大、更重、更昂贵，但它具有许多优点。它们的输出频率、相位和功率可以被精确控制，并且它们不会出现磁控管偶尔丢失脉冲的现象。另一个优点是速调管的平均输出功率要比磁控管大得多，这使得速调管更常用于大功率加速器中。

交替（有时称为交错式）双能加速器主要用于安全检查。交替双能加速器的特点是 X 射线输出脉冲在两种不同的能量之间交替产生，通常在接近最大重复率的情况下工作。对于这些双能量加速器来说，最显著的功能差异是每行扫描至少需要两个脉冲，有效地将扫描速率降低了 50%。因为高扫描速度是货物检查的一个重要特征应用，制造商正在解决这一限制，以允许更高的整体脉冲率。

7.3.2 主要的子系统

大多数工业无损检测 X 射线系统由四个主要子系统组成：X 射线头、调制器柜、控制台及水冷却系统。

1）X 射线头

X 射线头位于屏蔽检测室并产生 X 射线。它包含密封的加速管，里面装有电子枪、耦合腔结构、X 射线靶和支撑组件。它还包括高功率的微波源，这些微波被馈入加速管。X 射线头包含电源、控制电路和适度的屏蔽，以减少杂散辐射。它还可能具有激光对中选项，该选件在射线照相设置过程中用于识别投射 X 射线束的中心。滤过器、准直器和其他选项也可从制造商处获得，可以内置或附加到 X 射线头部的输出部位。

2）调制器柜

调制器柜通常用于许多功能的电路中，其中大多数为 X 射线头和控制台提供高压电气和控制信号。传统的调制器也产生驱动电子枪和微波电源的高功率脉冲，这些脉冲通过高压电缆发送到 X 射线头，限制控制台和 X 射线头之间的大距离。一些较新的设计将产生的高压脉冲并入 X 射线头内，从而消除了高压脉冲长时间进入 X 射线头和简化了调制器和 X 射线头之间的连接。

由于调制器通常包括加速器操作的控制和状态指示，因此设备规划者可以将它们安放在操作员和控制台附近。对于较老的系统，操作员将示波器放置在调制器附近，以观察和测量来自加速器的反射微波功率。这很有用，因为操作员必须定期调整磁控管频率，使加速器保持调谐并产生全部输出。现代加速器具有出色的 AFC（自动频率控制），不再需要手动调节。

3）控制台

控制台通常具有触摸屏面板和显示系统，以控制 X 射线加速器的所有操作。大多数加速器提供直观的界面，允许通过虚拟按钮的颜色显示进行适当的选择和识别任何问题条件。用户可以选择诸如脉冲重复频率和触发等操作参数，但是不能调整不利于有效操作的参数。对于设备维护人员有专门的密码限制的显示和选择界面，有助于故障排除和识别之前的性能参数。控制台还包括一个开关，以防止未经授权的人员操作设备。控制台可能有第二个开关，用于确定控制台是处于本地操作还是远程操作。在远程操作中，系统控制切换到具有类似控件的第二个控制台。

如图 7-2 所示的图形用户界面（GUI）可以提供来自专用计算机的操作。GUI

为操作员提供了有关机器状态及其可控参数的友好的交互信息。计算机界面通常可取代标准控制台，并提供如操作参数的长期存储等附加功能。

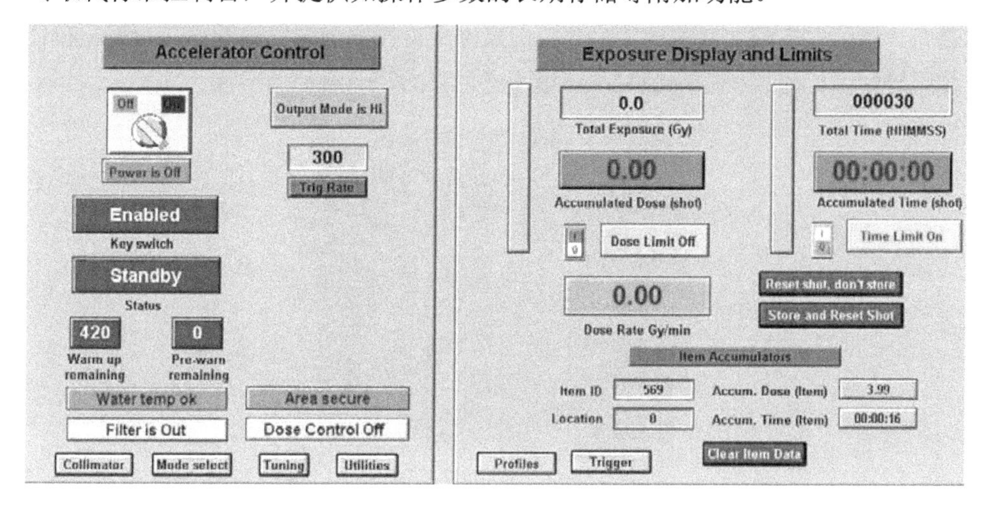

图 7-2　基于计算机操作系统的工业 NDT 加速器的图形用户界面

4）水冷却系统

水冷却系统（水冷机组）用作 X 射线头和相关部件的液体冷却温度控制器。水冷机组提供精确温度（通常为 30℃）和一定压力的冷却水，冷却水通过加速管、电源、磁控管和靶等关键发热组件，进行热交换循环。如果冷却水的流量超出规定值，则 X 射线头中的传感器将发出警报，并且指示控制台关闭加速器。水冷机组是一个主要的组成部分，通常放置在室外，所以它们通常需按照在暴露环境和极限温度下运行的条件而设计。

较新的 NDT 加速器设计往往采用标准化控制器和更多可更换组件的模块化设计。随着专为国土安全应用而设计的电子加速器的出现，X 射线头具有多种屏蔽选择和额外的准直器选项，这些选项经过优化，可与数字探测器阵列配合使用。移动使用的加速器需要更强大的机械框架和安装技术，甚至在零部件的选择上也要满足与室外操作和存储一致的极限温度要求。

7.3.3　束流特性

NDT 加速器系统的规范确定了它们的能量和剂量范围，以及 X 射线束流特性和 X 射线泄漏方式。剂量和能量是密切相关的两个参数；然而，更高的能量输出通常对应着更高的剂量能力。大多数 NDT 加速器如图 7-3 所示，其输出范围与表 7-2 中列出的类似。脉冲重复频率（PPS）直接影响这些加速器中的剂量率，并且通常改变的是输出的主要调整参数，典型的调整范围是 50～350 PPS。操作人员还可以设置X射线照射时间或通过加速器内部电离室测量的累积剂量来停止曝光。由于大多数加速器使用扁平式电离室来直接测量靶发出的剂量，因此在计算照射到被检测物体的剂量时，必须考虑主束的任何附加的准直。

图 7-3 NDT 现代工业加速器示例（瓦里安 Linatron-M）

表 7-2 典型的 NDT 加速器输出能量和剂量率

输出电子束能量	3MeV	6MeV	9MeV
X 射线剂量率@ 1m	0.3～3.0Gy	0.3～8.0Gy	0.3～30.0Gy

1）辐射泄漏

辐射泄漏被定义为在 X 射线主束外产生的辐射，通常指定为在距光束中心轴外 60° 处发出的辐射。尽管制造商可能提供可选屏蔽措施，将离轴辐射降低至主束的≤2×10^{-5}，但典型的直线加速器辐射泄漏规范值约为主束的 0.1%。通常以 10° 为增量沿水平轴测量和确定此泄漏。对于在屏蔽室中操作的检测系统，泄漏可能只是一个在 X 射线图像上产生散射伪影的问题，然而，对于安全检查应用中使用的加速器，出于人员安全考虑，可能需要额外的内部屏蔽。在其他情况下，为了使特定成像链内的数字探测器以最高灵敏度工作并保持足够的信噪比，可以添加额外的屏蔽体。这包括 X 射线源和探测器的屏蔽体和准直器。总的来说，制造商倾向于提供一些与其预期应用一致的屏蔽选项，客户通常会在需要进行特定测试设置时添加额外的临时屏蔽体。

2）能谱

加速器系统产生的未经过滤的 X 射线，其能谱范围很宽，最高能量为可达靶处（“靶点”）的最大电子能量。这种 X 射线光谱被称为“白辐射”，直到它被路径上的物体过滤掉。当吸收材料被放置在 X 射线路径上时，它们倾向于吸收更大比例的低能量光子。射线束被“硬化”，使用来成像的 X 射线光谱变窄。将较低能量的 X 射线过滤掉是可取的，因为它们往往不能完全穿透被检测的物体，又可能成为额外散射线的来源。

3）射线束均匀性

2～15MeV 范围内的 NDT 系统在中心束轴上产生的 X 射线强度，要明显大于离轴仅几度的角度处的 X 射线强度。根据经验，较高能量的加速器具有更明显的梯度，使 9MeV 加速器系统的峰值占总输出的比例明显大于来自同一制造商的 3MeV 源的峰值比例。射线束均匀性一般定义为 X 射线束在中心轴线上的强度与 15°（±7.5°）夹角时的 X 射线束强度的百分比。图 7-4 说明了一旦电子束能量超过 1MeV，在使用如图所示的 22° 锥形准直器时，射线束均匀性就会显著降低。

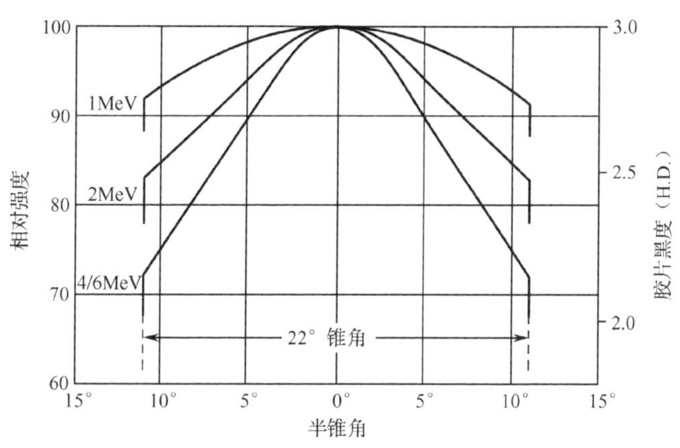

图 7-4　不同束能量下的 X 射线输出强度分布曲线

由于大多数射线照相利用了具有合理均匀曝光特性的胶片，因此通常需要增加补偿器或射线束均整器，以在感兴趣的区域内产生更均匀的强度。射线束均整器的缺点在于它通过降低峰值强度起作用，可能高达 50%。因此，一些制造商提供自动射线束均整器，可根据需要远程插入或从射线束路径中移除。自动射线束（或“辐射场”）均整器的一个例子如图 7-5 所示，显示了移去外面板后的内部机构。该设备可通过两种设置进行远程控制，如图所示，均整器直接定位在靶的前面，备用设置在路径中没有均整器。

4）射线束对称性

射线束对称性与射线束均匀度具有相似的重要性，因为射线检测人员期望看到与被检物体一致且不受曝光偏差影响的图像。当被检测的物体对称时，束对称性尤其重要，因为操作人员会将中心轴两侧的图像进行比较。射线束对称性会受到许多因素的影响，如靶的设计、束控制机构、滤过器和准直器。通常在工厂测试期间验证射线束对称程度。

图 7-5　可远程控制的现场均整器组件

5）焦点尺寸

大多数工业无损检测加速器的焦点直径约 2mm，规定在输出强度的 50%处测量。也就是说，当一张 X 射线胶片直接在靶的输出处曝光时，产生的图像具有明亮的中心，随着远离中心密度逐渐减小。通过视觉观察或软件分析，在中心的 50%强度点周围画出轮廓。这通常被指定为焦点尺寸。一些制造商提供的选项将焦点缩小到 1mm 或更小，决定焦点的最小值主要是由于靶体的热量散发。应当注意的是，实际的焦点很少是正圆的，因此，它是根据其最大尺寸指定的。

焦点尺寸在许多射线照相应用中是非常重要的指标，因为焦点过大会在图像上产生阴影，即所谓的半影，如图 7-6 所示。因此，虽然焦点大小对成像质量的影响将受曝光的几何结构布局和物体深度的影响，但小焦点尺寸对于创建清晰图像是重要的。换言之，将源移动到距离被检测物体更远的位置也会减少半影效应。由于辐射到物体上的有效剂量随源到物体距离的平方数所减少，这可能是一个限制因素。

6）准直器

通常不希望让 X 射线束覆盖比所需曝光区大很多的区域，因为额外产生的 X 射线散射，会在胶片上表现为“灰雾”或在电子探测器上变为“噪声”。有三种类型的准直方法可以限制这些影响。首先，前准直是放在 X 射线源和物体之间的屏蔽。射线检测人员可以在 X 射线路径中放置铅砖、铅球袋或其他材料，以便在 X 射线束与物体接触前进一步准直 X 射线。

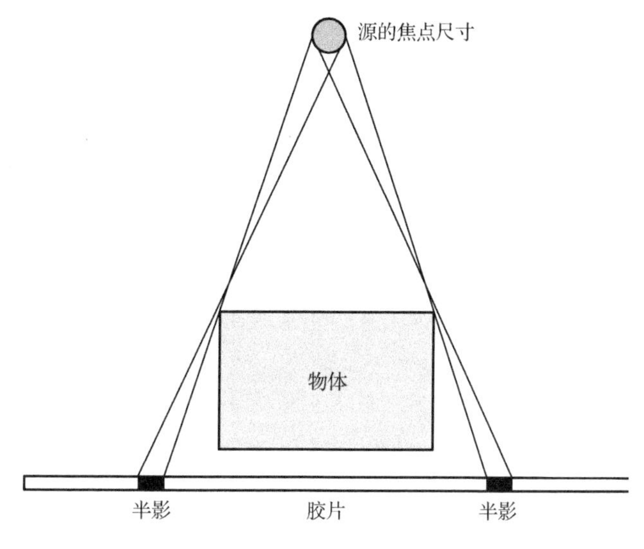

图 7-6 半影示意图

其次，射线检测人员可以利用后准直技术，即在物体和记录介质之间放置屏蔽材料。当物体和记录介质之间有很大的距离时，后准直通常是有用的。并且有利于减少从被检测物体本身或邻近的其他物体的散射。

最后，准直被称为源准直或一次准直，因为它是由制造商设计在加速器内部的。它可以由固定部件和可变动部件组成。为了达到这一目的，制造商选择钨或铅等材料，放置在靶体周围，靶体后部与靶体同轴开口，从而产生所需的射线束形状。这些固定的部件可以是圆锥形、正方形或直线形，以匹配预期的用途。对于 6MeV 以上的加速器输出，根据其 X 射线和相互作用特性选择准直材料。

图 7-7 显示了一个内部呈方形的射线束标准固定准直器，其内部的方形源准直器被一个八角形钢准直器所包围。请注意，为了满足客户的要求，该型号还配置一个圆柱形容器，可以安装一个附加的固定准直器。

另一种类型的源准直是外部电动准直器，如图 7-8 所示，它允许单独控制垂直和水平安装的“钳口”，进一步塑型 X 射线束。当不同尺寸和形状的物体经常进行射线照相时，这种外部电动准直器就特别有用。如图 7-9 所示，它安装在加速器外部以进一步限制 X 射线束的形状。

图 7-7　标准固定准直器

图 7-8　移除了外壳的外部电动准直器

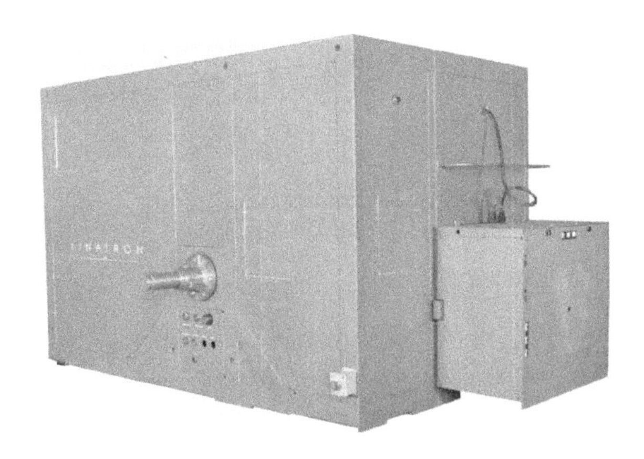

图 7-9　瓦里安 Linatron 15MeV 直线加速器，带有外部电动准直器

外部电动准直器通常设计有独立操作的钳口，一些还包括旋转功能。它们可由系统控制台远程控制，并具有位置读数，以通知操作员旋转和开口位置。通常，具有旋转功能的设备允许辐射场大小调整量为10°～15°，可重复到小于0.5°。通过这种装置的剂量泄漏通常小于入射X射线束的5%。

7.4　数字探测器

数字探测器正在迅速取代胶片，用于许多传统的无损检测应用，并成为计算机层析成像和安全检查行业的标准配置。制造商提供专有的探测器系统，包括独特的集成X射线敏感晶体、闪烁体材料、特殊屏蔽和定制的电子产品。在设计时必须对探测器技术、像素大小、运行速度、成本和耐久性等因素进行综合考虑。

例如，像素化的数字探测器可能依赖于探测器中X射线光子向电荷的固有直接转换（“直接转换”），或者它们可能使用与探测器光学耦合的闪烁体。在后一种情况下，X射线量子首先与闪烁体相互作用，由此产生的可见光光子在数字探测器中产生光电子（“间接转换”）。直接转换通常用于低能量X射线检测。对于间接转换，设计者可以选择特定的闪烁体化合物来有效地吸收X射线并将能量转换为可见光。不同化合物组成的闪烁体晶体和颗粒大小，其分辨率和亮度也各不相同，接着可见光被探测器的光电二极管接收。探测器工程师在选择最适合应用的闪烁体材料时，要在设计上权衡多种因素。在特定的应用中要考虑辐射硬度、晶体透明度、转换效率、余辉、耐用性和成本等因素。例如，余辉是指光子激发闪烁晶体后的持续发光。余辉持续时间限制了整个系统的速度，由于余辉的存在，探测器会接收到余辉产生的附加信号，将产生不正确的测量值。

数字探测器有线阵列和平板两种。如图7-10所示是典型的用于医疗和工业应用的数字平板探测器。该平板采用非晶态硅检测技术与碘化铯闪烁体材料相结合。它的像素间距为194μm，分辨率为2,048像素×1,536像素，整个有效面积为40cm×30cm。

当胶片成为一种选择时，在胶片或平板探测器之间进行选择的重要考虑因素是成本权衡。二者比较包括考虑胶片的成本、处理、储存和每次胶片曝光的人工。虽然平板探测器的初始成本可能相当高，但总体拥有成本往往有优势，尤其是在曝光量较大的情况下。

数字射线照相还有其他优点。例如，它们便于计算机分析和与历史图像的详细比较。随着数字平板探测器成本的降低，数字射线照相越来越被射线检测人员和质量控制审核员所接受，预计从胶片转向数字探测器的趋势会加快。

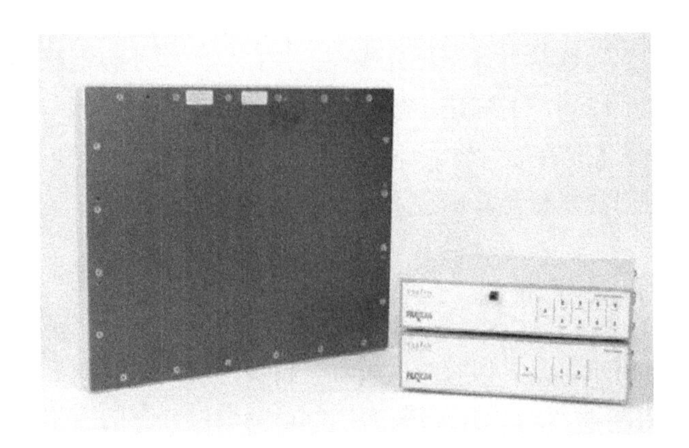

图 7-10　带有电子接口模块的典型的 X 射线数字平板探测器

7.4.1　高能数字探测器

高能数字探测器与低能数字探测器的不同之处在于，它们能够吸收更多的高能光子，同时保持足够的灵敏度来记录大的剂量率范围。探测器阵列中的电子元件必须能承受高能 X 射线，否则容易损坏。由于 X 射线损伤主要是探测器电子设备吸收的累积剂量的函数，因此工程师们开发了许多新奇的设计来解决这些问题。这些设计包括具有可选空间方向、特殊屏蔽和使用光纤，以减少累积剂量的总量和影响。X 射线能量在大于等于 9MeV 时，还必须注意中子轰击对电子器件的影响。

7.4.2　探测器性能

数字探测器的最佳性能要求仔细处理一些设计参数。如图 7-11 所示的是运用线阵列设计的用于 MeV 级能量 X 射线的钨酸镉（$CdWO_4$）闪烁体探测器组件。从机械角度考虑，应将其放置在距光源有一定距离的位置上。它的弯曲轮廓确定了距射线源的最佳距离，使 X 射线到达所有探测器的直线距离都相等，从而保证每个离散探测器保持相同的焦距。其他设计注意事项包括降低噪声的温度控制、使用特殊的探测器屏蔽，以及优化探测器间距以匹配准直开口。

与平板探测器类似，线阵列必须针对应用进行专门设计，并包含一些重要的设计特征，以增强成像链的性能。其中包括：

- **动态范围**。动态范围可以定义为探测器输出的最大信号与高于噪声的最小信号阈值之间的差值。因为信号来源为模拟电压，所以它们通过模-数（A/D）转换器转换成数字信号。通常，使用 18～20 位 A/D 转换器，产生相当于 10μV 范围的单位分辨率。如果转换器的数字分辨率超过动态范围，则某些位可能反映的是噪声而不是信号。

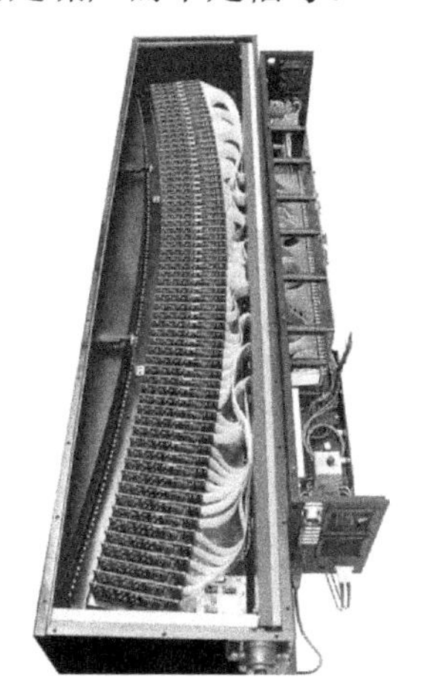

图 7-11 模块化线阵列探测器组件

- **灵敏度**。灵敏度可以根据使用环境用模拟或数字术语表述。对于 X 射线探测器，它通常是数字输出的最小增量值，通常由探测器电路中的 A/D 转换电路的特性定义。它还可以指可靠检测的最低信号电平。在这两种情况下，灵敏度都是通过设计确定的，并受到探测器系统中噪声源的限制。
- **像素大小**。探测器元件的尺寸范围为 2.5～10mm，具体尺寸的选择应与所需应用最佳匹配。较大的像素聚集更多的光子，这有利于更快的扫描，当它们能够充分地成像感兴趣的物体时通常更经济。像素更小的探测器具有成本优势，并且具有单独使用或与相邻像素组合使用的灵活性，以产生更大的有效像素。当用作单个像素时，得到的图像包含更多数据，如果它们被充分曝光则可以产生更具细节的图像。
- **信噪比性能**。电气噪声限制了数字探测器的可检测信号的最小值，并且是由来自各种源的复合效应而引起的。对于固定阈值系统，校准探测器输出以在噪声本底以上的某个水平提供最小信号，使得当没有信号存在时输出为零。以这种方式，检测阈值提供了检测有效信号并抑制大多数噪声的最佳统计概率。利用可变阈值系统，电子电路或软件算法可以修改阈值水平以在变化的条件下实现最佳性能。阈值水平可以在设备校准期间设置，或者可以在整个扫描过程中变化。
- **减少散射**。散射是光子从次级路径到达探测器的通用术语。因此，它被认为是探测器的干扰源或噪声源。由于从散射源接收到的探测器元件处的光子与直接路径光子是不可区分的，因此制造商利用多种技术尽可能地消除散射。散射将在本章后文中更详细地讨论。

- **减少伪影**。伪影是输出图像中的可见元素，例如条纹、暗线或点，其产生有各种来源，或者是成像系统中信号变化的结果。软件过滤是对扫描图像中偶尔出现的伪影的主要补救措施。当确实发生这些情况时，伪影的性质可以向操作员提供一些诊断信息。例如，在传统的货物检查系统中，在整个扫描过程中保持不变的水平实线通常指向一个故障探测器或探测器模块（取决于实线的宽度）损坏了。相反，偶尔出现的垂直实线可能表示加速器脉冲丢失或加速器与探测器阵列之间存在同步问题。

7.5 传统的射线照相检测应用

射线照相检测只是许多无损检测方法中的一种。然而，当检查厚的物体或寻找材料中隐藏的缺陷时，它通常是被选择的方法。正如前文中所讨论的，X 射线管射线源满足了检查较小和密度较低的物体的需要。X 射线管的输出可达 450keV，根据允许的曝光时间和其他一些因素，X 射线管射线源可以穿透大约 3 英寸（76.2mm）厚的钢材。

由于加速器变得越来越经济，可以产生更高能量的 X 射线，它们在射线无损检测应用中发挥着越来越重要的作用。加速器射线源相对于 X 射线管射线源的优势包括：

- **厚壁工件检测的实用性**。高能射线照相可以使用传统的成像技术相对容易地检测较厚的工件。相反，其他检查技术通常无法识别出厚壁部分中隐藏的缺陷，或者无法完全穿透被测工件。
- **失真最小化**。高能射线源可以增加射线源到物体的距离，在更大的范围内产生更均匀的照射，从而减少了由射线束非线性造成的失真。
- **更快的生产效率**。高能射线源的剂量率也大得多。因此，成像通常可以在更短的时间内完成。
- **更高的分辨率**。加速器产生的高剂量射线有助于对各种密度范围内的材料进行高分辨率成像。

7.5.1 射线照相检测装置

射线照相部门通常通过设计用于进行射线照相检测工作的装置来识别。这对于高能（MeV）射线照相检测区域尤其如此，这些区域以其高度屏蔽的屏蔽室（检测大厅）而闻名，屏蔽室内部安装有加速器和机械设备。这些屏蔽室空间都很大，不仅是因为设备和被检查物体所需的空间大，而且可用于减少与加速器输出相关的 X 射线散射。由于加速器泄漏可能高达主射线束的 0.1%，因此在屏蔽和准直时应考虑散射线路径的距离。通常设计屏蔽室的天花板高度约 7.62m，墙到墙的距离为 10.16m 或以上。此外，探测器后面的墙壁可以用一种防散射栅格或一种束流管道来改进，以进一步减少散射。有关高能 X 射线屏蔽室的更详细讨论，见贝利等研究者的文献[16]。

阅片室作为 X 射线检测装置中另一个关键部分，常常被忽视。传统意义上，阅片室几乎是没有灯光的空间，里面有观片灯和文件柜，工作人员在那里辛辛苦苦地检查图像中的细微缺陷和间断点。质量标准通常要求每个图像由两个不同的人解释，他们每个人都必须找到相同的缺陷。共同认定的数据被记录下来作为过程的质量控制检查数据。

随着向数字成像和无胶片 X 射线的过渡，计算机阅片室已经普及，文件柜不再占用宝贵的空间。检查人员在计算机屏幕上执行同样的分析，并受益于新的图像增强软件工具。这项创新需要新的标准，以确保电子显示器能够充分显示实际图像中的特征。为此，医疗行业引导了从胶片观片灯到计算机屏幕的转变，并对显示器的类型和大小提出了建议（例如，见萨梅的文献[17]）。

控制室和设备室也是 X 射线照相装置中的重要组成部分。它们通常包含 X 射线控制台，允许对 X 射线加速器系统进行完全的操作控制。大多数控制室还配备视频监视器，通过闭路视频观察检测大厅，有时还包括遥控操作被测工件或定位其他设备的控制设备。检测大厅包含 X 射线机头，通常建议将调制器安置在检测大厅外无辐射且保持在室温的环境控制区域内。该设备可位于控制室内或直接靠近控制室。较小的调制器通常采用内部风冷，但它们至少产生几千瓦的热量，这可能需要额外配备冷却设备。相反，一些较大的调制器配备液体冷却装置，并向周围空气散发少量的热负荷。对于这两种类型的调制器，都需要留有足够的空间来满足维修通道和空气流通的要求。

7.5.2　射线照相检测原理

射线无损检测涉及许多与成像过程本身直接相关的实际步骤。这包括射线源（加速器）、物体和胶片（或探测器）的放置，以便在感兴趣的区域内获得清晰和定义明确的曝光。必须考虑物体的形状或几何形状，及其在记录介质上的投影。对于大多数应用，目标是在胶片上获得精确的图像，该图像能真实地反映被成像的实际物体。也就是说，X 射线图像上从一个点到另一个点的测量是物体实际特征的线性映射。另外，射线检测人员可以选择使用特定的几何位置来提供某些特征的放大率。虽然概念上很简单，但涉及的一些变量是非线性的，这给操作人员设计测试设置带来了挑战。因此，射线成像是一个需要高度熟练的过程，涉及的远不止简单地操作加速器、探测器或胶片。与摄影师通过放置相机、灯光、物体和背景来建立工作室的工作非常相似，射线检测人员配置检查区域以建立最佳几何关系，并选择适当的设备以获得尽可能最佳的图像。

一旦建立了几何关系，设置曝光参数仍然是相当复杂的。射线检测人员必须选择与几何设置相匹配的X射线胶片，并对穿透射线束的强度具有适当的灵敏度。X射线胶片与光学胶片相似，但在颗粒尺寸、颗粒密度和乳液厚度等参数上存在差异。因此，一旦选择了胶片，射线检测人员就可以利用诸如过滤器和遮罩等其他设备来创建最佳图像。射线照相成像中的一些典型注意事项如下：

- **散射**。理想情况下，X射线成像将完全由穿过被检查物体并沿直线继续进入记录介质的直接射线产生。然而，物体本身产生的散射为“物体散射”，导致噪声（使用数字探测器）或灰雾（使用胶片）[18]。其他散射源统称为“背景”散射，是来自加速器X射线泄漏、X射线机头柜、准直器、检测大厅内其他设备和墙壁本身的散射的综合效应。有些人将这些散射源分为泄漏辐射、不适当的靶前准直、靶后准直和后壁散射（见参考文献[16]）。由于不同类型的散射会对生成的图像有显著不同的影响，因此识别不同的散射源及其相对于源和探测器的几何结构是很重要的。
- **增感屏和过滤器**。铅箔可以直接放置在（接触）X射线胶片乳剂前，以增强主射线束对胶片的感光作用。其增强效应是由光电子的发射和康普顿效应直接在胶片表面得到的。增感屏还具有过滤效果，可以吸收更大比例的低能量光子，而这些光子更有可能来自散射。过滤器是用来提高图像质量的，主要作用是吸收被检测的物体产生过多的散射。它们也可以用来补偿被检测物体本身较大的厚度差异或内部密度差异。
- **被检测物体的放置**。当检测物体形状不规则或内部结构不均匀时，物体的位置（方向）很重要。物体具有复杂的形状和内部变化时，某些投影将比其他投影揭示更多的信息。因此，最佳放置方向部分因素由物体本身确定，而部分因素由所寻找缺陷的类型决定。裂缝、空隙、密度差异的影像，和其他可能由空间位置变化与材料轮廓相结合引起的伪影，使它们在某些方向上难以识别。
- ***D/T*** **比值**。射线检测人员经常使用 D/T 比值作为有效成像的指南。
  这个比值表示源到物体的距离（D）除以物体到胶片的距离（T），当胶片直接放在物体背面时，T 通常定义为物体的厚度。D/T 比值至少为 4，但射线检测人员必须考虑影响曝光的许多因素。

- **几何放大**。几何放大是指物体特征在 X 射线照片上显示的尺寸增加，这是由于曝光设置中的物体到胶片的距离增加而引起的。尺寸放大使检测人员可以查看原本太小而无法分辨的特征。但几何放大技术降低了图像清晰度。
- **射线照相灵敏度**。射线照相灵敏度是用来描述使用射线照相可以看到的最小细节的通用术语。该术语还表示可以轻松查看图像或检测细节的难易程度。换句话说，射线照相灵敏度是可以在射线照相上观察到的信息量。当使用数字探测器时，这等于最小可检测水平以及在数字输出处报告的最小增量值。对于胶片，射线照相灵敏度通常由曝光曲线图决定，曝光曲线图由一组曲线组成，这些曲线将不同胶片的曝光时间与来自射线源的剂量进行比较。
- **胶片对比度**。胶片对比度由胶片特性和处理胶片的化学过程决定。更专业地说，胶片对比度定义为胶片特性曲线的斜率。提高对比度对显示微小梯度之间的相对差异稍微有利，但也会带来微弱异常。有关胶片对比度的更多信息，请参考标准 BS EN 584-1:2006 [19]。
- **胶片颗粒**。胶片颗粒是指胶片表面每平方厘米乳剂中溴化银晶体的大小和密度。快速胶片（更易感光）的颗粒尺寸较大，但限制了可记录细节的尺寸。一般来说，在射线剂量足够高时为获得良好曝光，倾向使用较细颗粒的胶片。
- **探测器操作**。由于许多与使用胶片相关的变量不再相关，数字探测器系统正日益以简化曝光过程的效果取代胶片。然而，数字探测器仍然需要一些准备工作。这主要涉及在没有被检测零件的情况下通过创建基线曝光来校准成像链。在第一操作步骤中，探测器元件可以被归一化为射线束的强度，并且可以抵消由于许多变量引起的变化。执行第二操作步骤以进一步调整探测器系统。这涉及对一个试块或标准测试物体曝光，然后将探测器输出归于标准化。

7.5.3 射线照相检测程序

射线检测人员负责管理整个测试过程，通常从计划和文档开始，包括设置、曝光和验证步骤。一旦确定了配置要求，设备就被放置在需要的位置上。对于新的设置，测试图像通常是用试块（模拟测试物体）拍摄的，但也可使用实际的测试部件。图像质量指示器（IQI）放置在靠近测试物体的位置上，用作设置的验证检查。由于直线加速器通常需要 20～30min 的预热时间才能产生束流，因此操作人员经常利用这一时间进行测试准备。

曝光记录和验证结果是射线照相工作的关键部分，并提供可审核的过程检查。这些记录还用于排除无效射线照片的故障，并提供有关需要更改哪些参数的信息。一旦验证了设置，可以进行实际射线照相来定位缺陷或满足其他预期目标。虽然这些基本检查原则适用于所有的射线照相过程，但以下每种应用都有其必须解决的独特要求。

1）铸件的射线照相检测

大型钢铝铸件是将熔融材料浇注到模具中制成的。一些铸件是多个模芯和部件的复杂组合，最终生产出密度和形状非对称的产品。此外，铸件中的某些区域将特别关键，因为额外的加工操作将用于创建开口、紧固件位置、密封面等。因此，铸件的 X 射线检查必须寻找各种潜在的缺陷，包括但不限于气孔、疏松、分层、裂缝、孔隙、夹杂物、撕裂和模心位移等。为确保所有这些缺陷都能被识别，射线检测人员可以选择多个视角成像或对部件进行计算机层析成像。

2）焊缝的射线照相检测

射线照相通常用来检验焊缝的质量，尤其是那些需要深度渗透相邻材料以满足安全和性能规格的焊缝。在这些情况下，检验工艺通常详细规定了接收和拒收的明确标准。这些参数通常包括焊缝熔深、气孔、熔合、孔隙和裂纹等。由于焊接轨迹在表面是可见的，射线检测人员将使用这个细节来确定检测物体的方向。根据被检测物体的几何形状和尺寸，可能需要从不同方向获得多个图像。需要注意的是，沿轴向直线性裂纹的投影可以看作是轴向上的一个点，提供的检查信息很少。因此，曲线焊缝最好不要用单一成像来检测。

研究人员继续在检查过程中寻求改进，以确保缺陷被正确识别。例如，一组研究人员提出了一种新技术——使用焊缝横向灰度剖面技术[20]。这种技术使用神经网络对最常见缺陷中的不连续性进行分类，如未熔合、未焊透、咬边、裂纹、夹渣和疏松等。研究人员认为，这种方法有潜力将其准确分类并应用于自动射线照相检测系统中。

3）组装件的射线照相检测

检查组装件内部特征可能很困难，但是高可靠性和安全性至关重要的组装件（如某些飞机的飞行等级组件）通常需要 100%进行检测以确保正确组装。尽管完成的组装件的射线照相通常可以提供所需的验证，但是当组装件的内部几何形状复杂且密度不同时，将使射线照相检测更加困难。因此，对设计进行分析对于理解这些差异的影响很重要，工艺流程应考虑某些特殊事项。

首先，对于不对称零件而言，射线检测人员应考虑组装件在成像平面上的投影。要查看所有感兴趣的区域，可能需要特定方向或多个方向成像。当截面弯曲或尺寸变化时，还必须考虑其投影的潜在失真。

其次，涉及内部结构的密度，密度差异可能造成曝光过度或曝光不足。通常，所需的X射线能量将由最厚或密度最高的部分确定。同样，对比度分析对于确保将感兴趣区域与相邻区域区分开很重要。

再次，过大的能量会使物体的所有部分曝光过度。经验法则是，所检查的物体应为4～7个半值层厚度（HVL）。这允许足够的光子吸收来区分密度变化，同时获得足够的穿透力以产生曝光良好的图像。

最后，当组装件具有不规则形状或密度变化时，射线照相布置也可能对所得图像的质量产生显著影响。如前所述，需要更大的D/T比以避免失真，而使用过滤器和增感屏可以提高清晰度和对比度。胶片类型的最佳选择和相关的曝光设置也可以提高成像质量。

4）火箭发动机的射线照相检测

工业无损检测加速器率先用于对固体火箭发动机成像，而该应用对于高能射线照相仍然具有重要作用。传统的固体火箭发动机的截面包括钢壳、绝缘层、推进剂衬套和推进剂本身。此外，加上喷嘴和其他相关组件构成了整个发动机，这些都是检查的关键部分。从射线照相检测的角度来看，现代发动机与早期版本相似，不同之处在于公差更为严格，并且新的复合材料有时会取代传统的钢制外壳。

对于火箭发动机的质量，最常被提到的要求是，推进剂燃烧过程必须是可预测的，并在整个飞行过程中产生明确定义的压力。从射线照相检测的角度来看，这意味着支撑部件必须按计划运行，并且推进剂必须没有如空隙、气泡或分离等不规则现象。由于推进剂倒入发动机腔时通常具有类似蜜糖状的黏稠度，因此有可能发生这种不规则现象。在某些发动机中，推进剂黏结在衬套上，并为组件增加结构刚度。另外，推进剂的中心芯可以是空心的，并设计有特殊形状的轮廓以优化燃烧速率和压力。总体来说，这些质量关注点为基于加速器的射线照相检测扮演着重要和持续的角色。

7.6 安全检查应用

在过去的 20 年中，主要用于货物检查的安全应用迅速出现，并主导了工业无损检测加速器的需求。这项工作始于 20 世纪 90 年代初，当时的制造商生产和部署了首个大型货物检查 X 射线系统，而当时的全球安全只是一个次要问题。最初，货运清单验证是采用该技术的动力。X 射线检查的成本付出被证明是合理的，因为可以从那些故意贴错标签的高价值进口商品中收回增值税和其他关税。同时，违禁品即使精心地隐藏在大型集装箱、油轮或卡车的深处，也能被发现。

由于早期部署了固定 X 射线检查系统，作为回应，走私者很快就学会了避开有此装备的少数几个口岸和边境。这又为移动 X 射线扫描系统创造了一个非常活跃的市场。因此，当局设计和部署了移动和固定装置的组合，以便对犯罪者采取行动。

7.6.1 X 射线货物检查

虽然制造商为特定地点制造了许多定制系统，但 X 射线货物检查系统已成为标准产品，通常以表 7-3 中所述的四种基本类型使用。所有这些产品都能提供高质量的图像。它们的不同之处在于设计人员如何处理与其预期用途、安装位置、寿命周期成本和总体吞吐量性能相关的特定系统目标。从操作角度来看，这些设备可以分为固定式或移动式。

表 7-3 X 射线货物检查系统类型

类　型	说　明
移动式	车载式独立 X 射线扫描系统。它包括扫描车内的完整数据分析设备
龙门式	一种 X 射线扫描系统，可移动经过车辆。它们通常双向运行，通过双向扫描来提高吞吐量。某些龙门系统可以拆卸并重新放置到另一个站点
门户式	X 射线扫描系统保持固定，可在车辆行进或拖曳行进状态下通过 X 射线束检查。某些系统可能会使驾驶人留在自己的车辆中；某些系统可以拆卸并搬迁到另一个站点
固定式	X 射线扫描系统经过优化，可在专用的环境下工作。X 射线成像结构内部的系统可以设计为龙门式或门户式

移动式系统的设备全部安装在车辆或拖车中，可以在大约 30min 内移动到某个位置、设置并准备扫描检查。移动系统的优势包括它们能够在临时地点运行，并能快速地从一个地方移动到另一个地方，从而在大范围内形成动态和战略上不可预测的检查能力。与固定系统相比，它们的体积更小，有时甚至更便宜。由于

它们靠近公众，通常需要封闭的工作区域并具有更厚的屏蔽。

固定系统有多种配置。有些具有可重新定位的部件，可以将其拆解并移动到其他位置，而另一些部件则设计成永久性结构。固定系统之间的一个区别是它们的屏蔽结构。有些在 X 射线源附近被严格屏蔽，从而将对结构屏蔽的要求降至最低；其他一些具有较少的源屏蔽，但需要更坚固的结构屏蔽。

在遭受恐怖袭击之后，新成立的美国国土安全部（DHS）认识到，高能 X 射线扫描特别适合解决每年进入美国的数百万只集装箱的检查需求。因此，该机构确立以 X 射线货物检查能力作为“分层”安全战略的一部分，并经常辅以其他技术和方法，为当局在如何检查进站车辆方面提供了一些自由裁量权[21]。例如，一些 X 射线检查系统允许以不同的速度扫描，从而可以从特别可疑的车辆或集装箱中获得增强的图像。因此，必须根据满足特定目标来判断系统吞吐量性能，而不是简单地比较每辆车的平均检查时间。

尽管有政治和经济方面的争论，需要全面部署货物检查系统，但第二个十年的 X 射线货物检查主要特征表现为三个方面：①对现有技术的有效性达成共识；②这项技术需要解决国土安全问题；③高能 X 射线系统技术特别是与货物成像有关的一些显著的创新。

2009 年年底，在全球范围内每天都有 500 个高能移动和固定货物检查站点系统在运行。图 7-12 显示了一个典型的货物扫描图像。对这些图像的实际检查包括使用软件工具在放大后的图像上进行平移，这些软件工具可以增强背景中的物体。海关和边境保护局已验证了这些系统的有效性，并将其作为常规组成部分纳入其检查设备清单。这一点可以从媒体和其他地方报道的一些有据可查的违禁品缉获的事例中得到证明。虽然其他技术在补充高能 X 射线系统方面发挥着重要的作用，但没有其他经过验证的技术能够以如此经济有效和可靠的方式完整地对集装箱内的货物成像。

出于国土安全考虑，有效部署高能 X 射线货物检查系统至关重要，至少有两个重要原因。第一，恐怖分子有时间和资源，精心掩藏特殊核材料和其他大规模杀伤性武器（WMD）使用的材料掩护了它们，使其他检查方式无法检出，因此，任何不能全穿透扫描的系统都将严重限制检查的有效性。例如，当局使用高能 X 射线扫描，在发动机舱、卡车底盘和其他与高密度材料相邻的区域发现了违禁品。相比之下，基于背散射和同位素的穿透受限的系统效果可能较差，尤其是当犯罪分子故意藏匿违禁品时。

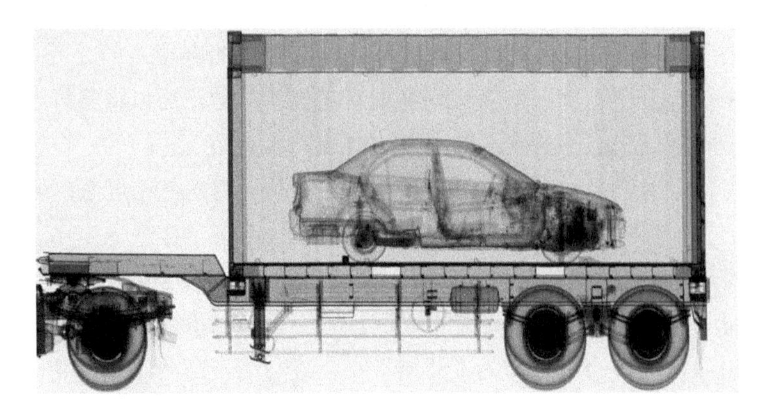

图 7-12　使用 5mm 像素的探测器完成的货物扫描

第二，大规模杀伤性武器造成的潜在破坏需要一种检测技术，这种技术在提供极低误报率的同时，具有无与伦比的检测概率。目前可用于此用途的最常用的技术是被动式探测器，可探测来自可疑物体或其他物质发出的辐射。然而，许多被动式探测和表面探测技术都会受到严重的 I 类和 II 类漏、误报的影响。当未检测到实际威胁时，会发生 I 类漏报（假阴性）。这可能是由于使用不当的仪器造成的，当传感器靠近有威胁材料或威胁材料被有效屏蔽时，操作、灵敏度不足或时间太短。II 类误报（假阳性）是错误识别威胁的警报，可能是由于仪器功能或校准问题，以及对农业产品、建筑材料或其他合法货物中存在的低水平天然辐射的过敏感造成的。因此，大规模杀伤性武器走私的严重性，以及高可靠性检测的重要性，已成为部署高能 X 射线扫描检查系统的另一个原因。

7.6.2　其他创新

第一代基于加速器技术的货物安全检查产品，其特点是体积庞大、安装复杂和运行速度缓慢。此外，他们需要大量的手动校准、操作和维护。当前的货物检查系统代表了第二代产品，结合了更先进的加速器、探测器阵列和旨在协同工作的软件。因此，今天的系统体积更小、运行更快、工作更可靠，并且能产生非常清晰的图像。新一代产品的三个发展动态尤其值得注意。

1）交错双能加速器

一项重大的新进展是引入了交错双能加速器，以实现对物质的识别。当操作交错双能加速器时，可以显示有关材料类型的信息，而不仅仅是传统 X 射线所看到的综合密度图像。术语“交错”是指两种或两种以上明显不同的能量可以以几百赫兹的重复频率逐脉冲交替。虽然这一功能已经在医疗和行李检查应用程序中使用了一段时间，但快速转换高能 X 射线的技术是最近的一项创新。

在货物检查系统中，交错操作是在两种不同的、分隔良好的能量（如 4MeV 和 6MeV）的交替脉冲下进行的，得到的图像可反映不同材料非线性吸收率的关键差异。如图 7-13 所示，它模拟了标准 X 射线产生的图像与通过计算不同能量下的吸收率比值而得到的图像之间的差异。图 7-13（a）是不同材料的实物照片：钨、钢、铅、铝、水和丙烯酸。请注意，这些测试物体的不同厚度（从前到后）被用来特意模拟放射学上相似的密度。因为传统的 X 射线胶片只记录总密度，所以所有的物体在图 7-13（b）中看起来非常相似。然而，图 7-13（c）演示了双能材料鉴别如何识别这些物体之间的差异。

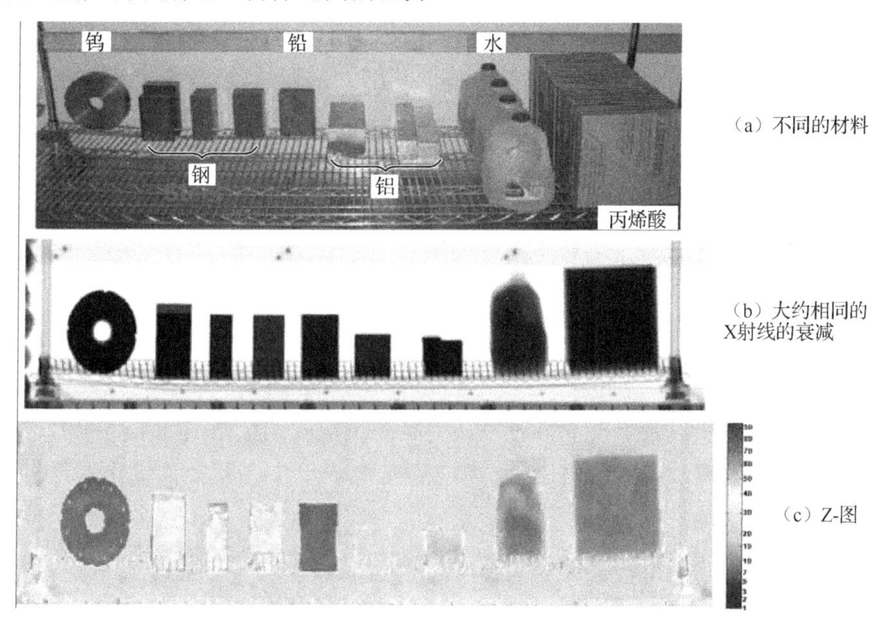

图 7-13　相同物体的三种可视化结果：实物照片（a），普通 X 射线图像（b）和双能 X 射线图像（c）

图 7-13（c）是计算机生成的“Z-图”（密度图），在实际中，根据每个物体的密度为其指定不同的颜色：蓝色代表低密度材料，如水和丙烯酸；高密度材料用绿色和黄色表示，如铝和钢；而密度最高的材料显示为红色，如铅和钨。专门的软件算法可以分析单独获得的图像之间的差异（在每个能量下），以便区分不同密度的材料。由于 X 射线吸收相对于材料的类型是非线性的，所以这种材料识别特征是可能的。该成像软件采用交错的双能量系统，根据物体独特的密度，得出一幅突出物体独特性的合成图像，在实践中可以更清楚地识别物体，即使它们与密度相似的物体在同一条线上。例如，一小块铝即使放在几英寸厚的钢后面，也

能被清晰地识别。这一特点对于探测走私的特殊核材料特别重要，犯罪分子可能有意用铅或钢作掩护，以逃避被动探测系统。通过双能区分，铀或钚等放射性物质即使有很厚的铅屏蔽外壳，也可以得到高度的确定性。对于用户来说，这意味着双能加速器系统可以提高目标识别能力，以及提供必要的辅助或自动识别威胁目标的功能。

双能货物检查技术可以解决在货物集装箱中发现违禁品这一更具挑战性的问题。例如，与行李箱检查相比，集装箱内的物品在构成、方向和大小上的差异要大得多。虽然行李箱可以很容易地打开或重新定位，但集装箱通常是满载的，并且相对于扫描装置具有固定的位置。通过更清楚地发现具体物品和更好地从背景中区分那些感兴趣的物体，双能加速器系统解决了这一问题。

虽然犯罪分子和走私者有无限的时间来伪装违禁品，但检查过程却受到严格的时间限制，因此，单次 X 射线扫描往往是识别此类威胁的主要防御手段。因此，越来越多的检查系统被设计成计算机图像分析和自动识别严重威胁物的系统。双能 X 射线系统在这一过程中发挥了重要作用，它可以产生丰富的数据，这些数据可以被自动处理以识别独特的材料。

2）先进的探测器技术

第二个值得注意的创新是，探测器技术的巨大改进及其对货物检查市场的适应性。新的探测器以其更高的分辨率、更高的灵敏度和更低的成本而闻名。通过组合多个探测器模块（图 7-14 为 32 通道的典型单元），工程师们优化了完整探测器阵列的可制造性，同时解决了其他重要的功能参数。例如，这种模块化技术允许使用更小的探测器像素来创建更高分辨率的图像。同时，在灵敏度和动态范围上也有了一定的提高。

这些探测器阵列的模块化特性使系统设计师能够按照 L 形或弧形面板的形状配置它们，从而优化其在货物检查系统中的性能。与直线组件相比，它们接收更广的覆盖范围和更准确地捕获有关被扫描内容的图像数据。分立模块处理方式提供了更容易的替换和对每个检测区域的校准和操作更容易的控制，而且允许根据其在阵列中的单个位置对其进行优化。

3）更强大的软件

货物检查 X 射线扫描检查系统的第三个主要创新与使用功能更强大的成像软件有关。新的系统允许把采集到的图像着色“绘制”在屏幕上，从而增加了每幅图像的观看时间。一旦图像被渲染，许多软件算法被用来定位、增强和调整图

像，从而更好地显示被检查集装箱中的物体。

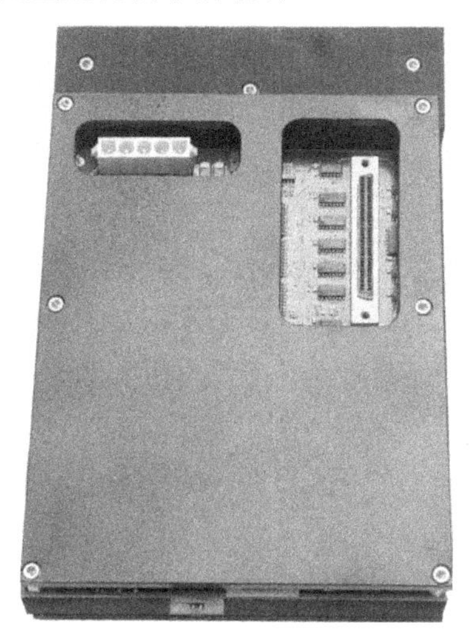

图 7-14　一个典型的探测器模块（250mm×148mm×55mm，有 32 个通道和 18 位分辨率）

早期软件的用户界面将操作人员限制在相当基本的操作上，如平移和缩放，并以传统的黑白显示 X 射线图像。检查人员依靠他们的警惕性和经验来识别被正在检查的集装箱内的其他材料遮挡的威胁物体。相比之下，今天更新的软件算法提供了更有效的特性，帮助用户识别潜在的威胁物体，下面描述其中的一些特性。

- **伪彩色模式**是计算机根据物体的密度将预定义颜色分配给灰度图像，大多数单能系统都提供此功能。用户可能会发现它比灰色的细微渐变更易于阅读，而在切换到单色模式时，仍然可以看到灰色的细微渐变。系统通常会提供许多色带来满足用户的喜好，尽管此功能可能会锁定，以确保不同工作站之间的一致性。虽然着色过程很有用，但当具有相似密度的物体被定位到与 X 射线束一致的位置时，可能会存在一些模糊性。在这些情况下可以使用许多其他的算法。
- **边缘检测滤镜**能够确定物体在水平、垂直和倾斜方向上的边缘。这些边缘由于层次渐变不明显而很难通过视觉检查轻松识别。但边缘可以由计算机来构造。
- **边缘增强滤镜**可增加物体边界的对比度，从而更清楚地识别每个物体的边缘。
- **平滑滤波器**使用特定的算法来平均相邻像素，以减少叠加在感兴趣物体上的噪声。不同的平滑选项允许选择均匀平滑、距离平滑或高斯平滑。这些差异反映了相邻像素平均处理的权重，以实现特定扫描环境下的最清晰图像。平滑滤波器通常在对比度分辨率和空间分辨率之间提供折中，其效果是以检测相似密度材料的差异为代价来提高对比度的。

- **侵蚀过滤器**用来降低边界界限，使物体看起来更薄。
- **膨胀过滤器**通常通过增强物体的厚度使其看起来更厚。
- **对数过滤器**根据密度的对数显示图像，从而降低不太明显的物体的衰减效果。这可以帮助操作员识别隐藏在密集物体后面的物体。
- **密度突出显示**是对物体的传统着色的进步。它通常是一个可编程选项，允许用户将自定义颜色分配给特定密度的物体。这可以帮助操作员更快地识别特定物体。
- **感兴趣区域（ROI）**是图像工具允许用户在显示器上分配的特定区域，以进行进一步分析。

更先进的软件算法被用来实现自动检测。这些结合了双能加速器系统固有的特点和软件算法，通过调整算法来检测特定的威胁物体。自动检测功能还可用于识别和提醒操作员注意与其他情报相冲突的区域，如货物清单，或具有独特外形轮廓的区域，如某些核材料。制造商还开发了“辅助检测”算法，以补充人类的检测工作，其中包括一个交互式组件，允许用户指定表示威胁的数据类型，并使计算机搜索具有这些特定参数的物体。在辅助检测和自动检测方面将增加视觉检测，同时减少集装箱在扫描区域必须花费的时间。

7.6.3 检查 X 射线货物的趋势

工业加速器安全检查市场正在日趋成熟和壮大。口岸和边境当局在选择检查设备和检查策略方面积累了丰富的经验，具备了为其系统的指定要求和性能目标的专门知识，因此市场逐步成熟。然而，许多国家的政策仍在变化之中，等待就确保进口货物安全的检查标准和做法达成共识。尽管如此，在过去的十年里，基于 X 射线的货物检查系统在世界范围内的增长是巨大的，部分原因是美国政府100%货物扫描检查的强制性命令（美国集装箱安全倡议[22]）。

加速器的安全扫描检查市场的进一步扩大，将受到对实现多任务不断提高的期望的驱动。这些任务包括系统检查大规模杀伤性武器、拦截传统违禁材料和识别关税目录物资的能力。尽管某些相关技术（如门式监控器和集装箱封条）可能具有补充 X 射线检查的潜力，但单独使用它们都不足以满足更广泛的国土安全要求。

为了使基于加速器的系统实现上述所有安全目标，越来越多的新型系统有望成为“双视角”技术，每个系统使用两台加速器（垂直于扫描方向的两个轴上各配置一台加速器）。使用双视角系统，操作员可以更快速和可靠地识别集装箱中的物体以及任何存在威胁的物品性质。检查速度的提高，对于处理在卸货高峰期可能出现的流量要求和集装箱积压非常重要。当然，部署额外的检查系统也可以提高吞吐量。这些有助于缓解流量高峰时期的压力，并将设备维护或停机的影响降到最低。

双能技术的创新，以及X射线集装箱检查系统中改进的成像链，是由恐怖袭击事件后对安全问题日益关注所驱动的。虽然仍然强烈需要高能X射线检查来进行明显的核查和违禁品拦截，但对大规模杀伤性武器检测的额外重视迅速推动了这项新技术。随着国土安全问题继续在全世界的集装箱检查中发挥越来越重要的作用，国际上正在努力利用和扩展该技术。通过使用多能量或调强系统（IMS），可能会出现更复杂的材料鉴别技术的研发法[23]。

未来的集装箱扫描检查系统将继续争取更快的扫描速度和更好的整体吞吐量，因为港口拥塞将继续成为当局的运营关注点。尽管扫描速度已从第一代龙门式系统所需的2～3min有所提高，但是当加上额外的开销时间时，当前30～40s的扫描速度仍然被认为太长。

扫描系统中使用的电子设备也应取得进步。电子系统提供对机械机架或车辆的控制，将检测到的信号转换为数字数据，对数据进行计算机处理和存储、用户显示以及将数据传输到备用位置的控制。这些已得到改进，以适应更快的扫描速度并减少了总处理和分析的时间，从而缩短了总体检查周期。但是，未来的系统将继续提供更高级的图形处理器芯片、更快的模数转换器和更多的并行处理。大型装置设置光纤接口将更常见，从而改善与计算机网络、高速服务器和存储设备的连接。用户显示器可能会变大，以便更多的信息同时显示，并且某些显示器将集成触摸屏，以便于使用。数据加密和访问控制也将受到更多关注，在这些装置中，数据和物理安全性得到了更多的重视。总体而言，随着官员寻求将货物检查数据用作安全情报的重要来源，来自多种来源的数据集成趋势将持续。

7.7 高能工业CT应用

由于三种技术的融合，对汽车发动机（甚至整个汽车）等大型物体进行计算机层析成像（CT）成为可能：产生穿透致密物体所需能量的可靠的直线加速器；提供捕获大量图像数据能力并将其快速传输到计算机文件中的数字X射线探测器；增强的计算能力和相关软件，允许用于三维图像的重建、剖面的突出显示和缺陷的识别。特殊设计的计算机和软件包通常使用多个硬件图形芯片和网络处理器，用来执行实时或近实时成像所需的并行处理。包括X射线计量学等其他软件，应用于精确测量内部工件、间隙和无法以任何其他方式测量的缺陷。此外，这种测量是自动化的、由计算机控制的，便于在自动生产线上使用的。

计算机层析成像系统越来越多地被设计用来提供被扫描零件更精确的数字重建。要做到这一点，设计师必须确保这些机械结构的内在精确性和坚固性。此外，一些系统采用常规的校准过程，以便在获得数据时对数据进行微调，或在后处理时对数据进行修正。这种校准方案可以相当简单，也可以利用复杂的算法来纠正一些系统性错误。

图7-15显示了一个2MeV工业CT系统，当被检查物体旋转时，源和探测器同时垂直移动。该系统可以对密集的发动机部件和其他复杂的物体进行成像，从而实现原型验证、逆向工程和对隐藏缺陷的识别。

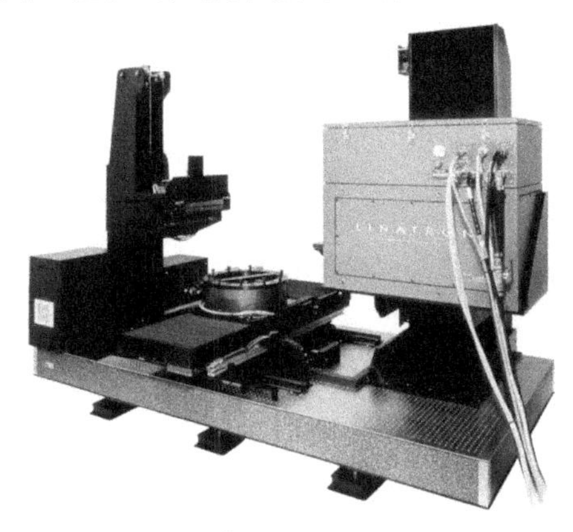

图7-15　2MeV工业CT系统（可扫描直径为600mm的物体）

这种基于加速器的CT成像技术的可用性扩大了许多射线照相市场，其中一些与传统的检测和检查概念没有直接关系，包括工程设计应用、生产过程控制和先进的内部计量学。

7.7.1　工程设计应用

逆向工程，特别是内部结构的识别，可以在不改变或不破坏被检测零部件的情况下通过CT扫描来完成，这在原型评估、核实和验证设计或诊断故障时尤其有价值。更广泛地说，CT扫描可以用来比较不同材料或制造工艺产生的内部变化，或者比较来自不同厂家的类似零部件。还可以选择CT系统，以通过分析由这些模型制成的零部件上的数据来确保CAD模型的准确性。通过结合CT系统的输出来创建实际零部件的三维图形并将其与 CAD 模型进行比较，工程师可以确定要获得所需零部件需要进行哪些设计更改。

7.7.2　生产环境

虽然健全的质量保证程序可以使零部件质量保持很高的置信度，但某些产品仍需要 100%检查。一般来说，这些产品是影响安全的零部件，或者是那些如果在其所需的使用寿命内发生故障则由于更换成本太高而无法更换的零部件。CT 成本的下降和技术的进步，使得在生产环境中使用这项技术成为可能。例如，用铸铝制造发动机缸体和缸盖是最经济的方式，其中总铸造质量必须最小化，以降低成本和重量；然而，一旦它们被组装起来，发现和修复其隐藏的缺陷的成本会非常高。另一个例子是飞机涡轮叶片的制造，其零部件必须经过 100%测试和认证，以满足航空安全要求。CT 不仅满足了检测要求，而且还提供了数据收集机制，以维护每个零部件的完整检测记录。

7.8　质量标准和测量

工业射线照相在传统上依靠胶片来获取图像，用于检测和检查。由于基于胶片射线照相的过程很复杂，并且检测和检查的结果非常关键，因此随着时间的推移，出现了许多标准来确保图像质量。虽然数字射线照相正在取代许多胶片应用，但同样存在对成像质量的关注。

工业射线照相的成像质量通常是根据射线照相胶片能显示的最小缺陷或嵌入较大物体内的夹杂物的能力来衡量的，常称之为“灵敏度”，并用图像质量指示器（像质计）进行校准检查。像质计有不同的类型，但它们通常都有相同的用途。美国认可的标准是 ASTM E-1025[24]规定的孔型像质计。该标准是灵活的，只要恰当地记录和报告修改内容，就可以更改尺寸、宽度和长度。这种灵活性使用户可以定义和使用对他们的特定需求特别有用的像质计。

孔型像质计是在固定厚度材料上垂直钻不同直径的小孔制成的。理想的像质计应选用与被测样品相同的材料，其厚度是样品厚度的百分之一（通常为 1%～2%）。像质计中的孔被标识为将直径与像质计本身的厚度相关联的整数。通常有三个孔，分别代表实际厚度（1T）、两倍厚度（2T）和四倍厚度（4T）。

在实际的灵敏度测试过程中，将进行 X 射线照相的像质计放置在物体上。然后由像质计可见的最小孔确定射线照相的灵敏度。像质计的轮廓也必须是可见的。射线检测人员通常以“2-2T”的格式报告其灵敏度测试的结果。这表示可以看到像质计厚度为物体厚度的2%以及直径为像质计厚度的两倍的孔。该方法的许多变体已为工业领域所采用，并且当该过程被充分记录并为应用程序验证时，质量部门完全接受该检测结果。

线型像质计的工作方式与上述方式相同，是德国 D.I.N.线径标准。直径不同的由规定材料制作的金属线悬挂在像质计主体的开口中，可识别的最小金属线直径即为对应的灵敏度。

7.8.1 半值层能量测量

对于工业应用，用户通常会关心如何获得加速器输出能量的准确测量值。有了这些知识，射线检测人员就可以确定被测工件的工作距离（照相的几何布置）、曝光时间、校准探测器等。对于 1～9MeV 的 X 射线能量，通常以等效钢的半值层（HVL）为单位测量输出能量。由于一个 HVL 是吸收 50%入射射线束所需的材料厚度，因此，当多个 HVL 板堆叠在一起时，穿过每个板的 X 射线强度是前块板的 X 射线强度的 50%。

使用 HVL 方法作为标准，是因为该测量方法直接来源于 X 射线的穿透过程，适用能量范围广，并且在不同的装置中相对容易被复制。使用图 7-16 可以将 HVL 转换为 MeV。该测量技术的来源可以在 NCRP 报告 49 号[25]、《Linatron 高能 X 射线应用手册》[26]和《放射卫生手册》[27]中找到。这些参考文献的 HVL 水平如图 7-16 所示。钢中 1MeV 及以下能量的 HVL 曲线源于《放射卫生手册》，大于 1MeV 能量的 HVL 曲线源于《Linatron 高能 X 射线应用手册》。请注意，这两个参考文献在 1MeV 时的一致性很好。

如果明确规定了测量条件并进行了重复，则此范围内的 HVL 测量是准确且可重复的。HVL 度量通常被认为是宽束测量，因此，它取决于测量过程的几何布局。NCRP 报告和《放射卫生手册》中的数据是在辐射屏蔽效果和安全考虑因素的背景下提供的。换句话说，该标准旨在将探测器直接放置在屏蔽材料后面（如曝光室的外壁）并远离可能成为重要散射源的材料时进行测量。因此，准确的 HVL 值要求光源没有严格地准直，衰减材料靠近探测器，消除了潜在的散射源，硬化了 X 射线。

在实践中，HVL 通常是通过检查一系列曝光来确定的，每次曝光代表 X 射线穿透了一定厚度的材料。电离室或探针式传感器用于确定当存在 HVL 值时钢板何时实现穿透。通常，一个 30°锥形准直器直接放置在靶前面，以确保宽束曝光，同时限制可能影响测量的平面外散射。在典型的 HVL 测量过程中，一个符合规定要求的探测器被放置在一个内衬铅的容器内，以进一步减少平面外散射，并确保记录直接路径辐射，然后一系列钢板按顺序、累积的方式添加。传统上，用 1 英寸（25.4mm）厚的钢板，因为它接近 3～6MeV 能量的 HVL 厚度，并且不太重，便于处理。此外，根据惯例，在叠层开始处放置 1/2 英寸（12.7mm）厚的钢板，用来硬化 X 射线。在测量过程中，通过每次增加一块钢板，依次进行连续的剂量测量，与已知的 HVL 钢的厚度进行比较。这些数据随后以所用材料的等效 HVL 值做出报告。

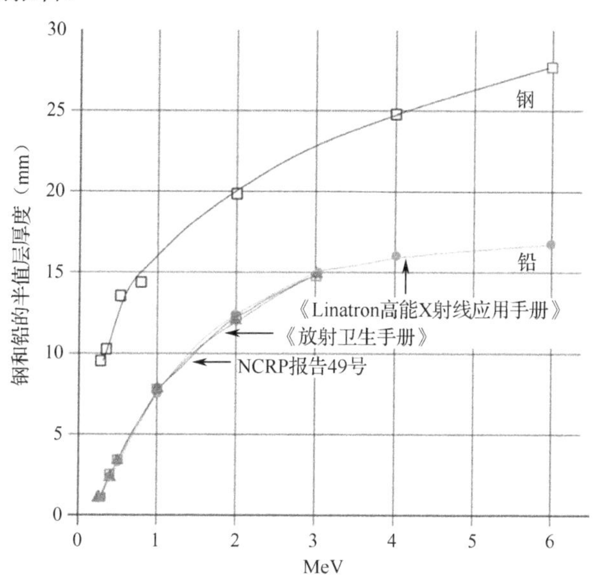

图 7-16　在宽束条件下，半值层与 X 射线能量的关系

7.8.2　货物和车辆检查标准

海关和边境当局会仔细检查车辆和货物集装箱的 X 射线图像，在几秒钟内，他们根据在显示的图像中观察到或没有观察到的物品，做出对哪些车辆和货物集装箱进行拦截的决定。由于这些决定可能对公众产生重要的安全后果，并对运输商产生法律影响，因此必须以可信的执行标准为基础。此外，获取的图像和创建图像的软件可能因不同供应商以及不同的检查设备而存在很大的差异。这种产品的多样性，以及操作这些产品的关键后果，要求为 X 射线货物检查专门定制成像标准。

在美国国家标准协会（ANSI）的认可下，电气与电子工程师协会（IEEE）开始了这项工作并发布第一个公认的 X 射线货物检查系统成像性能标准。该标准被称为 ANSI N42.46-2008[28]，由美国国家辐射仪器委员会发起制定，旨在确定 X

射线和 γ 射线检测系统的成像性能。本标准的目的是关注与成像链直接相关的基本成像能力。它在一定范围内直接比较各系统的结果，利用得到的客观数据建立相对简单的测试。本标准适用于所有空载或满载类型的车辆，包括海运集装箱、空运集装箱、铁路车辆以及截面大于 $1m^2$ 的托盘货物和非托盘货物。它也适用于具有单能和多能 X 射线源的系统，以及用于背散射操作的系统。

本标准定义了在其范围内精确测量成像系统性能所需的过程和设备。为了达到这一标准，用户需要完成一系列测试，以检测小型物体或试样（专为检测 X 射线图像而设计的物体）的能力来衡量检查系统的成像性能。除了具体的测试之外，该标准还规定，必须测量设备周围的辐射场作为系统性能表征的一部分内容。并提供了相当于每年 1mSv（100mrem）辐射当量剂量限值的辐射等值图，该值被认为对每年工作 2,000h 的工人是安全的。它还规定了用于比较系统的其他相关辐射暴露水平的测量。重要的是，该标准并没有为在扫描仪周围工作的人员定义安全的辐射水平；相反，它只是提供了一种一致的方法，用于比较正常运行的系统与这些公认的值之间的差异。

该标准的主要目的是让制造商、潜在用户和其他各方在使用该系统对实际货物和车辆进行检查时，要有一致的判别依据。为了达到这一目的，标准要求使用测试装置来检测位于不同厚度钢板后面的指定测试物体（见图 7-17）。钢被认为是合适的材料，因为它价格低廉、容易获得，并且可以在合理的尺寸范围内提供 MeV 能量范围 X 射线所需的衰减。

图 7-17　带有可移动钢板的测试夹具

使用这种测试装置，可以获得针对许多成像测试要求的标准测量，这些要求通常包括穿透能力、空间分辨率、线型检测和对比灵敏度，概括如下：

- **穿透能力**。在测试过程中，指定的测试物体被放置在被测试货柜的不同位置上。标准中有测试物体的定义，测试物体由像风筝样的箭头形状的碳钢组成。测试装置将测试物体按随机分配的顺序方向固定在指定厚度的钢板后面。当操作人员能够正确识别箭头方向时，系统就成功通过了测试（见图 7-18）。为了确定最大穿透能力，不断增加碳钢板的数量进行重复测试，直到箭头方向不再被识别为止。

图 7-18　位于钢板后面的测试箭头

- **空间分辨率**。空间分辨率测试旨在测量在 X 射线扫描系统中能够检测到的测试物体特征之间的最小距离。它是在没有阻挡板的空气中进行的，必须在货柜内指定的点上以水平和垂直方向进行。这很重要，因为货物扫描系统使用根本不同的机制来建立水平和垂直维度的分辨率。在水平方向上，最大分辨率由传输速度和 X 射线脉冲频率的组合决定。相反，垂直方向上的分辨率是由探测器像素的几何间距和数量决定的。本试验的试验物体为钢板上有三个槽或底座上有三根方钢棒的钢制线规。在这两种情况下，材料的宽度必须等于板或棒之间的距离，板或棒之间也有厚度 d。为了完成测试，使用指定的 d 值，其中“1”是材料与相邻空间之间没有明显差异的值。
- **线型检测**。线型检测试验用于确定在 X 射线扫描中可以观察到的线的最小直径。试验可以在空气中进行，也可以使用由制造商确定的钢板进行（见图 7-19）。更具体地说，该标准规定了使用不同直径的裸铜线（通常为 10～24AWG），制成正弦波形状。同样，测试物体将被放置在货柜中的指定位置，并在垂直和水平方向上定向。当线型的大部分长度在 X 射线扫描中可见时，就认为该线型可以被检测到。

- **对比敏感度**。该试验旨在测量 X 射线图像上可以看到的钢的最小增量厚度。它使用一个薄的箭头形钢试件，位于规定厚度的钢板挡块后面。确定 X 射线上箭头方向的能力是所测试厚度的对比敏感度的证据。完整的试验需要三种厚度的钢板，分别为试验中确定的最大穿透厚度的 10%、50%和 80%。对比灵敏度指标用百分数表示，等于测试物体的最小厚度与组合测试物体和钢板挡块的总厚度之比。

图 7-19　钢板后的钢丝试验

国际电化学委员会（IEC）于 2010 年 6 月发布了类似的货物检查标准[29]。该标准（IEC 62523）与 IEEE 货物检查系统图像质量标准非常相似。例如，在钢穿透能力、线型检测、空间分辨率和对比灵敏度等方面，两个标准都规定了类似的测试方法。但是，IEC 标准超越了成像标准，还包含了供参考的其他有关电气安全和电磁兼容性的 IEC 标准。IEC 标准在使用某些术语和参考值方面也与 IEEE 标准有所不同，在比较两个标准时可能会造成混淆。例如，虽然两者都建立了测量辐射的等剂量线，但 IEEE 标准要求基于 0.5μSv 的参考值绘制辐射图，而 IEC 标准中的参考值为 2.5μSv。另一个相似之处在于，这两个标准都提及了材料鉴别，但都没有为此功能建立测试方法，也没有提出最低性能水平。这就是一种标准尚未跟上迅速发展的材料鉴别功能的情况。部分原因是在考虑材料特性和能量级别之间的权衡时，材料鉴别成像和测量的复杂性。因此，在设计、校准和实现此功能方面，制造商之间可能还存在显著差异。

7.8.3　数据标准化

工业 X 射线检测和检查人员长期以来一直使用胶片进行成像、分析和存档。胶片处理过程清晰稳定，射线检测人员接受过广泛的训练，并拥有合适的工具可用来处理 X 射线胶片（见参考文献[5]和参考文献[20]）。然而，随着技术的进步，工业 X 射线检测越来越多地从胶片照相转向数字成像，这就需要在数据格式化、存储、检索、分析和存档方面制定新的标准。用户还对跨平台传输数字图像和使用软件工具来帮助对比相似的图像感兴趣。

也许对数据标准化最大的需求是来自安检市场的推动，安检市场利用高分辨率 X 射线图像进行反恐执法，由此产生的图像正在成为司法鉴定和证据工具，需要新的涉及兼容、传输、安全和存储等方面的标准。为了解决这个问题，美国国土安全部与美国国家电气制造商协会（NEMA）于 2010 年 8 月发布了《数字成像和通信安全》（DICOS）标准[30]。这个 NEMA IIC 1 v01 标准，也称为 DICOS v01，它提供了一个数据交换协议，以及用于数据交换的可互操作、可扩展的文件格式。它紧跟 NEMA DICOM 成像标准的最新版本[31]，1985 年首次出台的 NEMA DICOM 成像标准用于医疗领域，专为患者 X 射线图像所制定。然而，新标准特别适用于工业图像，特别是与安全应用相关的图像，如行李扫描和货物检查等。本标准中的数据结构包括安全应用所需的特殊类别，如身份证明文件、人口统计信息、X 射线和 CT 图像以及相关的威胁评估数据等。与医疗版本一样，它的目的是实现一个独立于制造商的数字文件或一组可通过第三方计算机软件访问的文件。嵌入这些文件中的实际信息还包含与设备相关的大量元数据和获取图像的条件，以及特定于安全相关的信息，如材料标识、跟踪检测签名及威胁评估等。

本标准的未来版本面临的挑战是如何充分捕获与新兴 X 射线成像相关的超大数据文件技术。其中包括更高分辨率的货物图像和多视角扫描系统。此外，货物扫描通常在两个或更多的能量下进行，这会使相应的图像文件大小成倍增加。此外，CT 成像技术正越来越多地应用于航空货物的检查，产生了非常大的数据文件。为了数据安全或公共安全的目的，这些数据需要加密、存储，并可能实时地跨站点传输。由于以上这些原因，新兴的数据标准将继续发展，并为第三方开发人员提供机会满足这些需求。

7.9　总结

工业无损检测用电子加速器作为保证大型弹药安全并正常使用的唯一实用

检测技术，于 20 世纪 50 年代成为标准产品。加速器为这些产品的成像提供了一种可靠的高能 X 射线源，从而被证明是一种行之有效的大规模工业应用技术。加速器技术同时应用到医学应用尤其是在肿瘤治疗系统中，从而继续获得发展。因为这些医疗和工业应用共享许多技术需求，未来的工业加速器系统得益于医学加速器的技术进步，并迅速变得更加可靠并具有成本效益。最终，工业和医疗市场之间的这种协同作用产生了更好、更有效的工业加速器，可支持如今的各种应用。

在整个 20 世纪 70 年代和 80 年代，能量高达 15MeV 的工业电子加速器成为一种普遍工具，应用于全熔透焊缝检查、缺陷检测、材料密度、孔隙度测量以及许多其他无损检测领域。早期的一些加速器已经使用了 30 多年，至今仍在运行。虽然业务整合已经消除了对其中一些机器的需求，但 CT 扫描等新的应用和对产品质量更全面的关注，对这些产品仍然保持了稳定的需求。

从 20 世纪 90 年代开始发展，并在 2001 年的恐怖袭击中加速发展，如今加速器的安全检查应用突飞猛进，全球已有数百套加速器系统在运行。美国政府通过其货运安全计划（CSI）、口岸安全计划（SPP）和其他项目引领了这一发展。为了实现对进入美国口岸的所有集装箱进行 100%检查的目标，并且没有可行的技术替代方案，截至 2007 年年底，美国海关与边境保护局报告称，原则上与 34 个国家和地区达成了扩大安全口岸计划的协议，并宣布该计划已在全球 50 个口岸中实施。从那时起，美国国土安全部更加重视分层安全方法，其目的是识别和优先处理高风险货物，而不是完成使用 X 射线扫描等非侵入性技术实现 100%检查的计划。然而，基于 X 射线的货物检查已经成为一项必不可少的技术，这已被世界上许多国家接受这种技术并持续增长所证明。

尽管基于加速器的货物检查在美国的增长尚未达到美国政府 2006—2011 年《美国海关与边境保护战略计划》所预期的水平，但在其他国家的采用率却更高。例如，俄罗斯、日本和沙特阿拉伯等许多国家和地区已经实施了非常严格的集装箱入境 X 射线检查。此外，这些地区的官员经常利用双视图和双能量加速器来实现更先进的设备配置。

随着世界各国政府继续提高航空安全，航空货运市场有望实现类似的增长。尽管这个市场仍处于起步阶段，但随着它的成熟，可能需要成百上千的加速器。最近的两项进展可能预示着在航空货运检查中使用加速器会发生巨大变化。第一，一种体积更小的、更便携的加速器技术出现，使制造商和系统集成商可以使用 1MeV 的加速器。由于该技术有可能使系统更小、成本更低、更模块化，所以它非常适合航空货运货物检查的需求。此外，1MeV 加速器的能量较低，可以在没有过多屏蔽的情况下安全地运行，但是能量也足够用，可以穿透通常由航空携带的材料托盘成像。

第二，全世界许多地区都期待美国为航空安全制定标准和认证产品。2010 年年中，第一个基于加速器的航空货运货物扫描系统获得了美国政府的认证。这些进展是一个重要的迹象，表明这一市场将继续发展，并对低能加速器有强劲需求。

展望未来，从 2011 年开始的 10 年，将采购和使用数千台直线加速器进行无损检测和检查，特别是涉及国土安全、国防、能源和环境等领域的应用。随着技术的进步，成本更低和体积更小的加速器等供应及应用的数量将大大增加。这个数字还可能包括在过去 15 年中已经部署的数百个第一代和第二代安全扫描系统的更新换代市场。

对于未来，研究人员正密切关注更紧凑的便携式加速器系统，它将“利用高梯度加速方案、能量回收技术和创新的射频系统”。这些举措将解决许多限制加速器在广泛的检测和检查应用中的现场部署问题。总而言之，随着科技的发展，工业加速器的重要性日益提高，加上使其更易于应用的技术，将确保其在未来几年内作为无损检测的和检查的重要工具发挥突出作用。

致谢

本章的图片版权归瓦里安医疗系统公司所有，并经许可使用。

7.10　参考文献

[1] R. H. Bossi, F. A. Iddings, G. C. Wheeler and P. O.Moore, Eds., *Nondestructive Testing Handbook*, Volume 4, 3rd Edition (American Society for Nondestructive Testing, Columbus, 2002).

[2] H. Berger, in *Nondestructive Testing Handbook*, Volume 4, 3rd Edition, Eds. R. H. Bossi, F. A. Iddings, G. C. Wheeler and P. O. Moore (American Society for Nondestructive Testing, Columbus, 2002), p. 24.

[3] A. St. John and H. R.Isenburger, *Industrial Radiography* (John Wiley & Sons, New York,1934).

[4] H. H. Lester, “X-Ray Examination of Steel Castings”, *Chemical and Metallurgical Engineering* **28**(6), 161 (1923).

[5] *ASTM E94-04 Standard Guide for Radiographic Examination* (American National Standards Institute, Washington DC, 2004).

[6] *Accelerators for America's Future* (US Department of Energy, Department of Science, Office of High Energy Physics, Washington DC, June 2010), http://www.accelerator samerica.org/index.html, accessed August 15, 2010.

[7] J. E. Clayton, in *Proceedings of IPAC'10, Kyoto, Japan*, WEIRA06, 2461-2465 (JACoW, 2010).

[8] C. Tang, in *Proceedings of IPAC'10, Kyoto, Japan*, WEIRA02, 2447-2451 (JACoW, 2010).

[9] *Radiation Source Use and Replacement: Abbreviated Version* (Committee on Radiation Source Use and Replacement, National Research Council, 2008), ISBN: 0-309-11015-7.

[10] *Energy Policy Act of 2005* (US Public Law 109-58, 2005).

[11] J. Moss *et al.*, *Report on the Workshop on the Role of the Nuclear Physics Research Community in Combating Terrorism,* (US Department of Energy, Washington DC, 1992).

[12] S. L. Caldwell, *The SAFE Port Act: Status and Implementation One Year Later*, GAO-08-126T (United States Government Accountability Office, October, 30, 2007), available at http://www.gao.gov/new.items/d08126t.pdf.

[13] C. Koch, *Industry Partner Insights on Challenges and Opportunities*, Keynote Speech, American Assoc. Port Authorities Annual Spring Conf. (2005).

[14] B. Mongelluzzo, *J. Commerce On-line — News Story*, Jan 11, 2010, 6:14PM GMT(2010), http://www.joc.com/maritime/container-imports-increase-after-30-month-decline, accessed September 15, 2010.

[15] T. Wangler, *Principles of RF Linear Accelerators* (John Wiley & Sons, New York, 1998).

[16] P. Berry, K. Vansyoc, and D. Summa, *Materials Evaluation* **11**(65), 1099 (2007).

[17] E. Samei, *PACS Displays at 2006 RSNA Conference* (Radiological Society of North America, Chicago, 2006).

[18] D. J. Schneberk and H. E. Martz, in *Nondestructive Testing Handbook*, Volume 4, 3rd Edition, Eds. P. O. Moore, R. H. Bossi, F. A. Iddings and G. C. Wheeler (American Society for Nondestructive Testing, Columbus, OH, 2002), p. 348.

[19] *Non-Destructive Testing — Industrial Radiographic Film, Part 1: Classification of Film System for Industrial Radiography,* BS EN 584-1:2006, (British Standards

Institute, London, 2006), ISBN: 0-580-48344-4.

[20] G. X. De Padua *et al., Materials Evaluation* **11**(65), 1139-1145 (2007).

[21] G. D. Kutz and J. W. Cooney, *Security Vulnerabilities at Unmanned and Unmonitored U.S. Border Locations* (GAO report, released September 27, US Government Accountability Office, Washington DC, 2007).

[22] *U.S. Customs Container Security Initiative*, Fact Sheet 8/08/02.

[23] G. J. Langeveld, W. A. Johnson, R. D. Owen and R. G. Schonberg, *IEEE Trans. Nucl. Sci.* **56**(3), 1288-1291 (2009).

[24] *Annual Book of ASTM Standards*, Vol. 03.03, Nondestructive Testing (ASTM International, West Conshohocken PA, 2006), ISBN-10: 0803140967.

[25] *National Council on Radiation Protection and Measurements Report NCRPM 49* (1976).

[26] *Linatron High-Energy X-Ray Applications Manual* (Varian Medical Systems, 2006), http://www.varian.com/us/security and inspection/resources/technical information.html.

[27] *Radiological Health Handbook*, US Department of Health Education and Welfare, 1970.

[28] *American National Standard for Determination of the Imaging Performance of X-Ray and Gamma-Ray Systems for Cargo and Vehicle Security Screening*, ANSI N42.46-2008 (American Society for Nondestructive Testing, Columbus, 2008).

[29] *Radiation protection instrumentation — Cargo/vehicle radiographic inspection system,* IEC 62523:2010 (International Electrochemical Commission, 2010).

[30] *DICOS IODs Standard*, NEMA Standards Publication IIC 1 v01 (National Electrical Manufacturers Association, Rosslyn, 2010), http://www.nema.org/stds/iic1.cfm.

[31] *DICOM Standard*, ACR-NEMA Standards Publication No. 300-1985 (National Electrical Manufacturers Association, Rosslyn, 2009), http://dicom.nema.org/.

第 8 章　同步辐射的工业使用

约瑟夫·霍姆斯[*] 杰弗里·华纳[†]
加拿大光源公司，萨斯喀彻温大学
加拿大，萨斯卡通，perimeter road 101 号，SK S7N 0X4
[*]josef.hormes@lightsource.ca
[†]jeffrey.warner@lightsource.ca

同步辐射已成为许多基础和应用研究领域最有价值的工具之一。在某些情况下，已经开发出完全依赖于同步辐射的特定性质的技术；在许多其他情况下，使用同步辐射已经为传统技术带来了全新的、激动人心的机遇。在本章中，作者根据各种同步辐射装置的使用经验，以一种公认的主观方式重点介绍同步辐射工业应用的挑战、问题和优势。针对工业活动的各个范畴，即生产、质量控制和法规要求的控制以及研究和开发，讨论同步辐射的工业用途的典型实例。重点将放在研发的示例上，因为这是使用最广泛的领域。由于对这个领域进行完整的讨论可能过于宽泛，所以示例将集中在生物技术、制药和化妆品、汽车和采矿三个主要领域。环境研究是第四个领域，将在法规要求部分进行介绍。

8.1　引言

同步辐射（SR），通常称为“同步加速器光源”，是由电子发射的电磁辐射装置。截至写作本文时，世界上约有 50 个可运行的专用同步辐射装置，还有几个处于规划或建设阶段。考虑到一个装置的建造成本介于约 3,000 万美元和 10 亿美元之间（运营成本约建设成本的 10%～15%），但是同步辐射显然是一个非常有价值的工具，其应用范围极其广泛，从纯粹的基础研究（如气相中原子的光谱学）到以用途为导向的研究（如催化反应的原位研究），甚至用于加工制造。这些应用方面的许多内容将在本章的工业应用部分中讨论。我们认为需要对这一章的标题做一些解释：从非常严格的意义上讲，我们更倾向于在“工业应用/工业用途”中总结那些与工业资金流向研究或制造产品的同步辐射实验室的现金流有关的应用；然而，仅对这种类型的工业应用进行概述将是困难的，因为这些示例通常恰好是工业真正感兴趣的应用，并且由于竞争原因，其结果从未在公开文献中发表。因此，我们将主要介绍一些工业研究的示例，这些研究基于由不同机构资助的学术界/研究实验室和工业之间的联合项目，这意味着工业的直接财政贡献可能是有限的。出于类似的原因，尽管众所周知，几乎每一个同步辐射装置都有许多工业用户，但也很难量化来自工业的现金流。

至少在原则上，同步辐射可用于工业活动的所有领域（不包括行政管理）：生产、质量控制（包括法规要求的控制）、研究与开发（R&D）。实际上，在所有这些领域中都有使用同步辐射的示例，我们将为每个领域提供一些说明性的示例。正如人们所预料的那样，大多数已发布的应用程序都属于研发类别，因此本章的重点将放在该领域的示例上。然而，随着人们对环境问题认识的不断提高，与工业相关的同步辐射应用的另一个领域正在迅速发展，即产品和过程的控制符合法规要求。在质量控制部分，我们还将讨论这个快速发展的领域的一些示例，其中基于同步辐射的技术具有巨大的优势，例如，在不能应用标准衍射技术的 X 射线非晶态环境中，检测非常低浓度的元素和/或元素的形态。

根据我们的经验，与工业领域成功合作必须满足几个要求：

- 在项目的所有阶段提供有力的支持；
- 清晰，如果可能的话，定量结果与实际直接相关；
- 工作和结果的保密性，以及关于知识产权的明确（行业友好）安排；
- 周转时间短，特别是与生产相关的问题；
- 价格具有竞争力。

在许多情况下，同时满足所有这些要求对于同步辐射实验室来说是一项具有挑战性的任务，因此，各种实验室已经为工业客户设计了几种不同的同步辐射使用途径。这些途径至少满足上述要求。一般来说，有三种不同的路线：

一是**学术模式**。在这种模式下，工业遵循用于学术用户的方法，即通过仅基于科学价值的审查委员会来分配束流时间。这种使用是免费的，但结果是“开放的”，并期望予以公布。此外，更重要的缺点可能是某些光束线的显著等待时间。

二是**专有模式**。这是一种工业支付所有费用的方式，作为对机密性的交换，通常需要快速使用。

三是**专用光束线的建造和使用**。在这种模式下，公司“租用”一个端口，并自行或与学术和/或其他工业合作伙伴合作建立和运营自己的光束线。

还有几种混合模式，但对于现实世界的工业问题，专有模式似乎是最合适的。在这种模式下，同步辐射装置如何与客户互动有多种选择，从简单地提供对合适的光束线的使用到提供我们称之为 100%分析的服务。根据我们的经验，后一个模式具有满足上述工业要求的最佳潜力，它包括（对于研发项目）以下六个步骤：

- 讨论问题并制定实验“策略”，以便于与潜在客户一起解决该问题；
- 准备样品进行实际测量；
- 测量样品（和合适的参考化合物）；
- 分析数据并解释与实际问题相关的结果；
- 准备书面报告（如有必要，还有进一步的建议）；
- 发送报告（连同发票）。

这个模式似乎被业界所接受。例如，它已相当成功地用于加拿大光源公司（CLSI），它可能成为最终加强同步辐射工业应用的基础。

我们将在本章中讨论的事例是基于作者的主观偏好来选择的，并且为了本次范围的考虑，并非所有可能的应用领域都能够在研发部分中涵盖。那些对其他领域的同步辐射工业应用信息感兴趣的读者可以参考各种同步辐射实验室发表的文章，如美国布鲁克海文国家同步加速器光源（NSLS）[1]、Spring-8[2]及法国格勒诺布尔欧洲同步辐射装置（ESRF）[3,4]。各种装置的相应网站上也讨论了广泛的应用范围[5]。我们在此提到两个：钻石光源的网站[6]和描述其工业用户应用科学亮点的 NSLS 网站[7]。美国国家用户装置组织的一份报告非常好地总结了工业应用用户装置（如同步辐射实验室）存在的问题以及有关如何解决这些问题的建议[8]。

8.2 同步辐射：历史和特性

以一种旷达的视野看历史，我们可以说，同步辐射的历史可以追溯到 100 多年以前，即 1897 年拉摩计算了非相对论加速电子发出的辐射及 1898 年李·埃纳德计算了这种电子在圆形轨道上运动所产生的辐射。1907—1912 年，肖特计算了在圆形轨道上运动的相对论电子的发射，试图解释观测到的离散原子光谱。这与今天对同步加速器辐射的描述非常接近[9]。我们今天使用的同步辐射理论，是在 1946 年由朱利安·施温格[10,11]及伊万南科夫与他在俄罗斯的同事根据他们早期关于“电子感应加速器（Betatron）可获得的最大能量”的研究而独立提出的[12]。

为了实验观察相对论加速电子的辐射，必须使用相应的高能加速器，直到 20 世纪 30 年代，由克斯特和韦克斯勒建造了第一个电子感应加速器（Betatron）时，才有机会观测到上述辐射。1946 年，布莱维特尝试在美国纽约州斯克内克塔迪市的通用电气公司（GE）的 100 MeV 电子感应器上观察同步辐射，但没有成功：他用探测器观察了错误的波长范围，只能观察到由于辐射损失引起的电子轨道的收缩[13]。大约一年后，在 GE 位于斯克内克塔迪的研究实验室里，两名技术人员

（弗洛伊德·哈伯和杰罗德·诺尔顿）在 70MeV 同步加速器上首次观察到同步加速器辐射，当时他们正在寻找由于加高压和恶劣的真空条件而经常在这些机器上产生的打火现象[14,15]。这个故事的更多细节，在《今日物理学》上的一篇有趣的文章中进行了描述[16]。值得注意的一个事实是，同步辐射的历史是从工业实验室开始的。但是，在早期，同步辐射的价值（尤其是工业应用的价值）并未得到认可，并且过了几年的时间，一些团体才开始对莫斯科 FIAN 同步加速器（1953/56）和 300MeV 康奈尔同步加速器（1952/53）的同步辐射特性进行系统研究，这两种加速器都是为核研究而建造的。1956 年，汤布林和哈特曼首次使用同步辐射进行了光谱研究，他们测量了 Be K-和 Al LII/LIII-边缘的吸收光谱[17]。1962 年，柯德林和梅登在位于华盛顿的美国国家标准与技术研究院（NIST）的 180 MeV 同步加速器上首次使用同步辐射进行系统实验[18]。

与此同时，在欧洲和亚洲也开展了同样的活动。在意大利罗马附近的弗拉斯卡蒂实验室，研究人员开始使用 1.15GeV 同步加速器测量薄金属薄膜的吸收。1962 年，日本东京的科学家组建了 INS-SOR（核研究-同步辐射轨道辐射研究所）小组，并于 1965 年测量了 750MeV 同步加速器的软 X 射线吸收光谱。1964 年，德国汉堡的 6GeV 电子同步加速器（DESY）开始同时用于高能物理和同步辐射。1968 年，在储存环上首次测量了同步辐射光谱，特别是在威斯康星大学的 Tantalus I 储存环中，清楚地显示了储存环作为同步辐射源的优越性（同步加速器是一种“闪烁”光源，其强度随脉冲的变化而变化，而储存环是一种“直流”光源，由于电子的丢失，其强度会缓慢下降）。不久之后，其他储存环也被用于同步辐射实验，如 1971 年法国奥赛的 ACO 储存环、美国国家标准局（NBS）同步紫外辐射装置（SURFII）及 1974 年斯坦福（美国加利福尼亚州）的正负电子非对称环（SPEAR），随后还有几个在建造中。第一个用于同步辐射实验的专用储存环于 1981 年在英国的达雷斯伯里作为“第二代设备”的第一台机器投入使用，它是一台专门为同步辐射应用建造的装置。第三代储存环现在是同步辐射实验的主要装置，其特点是电子束的品质（束流的空间稳定性和决定束流发射度的束斑的“大小”）以及大多数实验使用交变磁铁阵列（称为插入件），作为辐射源，与弯曲磁铁的辐射相比，它能提供更高强度的辐射。对同步辐射早期历史的总结和大量的参考可以在鲁滨逊的《X 射线数据手册》中找到[19]。

20 世纪 80 年代初，至少有三个储存环主要用于工业应用，即用于制造微电子器件。在德国，柏林同步辐射电子储存公司（BESSY）成立于 1979 年，目的是与德国和欧洲的工业合作进行基础研究。形成 BESSY 的核心动机是通过开发用于生产微电子器件的同步辐射光刻工艺来加强欧洲微电子领域的技术。1991

年，牛津仪器公司的紧凑型同步加速器 X 射线源 Helios I 安装在美国东菲什基尔工厂的 IBM 高级光刻装置中[20]，它的前期出厂测试于 1990 年在牛津完成。自 1992 年 1 月以来，该机器已经用于日常光刻开发工作。最后，位于路易斯安那州立大学高级微结构与器件中心（CAMD）的 1.5GeV 的储存环于 20 世纪 90 年代初建成，研究用于制造微电子器件真空紫外线（VUV）-X 射线光刻技术。然而，到了 20 世纪 90 年代末，行业已经可以制造出改进了传统技术的高密度微电子器件，并且在同步辐射设备上的研究活动被终止了。取而代之的是，一些装置开始在微机电系统（MEMS）设备的微制造领域开展活动。这两个领域将在本章后文中讨论。

与其他光源相比，同步辐射具有一些特殊的性质，这也是其工业应用价值的基础。同步辐射最重要的特性是提供约 1eV～100keV 的连续光谱，即从远红外范围到非常硬的 X 射线范围，而有用的高能量极限取决于相应电子加速器的能量和用作辐射源的插入件的磁场强度。在真空紫外线和 X 射线范围内，同步辐射是可使用的最强光源；在部分红外线（IR）范围内，同步辐射优于传统光源。同步辐射的另一个特性是辐射的高准直性，辐射的开口角度约 1mrad（0.053°）。在离光源（电子轨道）10m 远的地方，辐射高度约 1cm。在这方面，同步辐射相当于激光指示器。这两个特性是导致在相应的样品上获得极高强度的原因，即使在辐射被单色化的情况下也是如此，这两个特性也为在样品上获得非常小的光斑提供了机会。同步辐射最重要的性质可以概括如下：

- 连续光谱——1eV～100keV；同步辐射在 VUV 和 X 射线区域提供最强的光谱；
- 准直——1mrad；
- 线性极化——在电子轨道平面内> 95%；
- 圆极化——在电子轨道平面上下高达 90%；
- 部分相干；
- 绝对可计算性；
- “清洁”源——辐射发生在超高真空条件下；
- 时间结构——允许时间分辨实验（主要由加速器中“电子束”的长度和周长给出）。

8.3 基于同步辐射的工业应用技术

至少在原理上，用于使用同步辐射的基础研究的所有光谱和成像技术也可以用于工业应用。在许多情况下，这些方法已被优化到可以在没有进一步改进的情况下进行工业应用的程度。然而，我们不应该低估来自工业的一些问题将会推动相应的技术极限：只要可能，工业通常会尽可能地利用内部能力来解决问题，只有最具挑战性的问题才会进入同步辐射实验室。由于同步辐射提供连续光谱，因此所有电磁波谱范围内的光谱技术都可以与同步辐射一起用作辐射源。表 8-1 概述了同步辐射装置中最常用的技术。这些技术根据使用的典型光子能量排序。但是，根据技术的“信息深度”对技术进行分组也是可能和合理的：

- 长程有序——衍射（粉末，单晶）；
- 中程有序（10～1,000Å）——小角度散射，层析扫描；
- 短程有序（原子尺度最高可达 10Å）——红外和光电子能谱，X 射线吸收光谱。

表 8-1　同步辐射装置中最常用的技术汇总

测量技术
傅里叶变换红外光谱
红外显微光谱
圆二色性
（紫外线）UV-真空紫外线（VUV）光电子能谱（ESCA）
VUV-显微光谱
粉末衍射
表面衍射
小角度 X 射线散射+广角 X 射线散射
蛋白质结晶学
微断层成像
X 射线荧光光谱分析和 X 射线显微镜
X 射线吸收精细结构光谱 X 射线吸收近边结构光谱法
制造技术
用于微电子的 UV-VUV 光刻
用于 MEMS（传感器，齿轮等）的 X 射线光刻

表 8-1 总结的技术大多数是标准实验室与传统辐射源一起使用的技术，如红外范围内的球状体，以及 X 射线发生器。然而，通过使用同步辐射作为辐射源，大多数技术的能力可以显著提高，在许多情况下提供了全新的机会。为了说明这一点，以下是一些只有同步辐射可能做的实验：

- 微米（亚微米）尺度的微量分析（衍射—荧光—吸收光谱）。
- 低至毫秒甚至微秒分辨率的实时研究。
- 对过程进行原位分析，作为压力、温度、剪切应力、化学反应等的函数。
- 在极端压力和温度条件下对样品进行的实验（300GPa，2,000℃）。
- 研究超稀释体系（低至 ppb 范围）。
- 新的成像技术，如元素特定显微断层成像、相位对比成像和 X 射线显微镜（分辨率低于 50nm）。
- 使用衍射技术分析尺寸小至 $10\mu m^3$ 的微晶分析技术。

如前所述，表 8-1 中只有少数技术完全依赖于同步辐射的特性，其中最重要的是 X 射线吸收精细结构（XAFS）光谱。XAFS 也是大多数同步辐射装置中工业应用最常用的工具之一，仅次于蛋白质结晶学。由于这种技术的重要性以及它是典型的基于同步辐射的技术的事实，这里将更详细地解释它，我们将展示几个使用它的例子。

XAFS 光谱学，更通用的术语是 X 射线吸收光谱（XAS），有时可与 XAFS 互换使用。测量所选元素内壳吸收边缘处及其上方的 X 射线吸收系数 μ（E）的能量依赖性，即它探测光吸收系数的能量依赖性。在吸收过程中，不同的核心电子激发能为不同的原子种类提供元素选择性。图 8-1 显示了一个典型的 XAFS 光谱，特别是在 LIII 边缘测量的 Pt（铂）箔的光谱。一般来说，XAFS 光谱分为两部分，如图所示：①X 射线吸收近边结构（XANES），在“边缘”之前开始约 50eV（即当入射光子的能量足够高以激发相应的内壳电子时吸收系数的跃迁进入一个空轨道或连续体），并在边缘上方达到约 50～100eV；②扩展 X 射线吸收精细结构（EXAFS）在边缘之上达到约 1keV 处可见，XANES 包含（主要）关于吸收原子种类附近的电子结构的信息。因此，吸收边的能量和形状敏感地依赖于吸收原子的化学环境。例如，通过与适当的参考系进行比较，可以确定化学价态，并得出化学邻域类型、局部对称性以及结合配偶体之间可能的电荷转移的结论。

可以从 EXAFS 中提取关于局部几何结构的信息，即关于键长和配位数，以及第一配位壳中的相邻（化学物质）的“类型”。由于测量了截面的能量依赖性，同步辐射的可调谐性是 XAFS 光谱学的重要前提。与传统的衍射技术相比，XAFS 光谱具有一些决定性的优势，这些优势对许多工业应用也很重要：

- XAFS 是非破坏性和元素特定的。
- 无须长程有序。
- XAFS 非常敏感（ppm 范围甚至更好）。
- 对样品没有特殊要求；样品可以是固体、液体或气相。

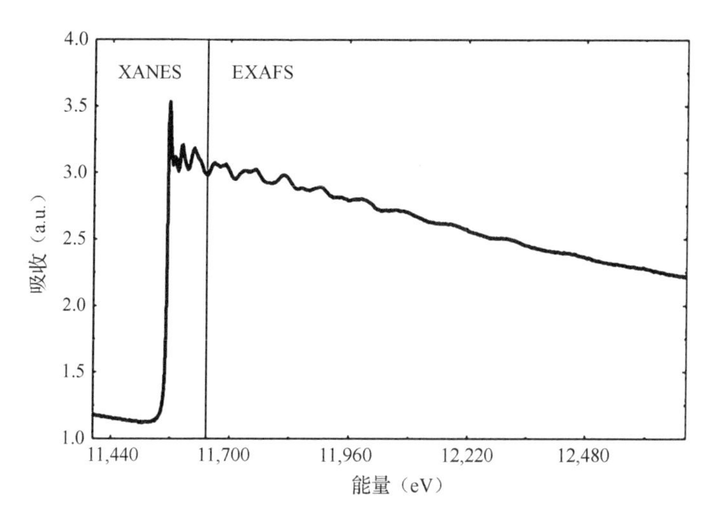

图 8-1　显示 XANES 和 EXAFS 区域的 Pt 箔的 LIII-边缘-XAFS 光谱

- 可以对光谱进行定量分析。
- 无须真空。
- 时间分辨原位实验是可能的。

XAFS 光谱学的理论、测量 XAFS 光谱的各种模式、数据简化过程以及来自广泛研究领域的大量应用，在几本教科书和评论文章以及相应会议的记录中进行了介绍[21-25]。

8.4　同步辐射用于质量控制和法规要求的控制

8.4.1　质量控制

质量控制是用来确保产品或服务达到一定质量水平的过程。对于制造业，质量控制的基本目标是确保产品满足特定要求，并在最终客户和消费者手中时具有恒定的质量。为实现这一目标，一个重要的步骤是对进出的物料和产品进行检验和检定。

原则上，有几种基于同步辐射的光谱技术具有质量控制的潜能，如 X 射线微衍射测定样品中的应变，掠入射 X 射线反射法测定表面粗糙度，小角度散射法或 X 射线层析扫描检查样品的均匀性，此处仅举几例。然而，对于大多数工业应用，特别是大规模生产，质量控制必须是快速和经济的，这在使用同步辐射时是很难达到的要求。

尽管如此，还是有一些孤立的例子展示了几种用于工业样品或过程质量控制的基于同步辐射的技术。例如，朗讯科技的杰尔系统在斯坦福同步辐射光源（SSRL，美国加利福尼亚州斯坦福市）装置中多次使用X射线微衍射来绘制微光电子器件中的晶体应变和多层厚度图[26,27]，以及墨西哥的辛维斯塔夫在NSLS的另一个示例中也使用了X射线微衍射技术[28]。相应的SSRL小组在评论中给出了对该技术潜在的有趣概述[29]。泽奇等研究者展示了高分辨率X射线成像的分辨率在50nm范围也可能成为一种强大的微纳米电子产品质量控制技术[30]。但是，没有其他出版物显示这些技术的“实际”工业应用。似乎只有一种技术能够满足工业使用同步辐射进行质量控制的“快速和经济”的要求，而且事实上，该行业已在数个同步辐射装置中或多或少地连续使用了几年，这就是全X射线反射荧光（TXRF）。

斯特雷等研究者[31]发表了同步辐射诱导TXRF应用的更全面的综述。在半导体工业中，TXRF是一种常见的分析技术，用于监测无图案硅晶片上的表面污染。使用常规X射线发生器作为激发源的实验室仪器的检测极限约10^9原子/cm^2，这仍然比SEMATECH路线图中表达的极限高出一个数量级[32]。对于大多数荧光技术，TXRF的灵敏度可以通过增加入射光子通量或降低光谱背景来提高。这两种选择都是通过应用同步辐射来开发的，同步辐射提供了高入射通量和低发散度以及线性偏振光束。当样品和探测器彼此适当地布置时，会导致荧光信号的增加，同时减少弹性散射的背景。1994年几乎同时在HASYLAB（Desy，德国汉堡）和SSRL进行了早期测试实验，随后又在ESRF进行了实验[33]。所有这些实验都表明，其灵敏度至少可以提高一个数量级。在随后的几年中，皮亚内塔及其同事在SSRL上对半导体工业TXRF的潜力进行了系统研究[34,35]。他们研究了两种低Z元素的检测极限（$Z<13$）[35]和更重的元素[34]，对于Na、Mg和Al，检测极限（在弯曲磁体束线处）约2×10^{10}atoms/cm^2，因此仍低于SEMATECH路线图（5×10^8atoms/cm^2）的要求；对于较重的元素，观察到约5×10^7atoms/cm^{2}的检测极限，积分时间约5000s。图8-2显示了使用最先进技术清洗的晶片的典型SR-TXRF光谱。

晶片表面微量杂质的定量测定是晶片质量控制的第一步；然而，了解杂质的化学状态有助于更好地判断杂质的影响，并有助于确定污染问题的真正根源。传统的基于实验室的TXRF仪器无法获得这些信息，但可以将TXRF与XANES的测量结果结合起来获得。SSRL小组再次对铜杂质进行了相应的测试实验[36]。迈耶等研究者[37]进行了一项更详细的研究，以确定该技术是否适用于微电子超大规模集成电路（VLSI）生产实验室中出现的“真正”污染。值得一提的是，角分辨TXRF也被一些公司用于分析晶片中杂质的深度分布，这提供了关于污染影响的其他有价值的信息[38,39]。

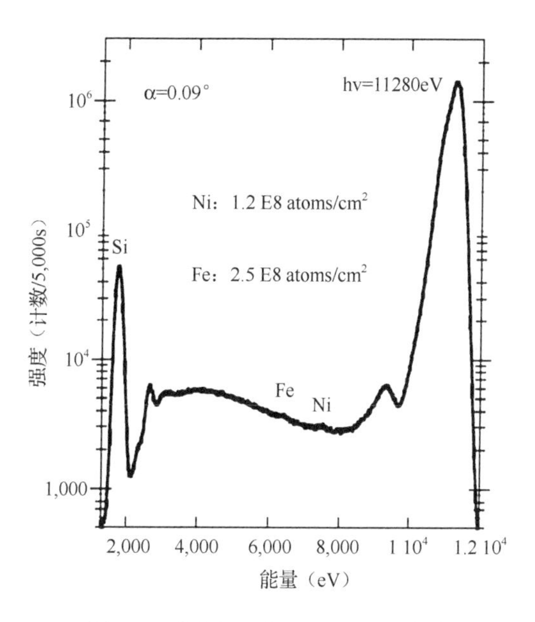

图 8-2　清洁的硅晶片的 TXRF 光谱

8.4.2　监管要求的控制

使用同步加速器为工业客户获取有关环境中化合物化学形态的信息已有很长的历史。这反映了学术界和政府在环境部门使用同步加速器的普遍增长，这主要是受到两个因素的推动：①公众对一般公共环境问题（水和土壤污染、放射性废物、工作场所危险等）的认识不断提高，以及相应机构共同做出努力来管制环境问题；②达到相应检测极限的化学分析要求。因其对元素氧化态和分子结构的敏感性，以 XANES 和 EXAFS 的形式存在的 XAS 光谱是一种很好的环境研究方法。这种对局部化学形态的敏感性对环境研究至关重要，因为它与毒性直接相关。污染物的分子特性是可能会产生有害的生物效应，而不仅仅是某种特定金属的存在与否。由于自然界中无定形化学物质的普遍存在，局部配位环境对污染物种类具有重要意义。XAS 也是少数几种能够区分沉淀物、吸附物和化学结合物的技术之一。能够检测许多元素的环境浓度的探测器的出现，使得无须提取或预浓缩程序就可以测量样品中的污染物。

为了说明同步辐射装置在该领域可以提供的监管服务的类型，我们将介绍加拿大光源公司（CLS，加拿大萨斯喀彻温省）的工业客户的一些工作示例。虽然其他同步加速器装置公司（如 ESRF、钻石光源和 ANKA）也提供类似服务，但我们更熟悉加拿大的同步加速器装置。由于 CLS 靠近萨斯喀彻温省北部的铀矿床，即靠近加拿大的大型采矿业，因此它很适合进行与采矿业相关的工业测量。

2008 年，CLS 所进行的工业工作中，超过四分之三是属于环保性质的[40]。自 2008 年以来，随着产品开发类型的增加，分配给监管要求问题的束流时间比例显著下降。

下面我们将讨论两个典型示例，针对工业客户在 CLS 进行监管要求的研究。这些示例研究涉及镍精炼厂和冶炼厂的工作场所的气溶胶形态，以及铀矿尾矿管理装置中含砷尾矿的处置。

1）工作场所气溶胶

镍被用于许多类型的不锈钢和有色金属合金及电镀业，几乎在所有工业领域都有应用。由于其在工业化国家中的重要性，镍的毒性在《欧洲镍风险评估》中的重点是评估和控制对某些镍化合物的暴露：镍金属、硫酸镍、氯化镍、硝酸镍、碳酸镍、硫化镍（Ni_3S_2 和 NiS）及氧化镍（NiO、NiO_2、Ni_2O_2 和 Ni_2O_3）。这种对特定镍化合物的关注需要一种准确测定各种环境样品中镍形态的方法。为镍生产商指定镍的标准方法是基于顺序提取的 Zatka 方法，该方法将镍分为四个可操作的定义类别[41]。同其他提取技术一样，该技术也存在许多的缺点：①表面（表面积、表面反应和表面涂层）特征依赖；②固有的非选择性；③来自其他化学物种的干扰；④倾向于将提取过程修改为未经验证的样品大小或基质。XAFS 光谱法最近被用来鉴定几种粉煤灰过滤器样品中的所含的镍[42]。

在第一个例子中，我们从安大略铜崖镍精炼厂和冶炼厂内不同地点的装有凡尔赛波尔过滤器的职业医学研究所（IOM）盒式容器上收集了样品。CLS 的测量结果表明，与 SR-XANES 的结果相比，扎特卡方法报告的气溶胶样品的镍形态存在显著差异。从镍加工装置和扫描电镜分析结果来看，烷类化合物的形态与可能的形态更为一致。图 8-3 显示了所收集的典型含镍工作场所气溶胶样品的线性组合拟合。

2）尾矿管理

阿海珐资源加拿大公司运营的 JEB 尾矿管理装置（TMF），作为其在萨斯喀彻温省北部铀矿开采业务的一个组成部分。在麦克林湖作业中加工的铀矿可能含有砷，其浓度按重量计算可达 2%，对周围水域构成潜在风险。阿海珐已经设计了 JEB TMF，通过物理遏制和地球化学控制尽量减少可溶成分从 TMF 的迁移（见图 8-4）[43]。通过定期钻探从 TMF 获得的沉积物中监测地球化学控制的有效性。

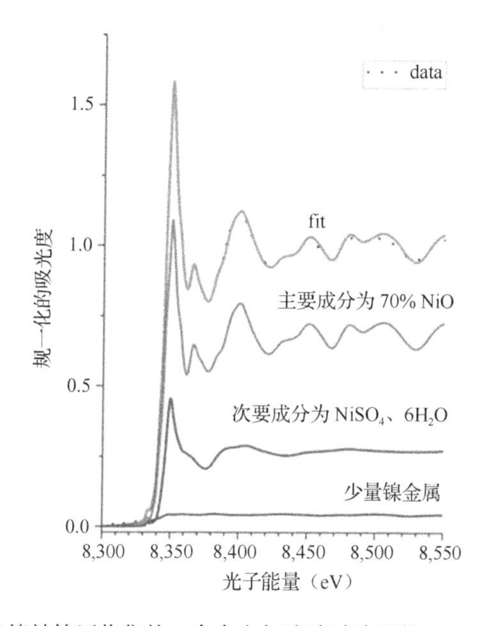

图 8-3 从镍精炼厂收集的一个个人气溶胶过滤器的 SR-XANES 光谱

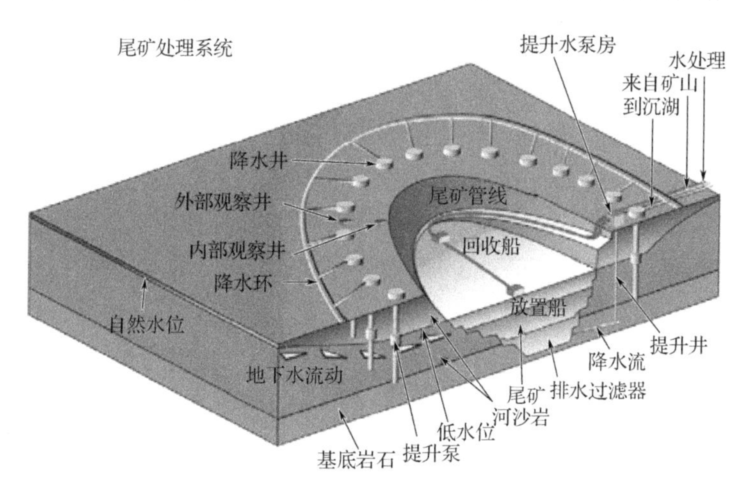

图 8-4 JEB 尾矿管理装置（TMF）的设计和操作特征

尾矿中含有在矿石加工过程中除去的砷，以及残留的含砷原生矿物和萃余物（一种酸性硫酸盐废液）。在处理之前，使用石灰中和砷，并用三价铁沉淀。通过对孔隙水的检查，监测尾矿处理装置的可溶性砷。在尾矿管理装置中，XAS 用于根据深度对尾矿管理装置中的固体进行表征。图 8-5 是基于 XANES 对固体中砷的相对含量的定量测定能力而构建的。

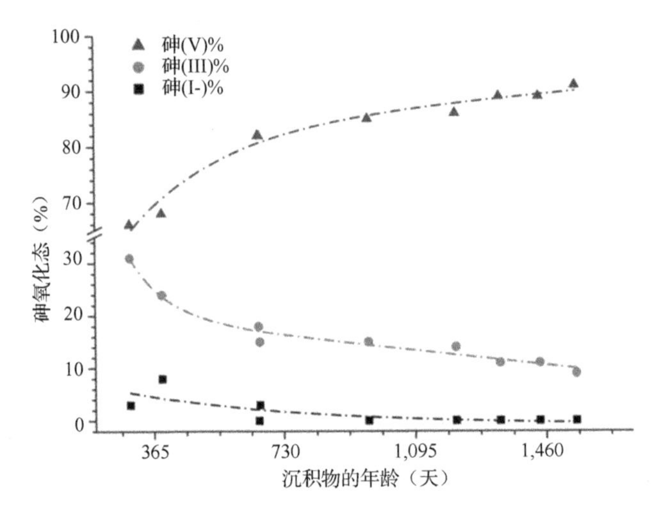

图 8-5 每种砷氧化态相对于尾矿沉积物年龄的相对量

对四年测量数据的解释表明，混合尾矿材料包括浸出残渣［主要为斜方砷镍矿（$NiAs_2$）、辉砷镍矿（NiAsS）和红砷镍矿（NiAs）、黏土（主要是伊利石），以及中和的残余物固体（主要是石膏和铁、铝和富硅沉淀物，参与氧化反应）］。使用 XANES 将氧化产物鉴定为热力学稳定的含砷（V）的矿物。使用 EXAFS 进行的进一步分析表明，含砷（V）的矿物与结晶度差的臭葱石一致[44]。

从孔隙水取样中获得支持数据，结果表明：砷（III）浓度随时间呈上升和下降趋势，4 年后稳定在 1mg/L 以下。沉积物老化后总砷浓度低于 2mg/L 的处置界限。根据这些数据，砷似乎正在形成一种稳定的砷（V）矿物，使 TMF 中的可溶性砷浓度保持在较低水平。

8.5 用于生产的同步辐射

工业生产过程中使用同步辐射的领域有两个：用于制造微电子器件的 VUV-X 射线光刻；作为 LiGA 工艺的第一步的深蚀刻 X 射线光刻技术。LiGA 是一个德语中的缩略词，代表平版印刷（Lithographie）、电镀（Galvanoformung）和模塑（Abformung），即光刻、电镀和成型。该技术已用于 MEMS 器件的生产。

8.5.1 用于制造微电子器件的 X 射线光刻技术

IBM 在 1972 年首次报道了 X 射线光刻技术[45]，IBM 集团在 1976 年也报道了同步辐射 X 射线近距离光刻技术，当时斯皮勒和同事使用 DESY 的同步辐射装置进行可行性研究[46]。工业界确信，在 130nm 基本规则下的“下一代”微电子设备（后来甚至更小）将需要同步辐射装置的软X射线辐射，因此，第一个实验引发了广泛的活动，以开发X射线电阻、X射线掩模、X射线步进器，最后还开发了专用的软X射线同步辐射装置。值得注意的是，由工业界建造和运营的“私有储存环”所涉及的问题实际上已经在《科学》杂志的一篇文章中讨论过了[47]。实际上，墨菲在1989年统计了至少7台基于超导磁体的紧凑型机器和5台正处于X射线光刻计划或建设阶段的传统机器[48]。海克特在偏技术性的综述中，总结了该领域的工业活动和成就，指出几乎所有领先的半导体公司都涉足该领域[49]。然而，在墨菲所统计的机器中，只有几台已经建成，正如前文所提到的， 20年纪90年代末，诸如BESSY和CAMD等传统机器作为“多用途”同步辐射装置的工业活动已经放弃。超导机器不是使用的时间长（在IBM的HELIOS），就是用于（住友重工的AURORA）微电子相关的研究。例如，宫武等研究者以一个70nm器件制造系统为例对在AURORA获得的实验结果进行了综述[50]。

由于光学光刻在约180nm处似乎存在极限，所以当涉及纳米光刻即制造小于100nm的基本规则的器件时，同步辐射是否可以起作用仍然不确定。这至少是同步辐射实验室中一直存在并且仍然存在一些“其他活动”的原因之一。在美国，这些活动大多数集中在威斯康星大学纳拉技术中心的阿拉丁储存环中心，其中许多活动都是通过SEMATECH间接得到了工业界的支持。一些研究侧重于纳米光刻技术所需设备的开发和测试，如步进系统[51]，但也开发了如干涉光刻新技术[52,53]。韩国的浦项光源（PLS）和日本的一些同步辐射装置上，也有一些类似的活动。

8.5.2 深蚀刻X射线光刻和微细加工

LiGA工艺从20世纪80年代中期开始发展，始于卡尔斯鲁厄（Karlsruhe）（德国）前核研究中心的活动，目的是大规模生产廉价的微型结构装置[54]。相对于其他的微加工技术，LiGA具有明显的优势：

- 可以一步制造高达几毫米的非常高的结构。
- 最小的横向尺寸为几微米（甚至更小），结构细节在亚微米范围内。
- 可以在制造过程的各个步骤中使用各种材料（聚合物、金属、合金、陶瓷、纳米材料等）。
- 可以制造真正的三维结构。
- 可实现非常垂直的侧壁，其表面粗糙度极低（rms粗糙度优于20nm）。
- 通过并行处理零件或成型作为一种典型的大规模制造工艺，使其有可能实现低成本大规模制造。

所有这些优势加上制造引人入胜的结构的可能性使得 LiGA 对同步辐射设备非常有吸引力；因此，几乎所有同步辐射装置都有 LiGA 的活动。图 8-6 显示了 LiGA 结构的两个典型例子。图 8-6（a）显示了通过直接暴露在聚甲基丙烯酸甲酯（PMMA）中制造的“简单”蜂窝结构。整个结构的高度约 400μm，每个单独结构的直径约 80μm（头发的直径约 100μm），并且壁的厚度约 4μm。图 8-6（b）显示出了更复杂的结构：一个由 SU8（SU8 是一种常用的环氧基负性光刻胶）母版通过电镀制成的金属行星微齿轮。

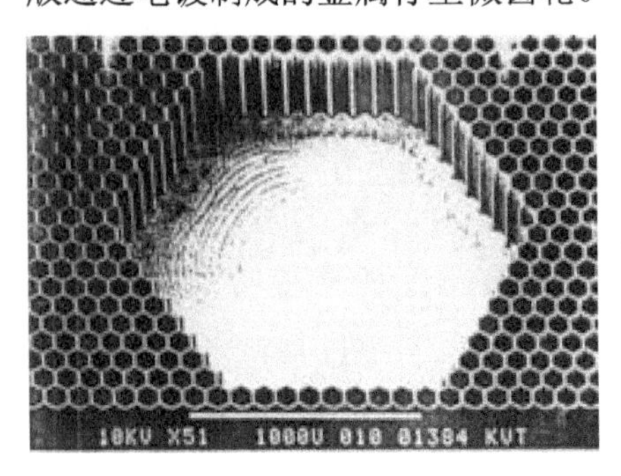

（a）由 PMMA 制成的蜂窝状结构

（b）在传统的滚珠轴承中使用 LiGA 技术制造的金属行星齿轮

图 8-6　深蚀刻 X 射线光刻的应用实例

然而，大多数与 LiGA 相关的活动都是由学术研究团体进行的研发性质的活动，在某些情况下是与工业领域伙伴合作进行的，例如，工业领域伙伴定义特定设备的规格。尽管 LiGA 已有 25 年的历史，尽管在其发展的早期就已经证明了潜在的工业应用，但 LiGA 产品的商业化进展缓慢。基于工业界的“杀手级产品”，目前仍然没有取得真正意义上的经济成功。

有一些使用 LiGA 技术制造的产品已经或者仍然可以在市场上买到，例如，机械齿轮系统[55]、光学应用的光纤连接器和微对准挠性件[56,57]。也许这种商业化的 LiGA 产品最有趣的例子是在卡尔斯鲁厄的研究中心开发的、由勃林格-英格翰公司销售的用于可见光和红外光谱范围的显微光谱仪。该仪器的红外光谱版本用于监测工业应用中的易燃和有毒气体，由意大利费尔科姆公司提供。其可见光谱版本也已被用于多种应用，包括通过近红外光谱仪（SpectRx）对新生儿进行无创胆红素测试、精确测定牙齿颜色及对颜色的质量控制[58]。还有一些专注于基于 LiGA 产品的附属公司，如专注于热交换器的夹层技术公司（Mezzo）[59]、专注于微齿轮的微型传动公司（Micromotion）[55]，以及拥有广谱产品的阿克松技术公司（AXSUN）[57]和勃林格-英格翰公司（Boehringer-Ingelheim）[58]。

可汗 • 马利克和塞勒[60]等研究者[61]对 LiGA 技术可能的工业应用进行了全面

的综述。这些综述还涉及微流体（芯片实验室）等新兴应用，以及仍然存在于 ANKA 和 CAMD 等同步辐射装置中的各种铸造活动。例如，为了使工业界更容易获得 LiGA 技术，已经对全世界许多同步加速器标准化曝光过程的效果以及所需的特殊掩模进行了研究[62]。此外，由陈等研究者[63]在新加坡同步加速器光源（SSLS）对 X 射线光刻作为纳米光刻工具的潜在应用进行了研究。该方法成功地实现了特征尺寸可达 200nm、宽高比可达 10 的纳米结构。考虑到所有这些正在进行的活动，LiGA 作为一个工业工具的未来似乎仍然是开放的。

8.6　用于研究和开发的同步辐射

正如人们所预料的那样，研究和开发是同步辐射工业应用的最重要领域。在 HASYLAB 同步辐射装置的网站上总结了工业使用基于同步辐射的分析技术的十大最显著的原因[64]。除了本章已经讨论过的基于同步辐射的技术的优点之外，也许最令人信服的是同步辐射提供了广泛的分析工具。因此，在大多数情况下，同步辐射实验室可以使用最合适的方法来研究特殊问题，这可以为样品和过程提供新的见解。

在下文中，我们将讨论一些基于同步辐射的工业应用典型的研发例子。这里选择的例子有些主观，将针对以下领域的特定应用/行业进行介绍：

- 生物技术，制药和化妆品；
- 汽车；
- 采矿、石油和天然气。

半导体行业和环境研究中的应用示例已经在“质量控制和法规要求的控制”中讨论过。同样如人们所预料的那样，研发领域的大多数工业应用都集中在最具广泛意义的“材料”上。然而，由于这些方面在一些优秀的教科书和评论中都有介绍，我们决定不将它们包括在本综述中，而是让读者参考相应的文献 [65-69]。

8.6.1　生物技术、制药和化妆品

生命科学行业是同步辐射装置的长期用户，可用的技术特别适合该行业的许多需求。例如，化妆品公司研究：

- 化妆品使用后皮肤和头发的分子结构及其变化；
- 典型产品的结构、稳定性和老化，如乳液、摩丝和凝胶；
- 产品中使用的颜料、粉末、糊状物和添加剂。

目前，大多数大型制药公司都将同步辐射应用于研发工作，主要集中为将蛋

白质结晶学（PX）作为开发新药的工具。然而，也使用其他技术，例如，用于在原子水平上表征粉末形式的药物（X 射线吸收光谱法），并且在一些情况下用于表征组织和骨骼以及它们与药物的相互作用。接下来，我们将讨论同步辐射在工业生物医学研究中的三种应用。

1）化妆品和头发

同步辐射是一种明亮的红外光子的来源。因此，可以进行光斑尺寸接近衍射极限的红外显微镜实验。这种高空间分辨率与出色的光谱质量相结合，可以更详细地研究生物样品。杜马斯和托宾的一篇评论文章讨论了一些生命科学应用[70]。

工业界感兴趣的一种生物样品是人类头发，因为用于头发着色和漂白、烫发以及用于修复由这些“侵略性”过程引起的损伤的化妆品存在着巨大的市场。班蒂尼等研究者 [71]对头发进行了第一次详细的红外显微镜分析。头发主要由角蛋白组成，角蛋白是一种由氨基酸胱氨酸交联的蛋白质。这两种化学/生物化合物都显示出在 4,000 和 900cm^{-1} 之间的几种特征振动结构，其中光谱的分辨率约为 4cm^{-1}。

来自髓质（头发中心）、角质层（头发外部）和皮质（两者之间的空间）的光谱在红外光谱中显示出明显的差异，角质层和皮质光谱如图 8-7 所示。因此，通过绘制特定振动带的强度作为头发上的位置的函数，来记录头发的二维化学图像（即截面）。图 8-8 给出了酰胺 A 谱带（3,290cm^{-1}）的典型图像。班蒂尼等研究者可能还表明了漂白引起化学/生物结构的变化，这些变化在头发的不同位置是不同的，这对化妆品行业来说是非常重要的。在后续一项研究中，同一组（欧莱雅作为工业合作伙伴）可以证明高加索人和非洲裔美国人的头发结构存在显著差异[72]。SPring-8 同步辐射装置与日本化妆品公司合作，也进行了类似的红外研究[73]。

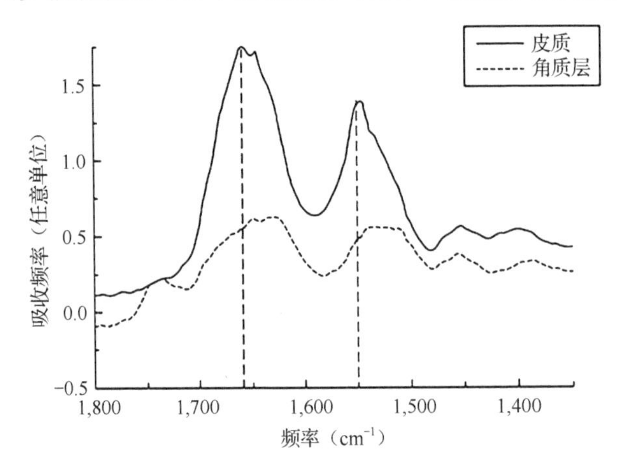

图 8-7　人类头发的皮质和角质层的红外显微光谱

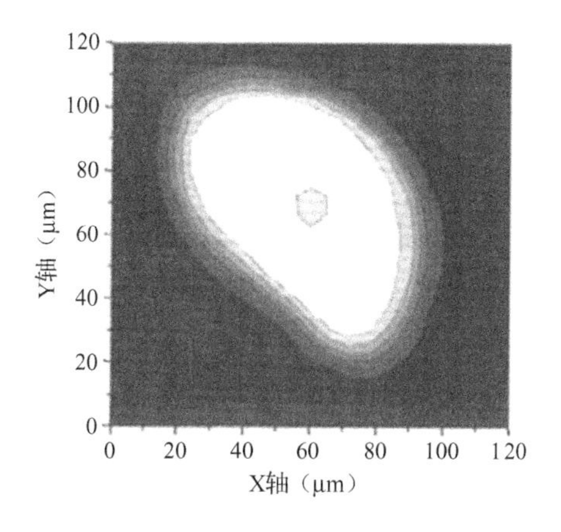

图 8-8　人类头发中酰胺 A 谱带（3,290cm^{-1}）的典型“图像”

在 SPring-8，另一个工业集团（嘉娜宝化妆品公司）使用 X 射线显微断层成像对受损和未受损的头发进行成像[74]。这种技术提供了未经处理的头发三维微观结构，通过该技术获得的未经化学处理的头发的三维图像见图 8-9。

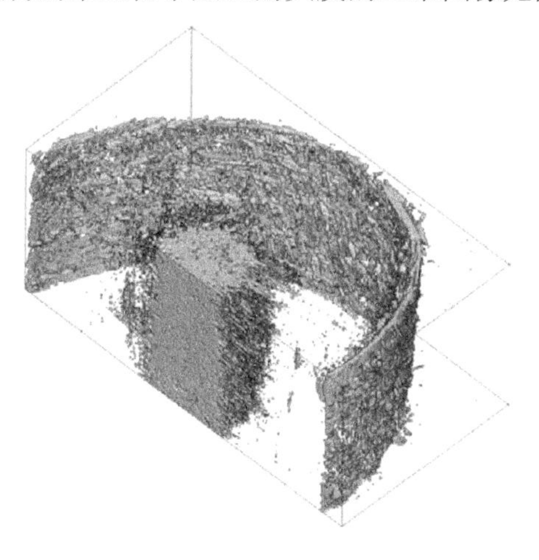

图 8-9　未经化学处理的头发的三维图像

在 ESRF 装置进行了类似的 X 射线实验。克洛滕斯等研究者[75]记录了一根头发的全息图像，即层析扫描重建和相位成像之间的组合，从而产生电子密度的三维分布和样品中的质量密度。这项技术还可以非常清楚地区分头发的不同部位。

2）含有药物的金属

X 射线吸收光谱是一种有价值的金属形态分析工具。因此，XAS 还在生物无机系统中具有广泛的应用，如无机金属基药物、营养补充剂和用于诊断应用的介质。尼科利斯等研究者[76]在一个简短的评论中给出了这些应用的概述。接下来将讨论一些关于铂类抗癌药物的特殊 EXAFS 研究，来作为使用 XAS 进行药物研究的典型例子。

铂配合物（Platinum Complexes），如顺铂（Cisplatin）、卡铂（Carboplatin）和奥沙利铂（Oxaliplatin），构成了一组特殊的破坏 DNA 的抗癌药物，广泛用于临床。这些药物与硫亲核细胞反应，特别是与硫供体蛋白或肽（如蛋氨酸或谷胱甘肽）反应，导致不良的副作用。为了提高对铂类药物与 S-供体蛋白相互作用的认识，奥巴塔等研究者在相应反应的 Pt LIII 边缘进行了时间分辨的 EXAFS 研究[77]。他们得出结论：所有原始配体均被还原型谷胱甘肽中的 S 原子取代，但观察到的各种 Pt 合物的反应速率存在显著差异。普罗沃斯特等研究者在甲硫氨酸过量的溶液中对卡铂和奥沙利铂的分离进行了类似的研究[78]。图 8-10 显示了溶液反应一个月后原料及其降解产物的 Pt LIII-EXAFS 光谱。对这些光谱的分析表明，对于不同的药物，该反应导致不同的 Pt-蛋氨酸配合物。

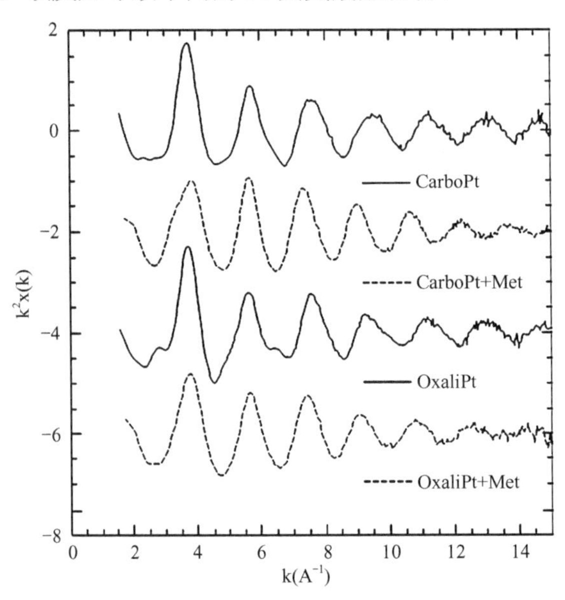

图 8-10　溶液反应一个月后原料及其降解产物的 Pt LIII-EXAFS 光谱

在许多情况下，对于制药行业来说，他们对在分子水平上详细确定药物的吸收机制及其与单个细胞的相互作用有着极大的兴趣。当然，这也可以通过 X 射线荧光和 X 射线吸收光谱来实现，如在清冢等研究者[79]的文献中所证明的那样。他们在 BESSY 用透射 X 射线显微镜观察了顺铂在人体卵巢癌细胞内的分布，得出结论：顺铂不仅抑制 DNA 复制，还干扰细胞核中的线粒体功能和 RNA 合成。罗宾斯基等研究者在一份出版物中[80]对各种可用于生物样品中微量元素成像和形态形成的技术进行了更全面的概述，并对它们的灵敏度进行了比较。与其他技术相比，XAFS 光谱技术不仅提供了相应元素的氧化态信息，还提供了有关金属位点及其几何结构的详细信息。

3）蛋白质结晶学

蛋白质晶体结构的测定在医学治疗新药的设计中具有重要的意义。氨基酸序列不仅决定了蛋白质的功能，而且其复杂的三维结构也至关重要。X 射线晶体学是测定晶体中原子排列及其三维结构的一种非常合适的方法。晶体内电子密度的三维图像是由衍射光束的角度和强度得到的。晶体中原子的平均位置可以通过电子密度图以及它们的化学键、无序度和其他信息来确定。它还允许研究蛋白质如何与其他分子相互作用，它们如何进行保形变化，以及它们如何在有酶的情况下进行催化反应。这是设计针对特定蛋白质的新药物或为特定工业过程设计优化酶的基础。哈代和马利基尔在一篇论文中描述了现在被称为“结构导向药物设计”对已经上市或处于临床测试阶段的药物的影响[81]，他们列举了从艾滋病毒（HIV）到流感再到青光眼的 40 多个例子，结构导向药物设计对上述相应药物的开发产生了显著的影响。

传统的蛋白质结晶学（PX）被认为是昂贵且耗时的技术。因此，当使用常规 X 射线源时或在同步辐射实验的早期，它对药物开发几乎没有任何影响。然而，随着方法的重大变化和高通量晶体学概念的出现，这种影响在过去几年发生了巨大变化[82]。从分子生物学和蛋白质表达入手，对结晶方法进行改进，最后同步辐射装置进行更有效的结构测定，该过程的各个阶段都取得了进展。与实验室 X 射线发生器相比，同步辐射的使用能够研究更大的分子或分子复合物，同时获得的结构信息更精确。此外，使用同步辐射进行测量比使用实验室设备快得多，从而避免了样品降解的问题。蒂克尔等研究者在教学评论中提供了对高通量蛋白质结晶学所涉及的各种技术的综述[83]。

使用同步辐射的另一个关键优势是可以测量非常小的晶体，这是至关重要的。因为在许多情况下，很难或不可能生长出质量足够好的大晶体。具有单色微束的蛋白质结晶学已经成为一些第三代同步辐射装置的常规工具[84]，并且已经使用 10～30μm 的光束解决了几种蛋白质结构。然而就在最近，使用约 20μm^2 的晶体量、1μm 的聚焦同步辐射光束获得了木聚糖酶 II 的高分辨率光谱，相当于约 2×10^8 个晶胞[85]。这些实验为蛋白质微晶扫描开辟了全新的机会，使从微晶中随机采集数据成为现实。在 PX 中，与其他衍射和散射应用一样，同步辐射的可调谐性导致取代重原子的反常衍射。通过应用反常衍射，只需一个本构或导数结构就可以得到全结构测定所需的相位信息。

蛋白质结晶学是同步辐射工业应用的一个实际（也许仍然是唯一真实的）成功案例。例如，2002 年，工业界在 ESRF 购买的光束时间，约 80%是由制药行业购买的，其中大部分被用于蛋白质结晶学研究[3]。此时，全球主要的制药公司都宣称在使用基于同步辐射的 PX。主要的同步辐射实验室都在为工业客户提供 PX 服务并非不现实，以下是使用同步辐射装置进行 PX 测量的示例：

- 在阿贡国家实验室的高级光子源（APS），六家制药公司共同拥有超过 15 年的 IMCA（工业大分子晶体学协会）CAT 光束线。其目标是通过开发和运行高效、可靠、高通量的装置，为大分子晶体学提供出色的支持环境，在此装置上，机密和专有实验都可以方便地进行[86]。
- SPring-8，一个由 21 家日本制药公司（蛋白质结构分析制药联盟）组成的联合体（JPMA）在运营专用的光束线[87]。
- 在瑞典的 MAX 实验室，诺和诺德公司（与英国阿斯利康公司合作）在仙后座光束线上使用（至少部分专用的）PX 工作站[88]。

PX 对医疗应用的重要性，以及对制药业的重要性，通过增加的两项服务得到了提升：

一是**邮寄服务**。大多数领先的同步辐射装置已经为 PX 样品建立了邮寄服务。为了利用这项服务，客户将他的晶体（通常冷却到液氮温度）通过合适的载体送至相应的装置，由合格的光束线科学家进行测量。因此，客户节省了旅行的时间和金钱。在许多情况下，再“在线”传输数据给客户，以避免延误[89,90]。在不久的将来，一些装置还将提供 PX 实验的远程控制，使用户能够更好地控制数据收集。CLS 和其他一些装置为技术提供类似的邮寄服务，并且将在不久的将来添加远程控制功能。

二是**自动化**。对于许多 PX 实验，特别是那些设计用于筛选大量样品的实验，在光束线上安装、拆卸和准直晶体是一个耗时的工作。为了克服这些问题，同步辐射装置在开发全自动样品安装和准直系统方面投入了大量精力[91]。第一步，开发了自动安装和拆卸系统，大多数情况下是基于小型工业机器人和可以容纳大量样品的特殊小型盒子[92]；第二步，开发了允许自动准直样品的工具[93]。

2006 年，约翰逊[94]发表了一篇简短的综述，对同步辐射在药学研究中的应用（主要侧重于 PX）进行了有趣的概述。在这篇综述中，她强调了这样一个事实：市场上至少有 7 种药物（实际上来自 7 家不同的公司）是在基于结构的药物设计的基础上开发出来的。我们可以假设今天这个数字已要高得多。其中的一种针对高血压的药物早在 20 世纪 80 年代就已经开发出来了，其他六种药物则是在 90 年代末开发的：其中三种是针对艾滋病毒的药物，两种是针对流感的，另一种是针对青光眼的。

对于生物医学和药学制药研究来说，PX 是一项非常有价值的技术，但它并不能提供诸如蛋白质中金属位点及其功能等的直接信息。XAS 和 PX 等技术的组合可以提供必要的结构细节，以了解金属蛋白活性状态所涉及的化学机制。斯特兰奇和哈斯奈在一本书中[95]介绍了一些这类组合研究的例子，该章描述了研究蛋白质-配体相互作用的宽泛的技术（并非全部基于同步辐射）。

圆二色性（CD）是一种基于同步辐射的药物研究技术，能够测量左右圆偏振光吸收差异[96]，该技术不像蛋白质结晶学那样为人所熟知。CD 光谱学能够分析蛋白质的结构、动力学和在溶液中的折叠。由于其对构象变化的敏感性，CD 光谱通过筛选配体和药物结合等方法在药物发现方面具有重要的潜力。华莱士和珍妮在他们对 CD 光谱作为药物发现工具应用的回顾中，讨论了几个令人印象深刻的例子[97]，如抗肿瘤药物紫杉醇与抗凋亡蛋白 Bcl-2 的结合[98]。

8.6.2　汽车

汽车行业是世界上主要的工业和经济力量。每年生产汽车和卡车约 6,000 万辆，直接雇用约 400 万人，间接雇用的人数更多。然而，汽车交通几乎占世界石油消耗的一半，也是大多数工业化国家空气污染的主要原因。由于对环境保护的需求不断增长，近年来汽车行业已经采取了更严格的监管措施，这些监管措施只能通过改进的催化剂来实现。因此，催化剂的研究是基于同步辐射的技术在汽车/运输领域的最重要应用。该行业的另一个活动领域涉及研究相应工业中使用的材料的性质，如新的轻质和强复合材料、储氢材料、合金和橡胶。在这里，我们选择对橡胶的研究作为一个典型的例子。第三个领域（本章未涉及）是研究金属部件的应力和各部件的故障分析。

根据国际橡胶研究团体（IRSG）的数据，2006 年橡胶消费量为 2,140 万吨，同比增加了 2.2%。在总产量中，天然橡胶为 920 万吨，合成橡胶为 1,220 万吨。这意味着对橡胶的需求依然强劲并且实际上在增加。虽然橡胶的硫化是由查尔斯·固特异在 150 多年前发明的，并且橡胶技术在具体应用定制性能方面非常先进，但在理解各种工艺（如硫化和老化）及在原子/分子水平上解释机械和其他性能时，仍然有许多悬而未决的问题。原因之一为橡胶是 X 射线无定形材料，没有长程有序，因此不能使用标准衍射技术。

1）汽车排放控制催化剂

在美国，大约 90%的化学制造过程和超过 20%的工业产品都采用了基本的催化步骤。对于石油炼制来说，超过 80%的过程都涉及催化。这解释了催化剂和催化过程研究在众多行业的重要性。尽管本章其他部分会讨论工业同步辐射研究在该领域的作用，但我们选择在此处讨论催化研究，因为贵金属汽车（三效）催化剂被视为更大的催化剂团体的典型，而且汽车公司非常积极地参与这些基于同步辐射的催化剂的研究。

汽车使我们的日常生活更加便利，但它们对我们的自然资源和全球环境产生了重大影响。由于人们越来越意识到环境保护的重要性，汽车尾气排放法规越来越严格，因此，汽车公司正在努力改进用于净化有害废气的催化剂。催化转化器将三种主要污染物排放（氮氧化物、一氧化碳和未燃烧的碳氢化合物）转化为氮、二氧化碳和水。这些催化剂由作为活性组分的贵金属如 Pt 和 Rh（铑）以及由氧化铝（Al_2O_3）/氧化铈（CeO_2）作为储氧组分的陶瓷载体组成。与大多数催化剂一样，研究的两个主要方向是更高的催化效率（主要由活性催化组分决定）和更长的寿命（主要由储氧材料决定）。正如丰田研究小组所做的那样，这两个问题都可以通过时间分辨原位 XAS 解决[99,100]。他们研究了基于氧化铈（CeO_2）-二氧化锆（ZrO_2）载体的 Pt 汽车尾气催化剂与各种参数如粒度和温度的函数关系，可以通过时间分辨在 Pt K 边缘和 LIII 边缘以及 Ce K 边缘处的 EXAFS 和 XANES 测量结果。

作为该类研究的典型例子，图 8-11 显示了在 50～500℃的温度下记录的一组 Ce K-XANES 光谱的计算。这些光谱清楚地表明在氧气释放/储存过程中铈（Ce）的化合价的变化。随着温度的升高，吸收边向低能的转变，以及连续 XANES 谱中的等吸收点表明，其化合价从 Ce^{4+}直接转变为 Ce^{3+}。基于这些实验，研究小组开发了一种具有再分散特性的催化系统，即在非常高的温度（约 800℃以上）下，许多催化剂由于“烧结”导致的活性表面积损失是可以避免和“逆转”的。来自大发汽车公司的一个竞争小组也使用了 EXAFS 和 XANES 的测量来开发和表征一种替代系统，Pt（和 Rh）催化剂的自我再生是通过一个定制的支撑结构来保证的，是一个特殊的钙钛矿结构[101]。

X 射线吸收光谱是一种非常有价值的工具，可用于详细研究所有类型的催化剂（均相和非均相）和催化反应，因为它允许元素特定的、时间分辨的原位研究。岩泽[102]编辑的一本关于该主题的书和《今日催化》特刊，讨论了大量的例子，其中总结了 2008 年 ESRF 研讨会的“使用 X 射线对非均相催化剂和催化过程的时间分辨和原位研究：当前的可能性和未来的展望”[103]的贡献。在本章中，我们仅举两个与工业有关的例子，一个是格伦瓦尔特及其同事强调了 XAS 从积分测量到空间分辨测量的巨大潜力[104]，另一个是恰帕斯及其同事描述了使用高能 X 射线散射和对分布函数的分析进行催化研究的新机遇[105]。

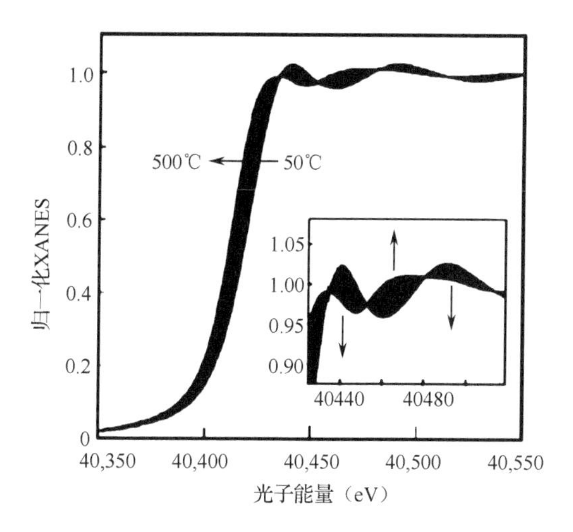

图 8-11　Pt/CZ55 在流动的 5%H_2/He 中的氧释放期间，归一化的 Ce K-XANES 光谱与温度的关系

格拉策尔等研究者[106]描述了一种重要的新型高分辨率荧光光谱（硬 X 射线光子进、光子出）。通过应用该技术，不仅（至少原则上）可以获取化合价特定的 XAS 光谱，还可以进行特定位置的测量，这意味着可以测量仅作为催化活性的催化剂表面原子的 XANES 光谱，这是催化研究的梦想。

例如，丰田在 SPring-8 上运营自己的光束线[107]，并且基于同步辐射的技术所提供的机会在自己的研究期刊中得到了讨论，这一事实强调了本文所述的研究对汽车行业的重要性[108]。

2）橡胶研究

如已经提到的，橡胶是一种没有长程有序结构的 X 射线无定形材料，不可能应用标准衍射技术。因此，橡胶是 XAFS 光谱应用的一个典型案例，它不需要这样的长程有序。硫化橡胶的力学性能在很大程度上取决于其交联分布和交联密度。关于这些硫交联的信息非常难以获得，并且通常的湿化学方法（溶胀）破坏样品并且仅提供非常有限的精度。在这里，S K-边缘 XANES 光谱学代表了一种非常有前途的替代方案。

早在 1994 年，乔维斯特等研究者就通过在 S K-边缘的时间分辨原位 XANES 测定了天然橡胶的硫化过程。在这些实验中，人们不仅可以看到 S8 环的“开口”，而且可以看到聚合物链的缩短，当反应没有“按时”停止时，人们也可以看到老化过程的开始[109]。在后来的两篇出版物中，这些老化过程再次使用 S K-边缘 XANES 光谱作为各种参数的函数进行了研究，这些参数包括不同类型和密度的硫键、填充材料和抗降解剂的使用[110-112]。这些研究得出了一些相当惊人的结果，例如，抗降解剂只是延迟热氧化老化而不改变硫键的抗老化性，而炭黑（一种活性填料）则显著提高了抗老化性。炭黑还有助于形成长硫链交联。这里引用的研究都是基于所谓的 XANES 光谱的指纹分析，即将感兴趣的光谱与众所周知和表征的模型化合物的光谱进行比较。这是 XAFS 光谱学中很常见的方法；然而，在许多情况下，研究人员并没有适当地考虑 XANES 光谱对详细的化学环境的敏感性，从而使用参考化合物不可避免地导致错误的结果。硫的 XANES 光谱可能是最“敏感”的元素之一，其灵敏度可达第三配位层。因此，需要参考化合物来分析 S K-XANES 的光谱，其中硫具有与所关心的样品相同的化学环境，直到第三配位层，这有时是一个非常困难的挑战[113]。

虽然从光谱研究得出的定性结果已经对工业产生了重大影响，但定量结果在大多数情况下是最终目标，因为这些结果更容易与宏观特性相联系。对于橡胶的研究，作者可以证明定量分析光谱是可能的。图 8-12 显示了橡胶老化过程早期阶段的一组典型光谱，在这组光谱中，可以监测从 S3/S1[a]长硫链到单硫化物交联的交联缩短的过程（这一过程反映在 2472eV 处的“白线”向更高能量的移动），然后到第一个氧化物，相应“白线”的能量明显较高。图 8-13 显示了两种不同样品的单硫化物链含量随时间老化的定量分析，二者在老化过程中表现出了很大的不同。这是一个很能说明问题的例子，说明它能够监测和分析工业过程的重要性，即一个轮胎从硫化到老化过程结束仅需 24 小时！

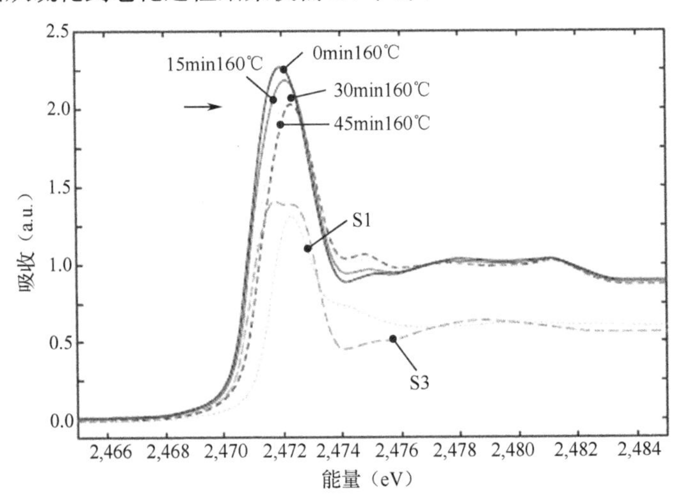

图 8-12　橡胶老化过程早期阶段的典型 SR-XANES 光谱

[a] 指 S1 线。S1 在原文中误写为 S4。

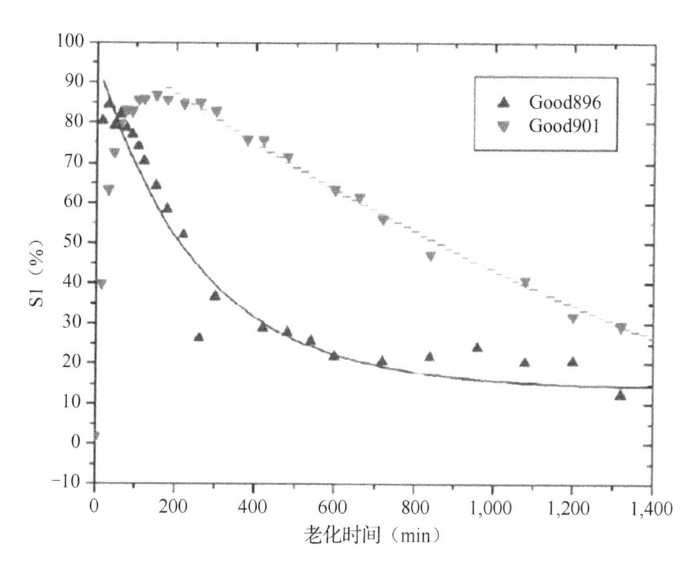

图 8-13　对两种不同样品的单硫化物链含量随时间老化的定量分析

8.6.3　采矿业

因为采矿业对许多国家特别是加拿大具有极大的重要性，而且在工业应用方面很少涉及采矿工业，因此我们决定在本节的最后一部分着重介绍基于同步辐射的技术在采矿工业方面的一些应用。至少在原则上，基于同步辐射技术可以用于与采矿有关的三个主要领域：勘探、采矿和提炼及废物管理和环境问题。

勘探和采矿/提炼的重要基本问题大致相似，例如，它们都包括下列信息[114]：

- 矿物中微量元素的结构环境和化学键类型；
- 无序矿物系统中少量和微量成分的环境；
- 沉积物、土壤和水溶液中重金属的形态；
- 水溶性金属离子在高表面矿物上的吸附；
- 成核和结晶过程；
- 动力学过程，例如相变过程中的结构修改。

所有这些问题当然都是地球科学中的问题，即地质学和矿物学，这些领域过去已经广泛使用了基于同步辐射的技术的分析能力[114,115]。因此，有很好的基础将这些技术应用于采矿工业。

在撰写本文时，伴随着黄金价格达到创纪录的高度，黄金开采行业正在经历繁荣时期。因此，对新的黄金开采项目的兴趣正在增加。含金矿石的矿物学，即各种矿石中金（Au）的形态，是预测最佳加工方式的关键因素。由于金价高，低品位矿体也被开采，因此需要对亚微观金或“隐形”金进行详细表征。在古道尔和斯凯尔斯一篇非常详细的综述文章中[116]，他们比较了电子探针微分析、激光烧蚀耦合等离子体质谱、同步 X 射线荧光等多种可用于金矿学测定的技术。他们强调了使用 SR-XRF 来表征矿物的所有优点，例如，用于“隐形”金的绘制和测定的低元素检测极限（约 0.1ppm）和高空间分辨率（约 2μm）；然而，他们担心来自工业的潜在需求可能超过供应。但考虑到大多数同步辐射工厂都在争夺工业客户，这似乎是一种毫无根据的担忧。

在卡布里等研究者的出版物[117]中不仅讨论了应用 X 射线荧光进行元素检测，还涉及使用一种 X 射线吸收近边结构光谱法（XANES）鉴定矿物中元素的形态形成的价值。他们使用（微观）XANES 标准方法很好地表征了金在含砷黄铁矿砂中的形态，并发现了两种不同化学形式的“隐形”金：化合物形式和元素形式化。这些发现当然对萃取冶金有直接影响。图 8-14 给出了来自三个不同采矿点的样品的典型 Au LIII-XANES 光谱，以及代表 Au（Au^0、Au^{1+}和 Au^{3+}）的不同价态的三种参考化合物的光谱。奥林匹亚达样品的 XANES 光谱没有“白线”，非常类似于元素金的光谱；另外两个样品的光谱都显示了一条“白线”，这是化合物金的明显迹象。存在于 Au_2S 光谱与另外两个样品光谱之间的差异表明，这些样品中的含金化学相不是 Au_2S。

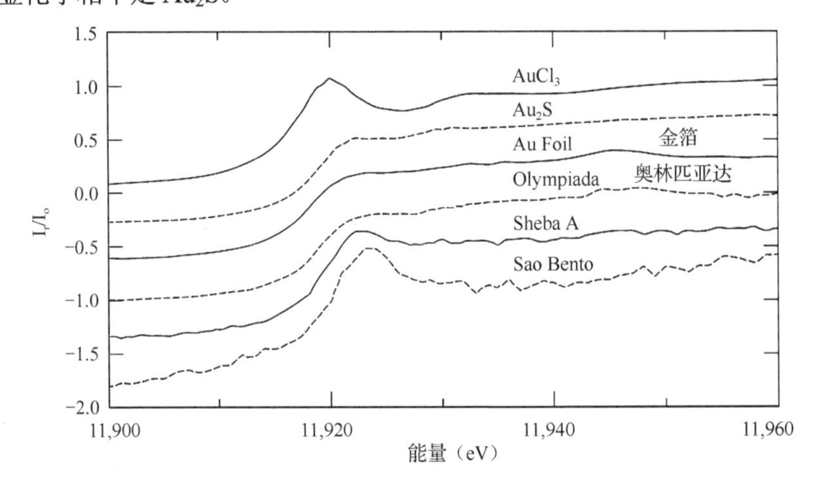

图 8-14　三种砷黄铁矿样品和三种参考化合物的 Au LIII-XANES 光谱，代表三种不同价金（Au）的化合物

在类似的研究中，西蒙等研究者研究了内华达州某金矿含金砷黄铁矿矿物中金和砷的氧化状态[118]。作者还观察到 Au 有 Au^0 和 Au^{+1}，砷为 As^{-1}，他们的结论是，Au^{+1} 是两倍的（在 Au_2S 中）和四倍的配位。对于四重配位结构，他们提出了一种 Au-As-S 化合物，其中 Au 与硫和砷原子结合。

跟踪古代水热流体的氧化态是更好地了解许多金属如铜、金、铅和铀的矿石运动和沉积的物理化学条件的基础。结合在热液矿物中的微量元素（尤其是稀土元素）的氧化态通常被认为是估算古代流体氧化还原态的附加指标。为了证实这个假设，布鲁格等研究者通过 X 射线微荧光和微 XANES 光谱[119]研究了水热白钨矿中铕（Eu）的价态，水热白钨矿是金矿化中常见的副矿物。他们可以证明，尽管浓度在 100ppm 范围内，使用基于同步辐射的 XRF 和 XANES 有可能获得关于 Eu 的空间分布和化合价的信息。这项研究可以成为更系统地研究水热流体矿物中稀土元素氧化态及其与待开采金属相关性的基础。

拉科万等研究者[120]对各种基于同步辐射的微量分析方法用于研究磷灰石和其他矿物中少量元素和微量元素的价值进行了系统评估，以获得各种技术的检测极限。他们使用 XRF 分析微量元素浓度和分布，XAFS 用于结构和电子信息（如化合价），XRD 用于相鉴定和使用荧光显微照相用于绘制多孔或复合材料的内部结构。

截至写作本文时还没有关注萃取过程本身的研究。然而，斯卡利特等研究者进行了一项研究，非常清楚地显示了基于同步辐射的实验的潜力[121]。他们采用时间分辨衍射法研究了红土镍矿加压酸浸的机理和动力学。例如，他们在分析中加入了低衍射的红土成分。通过将结果与实验室实验进行比较，他们发现基于同步辐射的实验能够进行更详细地分析。

尽管基于同步辐射的技术（如粉末衍射、XRF 和 XAFS）在改善勘探和采矿技术方面具有巨大潜力，但大多数工业的研究将这些技术集中在环境问题上。因此，有许多出版物涉及与采矿活动有关的各种污染物，如砷[122]、汞[123]、锌和铅[124]。但是，因为我们已经在第 4 章中讨论了这些环境应用，此处不再提供其他示例，感兴趣的读者可查阅参考文献以获取更多信息。

8.7　结束语

同步辐射是一种卓越的工具，它不仅适用于基础研究，也适用于所有应用类型的研究。同步辐射实验室不容易吸引工业类客户，因为工业的要求有时很难在“用户研究装置”中得到满足。这不仅因为生产问题涉及灵活性和临时安排时，也经常需要短的周转时间，还涉及知识产权的问题；最后但并非最不重要的是，当正确利用和解释结果时，客户往往是没有自己的研发部门的中小型企业——这一事实常常被政界人士所忽视。然而，在过去几年中，在吸引工业类客户方面取得了明显的成功，蛋白质结晶学在许多实验室中都是一个真正的成功故事。大约有 150

家公司在美国使用能源部下属的同步辐射装置，这是一个不错的数字[125]。在许多情况下，同步辐射装置的工业应用数量显著多于官方实验室的统计数据。因为行业并不总是直接联系到同步辐射装置，但通常会利用学术同步辐射用户，他们是相应公司特定的感兴趣的研究领域的“专家”。此外，也很难找到衡量工业应用成功的正确标准。一个直接的衡量标准通常是同步辐射装置的现金流量；然而，管理监督人员希望看到的实际经济影响远不止于此，因为工业类客户正在利用其同步辐射研究的结果来开发新产品，从而提高他们在市场中的竞争力，并保护和创造就业机会。同步辐射的工业应用对所有相关方来说仍然具有挑战性；然而，经过多年的奋斗，终于有了一些真正的成功故事，也许同步辐射与工业应用确实是一见钟情吧。

8.8 参考文献

[1] K. Nasta and C.-C. Kao, *Synchrotron Radiation News* **20/4**, 7 (2007).

[2] Y. Watanabe, *Synchrotron Radiation News* **20/5**, 40 (2007).

[3] J. Doucet, *Nucl. Instr. Meth. Phys. Res.***B199**, 10 (2003).

[4] J. Doucet and K. Fletcher, Eds., *A Light for Industry*, ESRF (October 2002), http://ww.esrf.eu/files/Industry/Industrialbrochure.pdf.

[5] http://www.lightsources.org/cms/.

[6] http://www.diamond.ac.uk/Home/industry/casestudies.html.

[7] http://www.nsls.bnl.gov/industry/highlights/.

[8] http://nufo.org/files/NUFO_Industrial_Workshop_Report.pdf.

[9] G. A. Schott, *Electromagnetic Radiation* (Cambridge University Press, Cam-bridge, 1912).

[10] J. Schwinger, *Phys. Rev.***70**, 798 (1946).

[11] J. Schwinger, *Phys. Rev.***75**, 1912 (1949).

[12] D. Ivanenko and I. Pomeranschuk, *Phys. Rev.***65**, 343 (1944).

[13] J. P. Blewett, *Phys. Rev.***69**, 87 (1946).

[14] F. R. Elder, A. M. Gurewitsch, R. V. Langmuir and H. C. Pollock,*Phys. Rev.***71**, 829 (1947).

[15] F. R. Elder, A. M. Gurewitsch, R. V. Langmuir and H. C. Pollock,J. *Appl.Phys.***18**, 810 (1947).

[16] G. C. Baldwin, *Physics Today* **28**, 9 (1975).

[17] D. H. Tomboulian and P. L. Hartmann, *Phys. Rev.***102**, 1423 (1956).

[18] K. Codling and R. P. Madden, *Phys. Rev*. Lett.**10**, 516 (1963).

[19] L. Robinson, http://xdb.lbl.gov/Section2/Sec_2-2.html.

[20] J. P. Silverman, C. N. Archie, D. E. Andrews and A. J. Weger, *Nucl. Instr.Meth.***A347**, 31 (1994).

[21] D. C. Koningsberger and R. Prins, Eds.,*X-Ray Absorption: Principles, Applications, Techniques of EXAFS, SEXAFS and XANES*(Wiley-Interscience,Hoboken, 1988).

[22] J. Stöhr, *NEXAFS Spectroscopy*, Corrected Edition (Springer, Berlin, 2003).

[23] B.-K. Teo, *EXAFS: Basic Principles and Data Analysis* (Springer, Berlin,1986).

[24]*14th International Conference on X-ray Absorption Fine Structure XAFS14*,J. Phys. Conf. Series 190 (2009).

[25]*X-ray Absorption Fine Structure — XAFS13: 13th Int. Conf.*,AIP Conf.Proc.Vol. 882 (American Institute of Physics, Melville, 2007).

[26] Z. Cai *et al., Appl. Phys. Lett.***75**, 100 (1999).

[27] N. Tamura *et al., Appl. Phys. Lett.***80**, 3724 (2002).

[28] F. S. Aguirre-Tostado *et al., Phys. Rev.***B70**, 201403(R) (2004).

[29] N. Tamura *et al.,J. Synchrotron Rad.***10**, 137 (2003)

[30] E. Zschech, W. Yun and G. Schneider,*Appl. Phys.***92**, 423 (2008).

[31] C. Streli, P. Wobrauschek, F. Meier and G. Pepponi,*J. Anal. At. Spectrom.***23**,792 (2008).

[32] SEMATECH roadmap: http//www.itrs.net.

[33] K. Baur *et al.,Nucl. Instr. Meth. Phys. Res.* A**467–468**, 1198 (2001).

[34] K. Baur, S. Brennan, P. Pianetta and R. Opila, *Anal. Chem.***74** (23), 610 A(2002).

[35] C. Streli *et al., Spectrochim. Acta* **B58**, 2105 (2003).

[36] A. Singh *et al., MRS Proceedings* **716**, 23 (2002).

[37] F. Meier *et al., Surf. Interface Anal.***40**, 1571 (2008).

[38] B.-K. Huh *et al., Spectrochim. Acta* **B58**, 1445 (2003).

[39] G. Pepponi *et al., Spectrochim. Acta* **B5**9, 1243 (2004).

[40] Canadian Light Source Activity Report 2008, http://www.lightsource.ca /science/activity reports.php.

[41] V. J. Zatka, S. Warner and D. Maskery, *Environ. Sci. Technol.***26**, 138 (1991).

[42] F. Huggins *et al., Environ. Sci. & Technol.***45** (14), 6188 (2011).

[43] J. Warner and J. Rowson, *Synch. Rad. News* **20**(3), 14 (2007).

[44] N. Chen *et al., Geochim. Cosmochim. Acta,***73**, 3260 (2009).

[45] D. L. Spears, *Electron. Letters* **8**, 102 (1972).

[46] E. Spiller *et al.,J. Appl. Phys.***47**, 5450 (1976).

[47] L. Robinson, *Science* **199**, 413 (1978).

[48] J. B. Murphy, in *Proc. IEEE 1989 Part. Acc. Conf.* Vol.**2** (IEEE, New York,1989), p. 757.

[49] S. Hector, *Microelectronic Engineering* **41/42**, 25 (1998).

[50] T. Miyatake *et al.,J. Vac. Sci. Tech.***B19**, 2444 (2001).

[51] Q. Leonard *et al.,J. Vacuum Sci. Tech.***23**, 2896 (2005).

[52] F. Jiang, Y. C. Cheng, A. Isoyan and F. Cerrina,*J. Micro-NanolithographyMEMS and MOEMS* **8**, 021203 (2009).

[53] A. Isoyan *et al., Optics Express* **16**, 9106 (2008).

[54] E. W. Becker *et al., Microelectron. Eng.***4**, 35 (1985).

[55] *Micromotion*:http://www.mikrogetriebe.de.

[56] See for example: U. Wallrabe *et al., Microsystems Technology* **8**, 83 (2002).

[57] *AXSUN Technologies*: http://www.axsun.com.

[58] http://www.boehringer-ingelheim.de / produkte / mikrosystemtechnik / micro-technology /microoptics.htm, and references given on that site.

[59] http://www.mezzotech.com.

[60] Ch. Khan Malek and V. Saile, *Microelectron. Jour.***35**, 131 (2004).

[61] V. Saile, U. Wallrabe and O. Tabata, Eds., *LiGA and its Applications* (Wiley-VCH, Weinheim, 2008).

[62] R. A. Lawes, *Int. J. Nanomanufacturing* **2**, 572 (2008).

[63] A.Chen, G.Liu,L.K.Jianand H.O.Moser,*COSMOS* **3**, 79 (2007).

[64] http://hasylab.desy.de/user_info/industrial_user/reasons_for_analytical_research/index_eng.html.

[65] H. Saisho and Y. Gohshi, Eds., *Applications of Synchrotron Radiation to Materials Analysis* (Elsevier, Amsterdam, 1996).

[66] T. K. Sham, Ed., *Chemical Applications of Synchrotron Radiation, Part I and Part II*, in Advanced Series in Physical Chemistry, Vol. 12 (World Scientific

Publishing, Singapore, 2002).

[67] T. K. Sham, *Int. J. Nanotechnology* **5**, 1194 (2008).

[68] J. Hormes and H. Modrow, in *Analytical Advances for Hydrocarbon Research*, Ed. C. S. Hsu (Kluwer Academic, New York, 2003), pp. 421–454.

[69] W. Reimers, A. R. Pyzalla, A. K. Schreyer and H. Clemens, Eds.,*Neutrons and Synchrotron Radiation in Engineering Materials Science*(Wiley-VCH,Weinheim, 2008).

[70] P. Dumas and M. J. Tobin, *Spectroscopy Europe* **15/6**, 17 (2003).

[71] J.-L. Bantignies *et al.,J. Cosmet. Sci.***51**, 73 (2000).

[72] I. Kreplak *et al., Intern. J. Cosmet. Sci.***23**, 369 (2001).

[73] S. Inamasu, T. Moriwaki and Y. Ikemoto, *SPring-8, Research Frontiers 2007,162 (2007).*

[74] K. Takehara, T. Inoue and K. Uesugi, *SPring-8, Research Frontiers 2008*, 156(2008).

[75] P. Cloetens *et al., Europhysics News*, **26** (March/April 2001).

[76] I. Nicolis, E. Curis, P. Deschamps and S. B́enazeth,*J. Synchrotron Rad.***10**,96 (2003).

[77] M. Obata *et al.,Chem. Pharm. Bull.***57**, 1107 (2009).

[78] K. Provost *et al.,J. Phys. Conf. Series* **190**, 012206 (2009).

[79] Y. Kiyozukaet al.,in *X-ray Microscopy: Proc. of VI International Conference*,AIP Conf. Proc. Vol. 507 (American Institute of Physics, Melville, 2000),p. 153.

[80] R. Lobinski, C. Moulin and R. Ortega, *Biochimie* **88**, 1591 (2006).

[81] L. W. Hardy and A. Malikayil, *Curr. Drug Discov.***3**, 15 (2003).

[82] A. Sharff and H. Jhoti, *Current Opinion in Chemical Biology* **7**, 340 (2003).

[83] I. Tickle *et al.,Chem. Soc. Rev.***33**, 558 (2004).

[84] C. Riekel, M. Burghammer and G. Schertler, *Current Opinion in Structural Biology* **15**, 556 (2005).

[85] R. Moukhametzianov *et al., Acta Crystallographica Section D: Biological Crystallography* **D64**, 158 (2008).

[86] http://www.imca.aps.anl.gov.

[87] http://www.spring8.or.jp; beamline BL32B2.

[88] Th. Ursby *et al.,in Proc. 8th Int. Conf. on Synchrotron Rad. Instr.*, AIP

Conf.Proc. Vol. 705 (American Institute of Physics, Melville, 2004), p. 1241.

[89] See for example: N. Okazaki *et al., J. Synchrotron Rad.***15**, 288 (2008).

[90] See for example: http://www.px.nsls.bnl.gov.

[91] E. Abola, P. Kuhn, Th. Earnest and R. C. Stevens,*Nature Structural Biology,Structural Genomics Supplement*, 973 (2000).

[92] E. Cohen *et al., J. Appl. Cryst.***35**, 720 (2002).

[93] G. Snell *et al., Structure* **12**, 537 (2004).

[94] L. N. Johnson, *Innovation in Pharmaceutical Technology* **21**, 16 (2006).

[95] R. W. Strange and S. S. Hasnain, in *Protein-Ligand Interactions: Methodsand Applications*, Ed. G. U. Nienhaus, (Humana Press, Totowa, 2005), p. 167.

[96] N. Berova, L. Di Bari and G. Pescitelli, *Chem. Soc. Rev.***36**, 914 (2007).

[97] B. A. Wallace and R. W. Janes, *Biochemical Soc. Trans.***31**, 631 (2003).

[98] D. J. Rodi *et al., J. Mol. Biol.***285**, 197 (1999).

[99] Y. Nagai *et al., Angew. Chem. Int. Ed.***47**, 9303 (2008).

[100] Y. Nagai *et al., Catalysis Today* **145**, 279 (2009).

[101] H. Tanaka *et al., Angew. Chem. Int. Ed.***45**, 5998 (2006).

[102] Y. Iwasawa, Ed., *X-ray Absorption Fine Structure for Catalysis and Surfaces* (World Scientific, 1996).

[103] M. A. Newton, Ed., *Catalysis Today***145** (3–4), 187–306 (2009).

[104] J. D. Grunwaldt *et al*., in Ref. 101, p. 267.

[105] P. J. Chupas, K. W. Chapman, H. Chen and C. P. Grey, in Ref. 101, p. 231.

[106] P. Glatzel, M. Sikora, G. Smolentsev and M. Fernandez-Garcia, in Ref. 101, p. 294.

[107] http://www.spring8.or.jp; see: beamline BL33XU.

[108] Y. Hirose, *R&D Review of Toyota CDRL* **38**, 1 (2003).

[109] R. Chauvistre, J. Hormes and K. Sommer, *Kautschuk Gummi Kunstoffe* **47**,481 (1994).

[110] H. Modrow, R. Zimmer, F. Visel and J. Hormes, *Kautschuk Gummi Kunstoffe* **53**, 328 (2000).

[111] H. Modrow, J. Hormes, F. Visel and R. Zimmer, *Rubber Chemistry and Technology* **74**, 281 (2001).

[112] B. Brendebach and H. Modrow, *Kautschuk Gummi Kunstoffe* **55**, 157 (2002).

[113] R. Chauvistre *et al., Chem. Physics* **223**, 293 (1997).

[114] L. Galoisy, *EMU Notes in Mineralogy* **6**, 553 (2004).

[115] W. A. Bassett and G. E. Brown Jr., *Ann. Rev. Earth Planet. Sci.*18, 387(1990).

[116] W. R. Goodall and P. J. Scales, *Minerals Engineering* **20**, 506 (2007).

[117] L. J. Cabri *et al., The Canadian Mineralogist* **38**, 1265 (2000).

[118] G. Simon *et al., American Mineralogist* **84**, 1071 (1999).

[119] J. Brugger *et al., The Canadian Mineralogist* **44**, 1079 (2006).

[120] J. Rakovan, Y. Luo and O. Borkiewicz, *Mineralogia* **39**, 31 (2008).

[121] N. V. Y. Scarlett, I. C. Madsen and B. I. Whittington,*J. Appl. Cryst.*41,572 (2008).

[122] See for example: S. R. Walker *et al., The Canadian Mineralogist* **43**, 1205(2005), and references therein.

[123] See for example: Ch. S. Kim, J. J. Rytuba and G. E. Brown Jr.,*Appl. Geochemistry* **19**, 379 (2004), and references therein.

[124] See for example: N. Schuwirth, A. Voegelin, R. Kretschmar and Th. Hofmann,*J. Environ, Qual.*36, 61 (2007), and references therein.

[125] http://www.nslsuec.org/corporations.aspx.

索　　引